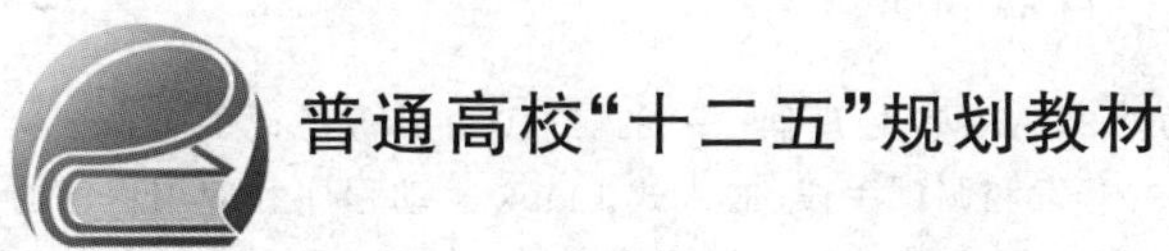
普通高校"十二五"规划教材

# ARM9 嵌入式系统设计
## ——基于 S3C2410 与 Linux

（第 3 版）

徐英慧　马忠梅
王　磊　王　琳　编著

北京航空航天大学出版社

## 内 容 简 介

本书针对在嵌入式市场上颇具竞争力的 ARM9 处理器——S3C2410 和开放源码的 Linux 操作系统，讲述嵌入式系统的概念、软硬件的开发和调试手段、嵌入式 Linux 驱动程序和应用程序的开发以及图形用户界面 MiniGUI 的移植和应用。第 3 版的开发环境为 RealView MDK 和 IAR EWARM，开发平台为 EL-ARM-860。

本书的特点是集嵌入式系统开发的理论知识和实验教学于一体，并结合北京精仪达盛科技有限公司的开发板，给出了大量实例。

本书可作为高等院校嵌入式系统课程的教材，也可作为对嵌入式系统开发感兴趣的读者的入门教材，同时还可以作为从事 ARM 嵌入式系统应用开发工程师的参考书。

**图书在版编目(CIP)数据**

ARM9 嵌入式系统设计 ：基于 S3C2410 与 Linux / 徐英慧等编著. --3 版. --北京 ：北京航空航天大学出版社，2015.5

ISBN 978-7-5124-1754-0

Ⅰ. ①A… Ⅱ. ①徐… Ⅲ. ①微处理器—系统设计—高等学校—教材 Ⅳ. ①TP332

中国版本图书馆 CIP 数据核字(2015)第 069044 号



**ARM9 嵌入式系统设计**

**——基于 S3C2410 与 Linux(第 3 版)**

徐英慧　马忠梅　王　磊　王　琳　编著

责任编辑　胡晓柏　张　楠

*

北京航空航天大学出版社出版发行

北京市海淀区学院路 37 号(邮编 100191)　http://www.buaapress.com.cn

发行部电话：(010)82317024　传真：(010)82328026

读者信箱：emsbook@buaacm.com.cn　邮购电话：(010)82316936

艺堂印刷（天津）有限公司印装　各地书店经销

*

开本：710×1 000　1/16　印张：27　字数：575 千字

2015 年 5 月第 3 版　2023 年 8 月第 14 次印刷　印数：39 501～41 500 册

ISBN 978-7-5124-1754-0　定价：49.00 元

---

若本书有倒页、脱页、缺页等印装质量问题，请与本社发行部联系调换。联系电话：(010)82317024

# 第 3 版前言

当前，嵌入式技术的应用越来越广泛，从航天科技到民用产品，嵌入式产品的身影无处不在，而这些嵌入式产品的核心——处理器决定了产品的市场和性能。在 32 位嵌入式处理器市场中，ARM 处理器占有很大的份额。ARM 不仅是一个公司、一种技术，也是一种经营理念，即由 ARM 公司提供核心技术，只出售芯片中的 IP 授权，采取了别具一格的“Chipless 模式”（无芯片的芯片企业），不参与生产，而是由合作厂商去生产具体的芯片和产品。

现在由于存储空间等原因，在嵌入式芯片上编程有较大的困难，选取合适的平台就显得很重要。Linux 自出现以来，得到了迅速的发展。Linux 是开放源码的操作系统，吸引着全世界的程序员参与到发展和完善的工作中来，所以 Linux 保持了稳定而且卓越的性能。Linux 在服务器领域已经占有很大的份额，在图形界面方面也不输于 Windows。由于源码可以修改、移植，Linux 在嵌入式领域中的应用也越来越广。选用 Linux 作为平台，可以根据具体需要自由地裁减源码，打造适合目标平台的环境，编写最有效率的应用程序。

可以预见，ARM 与 Linux 在未来会更加壮大，在嵌入式产品市场上会占有越来越大的份额。在这种形势下，学习研究 ARM 与 Linux 非常有必要，这也是本书编写的目的。在新的高科技浪潮来临之际，我国正全力迎接机遇和挑战，嵌入式领域方兴未艾，Linux 也越来越成熟，我们需要掌握更新的知识，实现自我价值，为祖国贡献力量！

S3C2410 是 ARM9 系列中非常优秀的一款处理器，应用广泛。本书主要介绍 ARM(S3C2410)和嵌入式 Linux 的基本知识及具体应用。本书共分 8 章，第 1 章和第 2 章介绍嵌入式系统的基本概念和开发方法，第 3 章到第 5 章介绍 ARM 的基本知识及系统硬件的设计，第 6 章和第 7 章介绍 Linux 的移植和基本应用，第 8 章介绍图形用户界面 MiniGUI 的移植和应用。

第 1 章：介绍嵌入式系统的基本概念。包括嵌入式系统的概念、特点及应用，读者可以由本章了解嵌入式系统的基础知识，掌握嵌入式的发展动向。

第 2 章：介绍嵌入式软件的开发过程和调试手段。读者需要注意嵌入式软件与普通软件在开发和调试上的区别。

第 3 章:介绍 ARM 的体系结构。主要包括 ARM 体系结构、ARM 编程模型、ARM 基本寻址方式和 ARM 指令集。

第 4 章:介绍 ARM 系统硬件设计的基础知识。包括 MDK 集成开发环境、对 ARM 的汇编程序设计和混合编程以及 ARM 硬件启动程序设计等。

第 5 章:介绍 S3C2410 系统的硬件设计。分别介绍了 I/O 口、中断、DMA、UART、A/D 接口、键盘、LCD、触摸屏、音频及 USB 设备的硬件设计要点。

第 6 章:介绍 Linux 的基础知识。包括内核结构(进程调度、内存管理、虚拟文件、进程通信、网络接口)、设备管理以及 Linux 基本命令。

第 7 章:介绍 Linux 的软件设计。包括 BootLoader 引导程序、Linux 的移植、驱动程序及应用程序的开发。

第 8 章:介绍 MiniGUI 在 Linux 和 S3C2410 上的使用。包括 MiniGUI 在 Linux 下运行环境的建立过程和 MiniGUI 移植到 S3C2410 上的过程。此外还对 QVFB 和 FrameBuffer 做了简单介绍。

本书可作为高等院校嵌入式系统课程的教材*,也可以作为对嵌入式系统开发感兴趣的读者的入门教材,同时还可以作为从事 ARM 嵌入式系统应用开发工程师的参考书。

本书由北京机械工业学院和北京理工大学的老师及学生合作完成。北京理工大学的马忠梅老师负责从第 1 章到第 3 章第 4 节的编写;北京机械工业学院的徐英慧老师负责全书的组织工作,并负责从第 3 章第 6 节到第 5 章,以及第 8 章的编写;北京机械工业学院研究生王磊同学负责第 6 章的编写;北京机械工业学院研究生王琳同学负责第 7 章的编写,并做了大量实践工作。

本书在编写过程中得到了许多人的支持和帮助,在此表示特别感谢。感谢北京精仪达盛科技有限公司的毕才术、阳海涛、肖奕之、胡芳、石燕智,他们提供了 ARM9 开发平台,为本书的完成提供了良好的测试环境。感谢北京机械工业学院的杨根兴老师,感谢他一直以来在嵌入式领域对我们的指导,并给我们提供了嵌入式系统开发的实战机会。感谢北京机械工业学院计算中心的周长胜、刘梅彦、林乐荣和黄宏博等各位老师,感谢他们在本书的书写过程中给予的支持和帮助以及一直以来对我们的关心和爱护。感谢王晖、崔建武、郝晓、王山平、侯莉茹和吴德天,感谢他们协助我们对书中的实例进行了验证并对本书做了大量的校对工作。在此,对所有帮助过我们的人真诚地说声“谢谢”。

由于作者的水平有限,书中的错误在所难免,恳请广大读者批评指正。

作　者

2015 年 3 月

---

* 本教材配有教学课件,有需要的教师,请发送 e-mail 至 emsbook@buaacm.com.cn 索取。

# 目 录

# 目 录

# 第1章

# 嵌入式系统基础

## 1.1 嵌入式系统概述

### 1.1.1 嵌入式系统的定义

所谓嵌入式系统(Embedded Systems),实际上是“嵌入式计算机系统”的简称,它是相对于通用计算机系统而言的。在有些系统里也有计算机,但是计算机是作为某个专用系统中的一个部件而存在的。像这样“嵌入”到更大、专用的系统中的计算机系统,称之为“嵌入式计算机”、“嵌入式计算机系统”或“嵌入式系统”。

在日常生活中,早已存在许多嵌入式系统的应用,如天天必用的移动电话、带在手腕上的电子表、烹调用的微波炉、办公室里的打印机、汽车里的供油喷射控制系统、防锁死刹车系统(ABS),以及现在流行的个人数字助理(PDA)、数码相机、数码摄像机等,它们内部都有一个中央处理器 CPU。

嵌入式系统无处不在,从家庭的洗衣机、电冰箱、小汽车,到办公室里的远程会议系统等,都属于可以使用嵌入式技术进行开发和改造的产品。嵌入式系统本身是一个相对模糊的定义。一个手持的 MP3 和一个 PC104 的微型工业控制计算机都可以认为是嵌入式系统。

根据电气工程师协会(IEE)的定义,嵌入式系统是用来控制或监视机器装置或工厂等的大规模系统的设备。

可以看出此定义是从应用方面考虑的。嵌入式系统是软件和硬件的综合体,还可以涵盖机电等附属装置。

国内一般定义为:以应用为中心,以计算机技术为基础,软硬件可裁减,从而能够适应实际应用中对功能、可靠性、成本、体积、功耗等严格要求的专用计算机系统。

嵌入式系统在应用数量上远远超过了各种通用计算机。一台通用计算机的外部设备中就包含了 5~10 个嵌入式微处理器,键盘、硬盘、显示器、Modem、网卡、声卡、打印机、扫描仪、数码相机、集线器等,均是由嵌入式处理器进行控制的。在制造工业、过程控制、通信、仪器、仪表、汽车、船舶、航空航天、军事装备、消费类产品等方面,嵌入式系统都有用武之地。

美国汽车大王福特公司的高级经理曾宣称："福特出售的'计算能力'已超过了IBM。"由此可以想像嵌入式计算机工业的规模和广度。美国著名未来学家尼葛洛庞帝在1999年1月访华时曾预言"四五年以后，嵌入式智能电脑将是继PC和因特网之后最伟大的发明"。

### 1.1.2 嵌入式系统的组成

嵌入式系统通常由嵌入式处理器、外围设备、嵌入式操作系统和应用软件等几大部分组成。

#### 1. 嵌入式处理器

嵌入式处理器是嵌入式系统的核心部件。嵌入式处理器与通用处理器的最大不同点在于其大多工作在为特定用户群设计的系统中。它通常把通用计算机中许多由板卡完成的任务集成在芯片内部，从而有利于嵌入式系统设计趋于小型化，并具有高效率、高可靠性等特征。

大的硬件厂商会推出自己的嵌入式处理器，因而现今市面上有1 000多种嵌入式处理器芯片，其中使用最为广泛的有ARM、MIPS、PowerPC、MC68000等。

#### 2. 外围设备

外围设备是指在一个嵌入式系统中，除了嵌入式处理器以外用于完成存储、通信、调试、显示等辅助功能的其他部件。根据外围设备的功能可分为以下3类：

- 存储器：静态易失性存储器(RAM/SRAM)、动态存储器(DRAM)和非易失性存储器(Flash)。其中，Flash以可擦写次数多、存储速度快、容量大及价格低等优点在嵌入式领域得到了广泛的应用。
- 接口：应用最为广泛的包括并口、RS-232串口、IrDA红外接口、SPI串行外围设备接口、$I^2C$(Inter IC)总线接口、USB通用串行总线接口、Ethernet网口等。
- 人机交互：LCD、键盘和触摸屏等人机交互设备。

#### 3. 嵌入式操作系统

在大型嵌入式应用系统中，为了使嵌入式开发更方便、快捷，需要具备一种稳定、安全的软件模块集合，用以管理存储器分配、中断处理、任务间通信和定时器响应，以及提供多任务处理等，即嵌入式操作系统。嵌入式操作系统的引入大大提高了嵌入式系统的功能，方便了应用软件的设计，但同时也占用了宝贵的嵌入式系统资源。一般在比较大型或需要多任务的应用场合才考虑使用嵌入式操作系统。

嵌入式操作系统常常有实时要求，所以嵌入式操作系统往往又是"实时操作系统"。早期的嵌入式系统几乎都用于控制目的，从而或多或少都有些实时要求，所以从前"嵌入式操作系统"实际上是"实时操作系统"的代名词。近年来，由于手持式计算机和掌上电脑等设备的出现，也有了许多不带实时要求的嵌入式系统。另一方面，由于

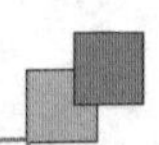



CPU 速度的提高,一些原先认为是"实时"的反应速度现在已经很普遍了。这样,一些原先需要在"实时"操作系统上才能实现的应用,现在已不难在常规的操作系统上实现。在这样的背景下,"嵌入式操作系统"和"实时操作系统"就成了不同的概念和名词。

### 4. 应用软件

嵌入式系统的应用软件是针对特定的实际专业领域,基于相应的嵌入式硬件平台,并能完成用户预期任务的计算机软件。用户的任务可能有时间和精度的要求。有些应用软件需要嵌入式操作系统的支持,但在简单的应用场合下不需要专门的操作系统。

由于嵌入式应用对成本十分敏感,因此,为减少系统成本,除了精简每个硬件单元的成本外,应尽可能地减少应用软件的资源消耗,尽可能地优化。

应用软件是实现嵌入式系统功能的关键,对嵌入式系统软件和应用软件的要求也与通用计算机有所不同。嵌入式软件的特点如下:

- 软件要求固态化存储。为了提高执行速度和系统可靠性,嵌入式系统中的软件一般都固化在存储器中。
- 软件代码要求高质量、高可靠性。半导体技术的发展使处理器速度不断提高,也使存储器容量不断增加;但在大多数应用中,存储空间仍然是宝贵的,还存在实时性的要求。为此,程序编写和编译工具的质量要高,以减少程序二进制代码的长度,提高执行速度。
- 系统软件的高实时性是基本要求。在多任务嵌入式系统中,对重要性各不相同的任务,进行统筹兼顾的合理调度是保证每个任务及时执行的关键,单纯通过提高处理器速度是低效和无法完成的。这种任务调度只能由优化编写的系统软件来完成,因此,系统软件的高实时性是基本要求。
- 多任务实时操作系统成为嵌入式应用软件的必需。随着嵌入式应用的深入和普及,接触到的实际应用环境越来越复杂,嵌入式软件也越来越复杂。支持多任务的实时操作系统成为嵌入式软件必需的系统软件。

典型嵌入式系统的硬件和软件基本组成如图 1.1 和图 1.2 所示。

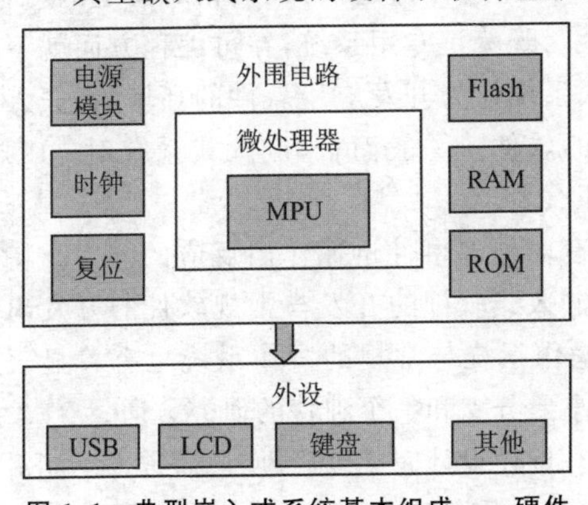


图 1.1　典型嵌入式系统基本组成——硬件

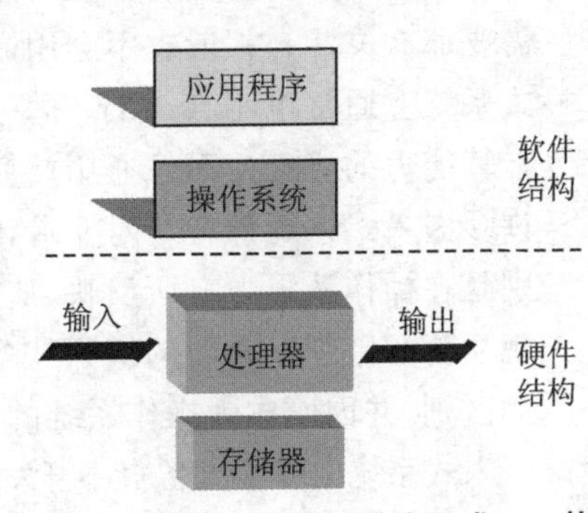


图 1.2　典型嵌入式系统基本组成——软件

### 1.1.3 嵌入式系统的特点

由于嵌入式系统是应用于特定环境下,面对专业领域的应用系统,所以与通用计算机系统的多样化和适用性不同。它与通用计算机系统相比具有以下特点:

- 嵌入式系统通常是面向特定应用的,一般都有实时要求。嵌入式处理器大多工作在为特定用户群所设计的系统中。它通常具有低功耗、体积小、集成度高、成本低等特点,从而使嵌入式系统的设计趋于小型化、专业化,也使移动能力大大增强,与网络的耦合也越来越紧密。
- 嵌入式系统是将先进的计算机技术、半导体工艺、电子技术和通信网络技术与各领域的具体应用相结合的产物。这一特点决定了它必然是一个技术密集、资金密集、高度分散、不断创新的知识集成系统。
- 嵌入式系统与具体应用有机地结合在一起,它的升级换代也与具体产品同步进行。因此,嵌入式系统产品一旦进入市场,一般具有较长的生命周期。
- 嵌入式系统的硬件和软件都必须高效率地设计,在保证稳定、安全、可靠的基础上量体裁衣,去除冗余,力争在同样的硅片面积上实现更高的性能。这样,才能最大限度地降低应用成本。在具体应用中,对处理器的选择决定了其市场竞争力。
- 嵌入式系统常常还有降低功耗的要求。这一方面是为了省电,因为嵌入式系统往往以电池供电;另一方面是要减少发热量,因为嵌入式系统中通常没有风扇等排热手段。
- 可靠性与稳定性对于嵌入式系统有着特别重要的意义,因此即使逻辑上的系统结构相同,在物理组成上也会有所不同。同时,对使用的元器件(包括接插件、电源等)的质量和可靠性要求都比较高,因此元器件的平均无故障时间MTBF(Mean Time Between Failure)成为关键性的参数。此外,环境温度也是需要重点考虑的问题。
- 嵌入式系统提供的功能以及面对的应用和过程都是预知的、相对固定的,而不像通用计算机那样有很大的随意性。既然是专用系统,在可编程方面就不需要那么灵活。一般也不会用嵌入式系统作为开发应用软件的环境,在嵌入式系统上通常也不会运行一些大型的软件。一般而言,嵌入式系统对CPU计算能力的要求并不像通用计算机那么高。
- 许多嵌入式系统都有实时要求,需要有对外部事件迅速作出反应的能力。特别是在操作系统中有所反映,从而使嵌入式软件的开发与常规软件的开发出现显著的区别。典型的嵌入式实时操作系统与常规的操作系统也有着显著的区别,并因而成为操作系统的一个重要分支和一个独特的研究方向。
- 嵌入式系统本身不具备自举开发能力。即使设计完成以后,用户通常也不能对其中的程序功能进行修改,必须有一套交叉开发工具和环境才能进行开发。

- 通用计算机的开发人员通常是计算机科学或者计算机工程方面的专业人士，而嵌入式系统开发人员却往往是各个应用领域中的专家，这就要求嵌入式系统所支持的开发工具易学、易用、可靠、高效。

归纳嵌入式系统的几个特点如下：

- 软硬件一体化，集计算机技术、微电子技术和行业技术为一体；
- 需要操作系统支持，代码小，执行速度快；
- 专用紧凑，用途固定，成本敏感；
- 可靠性要求高；
- 多样性，应用广泛，种类繁多。

嵌入式系统是面向用户、面向产品、面向应用的，它必须与具体应用相结合才会具有生命力，才会更具有优势。嵌入式系统是与应用紧密结合的，它具有很强的专用性，必须结合实际系统需求进行合理的裁减利用。嵌入式系统必须根据应用需求对软硬件进行裁减，满足应用系统的功能、可靠性、成本、体积等要求。

同时还应该看到，嵌入式系统本身还是一个外延极广的名词。凡是与产品结合在一起并具有微处理器的系统都可以叫做嵌入式系统，而且有时很难以给它一个准确的定义。现在人们谈及嵌入式系统时，某种程度上指近些年比较热门、具有操作系统的嵌入式系统。

### 1.1.4　嵌入式系统的应用



嵌入式系统以应用为中心，强调体积和功能的可裁减性，是以完成控制、监视等功能为目标的专用系统。在嵌入式应用系统中，系统执行任务的软硬件都嵌入在实际的设备环境中，通过专门的I/O接口与外界交换信息。一般它们执行的任务程序不由用户编制。

嵌入式系统主要用于各种信号处理与控制，目前已在国防、国民经济及社会生活各领域普及应用，用于企业、军队、办公室、实验室以及个人家庭等各种场所。

- 军用：各种武器控制(火炮控制、导弹控制、智能炸弹制导引爆装置)，坦克、舰艇、轰炸机等陆海空各种军用电子装备，雷达、电子对抗军事通信装备，野战指挥作战用各种专用设备等。从海湾战争到最近的伊拉克战争都有广泛使用。我国嵌入式计算机最早用于导弹控制。
- 家用：我国各种信息家电产品(如数字电视机、机顶盒、数码相机、VCD/DVD音响设备、可视电话、家庭网络设备、洗衣机、电冰箱、智能玩具等)广泛采用微处理器、微控制器及嵌入式软件，EMIT(嵌入式Internet技术)已用于社区对家用电、水、煤气表远程抄表以及洗衣机遥控。
- 工业用：各种智能测量仪表、数控装置、可编程控制器、控制机、分布式控制系统、现场总线仪表及控制系统、工业机器人、机电一体化机械设备、汽车电子设备等。广泛采用微处理器和控制器芯片级、标准总线的模板级及嵌入式计算机系统级。

- 商用:各类收款机、POS机、电子秤、条形码阅读机、商用终端、银行点钞机、IC卡读卡器、取款机、自动柜员机、自动服务终端、防盗系统、各种银行专业外围设备等。
- 办公用:复印机、打印机、传真机、扫描仪、激光照排系统、安全监控设备、手机、个人数字助理(PDA)、变频空调设备、通信终端、程控交换机、网络设备、录音录像及电视会议设备、数字音频广播系统等。女娲Hopen嵌入式软件已用于机顶盒、网络电视、电话、手机、PDA等。
- 医用电子设备:各种医疗电子仪器,如X光机、超声诊断仪、计算机断层成像系统、心脏起搏器、监护仪、辅助诊断系统、专家系统等。

目前,嵌入式系统应用最热门的有以下几种:

① 个人数字助理PDA。目前市面上已经出现基于Linux的PDA,它具有网络、多媒体等强大的功能。康柏公司iPAQ掌上电脑一般都预装Pocket PC操作系统。iPAQ采用Intel公司的StrongARM处理器,尽管这种处理器支持Linux系统,但其刚问世时却是使用Microsoft公司的Pocket PC操作系统。现在,PDA已被智能手机取代了。

② 机顶盒STB。所谓的机顶盒STB(Set Top Box),表面上理解只是放在电视机上的盒子,能提供通过电视机直接上网的功能。但它更吸引人的地方在于简单易用,是专为那些不很了解电脑的人设计的。现今用户端机顶盒的趋势是朝微型电脑发展,即逐渐集成电视和电脑的功能,成为一个多功能服务的工作平台,用户通过此设备即可实现交互式数字电视、数字电视广播、Internet访问、远程教学、会议电视、电子商务等多媒体信息服务。

③ IP电话。IP电话(IP Phone)把电话网和Internet结合成一个功能强大的通信网络,它在IP网络上实时传输被压缩的语音信息。IP电话的出现,使得方便的语音通信与网络价格低廉的特性很好地结合起来,因而具有良好的应用前景。IP电话以数字形式作为传输媒体,占用资源小,因此成本很低,价格便宜。

嵌入式系统的应用正在从狭窄的应用范围、单一的应用对象以及简单的功能,向着未来社会需要的应用需求进行转变。社会对嵌入式系统的需求正在慢慢扩大,特别是最近几年随着国际互联网的发展,从PC时代步入后PC时代,对信息家电的需求越来越明显。嵌入式系统在信息家电的应用,就是对嵌入式系统概念和应用范围的一个变革,从而打破了过去PC时代被单一微处理器厂家和单一操作系统厂家垄断的旧局面,出现了一个由多芯片、多处理器占领市场的新局面。

### 1.1.5 实时系统

实时系统(Real Time Systems)是指产生系统输出的时间对系统至关重要的系统。从输入到输出的滞后时间必须足够小到一个可以接受的时限内。因此,实时逻辑的正确性不仅依赖于计算结果的正确性，还取决于输出结果的时间。

实时系统是一个能够在指定或者确定的时间内完成系统功能以及对外部或内部事件在同步或异步时间内做出响应的系统。

实时系统是在逻辑和时序控制中，如果出现偏差，将会引起严重后果的系统。对于实时系统来说，应具备以下几个重要的特性：

- 实时性。实时系统所产生的结果在时间上有严格的要求，只有符合时间要求的结果才认为是正确的。在实时系统中，每个任务都有一个截止期限，任务必须在这个截止期限之前完成，以保证系统所产生的结果在时间上的正确性。
- 并行性。一般来说，一个实时系统通常有多个外部输入端口。因此，要求系统具有并行处理的能力，以便能同时响应来自不同端口的输入信号。
- 多路性。实时系统的多路性表现在对多个不同的现场信息进行采集，以及对多个对象和多个执行机构实行控制。
- 独立性。每个用户向实时系统提出服务请求，相互间是独立的。在实时控制系统中对信息的采集和对象控制也是相互独立的。
- 可预测性。实时系统的实际行为必须处在一定的限度内，而这个限度可以由系统的定义而获得。这意味着系统对来自外部输入的反应必须是全部可预测的，即使在最坏的条件下，系统也要严格遵守时间的约束。因此，在出现过载时，系统必须能以一种可预测的方式来降级它的性能。
- 可靠性。可靠性一方面指系统的正确性，即系统所产生的结果在返回值和运行费时上都是正确的；另一方面指系统的健壮性，也就是说，虽然系统出现了错误，或外部环境与预先假定的外部环境不符合，但系统仍然可以处于可预测状态，仍可以安全地带错运行和平缓地降级。

实时系统中主要通过3个指标来衡量系统的实时性，即

- 响应时间(Response Time)：指计算机从识别一个外部事件到做出响应的时间。
- 生存时间(Survival Time)：指数据的有效等待时间，在这段时间里数据是有效的。
- 吞吐量(Throughput)：指在一段给定时间内，系统可以处理事件的总数。吞吐量通常比平均响应时间的倒数小一点。

实时系统根据响应时间可分为3种类型：

- 强实时系统。在强实时系统中，各任务不仅要保证执行过程和结果的正确，同时还要保证在系统能够允许的时间内完成任务。它的响应时间在毫秒或微秒数量级上。这对于关系到安全、军事领域的软硬件系统来说是至关重要的。
- 弱实时系统。弱实时系统中，各个任务运行得越快越好，但并没有严格限定某一任务必须在多长时间内完成。弱实时系统更多地关注软件运行的结果正确与否，而对任务执行时间的要求相对较宽松。一般它的响应时间可以是

数十秒或更长,可能随着系统的负载轻重而有所变化。

- 一般实时系统。一般实时系统是弱实时系统和强实时系统的一种折衷。它的响应时间可以在秒的数量级上,可广泛应用于许多消费电子设备中。如PDA、手机等都属于一般实时系统。

实时系统根据确定性可以分为以下两类:

- 硬实时。硬实时指系统对系统响应时间有严格的要求。如果系统响应时间不能满足,就会引起系统崩溃或出现致命的错误。
- 软实时。软实时指系统对系统响应时间有要求。但是如果系统响应时间不能满足,它并不会导致系统出现致命的错误或崩溃。

## 1.2 嵌入式处理器

### 1.2.1 嵌入式处理器的分类

嵌入式处理器是嵌入式系统的核心,是控制辅助系统运行的硬件单元。硬件方面,目前世界上具有嵌入式功能特点的处理器已经超过1000种,流行的体系结构包括MCU、MPU等30多个系列,速度越来越快,性能越来越强,价格也越来越低。

嵌入式处理器可分为:

- 低端的微控制器(Microcontroller Unit,MCU);
- 中高端的嵌入式微处理器(Embedded Microprocessor Unit,EMPU);
- 通信领域的DSP处理器(Digital Signal Processor,DSP);
- 高度集成的片上系统(System on Chip,SoC)。



### 1.2.2 嵌入式微处理器

嵌入式微处理器(Embedded Microprocessor Unit,EMPU)是由通用计算机中的CPU演变而来的。与计算机处理器不同的是,在实际嵌入式应用中,只保留与嵌入式应用紧密相关的功能硬件,去除其他冗余功能部分,配上必要的扩展外围电路,如存储器的扩展电路、I/O的扩展电路和一些专用的接口电路等,这样就可以最低功耗和资源满足嵌入式应用的特殊要求。嵌入式微处理器虽然在功能上与标准微处理器基本相同,但一般在工作温度、抗电磁干扰、可靠性等方面都做了各种增强。与工业控制计算机相比,嵌入式微处理器具有体积小、重量轻、成本低、可靠性高等优点。目前主要的嵌入式处理器类型有ARM、MIPS、Am186/88、386EX、PowerPC、68000系列等。

嵌入式微处理器一般具有以下特点:

- 嵌入式微处理器在设计中考虑低功耗。许多嵌入式处理器提供几种工作模式,如正常工作模式、备用模式、省电模式等。这样为嵌入式系统提供了灵活性，满足了嵌入式系统对低功耗的要求。便携式和无线应用中靠电池工作的嵌入式微处理器设计的最重要的指标是功耗而不是性能。现在已经到了不用主频 MHz 比较处理器而用功耗 mW 或 μW 比较处理器的时代了。

- 采用可扩展的处理器结构。一般在处理器内部都留有很多扩展接口，以方便对应用的扩展。
- 具有功能很强的存储区保护功能。这是由于嵌入式系统的软件结构已模块化，而为了避免在软件模块之间出现错误的交叉作用，需要设计强大的存储区保护功能，同时也有利于软件诊断。
- 提供丰富的调试功能。嵌入式系统的开发很多都是在交叉调试中进行，丰富的调试接口会更便于对嵌入式系统的开发。
- 对实时多任务具有很强的支持能力。处理器内部具有精确的振荡电路、丰富的定时器资源，从而有较强的实时处理能力。

### 1.2.3 微控制器

微控制器 MCU(MicroController Unit)俗称单片机，它将整个计算机系统集成到一块芯片中。微控制器一般以某一种微处理器内核为核心，芯片内部集成 Flash、RAM、总线逻辑、定时器/计数器、WatchDog、I/O、串行口、脉宽调制输出、A/D、D/A 等各种必要功能模块和外围部件。

最早的单片机是 Intel 公司的 8048，它出现在 1976 年。同时，Motorola 公司推出了 68HC05，Zilog 公司推出了 Z80。这些早期的单片机均含有 256 字节的 RAM、4 KB的 ROM、4 个 8 位并口、1 个全双工串行口、2 个 16 位定时器。之后在 20 世纪 80 年代初，Intel 公司又进一步完善了 8048，在它的基础上研制成功了 8051。20 世纪 80 年代中期，Intel 公司将 8051 内核使用权以专利互换或出售形式转让给世界许多著名 IC 制造厂商，这样 8051 就变成有众多制造厂商支持的、发展出上百个品种的大家族。8051 也是单片机教学的首选机型。

为适应不同的应用需求，一般一个系列的单片机具有多种衍生产品。每种衍生产品的处理器内核都是相同的，不同的是存储器和外设的配置及封装。这样可以使不同的单片机适合不同的应用。与嵌入式微处理器相比，微控制器的最大特点是单片化，体积小，从而使功耗和成本下降，可靠性提高。微控制器是目前嵌入式系统工业中的主流产品。微控制器的片内资源一般比较丰富，适合于控制。

与微处理器相比，微控制器的一个显而易见的优势是成本。微控制器将一些接口电路和功能模块集成在 CPU 芯片上，价格虽然比相应的微处理器高，但如果算上本来就需要的 I/O 接口芯片和一些独立的功能模块芯片，往往比较实惠。当然实际的好处远不止于此。

首先，采用微控制器可以在相当程度上缩短产品的设计、开发以及调试时间，从而节约用于这些方面的开支。

其次，由于系统中芯片的数量减少了，整个系统的故障率就会降低。研究和统计表明，单个芯片的故障率与其集成规模和复杂性的关系并不很大，而整个系统的可靠率为所有元器件的可靠率的乘积。因此，如果系统中芯片的数量减少了，系统发生故障的概率就会降低，而且系统的体积也可以缩小。这对于需要嵌入到其他设备或装置中的系统往往有重要的意义。

另外，由于一些接口电路和功能模块与 CPU 集成在同一块芯片上，这些电路之间的连线长度就降到很小。对于一些高速系统，即时钟频率很高的系统，这也是个很重要的优点。对于频率较高的交变电信号，导线所呈现的电感和电容对电路的负载能力以及信号延迟等的影响都不容忽视。许多高速的应用只能通过更大规模的集成才能实现。

微控制器在品种数量上远远超过微处理器，而能够生产微控制器的厂商的数量，也远远超过微处理器生产厂商的数量。比较有代表性的通用系列包括 8051、P51XA、MCS－96/196/296、PIC、AVR、MSP430、C166/167、MC68HC05/11/12/16 等。另外，还有许多半通用系列，如支持 USB 接口的 MCU 8XC930/931、C540、C541，支持 $I^2C$、CAN_Bus、LCD 等接口的专用 MCU 系列。目前，MCU 占嵌入式系统约 70%的市场份额。但有时嵌入式微处理器和微控制器的概念区分并不那么严格。比如近年来提供 x86 微处理器的著名厂商 AMD 公司，将 Am186 等嵌入式处理器称为微控制器，Motorola 公司则把以 PowerPC 为基础的 PPC505 和 PPC555 列入微控制器行列，TI 公司也将其 TMS320C2XXX 系列的 DSP 作为微控制器进行推广。

### 1.2.4　DSP 处理器

DSP(Digital Signal Processor)处理器对系统结构和指令进行了特殊设计，使其适合执行 DSP 算法，编译效率和指令执行速度都较高。在数字滤波、FFT、谱分析等方面，DSP 算法正在大量引入嵌入式领域。DSP 应用正在从通用单片机中以普通指令实现 DSP 功能，过渡到采用 DSP 处理器。

DSP 处理器有两个发展来源，一是 DSP 处理系统经过单片化、电磁兼容(EMC)改造以及增加片上外设，成为 DSP 处理器，如 TI 公司的 TMS320C2000/C5000 等属于此范畴；二是在通用单片机或 SoC 中增加 DSP 协处理器，例如 Intel 公司的 MCS－296 和 Infineon(Siemens)的 TriCore。

DSP 处理器比较有代表性的产品是 TI 公司的 TMS320 系列、ADI 公司的 ADSP21XX 系列和 Motorola 公司的 DSP56000 系列。TMS320 系列处理器包括用于控制的 C2000 系列、移动通信的 C5000 系列以及性能更高的 C6000 和 C8000 系列。

现在，DSP 处理器已得到快速的发展与应用，特别在运算量较大的智能化系统中，例如，各种带智能逻辑的消费类产品、生物信息识别终端、带加解密算法的键盘、ADSL 接入、实时语音压解系统、虚拟现实显示等。

## 1.2.5 片上系统

随着EDA的推广和VLSI设计的普及,以及半导体工艺的迅速发展,在一个硅片上实现多个更为复杂系统的时代已来临,这就是片上系统SoC(System on Chip)。它结合了许多功能模块,将整个系统做在一个芯片上。ARM、MIPS、DSP或是其他微处理器核加上通信的接口单元——通用串行口(UART)、USB、TCP/IP通信单元、IEEE1394、蓝牙模块接口等。这些单元以往都是依照各单元的功能做成一个个独立的处理芯片。将整个嵌入式系统集成到一块芯片中,应用系统电路板将变得很简洁,对于减小体积和功耗,提高可靠性非常有利。

各种通用处理器内核作为SoC设计公司的标准库,与许多其他嵌入式系统外设一样,成为VLSI设计中一种标准器件。它用VHDL、Verilog等语言描述,存储在器件库中。用户只需定义出其整个应用系统,仿真通过后就可以用FPGA制作样片。

SoC的优点如下:

- 通过改变内部工作电压,降低芯片功耗。
- 减少芯片对外的引脚数,简化制造过程。
- 减少外围驱动接口单元及电路板之间的信号传递,加快微处理器数据处理的速度。
- 内嵌的线路可以避免外部电路板在信号传递时所造成的系统杂讯。

嵌入式系统实现的最高形式是SoC,而SoC的核心技术是IP核(Intellectual Property Core,知识产权核)构件。

嵌入式片上系统设计的关键是IP核的设计。IP核分为硬核、软核和固核,是嵌入式技术的重要支持技术。在设计嵌入式系统时,可以通过使用IP核技术完成系统硬件的设计。在IP技术中把不同功能的电路模块称为IP,这些IP都是经过实际制作并证明是正确的。在EDA设计工具中把这些IP组织在一个IP元件库中,供用户使用。设计电子系统时,用户需要知道IP模块的功能和技术性能。通过把不同的IP模块嵌在一个硅片上,形成完整的应用系统。IP技术极大地简化了SoC的设计过程,缩短了设计时间,因此,已经成为目前电子系统设计的重要基本技术。

## 1.2.6 典型的嵌入式处理器

### 1. ARM处理器

ARM(Advanced RISC Machines)公司是全球领先的16/32位RISC微处理器知识产权设计供应商。ARM公司通过将其高性能、低成本、低功耗的RISC微处理器,外围和系统芯片设计技术转让给合作伙伴来生产各具特色的芯片。ARM公司已成为移动通信、手持设备、多媒体数字消费嵌入式解决方案的RISC标准。

ARM 处理器有 3 大特点：

➢ 小体积、低功耗、低成本而高性能；

➢ 16/32 位双指令集；

➢ 全球众多的合作伙伴。

ARM 处理器分 ARM7、ARM9、ARM9E、ARM10、ARM11 和 Cortex 系列。其中 ARM7 是低功耗的 32 位核，最适合应用于对价位和功耗敏感的产品。它又分为适用于实时环境的 ARM7TDMI、ARM7TDMI－S，适用于开放平台的 ARM720T，以及适用于 DSP 运算及支持 Java 的 ARM7EJ 等。

基于 ARM 核的产品如下：

➢ Intel 公司的 XScale 系列(已出售给 Marvell 公司)；

➢ Freescale 公司的龙珠系列 i.MX 处理器；

➢ TI 公司的 DSP＋ARM 处理器 OMAP3530、C5470/C5471、DM3730 等；

➢ Cirrus Logic 公司的 ARM 系列：EP7212、EP7312、EP9312 等；

➢ SamSung 公司的 ARM 系列：S3C44B0、S3C2410、S3C24A0、S5PV210 等；

➢ Atmel 公司的 ARM 系列微控制器：AT91M40800、AT91FR40162、AT91RM9200、SAMA5D3 等；

➢ Nxp 公司的 ARM 微控制器：LPC2104、LPC2210、LPC3000、LPC1768 等。

### 2. MIPS 处理器



MIPS(Microprocessor without Interlocked Pipeline Stages)技术公司是一家设计制造高性能、高档次嵌入式 32/64 位处理器的厂商。在 RISC 处理器方面占有重要地位。MIPS 公司设计 RISC 处理器始于 20 世纪 80 年代初，其战略现已发生变化，重点已放在嵌入式系统。

1999 年，MIPS 公司发布 MIPS 32 和 MIPS 64 体系结构标准，为未来 MIPS 处理器的开发奠定了基础。MIPS 公司陆续开发了高性能、低功耗的 32 位处理器核 MIPS 32 4Kc 与高性能 64 位处理器核 MIPS 64 5Kc。为了使用户更加方便地应用 MIPS 处理器，MIPS 公司推出了一套集成开发工具，称为 MIPS IDF(Integrated Development Framework)，特别适合嵌入式系统的开发。

MIPS 的定位很广。在高端市场它有 64 位的 20Kc 系列，在低端市场有 SmartMIPS。如果您有一台机顶盒设备或一台视频游戏机，很可能就是基于 MIPS 的；您的电子邮件可能就是通过基于 MIPS 芯片的 Cisco 路由器来传递的；您公司所使用的激光打印机也有可能使用基于 MIPS 的 64 位处理器。

### 3. PowerPC 处理器

PowerPC 体系结构的特点是可伸缩性好，方便灵活。PowerPC 处理器品种很多，既有通用处理器，又有微控制器和内核。其应用范围非常广泛，从高端的工作站、服务器到台式计算机系统，从消费类电子产品到大型通信设备，无所不包。

基于 PowerPC 体系结构的处理器有 IBM 公司开发的 PowerPC 405 GP，它是一个集成 10/100 Mbps 以太网控制器、串行和并行端口、内存控制器以及其他外设的高性能嵌入式处理器。

#### 4. MC68K /Coldfire 处理器

Apple 机以前使用的就是 Motorola 68000(68K)，比 Intel 公司的 8088 还要早。但现在，Apple、Motorola 公司已放弃 68K 而专注于 ARM 了。

#### 5. x86 处理器

x86 系列处理器是最常用的，它起源于 Intel 架构的 8080，发展到现在的 Pentium 4、Athlon 和 AMD 的 64 位处理器 Hammer。486DX 是当时与 ARM、68K、MIPS、SuperH 齐名的 5 大嵌入式处理器之一。现有基于 x86 的 STPC 高度集成系统。

## 1.3 嵌入式操作系统

### 1.3.1 操作系统的概念和分类

操作系统 OS(Operating System)是一组计算机程序的集合，用来有效地控制和管理计算机的硬件和软件资源，即合理地对资源进行调度，并为用户提供方便的应用接口。它为应用支持软件提供运行环境，即对程序开发者提供功能强、使用方便的开发环境。



从资源管理的角度，操作系统主要包含如下功能：

① 处理器管理。对处理器进行分配，并对其运行进行有效地控制和管理。在多任务环境下，合理分配由任务共享的处理器，使 CPU 能满足各程序运行的需要，提高处理器的利用率，并能在恰当的时候收回分配给某任务的处理器。处理器的分配和运行都是以进程为基本单位进行的，因此，对处理器的管理可以归结为对进程的管理，包括进程控制、进程同步、进程通信、作业调度和进程调度等。

② 存储器管理。存储器管理的主要任务是为多道程序的运行提供良好的环境，包括内存分配、内存保护、地址映射、内存扩充。例如，为每道程序分配必要的内存空间，使它们各得其所，且不致因互相重叠而丢失信息；不因某个程序出现异常而破坏其他程序的运行；方便用户使用存储器；提高存储器的利用率，并能从逻辑上扩充内存等。

③ 设备管理。完成用户提出的设备请求，为用户分配 I/O 设备；提高 CPU 和 I/O 的利用率；提高 I/O 速度，方便用户使用 I/O 设备。设备管理包括缓冲管理、设备分配、设备处理、形成虚拟逻辑设备等。

④ 文件管理。在计算机中，大量的程序和数据是以文件的形式存放的。文件管

理的主要任务就是对系统文件和用户文件进行管理，方便用户的使用，保证文件的安全性。文件管理包括对文件存储空间的管理、目录管理、文件的读/写管理以及文件的共享与保护等。

⑤ 用户接口。用户与操作系统的接口是用户能方便地使用操作系统的关键。用户通常只需以命令形式、系统调用（即程序接口）形式与系统打交道。图形用户接口(GUI)，可以将文字、图形和图像集成在一起，用非常容易识别的图标将系统的各种功能、各种应用程序和文件直观地表示出来，用户可以通过鼠标来取得操作系统的服务。

按程序运行调度的方法，可以将计算机操作系统分为以下几种类型：

① 顺序执行系统。即系统内只含一个运行程序。它独占CPU时间，按语句顺序执行该程序，直至执行完毕，另一程序才能启动运行。DOS操作系统就属于这种系统。

② 分时操作系统。系统内同时可有多道程序运行。所谓同时，只是从宏观上来说，实际上系统把CPU的时间按顺序分成若干时间片，每个时间片内执行不同的程序。这类系统支持多用户，当今广泛用于商业、金融领域。Unix操作系统即属于这种系统。

③ 实时操作系统。系统内同时有多道程序运行，每道程序各有不同的优先级，操作系统按事件触发使程序运行。当多个事件发生时，系统按优先级高低来确定哪道程序在此时此刻占有CPU，以保证优先级高的事件、实时信息及时被采集。实时操作系统是操作系统的一个分支，也是最复杂的一个分支。

从应用的角度来看，嵌入式操作系统可以分为：

- 面向低端信息家电IA(Internet Appliance，如智能电话、家庭网关等)的嵌入式操作系统；
- 面向高端信息家电（如数字电视等）的嵌入式操作系统；
- 面向个人通信终端（如手机、PDA、Pocket PC等）的嵌入式操作系统；
- 面向通信设备的嵌入式操作系统；
- 面向汽车电子的嵌入式操作系统；
- 面向工业控制的嵌入式操作系统。

从实时性的角度，嵌入式操作系统可分为：

- 具有强实时特点的嵌入式操作系统；
- 具有弱实时特点的嵌入式操作系统；
- 没有实时特点的嵌入式操作系统。

为了较好地了解操作系统的功能，首先要说明几个基本概念：

### 1. 任务、进程和线程

**任务**：任务是指一个程序分段，这个分段被操作系统当做一个基本工作单元来调度。任务是在系统运行前已设计好的。

**进程**：进程是指任务的一次运行过程，它是动态过程。有些操作系统把任务和进程等同看待，认为任务是一个动态过程，即执行任务体的动态过程。

**线程**：20 世纪 80 年代中期，人们提出了比进程更小的、能独立运行和调度的基本单位——线程，并以此来提高程序并发执行的程度。近些年，线程的概念已被广泛应用。

### 2. 多用户及多任务

**多用户的含义**：允许多个用户通过各自的终端使用同一台主机，共享同一个操作系统及各种系统资源。

**多任务的含义**：每个用户的应用程序可以设计成不同的任务，这些任务可以并发执行。多用户及多任务系统可以提高系统的吞吐量，更有效地利用系统资源。

### 3. 任务的驱动方式

在实时操作系统中，不同的任务有不同的驱动方式。实时任务总是由事件或时间驱动，可用图 1.3 表示。

- 任务
  - 实时任务
    - 事件驱动
      - 内部事件：运算结果、设备请求等
      - 外部事件：开关量输入等
    - 时间驱动
      - 绝对时间驱动
      - 相对时间驱动
  - 非实时任务

**图 1.3 任务及其驱动方式**

实时任务总是由于某事件发生或时间条件满足而被激活。事件有两种——内部事件和外部事件。

**内部事件驱动**：内部事件驱动是指某一程序运行的结果导致另一任务的启动。运行结果可能是数据满足一定条件或超出某一极限值；也可能是释放了某一资源，例如得到了某一设备而使任务得到运行环境。内部事件驱动的任务一般属于同步任务范畴。

**外部事件驱动**：最典型的实时任务是由外部事件驱动的。外部事件驱动常指工业现场状态发生变化或出现异常，立刻请求 CPU 处理。CPU 将中断正在执行的任务而优先响应外部请求，立即执行系统设计时设定的对应于该请求的中断服务任务。在实时系统中，外部事件的发生是不可预测的，由外部事件驱动的任务是最重要的任务，其优先级最高。在工业应用中，工程师、操作员键入命令也是一种外部事件，但与现场状态变化相比，它的实时性要求要低得多，所以系统对其响应、执行命令的任务优先级也较低。通常把这类任务安排在后台作业中。

由时间驱动的任务有两种：一种是按绝对时间驱动，另一种是按相对时间驱动。

**绝对时间驱动**：绝对时间驱动是指在某指定时刻执行的任务。例如监测系统中报表打印任务,一般是在操作员交接班时(班报告)、夜间零点(日报告)或每月末(月报告)执行,也就是在自然时钟的绝对时间执行。在网络系统中,绝对时间更重要,系统中有些数据交换、控制命令是以绝对时间为基准执行的。监控系统需要与卫星、电视台对时,就是为了与外部绝对时间同步。

**相对时间驱动:** 相对时间驱动是指周期性执行的任务,总是相对上一次执行时间计时,执行时间间隔一定。除了周期性任务外,还有一些同步任务也可能由相对时间驱动,如等待某种条件到来。等待时间是编程设定的,例如认为被挂起一段时间。相对时间可用计算机内部时钟或软时钟计时。

### 4. 中断与中断优先级

**中断:** 中断是计算机中软件系统与硬件系统共同提供的功能。它包括中断源、中断优先级、中断处理程序及中断任务等相关概念。实时操作系统充分利用中断来改变CPU执行程序的顺序,达到实时处理的目的。

系统中所有中断控制器一共可以连接几个外部信号,则称系统有几个中断源。CPU通过读中断状态寄存器,判别出哪个信号有变化,就认为该信号对应的外部事件发生,正在请求CPU处理。CPU接到请求后,先仲裁该中断源的优先级是否比当前正在执行的任务优先级更高。若更高,则中断当前正在执行的程序而转向执行对应于该外部信号的中断处理程序。中断处理程序的长度是有限的,因而有些系统中,每个中断处理程序还可对应一个任务入口,使中断发生时执行任务中的代码,以便得到更多处理。这一任务提交给操作系统作为任务调度。这种与中断级对应、由外部事件驱动的任务又称为中断任务。

**中断优先级:** 操作系统对每个中断源指定了优先级,称之为中断优先级。在多个中断源同时发出申请时,CPU按优先级的高低顺序处理。

这种总是保证优先级最高的任务占用CPU的方式,称为按优先级抢占式调度。中断源及中断优先级是实时系统赖以工作的基础。

实时操作系统中也包含一些无实时性要求的任务,例如系统初始化任务,只是在系统启动时执行一次即可。

实时操作系统内的任务有数量限制,不同系统允许的任务数量不同。每个任务对应一个任务号。有些系统任务号与优先级数是一致的,有些却不一致,而是具有一种固定的对应关系。实时系统内任务按优先级排列,操作系统按优先级调度任务。有的实时系统还允许多个任务有相等的优先级,对同优先级任务再采取分时方式调度。应用任务的任务号和优先级,由应用系统设计人员根据现场需求在程序设计时指定,由应用系统初始化程序执行分配。

### 5. 同步与异步

实时系统中常用同步或异步来说明事件发生的时序或任务执行的顺序关系。

**同步:** 由于事件1停止而引起事件2发生,或者必须有事件2发生,事件3才可

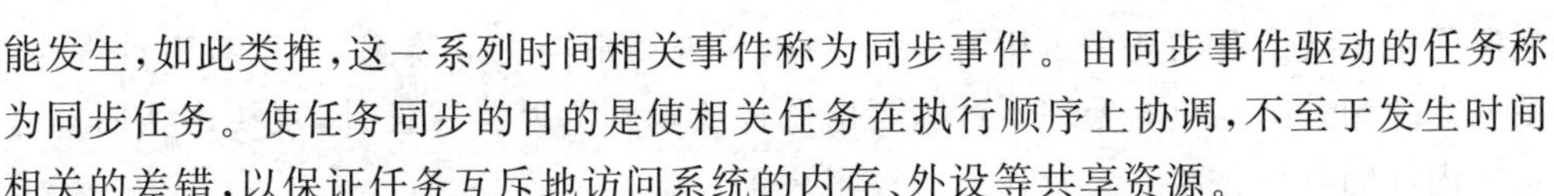

能发生，如此类推，这一系列时间相关事件称为同步事件。由同步事件驱动的任务称为同步任务。使任务同步的目的是使相关任务在执行顺序上协调，不至于发生时间相关的差错，以保证任务互斥地访问系统的内存、外设等共享资源。

**异步：**异步事件是指随机发生的事件。异步事件发生的原因很复杂，往往与工业现场有关，难以预测其发生的时间，所以异步事件又称随机事件。由异步事件驱动的任务称为异步任务。中断任务都是异步任务，优先级高于同步任务。

### 6. 资源与临界资源

**资源：**程序运行时可使用的软、硬件环境统称为资源。主要包括 CPU 的可利用时间、系统可提供的中断源、内存空间与数据、通用外部设备等。系统资源由操作系统统一分配管理。用户定义的任务可向系统申请资源。没有指派给具体任务的资源属于系统所有，是共享资源，也可作为动态再分配的资源。

**临界资源：**如果系统中出现 2 个以上任务可能同时访问的共享资源，则称为临界资源。系统中的公共数据区、打印机等都是临界资源。

系统内任务应采取互斥的方式访问共享资源。在实时多任务系统中，当异步任务被激活时，容易出现资源的临界状态。这种状态是不稳定的，一旦某任务完成对该资源的访问，交出控制权，临界状态便消失。实时多任务操作系统中应保证任何时刻临界资源内只有一个任务在访问，而且占用该资源的任务应尽快使用并尽快释放资源，绝不能在没有释放资源前将自己挂起或执行某种等待操作，使得其他任务不能获得该资源。但是实时多任务操作系统中应避免出现资源临界现象，即保证任何时刻临界资源内只有一个任务在访问。若这一问题处理不好，执行任务交不出资源的控制权，将会引起系统死锁。因此，对临界资源的管理是实时操作系统重要任务之一。

### 7. 容错与安全性

**容错：**容错是指这样一种性能或措施，当系统内某些软、硬件出现故障时，系统仍能正常运转，完成预定的任务或某些重要的不允许间断的任务。容错能力包括系统自诊断、自恢复、自动切换等多方面能力，由软、硬件共同采取措施才能实现。容错是实时系统提高可靠性的手段。

**安全性：**安全性控制是操作系统对自身文件和用户文件的存取合法性的控制。在实时操作系统中，安全性极为重要，尤其是在一些重要的工业控制和军用系统中，必须保证系统工作的高度可靠和安全，防止对应用系统的有意或无意的破坏。通常采用一些软件控制方法来保证系统的安全性，如标记检查、多级口令设置、加密等。

## 1.3.2 实时操作系统

实时操作系统(RTOS)是具有实时性且能支持实时控制系统工作的操作系统。其首要任务是调度一切可利用的资源来完成实时控制任务，其次才着眼于提高计算机系统的使用效率，其重要的特点是能满足对时间的限制和要求。在任何时刻，它总是保证优先级最高的任务占用CPU。系统对现场不停机地监测,一旦有事件发生,系统能即刻做出相应的处理。这除了由硬件质量作为基本保证外,主要由实时操作系统内部的事件驱动方式及任务调度来决定。

实时操作系统是实时系统在启动之后运行的一段背景程序。应用程序是运行在这个基础之上的多个任务。实时操作系统根据各个任务的要求,进行资源管理、消息管理、任务调度和异常处理等工作。在实时操作系统支持的系统中,每个任务都具有不同的优先级别,它将根据各个任务的优先级来动态地切换各个任务,以保证对实时性的要求。

从性能上讲,实时操作系统与普通操作系统存在的区别主要体现在"实时"2字上。在实时计算中,系统的正确性不仅依赖于计算的逻辑结果,而且依赖于结果产生的时间。

RTOS与通用计算机OS的区别:

- 实时性。响应速度快,只有几微秒;执行时间确定,可预测。
- 代码尺寸小。10~100 KB,节省内存空间,降低成本。
- 应用程序开发较难。
- 需要专用开发工具:仿真器、编译器和调试器等。

### 1. 实时操作系统的发展



实时操作系统的研究是从20世纪60年代开始的。从系统结构上看,实时操作系统经历了以下3个发展阶段:

① 早期的实时操作系统。早期的实时操作系统还不能称为真正的实时操作系统。它只是一个小而简单、具有一定专用性的软件,其功能较弱,可以认为是一种实时监控程序。它一般为用户提供对系统的初始管理以及简单的实时时钟管理。

② 专用实时操作系统。开发者为了满足实时应用的需要,自己研制与特定硬件相匹配的实时操作系统。这类专用实时操作系统在国外称为Real-Time Operating System Developed in House。它是早期用户为满足自身开发需要而研制的,一般只能用于特定的硬件环境,且缺乏严格的评测,可移植性也不太好。

③ 通用实时操作系统。在操作系统中,一些多任务的机制,如基于优先级的调度、实时时钟管理、任务间的通信、同步互斥机构等基本上是相同的,不同的只是面向各自的硬件环境与应用目标。实际上,相同的多任务机制是能够共享的,因而可以把这部分很好地组织起来,形成一个通用的实时操作系统内核。这类实时操作系统大多采用软组件结构,以"标准组件"构成通用的实时操作系统。一方面,在实时操作系统内核的最底层将不同的硬件特性屏蔽掉;另一方面,对不同的应用环境提供了标准的、可裁减的系统服务软组件。这使用户可根据不同的实时应用要求及硬件环境,选择不同的软组件,也使实时操作系统开发商在开发过程中减少了重复性工作。

1981年,Ready System公司发展了世界上第一个商业嵌入式实时内核——

VRTX32。它包含了许多传统操作系统的特征，包括任务管理、任务间通信、同步与互斥、中断支持、内存管理等功能。随后，出现了如 Integrated System Incorporation (ISI)的 PSOS、Wind River 公司的 VxWorks、QNX 公司的 QNX、Palm OS、WinCE、嵌入式 Linux、Lynx、μC/OS、Nucleus，以及国内的 Hopen、Delta OS 等嵌入式操作系统。今天，RTOS 已经在全球形成了一个产业。

实时操作系统经过多年的发展，先后从实模式进化到保护模式，从微内核技术进化到超微内核技术；在系统规模上也从单处理器的实时操作系统，发展到支持多处理器的实时操作系统和网络实时操作系统，在操作系统研究领域中形成了一个重要分支。

### 2. 实时操作系统的组成

实时操作系统是能够根据实际应用环境的要求对内核进行裁减和重配置的操作系统。根据其面向实际应用领域的不同其组成也有所不同。但一般都包括以下几个重要组成部分：

① 实时内核。实时内核一般都是多任务的。它主要实现任务管理、定时器管理、存储器管理、任务间通信与同步、中断管理等功能。

② 网络组件。网络组件实现了链路层的 ARP/RARP、PPP 及 SLIP 协议，网络层的 IP 协议，传输层的 TCP 和 UDP 协议。应用层则根据实际应用的需要实现相应的协议。这些网络组件作为操作系统内核的一个上层的功能组件，为应用层提供服务。它本身是可裁减的，目的是尽可能少地占有系统资源。

③ 文件系统。非常简单的嵌入式应用中可以不需要文件系统的支持，但对于比较复杂的文件操作应用来说，文件系统是必不可少的。它也是可裁减的。

④ 图形用户界面。在 PDA 等实际应用领域中，需要友善的用户界面。图形用户界面(GUI)为用户提供文字和图形以及中英文的显示和输入。它同样是可裁减的。

### 3. 实时操作系统的特点

实时操作系统与一般的操作系统有一定的差异。IEEE 的 Unix 委员会规定了实时操作系统必须具备以下几个特点：

- 支持异步事件的响应。实时操作系统为了对外部事件在规定的时间内进行响应，要求具有中断和异步处理的能力。
- 中断和调度任务的优先级机制。为区分用户的中断以及调度任务的轻重缓急，需要有中断和调度任务的优先级机制。
- 支持抢占式调度。为保证高优先级的中断或任务的响应时间，实时操作系统必须提供一旦高优先级的中断或任务准备好，就能马上抢占低优先级任务的 CPU 使用权的机制。
- 确定的任务切换时间和中断延迟时间。确定的任务切换时间和中断延迟时间是实时操作系统区别于普通操作系统的一个重要标志，是衡量实时操作系统的实时性的重要标准。

➢ 支持同步。提供同步和协调共享数据的使用。

实时操作系统以上的几个特性突出地表明，通常所用的操作系统是没有实时性的。

## 1.3.3　常见的嵌入式操作系统

国外嵌入式操作系统已经从简单走向成熟。有代表性的产品主要有VxWorks、QNX、Palm OS、WindowsCE等，占据了机顶盒、PDA等的绝大部分市场。其实，嵌入式操作系统并不是一个新生的事物，从20世纪80年代起，国际上就有一些IT组织、公司开始进行商用嵌入式操作系统和专用操作系统的研发。

一般商用嵌入式操作系统都采用计费许可证，即以“提成”的方法向用户收取费用。购买者先付一笔费用购买嵌入式操作系统及其开发环境，在此基础上开发出自己的产品；然后每出售一套采用该操作系统的产品，便从中抽取一定的费用。为便于应用系统的开发和调试，通常额外付费就可以取得嵌入式操作系统的源代码。Microsoft公司本来从不向用户提供源代码，但是其嵌入式操作系统WindowsCE却是例外，只要是在WindowsCE上开发产品的厂商，均可与Microsoft公司签订合同，取得其源代码。采用商用嵌入式操作系统的好处是能得到比较好的技术支持。



### 1. VxWorks

VxWorks操作系统是美国WindRiver公司于1983年设计开发的一种实时操作系统。VxWorks拥有良好的持续发展能力、高性能的内核以及友好的用户开发环境，在实时操作系统领域内占据一席之地。它以良好的可靠性和卓越的实时性被广泛地应用在通信、军事、航空、航天等高精尖技术及实时性要求极高的领域中，如卫星通信、军事演习、导弹制导、飞机导航等。在美国的F-16、FA-18战斗机，B-2隐形轰炸机和爱国者导弹上，甚至连1997年4月在火星表面登陆的火星探测器上也使用了VxWorks。它是目前嵌入式系统领域中使用最广泛、市场占有率最高的系统。它支持多种处理器，如ARM、x86、i960、SunSparc、Motorola MC68000、MIPS RX000、PowerPC、StrongARM等。大多数的VxWorks API是专有的。

多家著名的公司如CISCO Systems、3Com、HP、Lucent等都是VxWorks的主要商业客户，可见VxWorks的使用范围之广和影响之大。在交互式应用程序领域，Unix和Windows无疑是两种非常成功的操作系统，但是，它们并不适合于实时应用。一般的实时操作系统因为比较专用化，缺乏良好的应用开发界面，尤其是图形用户界面。综合这两类操作系统的优点，并且发挥出自己最大优势的实时操作系统就是VxWorks。

WindRiver公司的哲学并不是要创建一个能完成一切的操作系统，而是利用这两种操作系统的优点，在宿主机方面操作和应用变得更方便。VxWorks实时和嵌入式性能变得更好。

另外，VxWorks允许按照不同的应用需求进行定制。在开发过程中，可以利用一些特性加快开发速度；在开发结束之后，可以将这些特性删除，以得到紧凑、高效的操作系统。

VxWorks的特点如下：

① 高性能实时微内核。VxWorks的微内核Wind是一个具有较高性能且标准的嵌入式实时操作系统内核。它支持抢占式、基于优先级的任务调度，支持任务间同步和通信，还支持中断处理、看门狗(Watchdog)定时器和内存管理。其任务切换时间短、中断延迟小、网络流量大的特点使VxWorks的性能得到很大提高。与其他嵌入式操作系统相比，VxWorks系统具有很大优势。

② 与POSIX兼容。POSIX(Portable Operating System Interface)是工作在ISO/IEEE标准下的一系列有关操作系统的软件标准。制定这个标准的目的是为了在源代码层次上支持应用程序的可移植性。这个标准产生了一系列适用于实时操作系统服务的标准集合1003.1b(过去是1003.4b)。

VxWorks与Unix有很深的渊源，它的许多代码实际上是从BSD演变过来的，可以说它是Unix的一个变种，甚至仍可以说是“类Unix”的操作系统。VxWorks与POSIX标准完全兼容，凡是在POSIX基础上做出了扩充或改进的，就向用户分别提供两套函数，使用户在其他符合POSIX标准的系统(如Linux)上运行的软件移植到VxWorks上，基本上只要重新编译即可运行。

③ 自由配置能力。VxWorks提供良好的可配置能力，可配置的组件超过80个。用户可以根据自己系统的功能需求通过交叉开发环境方便地进行配置。

④ 友好的开发调试环境。VxWorks提供的开发调试环境便于进行操作和配置，开发系统Tornado更是得到广大嵌入式系统开发人员的支持。

### 2. μC/OS和μC/OS-II

μC/OS-II(Microcontroller Operating System)是由美国人Jean J. Labrosse开发的实时操作系统内核。这个内核的产生与Linux有点相似，由于从事相关嵌入式产品的开发及Labrosse兴趣使然，他花了一年时间开发了这个最初名为μC/OS的实时操作系统，并且将介绍文章在1992年的*Embedded System Programming*杂志上发表，源代码也公布在该杂志的网站上。1993年，作者将杂志上的文章整理扩展，写成了*μC/OS, The Real-Time Kernel*一书。这本书的热销以及源代码的公开推动了μC/OS-II本身的发展。μC/OS-II目前已经被移植到Intel、ARM、Motorola等公司的上百种不同的处理器上。

μC/OS-II其实只是一个实时操作系统的内核，全部核心代码只有8.3 KB。它只包含了进程调度、时钟管理、内存管理和进程间的通信与同步等基本功能，而没有包括I/O管理、文件系统、网络等额外模块，图1.4说明了μC/OS-II的系统结构。同时，μC/OS-II的可移植性很强。从μC/OS-II的结构图中，可以看到涉及到系统移植的源码文件只有3个，只要编写4个汇编语言的函数、6个C函数，再定义3个宏和1个常量，代码长度不过二三百行，移植起来并不困难。

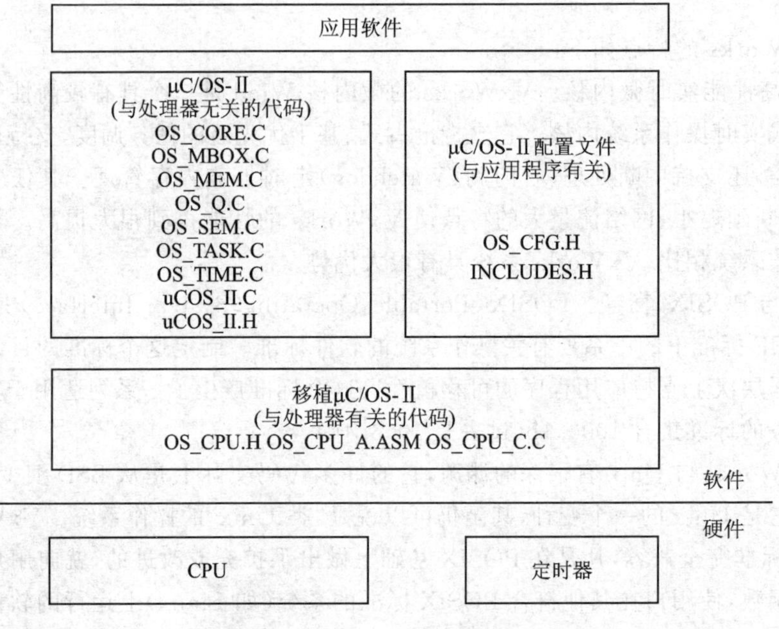


**图1.4 μC/OS-II的系统结构**

作为一个实时操作系统，μC/OS-II的进程调度是按抢占式、多任务系统设计的，即它总是执行处于就绪队列中优先级最高的任务。μC/OS-II将进程的状态分为5个：就绪(Ready)、运行(Running)、等待(Waiting)、休眠(Dormant)和ISR，如图1.5所示。

每个进程由OSTaskCreate()或OSTaskCreateExt()创建后，进入就绪状态。当多个状态处于就绪状态时，由OSStart()函数选择优先级最高的进程来运行。这样，这个进程就处于运行状态。

μC/OS-II最多可以运行64个进程，并且规定所有进程的优先级必须不同。进程的优先级同时也唯一地标识了该进程。即使两个任务的重要性是相同的，它们也必须有优先级上的差异。μC/OS-III已推出，同一优先级可支持多个任务，但源代码量大多了。

### 3. WindowsCE

Microsoft公司WindowsCE是从整体上为有限资源的平台设计的多线程、完整优先权、多任务的操作系统。它的模块化设计允许它对从掌上电脑到专用工业控制器的用户电子设备进行定制。操作系统的基本内核大小至少为200 KB。

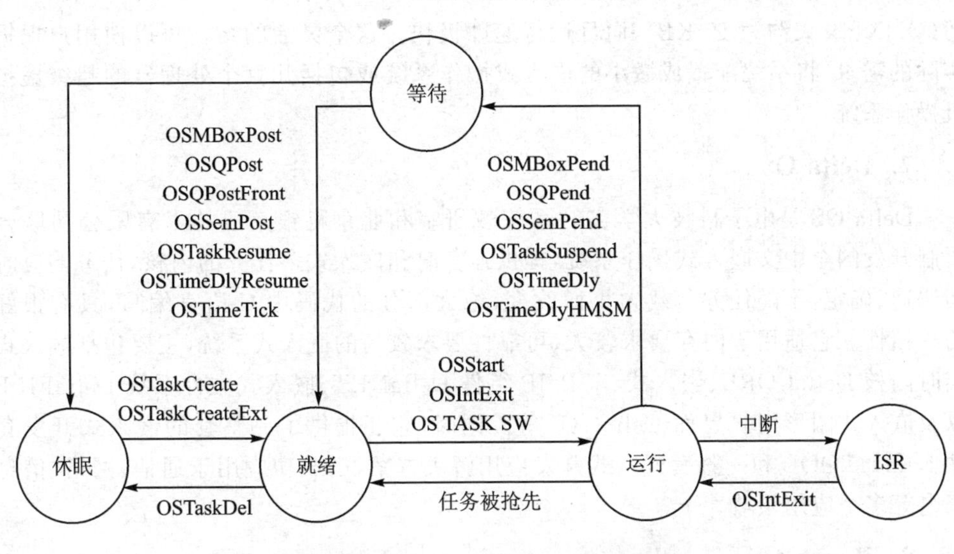


图 1.5 μC/OS-II 的任务状态转移图

### 4. 嵌入式 Linux

随着 Linux 的迅速发展，嵌入式 Linux 现在已经有许多版本，包括强实时的嵌入式 Linux(如新墨西哥工学院的 RT-Linux 和堪萨斯大学的 KURT-Linux)和一般的嵌入式 Linux(如 μClinux 和 Pocket Linux 等)。其中，RT-Linux 通过把通常的 Linux 任务优先级设为最低，而所有的实时任务的优先级都高于它，以达到既兼容通常的 Linux 任务，又保证强实时性能的目的。

另一种常用的嵌入式 Linux 是 μClinux，它是针对没有 MMU 的处理器而设计的。它不能使用处理器的虚拟内存管理技术，对内存的访问是直接的，所有程序中访问的地址都是实际的物理地址。它专为嵌入式系统做了许多小型化的工作。

### 5. PalmOS

3Com 公司的 PalmOS 在掌上电脑和 PDA 市场上占有很大的市场份额。它有开放的操作系统应用程序接口(API)，开发商可以根据需要自行开发所需的应用程序。目前共有 3500 多个应用程序可以运行在 Palm Pilot 上。其中大部分应用程序为其他厂商和个人所开发，使 Palm Pilot 的功能不断增多。这些软件包括计算器、各种游戏、电子宠物、地理信息等。

### 6. QNX

QNX 是一个实时、可扩充的操作系统。它部分遵循 POSIX 相关标准，如 POSIX.1b，并提供了一个很小的微内核以及一些可选的配合进程。其内核仅提供 4 种服务：进程调度、进程间通信、底层网络通信和中断处理，其进程在独立的地址空间中运行。所有其他操作系统服务都实现为协作的用户进程，因此，QNX 内核非常小巧(QNX4.x大约为12 KB),而且运行速度极快。这个灵活的结构可以使用户根据实际的需求,将系统配置成微小的嵌入式操作系统或包括几百个处理器的超级虚拟机操作系统。

**7. Delta OS**

Delta OS是电子科技大学实时系统教研室和北京科银京成技术有限公司联合研制开发的全中文嵌入式操作系统,提供强实时和嵌入式多任务的内核,任务响应时间快速、确定,不随任务负载大小而改变,绝大部分的代码由C语言编写,具有很好的移植性。它适用于内存要求较大、可靠性要求较高的嵌入式系统,主要包括嵌入式实时内核DeltaCORE、嵌入式TCP/IP组件DeltaNET、嵌入式文件系统DeltaFILE以及嵌入式图形用户界面DeltaGUI等。同时,它还提供了一整套的嵌入式开发套件LamdaTOOL和一整套嵌入式开发应用解决方案,已成功应用于通信、网络、信息家电等多个应用领域。

**8. Hopen OS**

Hopen OS是凯思集团自主研制开发的实时操作系统,由一个体积很小的内核及一些可以根据需要进行定制的系统模块组成。其核心Hopen Kernel的规模一般为10 KB左右,占用空间小,并具有实时、多任务、多线程的系统特征。

**9. pSOS**



pSOS是ISI(Integrated Systems Inc.)公司研发的产品。该公司成立于1980年,产品在其成立后不久即被推出,是世界上最早的实时操作系统之一,也是最早进入中国市场的实时操作系统。该公司于2000年2月16日与WindRiver Systems公司合并。

pSOS是一个模块化、高性能、完全可扩展的实时操作系统,专为嵌入式微处理器设计,提供了一个完全多任务环境,在定制或是商业化的硬件上提供高性能和高可靠性。它包含单处理器支持模块(pSOS+)、多处理器支持模块(pSOS+m)、文件管理器模块(pHILE)、TCP/IP通信包(pNA)、流式通信模块(OpEN)、图形界面、Java和HTTP等。开发者可以利用它来实现从简单的单个独立设备到复杂、网络化的多处理器系统。

## 1.4 实时操作系统的内核

在实时操作系统中最关键的部分是实时多任务内核。它主要实现任务管理、任务间通信与同步、存储器管理、定时器管理、中断管理等功能。

### 1.4.1 任务管理

实时操作系统中的任务与操作系统中的进程相似。它是具有独立功能的无限循

环程序段的一次运行活动。

运行的任务状态有4种:

- 运行态(Executing):获得CPU控制权。
- 就绪态(Ready):进入任务等待队列,通过调度转为运行状态。
- 挂起态(Suspended):任务发生阻塞,移出任务等待队列,等待系统实时事件的发生而唤醒,从而转为就绪或运行。
- 休眠态(Dormant):任务完成或错误等原因被清除的任务,也可以认为是系统中不存在的任务。

任何时刻系统中只能有一个任务在运行状态,各任务按级别通过时间片分别获得对CPU的访问权。任务就绪后进入任务就绪态等待队列。通过调度程序使它获得CPU和资源使用权,从而进入运行态。任务在运行时因申请资源等原因而挂起,转入挂起态,等待运行条件的满足。当条件满足后,任务被唤醒进入就绪态,等待系统调度程序依据调度算法进行调度。任务的休眠态是任务虽然在内存中,但不被实时内核所调度的状态。任务还有一种状态,即被中断状态,它指任务在运行态时有中断请求到达,系统响应中断,转而执行中断服务子程序,任务被中断后所处的状态。它不同于挂起态和就绪态。在宏观上系统中可能有多个任务同时运行,但微观上只能有一个任务在运行态。

实时内核的任务管理实现在应用程序中建立任务,删除任务,挂起任务,恢复任务以及对任务的响应、切换和调度等功能。



任务响应是从任务就绪到任务真正得到运行的过程。任务响应时间的大小依赖当前系统的负荷以及任务本身运行的优先级情况。

一个任务,也称作一个线程,是一个简单的运行程序。每个任务都是整个应用的某一部分,被赋予一定的优先级,有其自己的一套CPU寄存器和栈空间。

多任务运行的实现实际上是靠CPU(中央处理单元)在许多任务之间转换、调度。CPU只有一个,轮番服务于一系列任务中的某一个。多任务运行使CPU的利用率得到最大的发挥,并使应用程序模块化。多任务系统中,内核负责管理各个任务,或者说为每个任务分配CPU时间,并且负责任务之间的通信。内核提供的基本服务是任务切换。内核本身也增大了应用程序,其数据结构增加了RAM的用量。内核本身对CPU的占用时间一般在2%～5%之间。

可重入型函数可以被一个以上的任务调用,而不必担心数据的破坏。它在任何时候都可以被中断,一段时间以后又可以运行,而相应数据不会丢失。可重入型函数只使用局部变量,即变量保存在CPU寄存器中或堆栈中。

下面是一个不可重入型函数的例子:

```
int Temp;
void swap (int * x,int * y) {
  Temp = * x;
```

```
    * x = * y;
    * y = Temp;
}
```

下面是一个可重入型函数的例子：

```
void swap (int * x,int * y) {
    int Temp;
    Temp = * x;
    * x = * y;
    * y = Temp;
}
```

每个任务都有其优先级(Priority)，即静态优先级和动态优先级。若应用程序执行过程中诸任务优先级不变，则称之为静态优先级。在静态优先级系统中，诸任务以及它们的时间约束在程序编译时是已知的。应用程序执行过程中，如果任务的优先级是可变的，则称之为动态优先级。

代码的临界区也称为临界区，指处理时不可分割的代码。一旦这部分代码开始执行，则不允许任何中断打入。在进入临界区之前要关中断，而临界区代码执行完以后要立即开中断。在任务切换时，要保护地址、指令、数据等寄存器堆栈。

任何任务所占用的实体都可称为资源。资源可以是输入/输出设备，例如打印机、键盘、显示器，也可以是一个变量、一个结构或一个数组等。

任务要获得 CPU 的控制权，从就绪态进入运行状态是通过任务调度器完成的。任务调度器从当前已就绪的所有任务中，依照任务调度算法选择一个最符合算法要求的任务进入运行状态。任务调度算法的选择很大程度上决定了该操作系统的实时性能，这也是种类繁多的实时内核却无一例外地选用特定的几个实时调度算法的原因。

调度(Scheduler)是操作系统的主要职责之一，它决定该轮到哪个任务运行。往往调度是基于优先级的，根据其重要性不同赋予任务不同的优先级。CPU 总是让处在就绪态的优先级最高的任务先运行。何时让高优先级任务掌握 CPU 的使用权，要看用的是什么类型的内核，是非抢占式的还是抢占式的内核。

实时操作系统中常用的任务调度算法包括基于优先级的抢占式调度算法、同一优先级的时间片轮转调度算法和单调速率调度算法。

### 1. 基于优先级的抢占式调度算法

实时系统为每个任务赋予一个优先级。任务优先级在一定程度上体现了任务的紧迫性和重要性，越重要的任务赋予的优先级就越高。实时系统允许多个任务共享一个优先级，通过同一优先级的时间片轮转调度算法，完成任务间的调度。也有少数比较简单的实时操作系统(如 μC/OS-II 等)采取一个优先级只分配给一个任务的

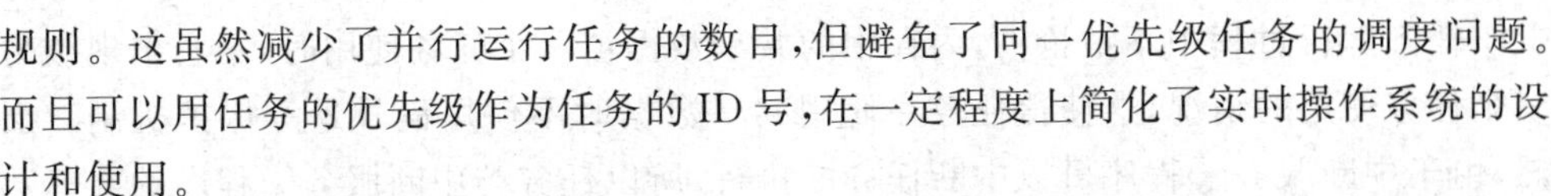

规则。这虽然减少了并行运行任务的数目，但避免了同一优先级任务的调度问题。而且可以用任务的优先级作为任务的ID号，在一定程度上简化了实时操作系统的设计和使用。

优先级调度原则是让高优先级的任务在得到资源运行的时间上比低优先级任务更有优先权。这保证了实时系统中紧急的、对时间有严格限制的任务能得到更为优先的处理，而相对不紧急的任务则等到紧急任务处理完后才继续运行。

实时操作系统都采用基于优先级的任务调度算法。按照任务在运行过程中是否能被抢占，可以分为抢占式调度和非抢占式调度两种。

**(1) 非抢占式调度**

非抢占式(Non-preemptive)调度法也称作合作型多任务(Cooperative Multi-tasking)，各个任务彼此合作共享一个CPU。中断服务可以使一个高优先级的任务由挂起状态变为就绪状态。但中断服务以后控制权还是回到原来被中断了的那个任务，直到该任务主动放弃CPU的使用权时，那个高优先级的任务才能获得CPU的使用权。

非抢占式内核的一个特点是几乎不需要使用信号量保护共享数据。运行着的任务占有CPU，而不必担心被别的任务抢占。非抢占式内核的最大缺陷在于其响应高优先级的任务慢，任务已经进入就绪态但还不能运行，也许要等很长时间，直到当前运行着的任务释放CPU。内核的任务级响应时间是不确定的，最高优先级的任务什么时候才能拿到CPU的控制权完全取决于应用程序什么时候释放CPU。

由于其他任务不能抢占该任务的CPU控制权，如果该任务又不主动释放，则势必使系统进入死锁。每个任务在设计过程中必须在任务结束时释放所占用的资源，它不能是一个无限运行的循环。这是非抢占式内核能正常运行的先决条件。

任务一旦开始运行，只能被中断服务子程序打断，转而执行中断服务，处理异步的事件。中断服务处理完后，不是调入就绪队列中优先级最高的任务，而是直接返回被中断的任务继续运行，如图1.6所示。

**图1.6　非抢占式调度**

基于优先级的非抢占式调度算法的优点如下：

- 响应中断快。
- 可使用不可重入函数。由于任务运行过程中不会被其他任务抢占，各任务使用的子函数不会被重入，所以在非抢占式调度算法中可以使用不可重入函数。
- 共享数据方便。

任务运行过程中不被抢占,内存中的共享数据被一个任务使用时,不会出现被另一个任务使用的情况,这使得任务在使用共享数据时不使用信号量等保护机制。当然,由于中断服务子程序可以中断任务的执行,所以任务与中断服务子程序的共享数据保护问题仍然是设计系统时必须考虑的问题。

**(2) 抢占式调度**

当系统响应时间很重要时,要使用抢占式(Preemptive)内核。最高优先级的任务一旦就绪,总能得到 CPU 的控制权。当一个运行着的任务使一个比它优先级高的任务进入了就绪态,当前任务的 CPU 使用权就被剥夺了,或者说被挂起了,那个高优先级的任务立刻得到 CPU 的控制权。

使用抢占式内核时,应用程序不应直接使用不可重入型函数。如果调入可重入型函数,那么低优先级的任务 CPU 的使用权被高优先级任务剥夺,不可重入型函数中的数据有可能被破坏。

抢占式调度算法满足在处理器中运行的任务始终是已就绪任务中优先级最高的任务。任务在执行过程中允许更高的优先级任务抢占该任务对 CPU 的控制权。

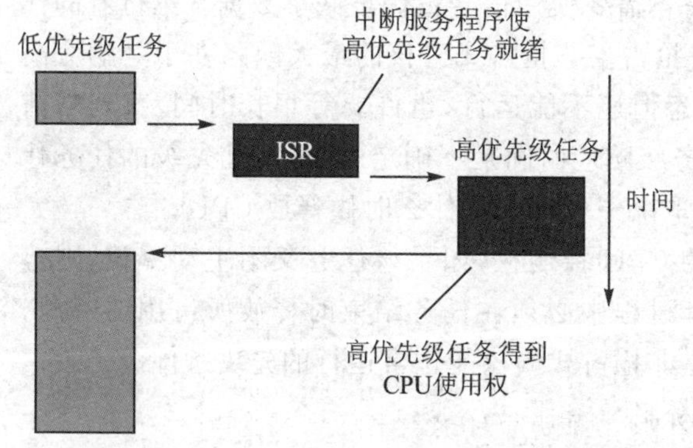


**图 1.7　抢占式调度算法**

与非抢占式调度算法不同的是当任务被中断,中断服务子程序运行完成后,不一定返回被中断的任务,而是执行新的任务调度,看就绪队列中是否有比被中断的任务拥有更高优先级的任务就绪。如果有,更高优先级的任务就调入并运行该任务;否则,继续运行被中断的任务,如图 1.7 所示。

抢占式调度算法的特点是任务级响应时间得到最优化,而且是确定的,因而中断响应较快。由于任务在运行过程中可以被其他任务抢占,所以任务不应直接使用不可重入的函数,只有对不可重入函数进行加锁保护后才能使用。同理,对共享数据的使用也需要互斥、信号量等保护机制。绝大多数的实时内核都使用基于优先级的抢占式调度算法。

在实时系统中,使用基于优先级的抢占式调度算法时,要特别注意对优先级反转问题进行处理。优先级反转问题体现的是高优先级的任务等待,属于被低优先级任务占有系统资源而形成的高优先级任务等待低优先级任务运行的反常情况。如果低优先级在运行时又被其他任务抢占,则系统运行情况会更糟。

以下面的实例简要说明:

任务 1:优先级较高的任务。要使用共享资源 S,使用完毕程序结束。

任务 2:优先级中等的任务。不使用共享资源 S。

任务3：优先级最低的任务。要使用共享资源S,使用完毕程序结束。

共享资源S指的是具有互斥机制保护的同一共享资源。

3个任务的优先级顺序为：

任务1→任务2→任务3

3个任务的就绪顺序为：任务3首先进入就绪状态。在任务3运行过程中,任务1和任务2都进入就绪状态。其中任务1比任务2先进入就绪状态。

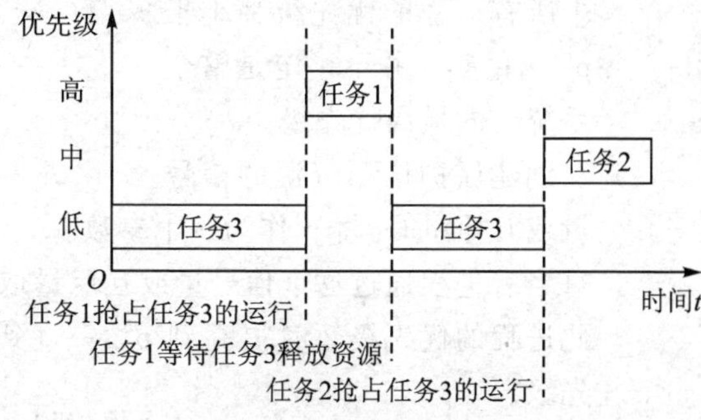


**图1.8 优先级反转**

优先级反转的情况如图1.8所示。任务3首先进入就绪态,经过任务调度后开始执行。在执行过程中使用了互斥访问的共享资源S,并得到了它的互斥信号量,这时任务1就绪。由于任务1具有高于任务3的优先级,因而任务1抢占了任务3的CPU控制权,开始运行。任务1在执行过程中也要使用共享资源S。由于任务3没有完成对共享资源S的使用就被抢占,它还没有释放S的互斥信号量,因此,任务1得不到S的使用权,不得不挂起自己,等待共享资源S释放的事件,任务3得以继续运行。此时,就出现了优先级反转问题。如果在任务3运行时,任务2就绪,将抢占任务3的CPU控制权,情况将进一步恶化。任务1的运行时间得不到保障,从而影响系统的实时性能。



解决优先级反转问题有优先级继承(Priority Inheritance)和优先级封顶(Priority Ceiling)两种方法。

**1) 优先级继承**

优先级继承要点如下：

- 设C为正占用着某项共享资源的进程P以及所有正在等待占用此项资源的进程的集合。
- 找出这个集合中的优先级最高者P_h,其优先级为p′。
- 把进程P的优先级设置成p′。

优先级继承通过提高任务3的优先级达到与任务1相同的优先级,来避免优先级反转问题的出现。优先级的继承发生在任务1申请使用共享资源S时。如果此时共享资源S正在被任务3使用,通过比较任务3与自身的优先级,发现任务3的优先级小于自身的优先级,那么通过系统提升任务3的优先级达到与任务1的优先级相同的优先级,等任务3使用完S时,再恢复任务3原有的优先级。这时,由于任务1的优先级比任务3高,所以任务1立即抢占任务3的运行。使用优先级继承后任务的运行流程如图1.9所示。

**2) 优先级封顶**

优先级封顶要点如下：

- 设 C 为所有可能竞争使用某项共享资源的进程的集合。事先为这个集合规定一个优先级上限 p′，使得这个集合中所有进程的优先级都小于 p′。注意：p′并不一定是整个系统中的最高优先级。
- 在创建保护该项资源的信号量或互斥量时，将 p′作为一个参数。
- 每当有进程通过这个信号量或互斥量取得对共享资源的独占使用权时，就将此进程的优先级暂时提高到 p′，一直到释放该项资源时才恢复其原有的优先级。

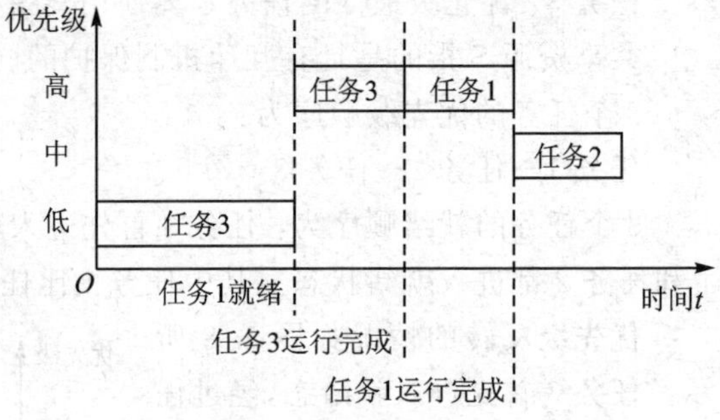

**图 1.9　优先级继承**

优先级封顶是当任务申请某资源时，把该任务的优先级提升到可访问这个资源的所有任务中的最高优先级，这个优先级称为该资源的优先级封顶。资源的优先级封顶在资源被创建时就确定了。使用优先级封顶后任务的运行流程图 1.10 所示。

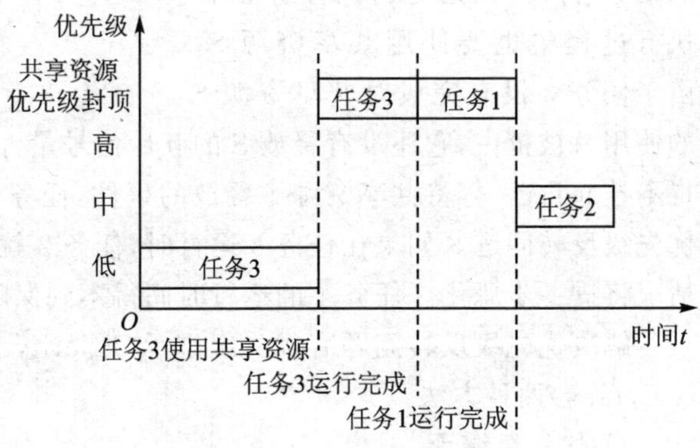


**图 1.10　优先级封顶**

**3) 优先级继承和优先级封顶的比较**

两种算法都改变了任务 3 的优先级，但改变优先级的时间和改变的范围有所不同。

优先级继承只在占有资源的低优先级任务阻塞了高优先级的任务运行时，才动态更改低优先级的任务到高优先级。这种算法对应用中任务的流程的影响比较小。

优先级封顶则不管任务是否阻塞了高优先级任务的运行，只要任务访问该资源，都会提升任务的优先级到可访问这个资源的所有任务的最高优先级。

这两种算法各有优缺点，实际选择时要根据具体的应用情况决定。

## 2. 同一优先级的时间片轮转调度算法

对于复杂、高性能的多任务实时内核(如 VxWorks)，由于多个任务允许共用一个优先级，实时内核提供了同一优先级的时间片轮转调度算法来调度同优先级的多任务的运行。实时内核的调度器在就绪队列中寻找最高优先级的任务运行时，如果系统中优先级最高的任务有两个或两个以上，则调度器依照就绪的先后次序调度第一个任务。当其执行一段特定的时间片后，无论任务完成与否，处理器都会结束该任务的运行，转入下一个就绪的同优先级任务。当然，此时没有更高优先级的任务就绪，否则就应用基于优先级的可抢占调度算法。未运行完的任务释放处理器的控制权后，放到就绪队列的末尾，等待下一个时间片来竞争处理器。实时内核以轮转策略保证具有同优先级的任务相对平等地享有处理器的控制权。

在时间片轮转算法中，时间片的大小选择会影响系统的性能和效率。时间片太小，任务频繁进行上下文切换，实际运行程序的时间很少，系统的效率很低；时间片太大，算法变成先进先出算法，调度的公平性就没有得到体现。时间片的选择根据实时内核的不同而有所差异。有些内核允许同优先级的任务时间片不同，而有些内核要求同优先级的时间片必须相同。

### 3. 单调速率调度算法

单调速率调度算法 RMS (Rate Monotonic Scheduling)主要用于分配任务的优先级。它是根据任务执行的频率确定优先级的。任务的执行频率越高，其优先级越高；反之，优先级越低。

## 1.4.2　任务间的通信和同步

在多任务的实时系统中，一项工作可能需要多个任务或多个任务与多个中断处理程序(ISR)共同完成。它们之间必须协调动作，互相配合，必要时还要交换信息。在实时操作系统中提供了任务间的通信与同步机制以解决这个问题。任务间的同步与通信一般要满足任务与其他任务或中断处理程序间进行交换数据；任务能以单向同步和双向同步方式与另一个任务或中断处理程序同步处理；任务必须能对共享资源进行互斥访问。

### 1. 任务的通信

任务间的通信有两种方式：共享数据结构和消息机制。

#### (1) 共享数据结构

实现任务间通信的最简单方法是共享数据结构。共享数据结构的类型可以是全局变量、指针、缓冲区等。在使用共享数据结构时，必须保证共享数据结构使用的排它性；否则，会导致竞争和对数据时效的破坏。因此，在使用共享数据结构时，必须实现存取的互斥机制。实现互斥比较常用的方法有：开/关中断、设置测试标志、禁止任务切换以及信号量机制等。

- 开/关中断实现互斥指在进行共享数据结构的访问时先进行关中断操作，在访问完成后再开中断。这种方法简单、易实现，但是关中断的时间如果太长，会影响整个实时系统的中断响应时间和中断延迟时间。
- 设置测试标志方法指在使用共享数据的两个任务间约定时，每次使用共享数据前都要检测某个事先约定的全局变量。如果变量的值为0,则可以对变量进行读/写操作;如果为1,则不能进行读/写操作。

➢ 禁止任务切换指在进行共享数据的操作前,先禁止任务的切换,操作完成后再解除任务禁止切换。这种方式虽然实现了共享数据的互斥,但是实时系统的多任务切换在此时被禁止,有违多任务的初衷,应尽量少使用。

➢ 信号量(Semaphore)在多任务的实时内核中的主要作用是用做共享数据结构或共享资源的互斥机制,标志某个事件(Event)的发生以及同步两个任务。信号量有两种:二进制信号量(Binary)和计数信号量(Counting)。

- 二进制信号量的取值只有0和1。使用二进制信号量时必须先初始化为1。任务使用信号量(Wait或P操作)时,如果信号量的值为1,则对信号量减1,进行任务的操作。如果信号量的值为0,则任务进入该信号量的等待队列,信号量的值保持不变。任务释放信号量(Signal或V操作)时,如果等待队列不为空,则从等待队列中选出一个任务进入就绪态,信号量的值不加1。选择任务的算法可以基于优先级法或先进先出(FIFO)法。如果等待队列为空,则信号量加1。
- 计数型信号量可以取非负整数值。信号量的值可以表示一个资源最多允许同时使用的任务数。例如,系统如果有5个缓冲区提供给任务使用,就可以初始化一个计数型信号量为5。当任务申请使用缓冲区时,如果该信号量大于0,则信号量减1,允许任务使用缓冲区。如果信号量为0,则将该任务加入到信号量的等待队列中。任务释放缓冲区时,查询信号量的等待队列。如果不为空,则使其中的一个任务进入就绪态,允许它使用缓冲区;如果等待队列为空,则加1即可。

#### (2) 消息机制

任务间的另一种通信方式是使用消息机制。任务可以通过系统服务向另一个任务发送消息。消息通常是一个指针型变量,指针指向的内容就是消息。消息机制包括消息邮箱和消息队列。

➢ 消息邮箱通常是内存空间的一个数据结构。它除了包括一个代表消息的指针型变量外,每个邮箱都有相应的正在等待的任务队列。要得到消息的任务时,如果发现邮箱是空的,就挂起自己,并放入该邮箱的任务等待队列中等待消息。通常,内核允许用户为任务等待消息设定超时。如果等待时间已到仍没有收到消息,就进入就绪态,返回等待超时信息。如果消息放入邮箱中,内核将把该消息分配给等待队列的其中一个任务。

➢ 消息队列实际上是一个邮箱阵列,在消息队列中允许存放多个消息。对消息队列的操作和对消息邮箱的操作基本相同。

### 2. 任务间的同步

任务同步中也常常使用信号量。与任务通信不同的是,信号量的使用不再作为一种互斥机制，而是代表某个特定的事件是否发生。任务的同步有单向同步和多向同步两种。

① 单向同步。标志事件是否发生的信号量初始化为0。一个任务在等待某个事件时，查看该事件的信号量是否为非0。另一个任务或中断处理程序在进行操作时，当该事件发生后，将该信号量置为1。等待该事件的任务查询到信号量的变换，代表事件已经发生，任务继续自身的运行。

② 双向同步。两个任务之间可以通过两个信号量进行双向同步。双向同步有两个初始化为0的信号量，每个信号量进行一个方向的任务同步，两信号量的同步方向是相反的。在每个方向上，信号量的操作与单向同步是完全相同的。

## 1.4.3　存储器管理

存储器管理提供对内存资源的合理分配和存储保护功能。由于其应用环境的特殊性，实时内核的存储器管理与一般操作系统的存储器管理存在着很大的差异。

通常操作系统的内核，由于可供使用的系统资源相对比较充足，实时性能只需满足用户能忍耐的限度。一般在秒级，系统考虑的是提供更好的性能和安全机制，所以操作系统通常都引入虚拟存储器管理。

嵌入式实时操作系统的存储管理相对较为简单。由于虚拟存储器中经常要对页进行换入换出操作，所以内存中页命中率和换入换出所耗费的时间严重破坏了整个系统的确定性。这种存储机制不能提供实时系统所要求的时间确定性，对于大多数嵌入式实时应用来说，响应和运行时间的确定是至关重要的。对于实时应用，一个失去时效的正确结果与错误结果没有什么本质的不同。这就是实时内核不采用虚拟内存管理的原因。

在大多数嵌入式实时操作系统中，不采用虚拟存储机制来实现对内存空间的直接管理，并且用分区与块的结合来避免内存碎片的出现。内核把内存分成多个空间大小不等的分区，每个内存分区又分为许多大小相同的块，各分区的块的大小不同。对于应用程序的动态申请内存的要求，内存管理模块将比较每个分区中块的大小，从大于且最接近用户申请空间块大小的分区中选出一个未使用的块分配给用户使用。使用完后，用户释放内存时，仍把该内存块放入申请前的原分区中，这样就可以完全避免内存碎片问题的发生。内存的分区和块的示意如图1.11所示。

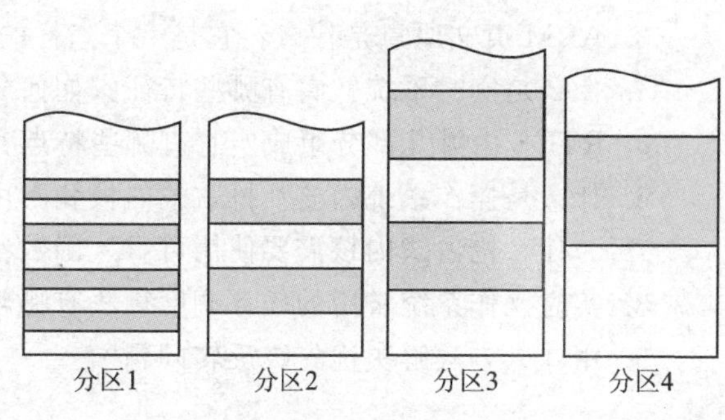


**图1.11　内存的分区和块**

### 1.4.4 定时器和中断管理

实时内核要求用户提供定时中断以完成延时与超时控制等功能。实时系统中时钟是必不可少的硬件设备,它用来产生周期性的时钟节拍信号。在实时系统中,时钟节拍一般在10～100次/s之间。时钟节拍的选择取决于用户应用程序的精度要求,过高的时钟节拍会使系统的额外负担过重。

实时内核的设计中,在实时时钟的基础上由用户自定义时钟节拍(Tick)的大小。一个Tick值是用户应用系统的最小时间单位。时钟节拍就是每秒的Tick数,Tick值的设定必须使时钟节拍是整数。当用户定义Tick为20 ms后,系统的时钟节拍就是50 Hz。系统每隔20 ms,实时时钟都会产生一个硬件中断,通知系统执行与定时或等待延时相关的操作。实时内核的时钟节拍主要完成维护系统的日历时间、任务的有限等待计时、软定时器管理以及时间片轮转的时间控制。

实时内核的时钟管理提供了系统对绝对日期的支持。由于每秒是用户定义的Tick值的整数倍,所以通过计数经过的Tick数就可以对系统日期进行维护。实时时钟管理不仅提供绝对日期的功能,它也是系统中任务有限等待的计时。每经过一个Tick值,时钟中断服务程序(ISR)就通知每个有限等待的任务减少一个Tick值。通过这种中断服务程序,实时时钟也可以完成软定时器和时间片轮转的时间计数功能。

实时内核的中断管理与一般的操作系统内核的中断管理大体相同。中断管理负责中断的初始化、现场的保存和恢复、中断栈的嵌套管理等。



## 1.5 习 题

1. 什么是嵌入式系统?它由哪几部分组成?有何特点?举出你身边嵌入式系统的例子,写出你所想要的嵌入式系统。
2. 嵌入式处理器分为哪几类?
3. ARM英文原意是什么?它是一个怎样的公司?其处理器有何特点?
4. 什么是实时系统?它有哪些特征?如何分类?
5. RTOS由哪几部分组成?它有哪些特点?与一般操作系统有何不同?
6. 什么是操作系统内核?抢占式内核和不可抢占式内核的区别是什么?
7. 为什么抢占式内核需要使用可重入函数?
8. 实时操作系统常用的任务调度算法有哪几种?
9. 用什么方法解决优先级反转问题?

# 第2章

# 嵌入式系统开发过程

## 2.1 嵌入式软件开发的特点

嵌入式系统与通用计算机在以下几个方面的差别比较明显：

① 人机交互界面。嵌入式系统和通用计算机之间的最大区别就在于人机交互界面。嵌入式系统可能根本就不存在键盘、显示器等设备，它所完成的事情也可能只是监视网络情况或者传感器的变化情况，并按照事先规定好的过程及时完成相应的处理任务。

② 有限的功能。嵌入式系统的功能在设计时已经定制好，在开发完成投入使用之后就不再变化。系统将反复执行这些预定好的任务，而不像通用计算机那样随时可以运行新任务。当然，使用嵌入式操作系统的嵌入式系统可以添加新的任务，删除旧的任务；但这样的变化对嵌入式系统而言是关键性变化，有可能会对整个系统行为产生影响。

③ 时间关键性和稳定性。嵌入式系统可能要求实时响应，具有严格的时序性。同时，嵌入式系统还要求有非常可靠的稳定性。其工作环境可能非常恶劣，如高温、高压、低温、潮湿等。这就要求在设计时考虑目标系统的工作环境，合理选择硬件和保护措施。软件稳定也是一个重要特征。软件系统需要经过无数次反复测试，达到预先规定的要求才能真正投入使用。

嵌入式软件的开发与传统的软件开发有许多共同点，它继承了许多传统软件开发的开发习惯。但由于嵌入式软件运行于特定的目标应用环境，该目标环境针对特定的应用领域，所以功能比较专一。嵌入式应用软件只完成预期要完成的功能，而且出于对系统成本的考虑，应用系统的 CPU、存储器、通信资源都恰到好处。因此，嵌入式软件的开发具有其自身的特点。

### 1. 需要交叉开发环境

嵌入式应用软件开发要使用交叉开发环境。交叉开发环境是指实现编译、链接和调试应用程序代码的环境。与运行应用程序的环境不同，它分散在有通信连接的宿主机与目标机环境之中。

宿主机(Host)是一台通用计算机,一般是 PC。它通过串口或网络连接与目标机通信。宿主机的软硬件资源比较丰富,包括功能强大的操作系统,如 Windows 和 Linux,还有各种各样的开发工具,如 WindRiver 公司的 Tornado 集成开发环境、微软公司的 EVC++嵌入式开发环境以及 GNU 的嵌入式开发工具套件等。这些辅助开发工具能大大提高软件开发的效率和进度。

目标机(Target)常在嵌入式软件开发期间使用,用来区别与嵌入式系统通信的宿主机。目标机可以是嵌入式应用软件的实际运行环境,也可以是能替代实际环境的仿真系统。目标机体积较小,集成度高,且软硬件资源配置都恰到好处。目标机的外围设备丰富多样,输入设备有键盘、触摸屏等;输出设备有显示器、液晶屏等。目标机的硬件资源有限,故在目标机上运行的软件可以裁减,也可以配置。目标机应用软件需要绑定操作系统一起运行。

交叉软件开发工具包括交叉编译器、交叉调试器和模拟软件等。交叉编译器允许应用程序开发者在宿主机上生成能在目标机上运行的代码。交叉调试器和模拟调试软件用于完成宿主机与目标机应用程序代码的调试。

### 2. 引入任务设计方法

嵌入式应用系统以任务为基本的执行单元。在系统设计阶段,用多个并发的任务代替通用软件的多个模块,并定义了应用软件任务间的接口。嵌入式系统的设计通常采用 DARTS(Design and Analysis of Real-Time Systems)设计方法进行任务的设计。DARTS 给出了系统任务划分的方法和定义任务间接口的机制。

### 3. 需要固化程序

通用软件的开发在测试完成以后就可以直接投入运行。其目标环境一般是 PC,在总体结构上与开发环境差别不大。而嵌入式应用程序开发环境是 PC,但运行的目标环境却千差万别,可以是 PDA,也可以是仪器设备。而且应用软件在目标环境下必须存储在非易失性存储器中,保证用户用完关机后确保下次的使用。所以应用软件在开发完成以后,应生成固化版本,烧写到目标环境的 Flash 中运行。

### 4. 软件开发难度大

绝大多数的嵌入式应用有实时性的要求,特别在硬实时系统中,实时性至关重要。这些实时性在开发的应用软件中要得到保证,这就要求设计者在软件的需求分析中充分考虑系统的实时性。这些实时性的体现一部分来源于实时操作系统的实时性,另一部分依赖于应用软件的本身的设计和代码的质量。

同时,嵌入式应用软件对稳定性、可靠性、抗干扰性等性能的要求都比通用软件的要求更为严格和苛刻。因此,嵌入式软件开发的难度加大。

嵌入式开发还需要提供强大的硬件开发工具和软件包支持,需要开发者从速度、功能和成本综合考虑,由此看来有以下特点:

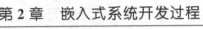

- 硬件功能强。更强大的嵌入式处理器(如32位RISC芯片或信号处理器DSP)增强了处理能力,加强了对多媒体、图形等的处理。同时增加功能接口,如USB等。
- 工具完备。三星公司在推广ARM7、ARM9芯片的同时,还提供开发板和板级支持包(BSP);而微软公司在主推WindowCE时,也提供Embedded VC++作为开发工具;VxWorks公司提供Tonado开发环境等。
- 通信接口。要求硬件上提供各种网络通信接口。新一代的嵌入式处理器已经开始内嵌网络接口,除了支持TCP/IP协议,有的还支持IEEE1394、USB、Bluetooth或IrDA通信接口中的一种或几种;软件方面系统内核支持网络模块,甚至可以把设备做成嵌入式Web服务器或嵌入式浏览器。
- 精简系统内核以降低功耗和成本。未来的嵌入式产品是软硬件紧密结合的设备,为了降低功耗和成本,需要设计者尽量精简系统内核,利用最低的资源实现最适当的功能。
- 提供友好的多媒体人机界面。嵌入式设备能与用户交互,最重要的因素就是它能提供非常友好的用户界面。手写文字输入、彩色图形和图像都会使用户获得操作自如的感受。

## 2.2　嵌入式软件的开发流程



嵌入式软件的开发必须将硬件、软件、人力资源等集中起来,并进行适当的组合以实现目标应用对功能和性能的需求。在嵌入式软件的开发过程中,实时性常常与功能一样重要。这就使嵌入式软件的开发关注的方面更广泛,要求的精度也更高。

嵌入式软件的开发流程与通用软件的开发流程大同小异,但开发所使用的设计方法有一定的差异。整个开发流程可分为需求分析阶段、设计阶段、生成代码阶段和固化阶段。开发的每个阶段都体现着嵌入式开发的特点。

### 1. 需求分析阶段

嵌入式系统的特点决定了系统在开发初期的需求分析过程中就要搞清需要完成的任务。在需求分析阶段需要分析客户需求,并将需求分类整理——包括功能需求、操作界面需求和应用环境需求等。

嵌入式系统应用需求中最为突出的是注重应用的时效性,在竞争中Time-to-Market最短的企业最容易赢得市场。因此,在需求分析的过程中,采用成熟、易于二次开发的系统有利于节省时间,从而以最短的时间面世。

嵌入式开发的需求分析阶段与一般软件开发的需求分析阶段差异不大,包括以下3个方面。

① 对问题的识别和分析。对用户提出的问题进行抽象识别用以产生以下的需

求:功能需求、性能需求、环境需求、可靠性需求、安全需求、用户界面需求、资源使用需求、软件成本与开发进度需求。

② 制订规格说明文档。经过对问题的识别,产生了系统各方面的需求。通过对规格的说明,文档得以清晰、准确的描述。这些说明文档包括需求规格说明书和初级的用户手册等。

③ 需求评审。需求评审作为系统进入下一阶段前最后的需求分析复查手段,在需求分析的最后阶段对各项需求进行评估,以保证软件需求的质量。需求评审的内容包括正确性、无歧义性、安全性、一致性、可验证性、可理解性、可修改性和可追踪性等多个方面。

## 2. 设计阶段

需求分析完成后,需求分析员提交规格说明文档,进入系统的设计阶段。系统的设计阶段包括系统设计、任务设计和任务的详细设计。

通用软件开发的设计常采用将系统划分为各个功能子模块,再进一步细分为函数,采用自顶向下的设计方法。而嵌入式应用软件是通过并发的任务来运作的,应用软件开发的系统设计将系统划分为多个并发执行的任务,各个任务允许并发执行,通过相互间通信建立联系。传统的设计方法不适应这种并发的设计模式,因而在嵌入式软件开发中引入了DARTS的设计方法。



DARTS设计方法是结构化分析/结构化设计的扩展。它给出划分任务的方法,并提供定义任务间接口的机制。

DARTS设计方法的设计步骤如下:

### (1) 数据流分析

在DARTS设计方法中,系统设计人员在系统需求的基础上,以数据流图作为分析工具,从系统的功能需求开始分析系统的数据流,以确定主要的功能。扩展系统的数据流图,分解系统到足够的深度,以识别主要的子系统和各个子系统的主要成分。

### (2) 划分任务

识别出系统的所有功能以及它们之间的数据流关系,得到完整的数据流图后,下一步是识别出可并行的功能。系统设计人员把可并行、相对独立的功能单元抽象成一个系统任务。DARTS设计方法提供了怎样在数据流图上确定并发任务的方法。

实时软件系统中并行任务的分解主要考虑系统内功能的异步性。根据数据流图中的变换,分析出哪些变换是可以并行的,哪些变换是顺序执行的。系统设计人员可以考虑一个变换对应一个任务,或者一个任务包括多个变换。其判定的原则取决于以下的因素:

➢ I/O依赖性:如果变换依赖于I/O,应选择一个变换对应为一个任务。I/O任务的运行只受限于I/O设备的速度,而不是处理器。在系统设计中可以创建与I/O设备数目相当的I/O任务,每个I/O任务只实现与该设备相关的代码。

➢ 时间关键性的功能：具有时间关键性的功能应当分离出来，成为一个独立的任务，并且赋予这些任务较高的优先级，以满足系统对时间的要求。

➢ 计算量大的功能：计算量大的功能在运行时势必会占用 CPU 很多时间，应当让它们单独成为一个任务。为了保证其他费时少的任务得到优先运行，应该赋予计算量大的任务以较低优先级运行。这样允许它能被高优先级的任务抢占。

➢ 功能内聚：系统中各紧密相关的功能，不适合划分为独立的任务，应该把这些逻辑上或数据上紧密相关的功能合成一个任务，使各个功能共享资源或相同事件的驱动。将紧密相关的功能合成一个任务不仅可以减少任务间通信的开销，而且也降低了系统设计的难度。

➢ 时间内聚：将系统中在同一时间内能够完成的各个功能合成一个任务，以便在同一时间统一运行。该任务的各功能可以通过相同的外部事件驱动。这样，当外部事件发生时，任务中的各个功能就可以同时执行。将这些功能合成一个任务，减少了系统调度多个任务的开销。

➢ 周期执行的功能：将在相同周期内执行的各个功能组成一个任务，使运行频率越高的任务赋予越高的优先级。

**(3) 定义任务间的接口**

任务划分完成以后，下一步就要定义各个任务的接口。在数据流图中接口以数据流和数据存储区的形式存在，抽象化数据流和数据存储区成为任务的接口。在 DARTS 设计方法中，有两类任务接口模块：任务通信模块和任务同步模块，分别处理任务间的通信和任务间的同步。

有了划分好的任务以及定义好的任务间的接口后，接下来就可以开始任务的详细设计。任务详细设计的主要工作是确定每个任务的结构。画出每个任务的数据流图，使用结构化设计方法，从数据流图导出任务的模块结构图，并定义各模块的接口。之后，进行每个模块的详细设计，给出每个模块的程序流程图。

### 3. 生成代码阶段

生成代码阶段需要完成的工作包括代码编程、交叉编译和链接、交叉调试和测试等。

**(1) 代码编程**

编程工作是在每个模块的详细设计文档的基础上进行的。规范化的详细设计文档能缩短编程的时间。

由于嵌入式系统是一个受资源限制的系统，故而直接在嵌入式系统硬件上进行编程显然是不合理的。在嵌入式系统的开发过程中，一般采用的方法是先在通用 PC 上编程；然后通过交叉编译、链接，将程序做成目标平台上可以运行的二进制代码格式;最后将程序下载到目标平台上的特定位置,在目标板上启动运行这段二进制代码。

**(2) 交叉编译和链接**

嵌入式软件开发编码完成后,要进行编译和链接以生成可执行代码。但是,在开发过程中,设计人员普遍使用 Intel 公司的 x86 系列 CPU 的微机进行开发;而目标环境的处理器芯片却是多种多样的,如 ARM、DSP、PowerPC、DragonBall 系列等。这就要求开发机上的编译器能支持交叉编译。

嵌入式 C 编译器是有别于一般计算机中的 C 语言编译器的。嵌入式系统中使用的 C 语言编译器需要专门进行代码优化,以产生更加优质、高效的代码。优秀的嵌入式 C 编译器产生的代码长度及运行时间仅比以汇编语言编写的同样功能程序长 5%～20%。这微弱的差别完全可以由现代处理器的高速度、存储器容量大以及产品提前占领市场的优势来加以弥补。编译产生代码质量的差异,是衡量嵌入式 C 编译器工具优劣的重要指标。

嵌入式集成开发环境都支持交叉编译、链接,如 WindRiver 公司的 TornadoII 以及 GNU 套件等。交叉编译和链接生成两种类型的可执行文件:调试用的可执行文件和固化用的可执行文件。

**(3) 交叉调试**

编码编译完成后即进入调试阶段。调试是开发过程中必不可少的环节。嵌入式软件开发的交叉调试不同于通用软件的调试方法。

在通用软件开发中,调试器与被调试的程序往往运行在同一机器上,作为操作系统上的两个进程,通过操作系统提供的调试接口控制被调试进程。

嵌入式软件开发需要交叉开发环境,调试采用的是包含目标机和宿主机的交叉调试方法。调试器还是运行在宿主机的通用操作系统上,而被调试的程序则运行在基于特定硬件平台的嵌入式操作系统上。调试器与被调试程序间可以进行通信,调试器可以控制、访问被调试程序,读取被调试程序的当前状态和改变被调试程序的运行状态。

交叉调试器用于对嵌入式软件进行调试和测试。嵌入式系统的交叉调试器在宿主机上运行,并且通过串口或网络连接到目标机上。调试人员可以通过使用调试器与目标机端的Monitor协作,将要调试的程序下载到目标机上运行和调试。许多交叉调试器都支持设置断点、显示运行程序变量信息、修改变量和单步执行等功能。

嵌入式软件的编写和开发调试的主要流程为:编写—交叉编译—交叉链接—重定位和下载—调试,如图 2.1 所示。

整个过程中的部分工作在宿主机上完成,另一部分工作在目标机上完成。首先,是在宿主机上的编程工作。现代的嵌入式系统主要由 C 语言代码和汇编代码结合编写,纯粹使用汇编代码编写的嵌入式系统软件目前已经为数不多。除了编写困难外,调试和维护困难也是汇编代码的难题。编码完成了源代码文件,再用宿主机上建

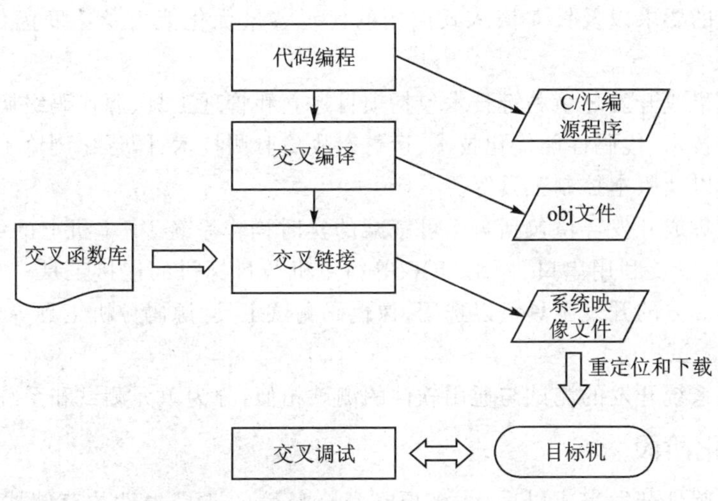


图 2.1 嵌入式系统软件的开发流程

立的交叉编译环境生成 obj 文件，并且将这些 obj 文件按照目标机的要求链接成合适的映像(Image)文件。如果使用了操作系统，可能会先需要编译、链接操作系统的内核代码，做成一个内核包，再将嵌入式应用打成另外一个包。两个文件包通过压缩或不压缩的方式组成一个映像文件，这也可以为目标机所接受。最后通过重定位机制和下载的过程，将映像文件下载到目标机上运行。由于无法保证目标机一次就可以运行编译、链接成功的程序，所以后期的调试排错工作特别重要。调试只能在运行态完成，因而在宿主机和目标机之间通过连接，由宿主机控制目标机上程序的运行，可以达到调试内核或者嵌入式应用程序的目的。

交叉调试，又叫远程调试，具有以下特点：

- 调试器和被调试的程序运行在不同的机器上。调试器运行在 PC 或工作站上，而被调试程序运行在各式的专用目标机上。
- 调试器通过某种通信方式与目标机建立联系，如串口、并口、网络、JTAG 或者专用的通信方式。
- 在目标机上一般具有某种调试代理，这种代理能与调试器一起配合完成对目标机上运行的程序的调试。这种代理可以是某种能支持调试的硬件，也可以是某种软件。
- 目标机可以是一种仿真机。通过在宿主机上运行目标机的仿真软件来仿真一台目标机，使整个调试工作只在一台计算机上进行。

整个嵌入式系统软件的开发一般在集成开发环境下完成。嵌入式系统的开发工作几乎全是跨平台交叉开发，多数代码直接控制硬件设备，硬件依赖性强，对时序的要求十分苛刻，很多情况下的运行状态都具有不可再现性。因此，嵌入式集成开发环境不仅要求具有普通计算机开发的工程管理性和易用性，而且还有一些特殊的功能要求。例如对各个功能模块的响应能力的要求、一致性和配合能力的要求、精确的错误定位能力的要求以及针对嵌入式应用的代码容量优化能力及速度优化能力的要求等。

嵌入式集成开发环境关键技术包括项目建立和管理工具、源代码级调试技术、系统状态分析技术、代码性能优化技术、运行态故障监测技术、图形化浏览工具、代码编辑辅助工具以及版本控制工具等。

嵌入式集成开发环境包括自己可裁减的实时操作系统,宿主机上的编译、调试、查看等工具,以及利用串口、网络、ICE等宿主机与目标机的连接工具。它们的特点是有各种第3方的开发工具可以选用,像代码测试工具、源码分析工具等。

**(4) 测 试**

嵌入式系统开发的测试与通用软件的测试相似,分为单元测试和系统集成测试。

### 4. 固化阶段

嵌入式软件开发完成以后,大多要在目标环境的非易失性的存储器(如Flash)中运行。程序需要写入到Flash中固化,保证每次运行后下一次运行无误,所以嵌入式开发与普通软件开发相比增加了软件的固化阶段。

嵌入式应用软件调试完成以后,编译器要对源代码重新编译一次,以产生固化到目标环境的可执行代码,再烧写到目标环境的Flash中。固化的可执行代码与用于调试的可执行代码有一些不同。固化用的代码在目标文件中把调试用的信息都屏蔽掉了。固化后没有监控器执行硬件的启动和初始化,这部分工作必须由固化的程序自己完成,所以启动模块必须包含在固化代码中。启动模块和固化代码都定位到目标环境的Flash中,有别于调试过程中都在目标机的RAM中运行。

可执行代码烧写到目标环境中固化后,还要进行运行测试,以保证程序的正确无误。固化测试完成后,整个嵌入式应用软件的开发就基本完成了,剩下的就是对产品的维护和更新了。

### 5. 嵌入式软件开发的要点

嵌入式软件开发与通用软件开发不同,大多数的嵌入式应用软件高度依赖目标应用的软硬件环境,软件的部分任务功能函数由汇编语言完成,具有高度的不可移植性。由于普通嵌入式应用软件除了追求正确性以外,还要保证实时性能,因而使用效率高和速度快的汇编语言是不可避免的。这些因素使嵌入式开发的可移植性大打折扣,但这并不是说嵌入式软件的开发不需要关注可移植性。提高应用软件的可移植性方法如下:

① 尽量用高级语言开发,少用汇编语言。嵌入式软件中汇编语言的使用是必不可少的。对一些反复运行的代码,使用高效、简捷的汇编能大大减少程序的运行时间。汇编语言作为一种低级语言可以很方便地完成硬件的控制操作,这是汇编语言在与硬件联系紧密的嵌入式开发中的一个优点。汇编语言是高度不可移植的,尽可能少地使用汇编语言,而改用移植性好的高级语言(如C语言)进行开发,能有效地

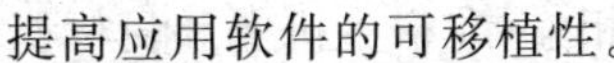





提高应用软件的可移植性。

② 局域化不可移植部分。要提高代码的可移植性,可以把不可移植的代码和汇编代码通过宏定义和函数的形式,分类集中在某几个特定的文件之中。程序中对不可移植代码的使用转换成函数和宏定义的使用,在以后的移植过程中,既有利于迅速地对要修改的代码进行定位,又可以方便地进行修改,最后检查整个代码中修改的函数和宏对前后代码是否有影响,从而大大提高移植的效率。

③ 提高软件的可重用性。聪明的程序开发人员在进行项目开发时,一般都不从零开始,而是首先找一个功能相似的程序进行研究,考虑是否重用部分代码,再添加部分功能。在嵌入式软件开发的过程中,有意识地提高软件的可重用性,不断积累可重用的软件资源,对开发人员今后的软件设计是非常有益的。

提高软件的可重用性有很多办法,如更好地抽象软件的函数,使它更加模块化,功能更专一,接口更简捷明了,为比较常用的函数建立库等。这样做必然会花费设计人员的时间,但它带来的好处是不可估量的。

## 2.3　嵌入式系统的调试

### 2.3.1　调试方式

在嵌入式软件的开发过程中,调试方式有很多种,应根据实际的开发要求和实际的条件进行选择。

#### 1. 源程序模拟器方式

源程序模拟器(simulator)是在 PC 上,通过软件手段模拟执行为某种嵌入式处理器编写的源程序的测试工具。简单的模拟器可以通过指令解释方式逐条执行源程序,分配虚拟存储空间和外设,供程序员检查。

模拟器软件独立于处理器硬件,一般与编译器集成在同一个环境中,是一种有效的源程序检验和测试工具。但值得注意的是,模拟器的功能毕竟是以一种处理器模拟另一种处理器的运行,在指令执行时间、中断响应、定时器等方面很有可能与实际处理器有相当大的差别。另外,它无法仿真嵌入式系统在应用系统中的实际执行情况。

ARM 公司的开发工具有 ARMulator 模拟器,可以模拟开发各种 ARM 嵌入式处理器。它具有指令、周期和定时 3 级模拟功能。

- 指令级(instruction-accurate):可以给出系统状态的精确行为。
- 周期级(cycle-accurate):可以给出每一周期处理器的精确行为。
- 定时级(timing-accurate):可以给出在一周期内出现信号的准确时间。

#### 2. 监控器方式

进行监控器(monitor)调试需要目标机与宿主机协调。首先,在宿主机和目标机之间建立物理上的连接。通过串口、以太口等把两台机器相连,在宿主机上和目标机上正确地设置参数,使通道能正常运作。这样就建立起了目标机和宿主机的物理通道。物理通道建立后,下一步是建立宿主机与目标机的逻辑连接。在宿主机上运行调试器,目标机运行监控程序和被调试程序。宿主机通过调试器与目标机的监控器建立通信连接,它们相互间的通信遵循远程调试协议。调试系统总体结构如图2.2所示。

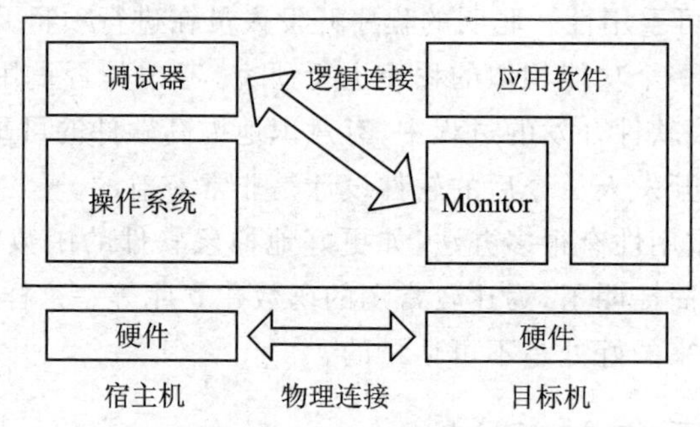


图2.2 Monitor调试系统的结构

监控程序是一段运行于目标机上的可执行程序,主要负责监控目标机上被调试程序的运行情况。它与宿主机端的调试器一起完成对应用程序的调试。监控程序包含基本功能的启动代码,并完成必要的硬件初始化,初始化自己的程序空间,等待宿主机的命令。

被调试程序通过监控程序下载到目标机,就可以开始进行调试。绝大部分的监控程序能完成设置断点、单步执行、查看寄存器和查看寄存器或内存空间的值等各项调试功能。高级的监控程序还可以进行代码分析、系统分析、程序空间写操作等功能。

程序在调试过程中查出错误后,通过调试器进行错误的定位;然后在宿主机上进行源码的修改,重新编译生成后下载到目标机,再进行下一轮的调试。以上过程不断反复,直到程序调试无错为止。

监控器方式操作简单易行,功能强大,不需要专门的调试硬件,适用面广,能提高调试的效率,缩短产品的开发周期,降低开发成本。因此,它被广泛应用于嵌入式系统的开发之中。

监控器调试主要用于调试运行在目标机操作系统上的应用程序,不适宜用来调试目标操作系统。由于系统的初始化改由Monitor完成,所以不能用它来调试目标操作系统的启动过程。宿主机与目标机通信必然要占用目标平台的某个通信端口,那么使用这个端口的通信程序就无法进行调试。

ARM公司的Angel是常驻在目标机Flash中的监控程序。只须通过RS-232C串行口与PC主机相连,就可以在PC主机上对基于ARM架构处理器的目标机进行开发和调试。

Angel 的主要功能如下：

- 具有 Debug 调试功能。能接收和解释 PC 主机的调试命令，显示处理器、存储器和寄存器的状态，也可以通过未定义指令来设置断点。
- 支持 Angel 调试协议 ADP(Angel Debug Protocol)。能实现 PC 主机与目标机的串行或并行通信，同时也支持与目标机的网卡通信。
- 支持目标机中的应用程序使用主机 PC 上的标准 C 函数库。该功能是通过软件中断 SWI(SoftWare Interrupt)指令来实现的。
- 具有多任务调度和处理器模式管理功能。能分配任务优先级并对任务进行管理，也可根据操作需要在不同处理器模式中运行。
- 具有中断功能。能实现调试、通信和管理等操作的要求。

Angel 不但具有多任务调度功能，还具有对存储器管理单元 MMU 进行调试和管理的功能。实际上，Angel 具有了部分操作系统的功能，通过在目标机上常驻 Angel 也可以实现调试功能。

### 3. 仿真器方式

仿真器(Emulator)调试方式使用处理器内嵌的调试模块接管中断及异常处理。用户通过设置 CPU 内部的寄存器来指定哪些中断或异常发生后处理器直接进入调试状态，而不进入操作系统的处理程序。

仿真器调试方式是在微处理器的内部嵌入额外的控制模块。当特定的触发条件满足时，系统将进入某种特殊状态。在这种状态下，被调试的程序暂时停止运行，宿主机的调试器通过微处理器外部特设的通信口访问各种寄存器、存储器资源，并执行相应的调试指令。在宿主机的通信端口和目标板调试通信接口之间，通信接口的引脚信号可能存在差异，因而两者之间往往可以通过一块信号转换电路板连接。



仿真器调试方式避免了监控器方式的许多不足。它在调试过程中不需要对目标操作系统进行修改，没有引入监控器，使系统能够调试目标操作系统的启动过程。而且通过微处理器内嵌的处理模块，在微处理器内部提供调试支持，不占用目标平台的通信端口，大大方便了系统开发人员。但是为了识别各式各样的目标环境以及它们可能出现的异常和出错，要求调试器具有更强的功能模块，就必须针对不同开发板使用的微处理器编写相适应的各类 Flash、RAM 的初始化程序。这大大增加了程序员的软件工作量。

由于集成电路的集成度不断提高，芯片的引脚不断增加。此外，为了缩小体积，常采用表面贴装技术，因此，无法用常规的在线仿真的方式。JTAG(Joint Test Action Group，联合测试行动组)为此制定了边界扫描标准，只需 5 个引脚就可以实现在线仿真功能。该标准已被批准为 IEEE—1149.1 标准。它不但能测试各种集成电路芯片，也能测试芯片内各类宏单元，还能测试相应的印刷电路板。芯片生产厂商，如 ALTERA、XILINX、ATMEL、AMD 和 TI 等公司对标准进行了扩充，可使用

专用的扩展指令执行和诊断应用并对可配置器件提供可编程算法。

一般高档微处理器都带JTAG接口,如Intel公司的XScale、Samsung公司的S3C2410A等。现在,很多DSP芯片都带JTAG接口,如TI公司的TMS320C5XX系列和TMS320C6XX系列。也有带与JTAG功能相似的接口,如ICD、ICE接口。通过JTAG接口,既可对目标系统进行测试,也可对目标系统的存储单元(如Flash)进行编程。目标机上存储器的数据总线、地址总线、控制接口直接连在微处理器上;宿主机通过执行相关程序,将编程数据和控制信号送到JTAG接口芯片上;利用相应的指令按照Flash芯片的编程时序,从微处理器引脚输出到Flash存储器中。

## 2.3.2 调试方法

嵌入式系统的调试有多种方法,也被分成不同层次。就调试方法而言,有软件调试和硬件调试两种方法,前者使用软件调试器调试嵌入式系统软件,后者使用仿真调试器协助调试过程。就操作系统调试的层次而言,有时需要调试嵌入式操作系统的内核,有时需要调试嵌入式操作系统的应用程序。由于嵌入式系统特殊的开发环境,不可避免的是调试时必然需要目标运行平台和调试器两方面的支持。一般而言,调试过程的结构如图2.3所示。

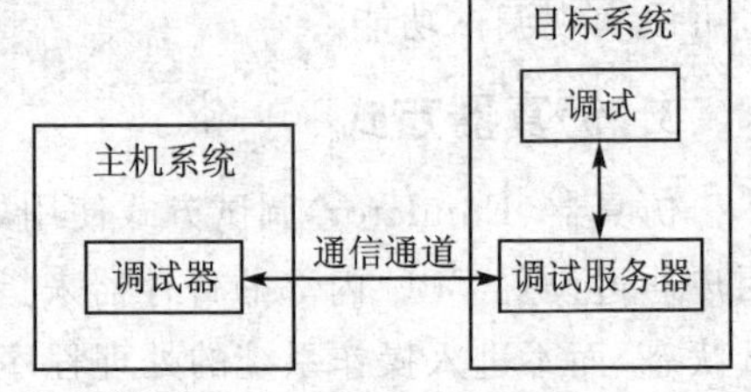


图2.3 调试过程的结构

### 1. 硬件调试

使用硬件调试器,可以获得比软件功能强大得多的调试性能。硬件调试器的原理一般是通过仿真硬件的真正执行过程,让开发者在调试过程中可以时刻获得执行情况。硬件调试器主要有ICE(In-Circuit Emulator,在线仿真器)和ICD(In-Circuit Debugger,在线调试器)两种,前者主要完成仿真的功能,后者使用硬件上的调试口完成调试任务。

ICE是一种完全仿造调试目标CPU设计的仪器。该仿真器可以真正地运行所有的CPU动作,并且可以在其使用的内存中设置非常多的硬件中断点,可以实时查看所有需要的数据,从而给调试过程带来很多便利。老式ICE一般只有串口或并口,新式ICE还提供USB或以太网接口。但ICE的价格非常昂贵。

使用ICE同使用一般的目标硬件一样,只是在ICE上完成调试之后,需要把调试好的程序重新下载到目标系统上而已。由于ICE价格昂贵,而且每种CPU都需要一种与之对应的ICE,使得开发成本非常高。目前比较流行的做法是CPU将调试功能直接在其内部实现,通过在开发板上引出调试端口的方法,直接从端口获得CPU提供的调试信息。在CPU中实现的主要是一些必要的调试功能——读/写寄存器、读/写内存、单步执行、硬件中断点。

使用ICD和目标板的调试端口连接,发送调试命令和接收调试信息,就可以完成必要的调试功能。一般地,在ARM公司提供的开发板上使用JTAG口,在Motorola公司提供的开发板上使用BDM口。开发板上的调试口在系统完成之后的产品上应当移除。

使用合适的工具可以利用这些调试口。例如ARM开发板,可以将JTAG调试器接在开发板的JTAG口上,通过JTAG口与ARM CPU进行通信。然后使用软件工具与JTAG调试器相连接,做到与ICE调试类似的调试效果。

#### 2. 软件调试

**(1) 操作系统内核的调试**

操作系统内核比较难以调试,因为操作系统内核中不方便增加一个调试器程序。如果需要调试器程序,也只能使用远程调试,通过串口与操作系统中内置的“调试桩”通信,完成调试工作。“调试桩”通过操作系统获得一些必要的调试信息,或者发送从主机传来的调试命令。比如,Linux操作系统内核的调试就可以这样完成:首先在Linux内核中设置一个“调试桩”,用作调试过程中与主机之间的通信服务器;然后在主机中使用调试器的串口与“调试桩”进行通信;当通信建立完成之后,便可以由调试器控制被调试主机操作系统内核的运行。

调试并不是一定需要调试器,有时使用打印信息的方法也非常有用。

**(2) 应用程序的调试**

应用程序的调试可以使用本地调试器和远程调试器两种方法。相对操作系统的调试而言,这两种方法都比较简单。可以将需要的调试器移植到该系统中,直接在目标板上运行调试器调试应用程序。也可以使用远程调试,只需要将一个调试服务器移植到目标系统中就可以了。由于很多嵌入式系统受资源的限制,而调试器一般需要占用太多的资源,所以使用远程调试的选择占了大多数。



## 2.4 板级支持包

由于嵌入式系统中采用微处理器/微控制器的多样性,嵌入式操作系统的可移植性显得更加重要,所以有些嵌入式操作系统的内核明确分成两层。其上层一般称为“内核”,而低层则称为“硬件抽象层”或“硬件适配层”,都缩写成HAL。HAL往往独立于内核,由CPU的厂商提供,与BIOS很相似。也有的厂商(如VxWorks的提供者WindRiver公司)把硬件抽象层称为BSP(Board Support Package),即板级支持包。严格来说,这两个词是有区别的,HAL更偏向于CPU芯片,而BSP更偏向于板子一级,但是实际使用中并不严格加以区分。板级支持包是操作系统与目标应用硬件环境的中间接口,它是软件包中具有平台依赖性的那一部分。

板级支持包将实时操作系统和目标应用环境的硬件连接在一起,它不可避免地使用了硬件设备的特性,具有很强的硬件相关性。板级支持包的实现中包含了大量的与处理器和设备驱动相关的代码和数据结构。

板级支持包完成的功能大体有以下两个方面:

① 在系统启动时,对硬件进行初始化,比如对设备的中断、CPU 的寄存器和内存区域的分配等进行操作。这个工作是比较系统化的,要根据 CPU 的启动、系统的嵌入式操作系统的初始化以及系统的工作流程等多方面要求来决定这一部分 BSP 应完成什么功能。

② 为驱动程序提供访问硬件的手段。驱动程序经常要访问设备的寄存器,对设备的寄存器进行操作。如果整个系统是统一编址,开发人员可以直接在驱动程序中用 C 语言的函数就可访问。但是,如果系统为单独编址,那么 C 语言就不能够直接访问设备中的寄存器,只有用汇编语言编写的函数才能进行对外围设备寄存器的访问。BSP 就是为上层的驱动程序提供访问硬件设备寄存器的函数包。

在对硬件进行初始化时,BSP 一般应完成以下工作:

- 将系统代码定位到 CPU 将要跳转执行的内存入口处,以便硬件初始化完毕后 CPU 能够执行系统代码。此处的系统代码可以是嵌入式操作系统的初始化入口,也可以是应用代码的主函数的入口。
- 根据不同 CPU 在启动时的硬件规定,BSP 要负责将 CPU 设置为特定状态。
- 对内存进行初始化,根据系统的内存配置将系统的内存划分为代码、数据、堆栈等不同的区域。
- 如果有特殊的启动代码,BSP 要负责将控制权移交给启动代码。例如在某些场合,系统代码为了减少存储所需的 Flash 容量而进行压缩处理,那么在系统启动时要先跳转到一段启动代码,它将系统代码进行解压后才能继续系统的正常启动。
- 如果应用软件中包含一个嵌入式操作系统,BSP 要负责将操作系统需要的模块加载到内存中。因为嵌入式应用软件系统在进行固化时,可以有基于 Flash 和常驻 Flash 两种方式。在基于 Flash 方式时,系统在运行时要将 Flash 内的代码全部加载到 RAM 内。在常驻 Flash 方式时,代码可以在 Flash 内运行,系统只将数据部分加载到RAM 内。
- 如果应用软件中包含一个嵌入式操作系统,BSP 还要在操作系统初始化之前,将硬件设置为静止状态,以免造成操作系统初始化失败。

在为驱动程序提供访问硬件的手段时,BSP 一般应完成以下工作:

- 将驱动程序提供的 ISR(中断服务程序)挂载到中断向量表上。
- 创建驱动程序初始化所需要的设备对象,BSP 将硬件设备描述为一个数据结构。这个数据结构中包含这个硬件设备的一些重要参数,上层软件就可以直接访问这个数据结构。
- 为驱动程序提供访问硬件设备寄存器的函数。

- 为驱动程序提供可重用性措施,例如将与硬件关系紧密的处理部分在 BSP 中完成,驱动程序直接调用 BSP 提供的接口,这样驱动程序就与硬件无关。只要不同的硬件系统 BSP 提供的接口相同,驱动程序就可在不同的硬件系统上运行。

开发一个性能稳定可靠、可移植性好、可配置性好、规范化的板级支持包将大大提高嵌入式操作系统各方面的性能。在目标环境改变的情况下,嵌入式操作系统的板级支持包只需要在原有的基础上做小小的改动,就可以适应新的目标硬件环境。这无疑将显著地减少开发的成本和开发周期,提高嵌入式操作系统的市场竞争力。

## 2.5 习 题

1. 嵌入式系统开发过程分为哪几个阶段?每个阶段的特点是什么?
2. 简述嵌入式软件开发流程。
3. 划分任务的基本原则有哪些?
4. 任务间的通信方式有哪几种?各有何特点?
5. 嵌入式系统有哪几种调试方式?现在最流行的是哪种?使用什么接口?
6. 什么是板级支持包?它一般应完成哪些工作?

# 第 3 章

# ARM 体系结构

ARM 公司把 ARM 作为知识产权 IP(Intellectual Property)推向嵌入式处理器市场,目前,已占有 80%左右的市场。ARM 体系结构在市场出现有多种形式,既有处理器内核(如 ARM9TDMI)形式,也有处理器核(如 ARM920T)形式。半导体厂商或片上系统 SOC 设计应用厂商采用 ARM 体系结构生产相应的 MCU/MPU 或 SOC 芯片。

## 3.1 ARM 体系结构概述

### 3.1.1 ARM 体系结构的特点

ARM 即 Advanced RISC Machines 的缩写。ARM 公司于 1990 年成立,是一家设计公司。ARM 是知识产权(IP)供应商,本身不生产芯片,靠转让设计许可,由合作伙伴公司来生产各具特色的芯片。作为 32 位嵌入式 RISC 微处理器业界的领先供应商,ARM 公司商业模式的强大之处在于它在世界范围有超过 400 个合作伙伴,包括半导体工业的著名公司,从而保证了大量的开发工具和丰富的第三方资源。它们共同保证了基于 ARM 处理器核的设计可以很快投入市场。

ARM 处理器的 3 大特点是:

- 耗电少、成本低、功能强;
- 16 位/32 位双指令集;
- 全球众多合作伙伴保证供应。

ARM 公司专注于设计。ARM 核以其高性能、小体积、低功耗、紧凑代码密度和多供应源的出色结合而著名。其 RISC 性能业界领先,以小尺寸集成,具有最低的芯片成本,在非常低的功耗和价格下提供了高性能的处理器。ARM 已成为移动通信、手持计算、多媒体数字消费等嵌入式解决方案的 RISC 标准。

ARM 处理器出色的性能使系统设计者可得到完全满足其准确要求的解决方案。借助于来自第三方开发者广泛的支持,设计者可以使用丰富的标准开发工具和 ARM 优化的应用软件。

ARM 处理器是基于精简指令集计算机(RISC)思想设计的。RISC 指令集和相

关的译码机制比复杂指令集计算机(CISC)的设计更简单。这种简单性得到：

➢ 高的指令吞吐率；

➢ 出色的实时中断响应；

➢ 体积小、性价比高的处理器宏单元。

ARM 32位体系结构目前被公认为是业界领先的32位嵌入式RISC微处理器核,所有ARM处理器共享这一体系结构。这可确保当开发者转向更高性能的处理器时,在软件开发上可获得最大的回报。

ARM处理器本身是32位设计,但也配备16位Thumb指令集,以允许软件编码为更短的16位指令。与等价的32位代码相比,占用的存储器空间节省高达35%,然而保留了32位系统所有的优势(如访问全32位地址空间)。Thumb状态与正常的ARM状态之间的切换为零开销,如果需要,可逐个例程使用切换,这允许设计者完全控制其软件的优化。ARM的Jazelle技术提供了Java加速,可得到比基于软件的Java虚拟机(JVM)高得多的性能,与同等的非Java加速核相比,功耗降低80%。这些功能使平台开发者可自由运行Java代码,并在单一存储器上建立操作系统(OS)和应用。许多系统需要将灵活的微控制器与DSP的数据处理能力相结合,过去这要迫使设计者在性能或成本之间妥协,或采用复杂的多处理器策略。在CPU功能上,DSP指令集的扩充提供了增强的16位和32位算术运算能力,提高了性能和灵活性。ARM还提供了两个前沿特性——嵌入式ICE-RT逻辑和嵌入式跟踪宏核系列,用以辅助带深嵌入式处理器核的、高集成的SOC器件的调试。多年来,嵌入式ICE-RT一直是ARM处理器重要的集成调试特性,实际上已做进所有的ARM核中,允许在代码的任何部分——甚至在ROM中设置断点。断点后,为了调试,前台任务暂停,但并不同时暂停处理器的活动,而允许中断处理程序继续运行。ARM业界领先的跟踪解决方案——嵌入式跟踪宏单元ETM(Embedded Trace Macrocell),被设计成驻留在ARM处理器上,用以监控内部总线,并能以核速度无妨碍地跟踪指令和数据的访问。具有强大的软件可配置过滤和触发逻辑,以允许开发者精确地选择让ETM捕获哪条指令和数据,然后将信息压缩,通过分布、可配置的跟踪器和FIFO缓冲器从芯片中输出。

ARM当前有6个产品系列:ARM7、ARM9、ARM10、ARM11、Cortex和SecurCore。ARM7、ARM9、ARM10、ARM11和Cortex是5个通用处理器系列。每个系列提供一套特定的性能来满足设计者对功耗、性能和体积的需求。SecurCore是专门为安全设备而设计的,性能高达1 200 MIPS,功耗测量为μW/MHz,并且所有处理器体系结构兼容。

ARM作为嵌入式系统中的处理器,具有低电压、低功耗和低集成度等特点;并具有开放和可扩性。事实上,ARM已成为嵌入式系统首选的处理器体系结构。

### 1. RISC型处理器结构

RISC型处理器结构减少复杂功能的指令,减少指令条件,选用使用频度最高的指令,简化处理器的结构,减少处理器的集成度;并使每一条指令都在一个机器周期内完成,以提高处理器的速度。ARM采用RISC结构,并使一个机器周期执行1条指令。

RISC型处理器与存储打交道的指令执行时间远远大于在寄存器内操作的指令执行时间。因此,RISC型处理器都采用了Load/Store结构,即只有Load/Store的加载/存储指令可与存储器打交道,其余指令都不允许进行存储器操作。为此,ARM也采用Load/Store的结构;为了进一步提高指令和数据的存/取速度,有的还增加指令快存I-Cache和数据快存D-Cache;同时,还采用了多寄存器的结构,使指令的操作尽可能在寄存器之间进行。

由于指令相对比较精简,降低了处理器的复杂性,因此,中央控制器就没有必要采用微程序的方式,ARM则采用了硬接线PLA的方式。另外,ARM为了便于指令的操作的控制,所有指令都采用32位定长。除了单机器周期执行1条指令外,每条指令具有多种操作功能,提高了指令使用效率。

### 2. Thumb指令集

由于RISC型处理器的指令功能相对比较弱,ARM为了弥补此不足,在新型ARM体系结构定义了16位的Thumb指令集。Thumb指令集比通常的8位和16位CISC/RISC处理器具有更好的代码密度,而芯片面积只增加6%,可以使程序存储器更小。

### 3. 多处理器状态模式

ARM可以支持用户、快中断、中断、管理、中止、系统和未定义7种处理器模式。除了用户模式外,其余均为特权模式,这也是ARM的特色之一,可以大大提高ARM处理器的效率。

### 4. 嵌入式在线仿真调试

ARM体系结构的处理器芯片都嵌入了在线仿真ICE-RT逻辑,以便于通过JTAG来仿真调试ARM体系结构芯片,可以省去昂贵的在线仿真器。另外,在处理器核中还可以嵌入跟踪宏单元ETM(Embedded Trace Macrocell),用于监控内部总线,实时跟踪指令和数据的执行。

### 5. 灵活和方便的接口

ARM体系结构具有协处理器接口,这样,既可以使基本的ARM处理器内核尽可能小,又可以方便地扩充各种功能。ARM允许接16个协处理器,如CP15用于系统控制,CP14用于调试控制器。

另外,ARM处理器核还具有片上总线AMBA(Advanced Micro—controller Bus Architecture)。AMBA定义了3组总线:

① 先进高性能总线AHB(Advanced High performance Bus)。

② 先进系统总线ASB(Advanced System Bus)。

③ 先进外围总线APB(Advanced Peripheral Bus)。

通过AMBA来方便地扩充各种处理器及I/O,这样,可以把DSP、其他处理器和I/O(如UART、定时器和接口等)都集成在一块芯片中。

### 6. 低电压低功耗的设计

由于ARM体系结构的处理器主要用于手持式嵌入式系统之中,其体系结构在设计中十分注意低电压和低功耗,因此,在手持式嵌入式系统得到广泛的应用。根据CMOS电路的功耗关系:

$$P_{\mathrm{C}}=\frac{1}{2}\cdot f\cdot V_{\mathrm{dd}}\cdot\sum_{g\in C}A_{g}\cdot C_{\mathrm{L}}^{g}$$

式中,$f$为时钟频率;$V_{\mathrm{dd}}$为工作电源电压;$A_g$是逻辑门在一个时钟周期内翻转次数(通常为2);$C_{\mathrm{L}}^{g}$为门的负载电容。因此,ARM体系结构的设计采用了以下一些措施:

- 降低电源电压,可工作在3.0 V以下。
- 减少门的翻转次数,当某个功能电路不需要时禁止门翻转。
- 减少门的数目,即降低芯片的集成度。
- 降低时钟频率(不过也会损失系统的性能)。



## 3.1.2 ARM处理器结构

### 1. ARM体系结构

图3.1是ARM体系结构图,它由32位ALU、31个32位通用寄存器及6个状态寄存器、32×8位乘法器、32×32位桶形移位寄存器、指令译码和逻辑控制、指令流水线和数据/地址寄存器组成。

### 2. ARM的流水线结构

计算机中的1条指令的执行可以分为若干个阶段:

① 取指:从存储器中取出指令(fetch);

② 译码:指令译码(dec);

③ 取操作数:假定操作数从寄存器组中取(reg);

④ 执行运算(ALU);

⑤ 存储器访问:操作数与存储器有关(mem);

⑥ 结果写回寄存器(res)。

各个阶段的操作相对都是独立的,因此可以采用流水线的重叠技术,以大大提高系统的性能。指令执行流水线如图3.2所示,若每个阶段的执行时间是相同的,那么,在1个周期就可以同时执行3条指令,性能可以改善3倍。

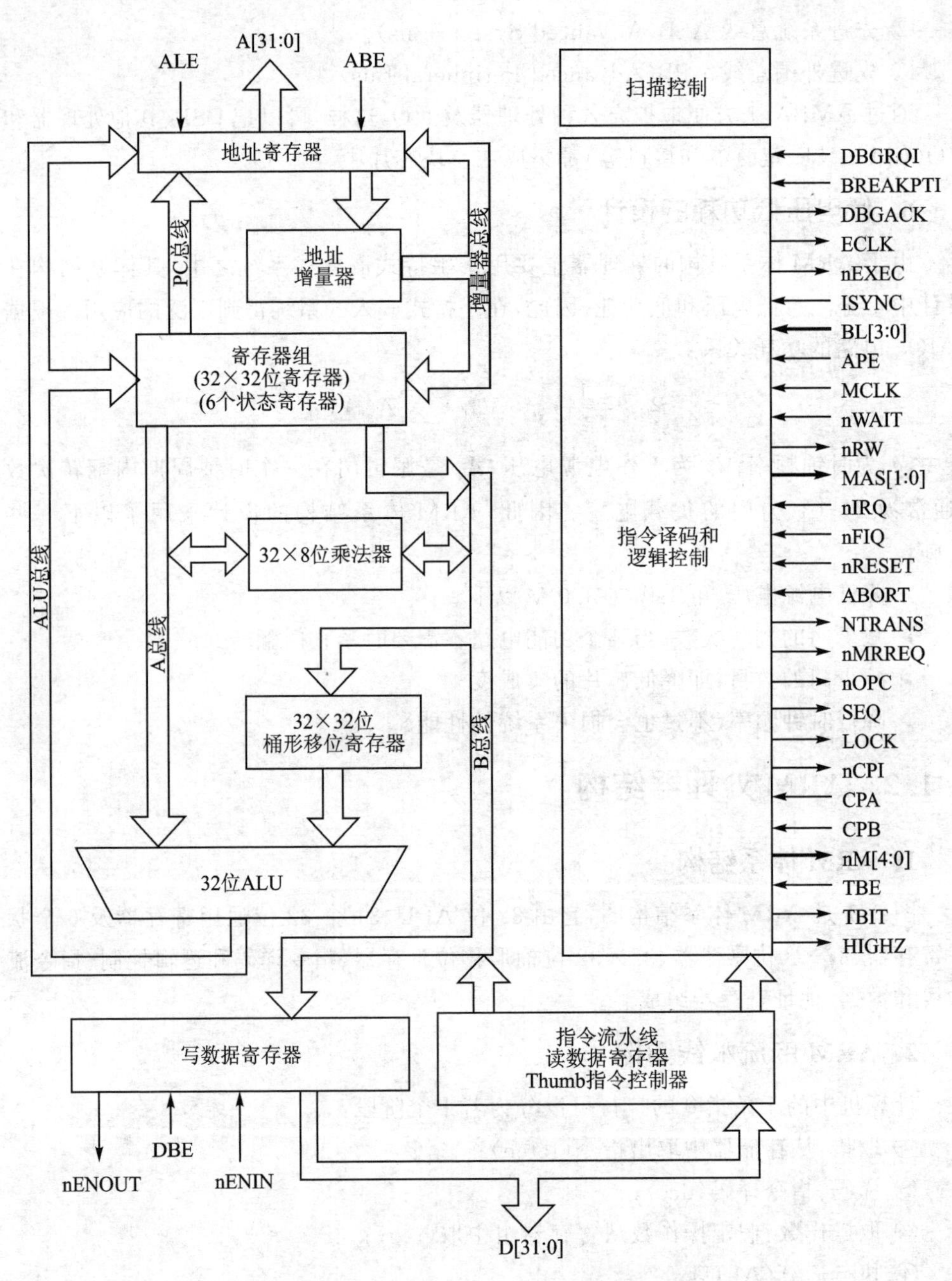


**图 3.1 ARM体系结构图**

但上述的过程是一种理想的状态,各个阶段的操作时间有长短,故流水线操作有时不会十分流畅。特别是相邻指令执行的数据相关性会产生指令执行的停顿(stall),严重的会产生数据灾难(hazards)。流水线的停顿如图3.3所示,第2条指令的reg操作需要第1条指令执行的结果(res),因此,第2条指令在执行时,不得不产

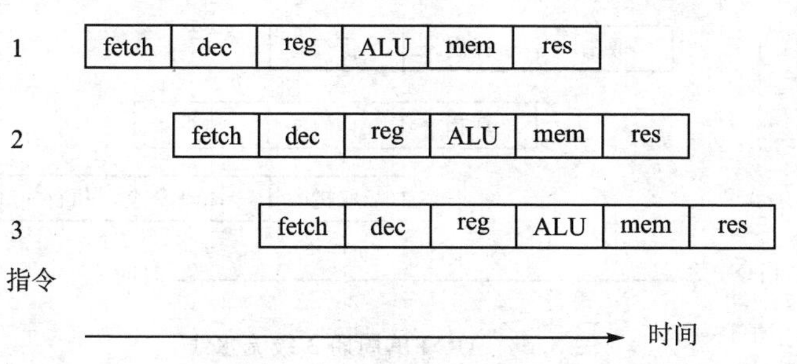


图3.2 指令执行流水线

生停顿。另外碰到分支类指令,那么,会使后面紧接该条指令的几条指令的执行都会无效,如图3.4所示。

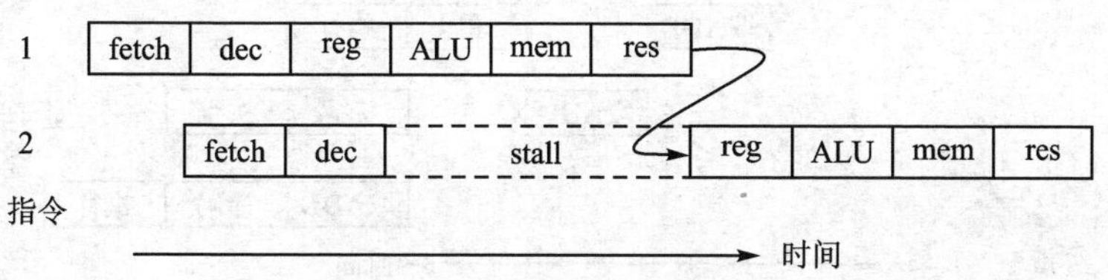


图3.3 流水线的停顿

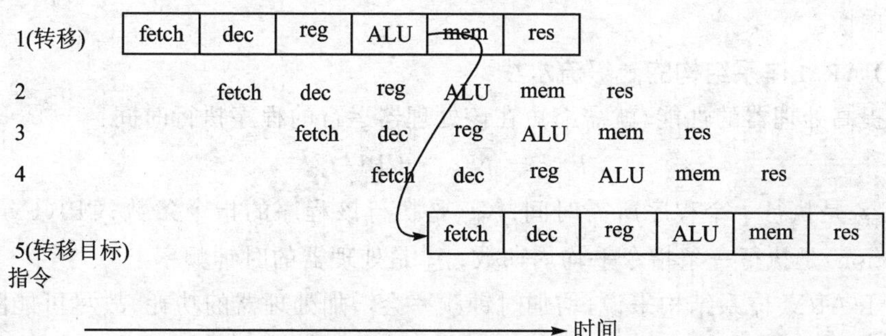


图3.4 流水线有转移指令的情况

**(1) ARM体系结构的3级流水线**

ARM7体系结构采用了3级流水线,分为取指,译码和执行。图3.5是单周期3级流水线的操作示意图。

上述的3级流水线中,取指的存储器访问和执行的数据通路占用都是不可同时共享的资源,对多周期指令来说,会产生流水线阻塞。如图3.6所示的阴影框周期都是与存储器访问有关的。因此,在流水线设计中不允许重叠;而数据传送(Data Xfer)周期既需存储器访问,又需占用数据通路,故第3条指令的执行周期不得不等第2条指令的数据传送执行后才能操作。译码主要为下一周期的执行产生相应的控制信号,原则上与执行周期紧接在一起,故第3条指令取指后需延迟一个周期才进入

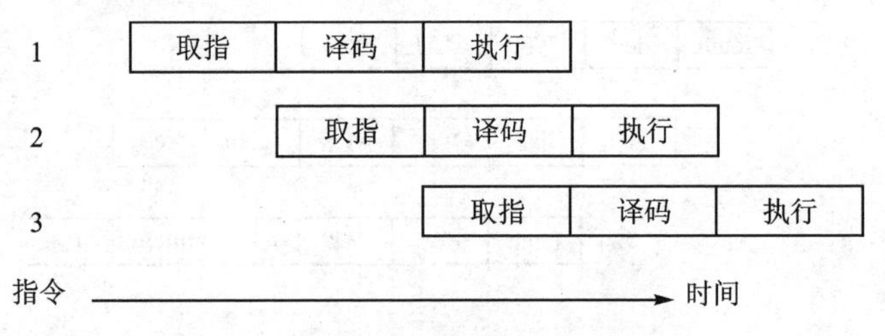


图 3.5 ARM 单周期 3 级流水线

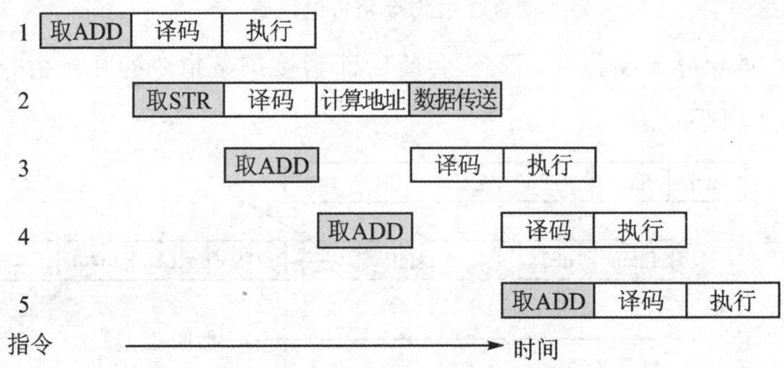


图 3.6 ARM 多周期 3 级流水线

到译码周期。



**(2) ARM 体系结构的 5 级流水线**

要提高处理器的性能,就需缩短在该处理器运行的程序执行时间:

$$T_{prog} = N_{inst} \times CPI / f_{clk}$$

式中,$T_{prog}$是执行一个程序所需时间;$N_{inst}$是执行该程序的指令条数;CPI(Cycle Per Instruction)是执行一条指令平均周期数;$f_{clk}$是处理器的时钟频率。

对于 ARM 体系结构来说,增加时钟频率会增加处理器的功耗,故尽可能降低式中分子部分的数值。$N_{inst}$对于一个程序来说通常是一个变化不大的常数,况且,在 ARM 体系结构的指令设计中,已使一条指令具有多种操作的功能(此点优于其他 RISC 结构处理器),最有效的办法是减少执行一条指令所需平均周期数 CPI。

减少执行一条指令的平均周期数 CPI 的最有效办法是增加流水数的级数。

上述的 3 级流水线阻塞主要产生在存储器访问和数据通路的占用上,因此 ARM9 体系结构都采用了 5 级流水线,如图 3.7 所示。把存储器的取指与数据存取分开,同时,还增加了 I - Cache 和 D - Cache 以提高存储器存取的效率;其次,增加了数据写回的专门通路和寄存器,以减少数据通路冲突。这样,5 级流水线分为:取指、指令译码、执行、数据缓存和写回。

### 3. ARM 存储器结构

ARM 架构的处理器,有的带有指令快存 I - Cache 和数据快存 D - Cache,但是,

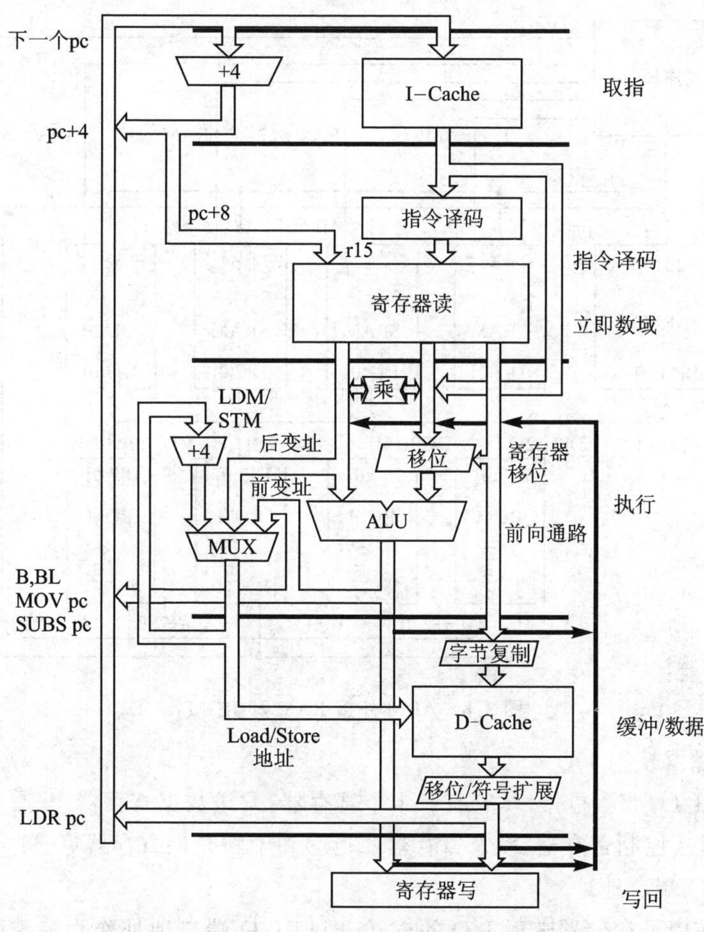


图 3.7 ARM 5 级流水线

不带有片内 RAM 和片内 ROM,系统所需的 RAM 和 ROM(包括闪存 Flash)都通过总线连接。由于系统的地址范围较大($2^{32}=4$ GB),故有的 ARM 架构处理器片内还带有存储器管理单元 MMU(Memory Management Unit),还允许外接 PCMCIA。

ARM 架构的处理器一般片内无 RAM 和 ROM,因此,系统所需的 RAM 和 ROM 需通过总线外接,如图 3.8 所示。

图 3.8 中的 ROMoe 和 RAMoe 为系统的 ROM 片选信号和 RAM 片选信号;RAMwe 为 RAM 的写允许信号。随着闪存 Flash 的发展,目前,ARM 架构的处理器已用闪存 Flash 逐步取代 ROM。

### 4. ARM I/O 结构

ARM 架构中的处理器核和处理器内核一般都没有 I/O 的部件和模块,构成 ARM 架构的处理器中的 I/O 可通过 AMBA 总线来扩充。下面讨论的是 ARM 架构中的 I/O、直接存储器存取 DMA 及中断的结构形式。

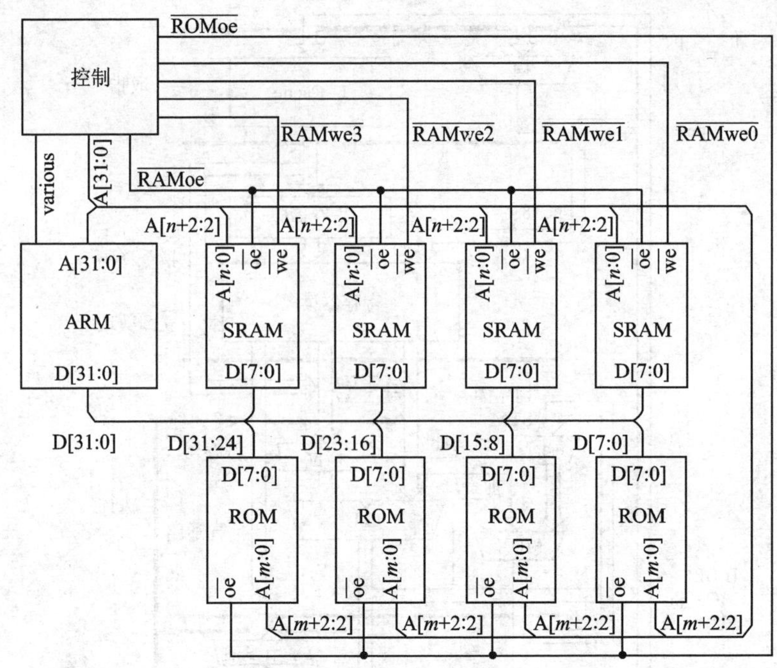


图 3.8 ARM 外接 RAM 和 ROM



**(1) 存储器映射 I/O**

一般的I/O,如串行接口,它有若干个寄存器:发送数据寄存器(只写)、数据接收寄存器(只读)、控制寄存器、状态寄存器(只读)和中断允许寄存器等。这些寄存器都需相应的I/O端口地址。

ARM采用了存储器映射I/O的方式,即把I/O端口地址作为特殊的存储器地址。不过,I/O的输入/输出与真正的存储器读/写仍然有所不同。存储器的单元可以重复读多次,其读出的值是一致的;而I/O设备的连续2次输入,其输入值可能会有所不同。这些差异会影响到存储器系统中的Cache和写缓冲作用,因此,应把存储器映射I/O单元标识为非Cache(uncachable)和非缓冲(unbufferable)。在许多ARM架构系统里,I/O单元对于用户代码是不可访问的,这样,I/O设备的访问只可以通过系统管理调用(SWls)或通过C的库函数来进行。

**(2) 直接存储器存取 DMA**

在I/O的数据流量比较大,中断处理比较频繁的场合,会很明显影响系统的性能。因此,许多系统就采用了直接存储器存取DMA,这样,I/O的数据块传送至存储器的缓冲器区域就不需要处理器介入。而中断也仅仅在出错时或缓冲器满时出现。

DMA虽然降低了系统的开销(不必每个周期中断来处理I/O的数据传送),但是,I/O过于活跃,DMA的数据传送仍要占用存储器的总线带宽,仍会对系统性能有所降低,不过,比起中断方式来说,系统的效率仍要高得多。

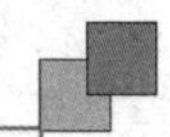



ARM架构的处理器一般都没有DMA部件,只有在一些高档的ARM架构处理器具有DMA的功能。

**(3) 中断IRQ和快速中断FIQ**

一般的ARM虽然没有DMA的功能,为了能提高I/O处理的能力,对于一些要求I/O处理速率比较高的事件,系统安排了快速中断FIQ(Fast Interrupt),而对其余的I/O源仍安排了一般中断IRQ。

要提高中断响应的速度,在设计中可以采用以下办法:

- 提供大量后备寄存器,在中断响应及返回时,作为保护现场和恢复现场的上下文切换(context switching)之用。
- 采用片内RAM的结构,这样可以加速异常处理(包括中断)的进入时间。
- Cache和地址变换后备缓冲器TLB(Translation Lookaside Buffer)采用锁住(locked down)方式以确保临界代码段不受“不命中”所产生的影响。

## 5. ARM协处理器接口

ARM可以通过增加协处理器来支持一个通用的指令集的扩充,也可以通过未定义指令陷阱(trap)来支持协处理器的软件仿真。

ARM为了便于片上系统SOC的设计,其处理器内核尽可能精简,要增加系统的功能,可以通过协处理器来实现。在逻辑上,ARM可以扩展16个协处理器,每个协处理器可有16个寄存器,如表3.1所列。

**表3.1 协处理器**

| 协处理器号 | 功 能 |
|---|---|
| 15 | 系统控制 |
| 14 | 调试控制器 |
| 13～8 | 保留 |
| 7～4 | 用户 |
| 3～0 | 保留 |

例如,MMU和保护单元的系统控制都采用CP15协处理器;JTAG调试中的协处理器采用CP14,即调试通信通道DCC(Debug Communication Channel)。

协处理器也采用Load/Store结构,用指令来执行寄存器的内部操作。取数据从存储器至寄存器或把寄存器中的数保护至存储器中,以及实现与ARM处理器内核中寄存器之间的数据传送,而这些指令都由协处理器指令来实现。

ARM处理器内核与协处理器接口有以下4类:

① 时钟和时钟控制信号:MCLK、nWAIT、nRESET;

② 流水线跟随信号:nMREQ、SEQ、nTRANS、nOPC、TBIT;

③ 应答信号:nCPI、CPA、CPB;

④ 数据信号:D[31:0]、DIN[31:0]、DOUT[31:0]。

协处理器设计也采用流水线结构,因此,必须与ARM处理器内核中的流水线同步。在每一个协处理器内需有一个流水线跟随器(pipeline follower),来跟踪ARM处理器内核流水线中的指令。由于ARM的Thumb指令集无协处理器指令,故协处理器必须监视TBIT信号的状态,以确保不把Thumb指令误解为ARM指令。

协处理器的应答信号中:

nCPI ARM处理器至CPn协处理器信号,该信号低电平有效,代表"协处理器指令",表示ARM处理器内核标识了一条协处理器指令,且希望协处理器去执行它。

CPA 协处理器至ARM处理器内核信号,表示协处理器不存在,目前协处理器无能力执行指令。

CPB 协处理器至ARM处理器内核信号,表示协处理器忙,协处理器还不能够开始执行指令。

### 6. ARM AMBA接口

ARM处理器内核可通过内部总线选用Cache等部件,或通过协处理器接口扩充各种协处理器;也可以通过先进微控制器总线架构AMBA(Advanced Microcontroller Bus Architecture)来扩展不同体系架构的宏单元及I/O部件。AMBA事实上已成为片上总线OCB(On Chip Bus)标准。

AMBA有先进高性能总线AHB(Advanced High - performanceBus)、先进系统总线ASB(Advanced System Bus)和先进外围总线APB(Advanced Peripheral Bus)3类总线,如图3.9所示。

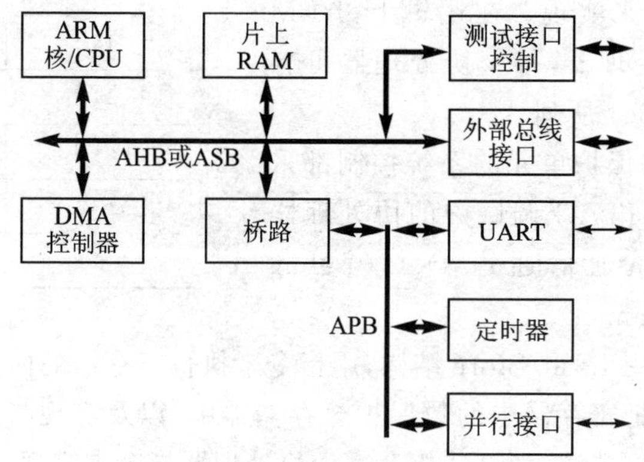


图3.9 典型的基于AMBA的系统

ASB是目前ARM常用的系统总线,用来连接高性能系统模块,它支持突发(burst)方式数据传送。

先进高性能总线AHB不但支持突发方式的数据传送,而且还支持分离式总线事务处理,以进一步提高总线的利用效率。特别在高性能的ARM架构系统(如ARM1020E处理器核),AHB有逐步取代ASB的趋势。

先进外围总线APS为外围宏单元提供了简单的接口。也可以把APS看做先进系统总线ASB的余部,为外围宏单元提供了最简易的接口。

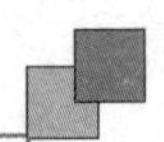



通过测试接口控制器 TIC(Test Interface Controller),AMBA 提供了模块测试的途径。允许外部测试者作为 ASB 总线的主设备来分别测试在 AMBA 上的各个模块。

AMBA 中的宏单元测试也可以通过 JTAG 方式测试。只是 AMBA 的测试方式通用性稍差些,但其通过并行口的测试比 JTAG 的测试代价要低些。

**7. ARM JTAG 调试接口**

JTAG 调试接口的结构如图 3.10 所示。它由测试访问端口 TAP(Test Access Port)控制器、旁路(bypass)寄存器、指令寄存器和数据寄存器,以及与 JTAG 接口兼容的 ARM 架构处理器组成。处理器的每个引脚都有一个移位寄存单元,称为边界扫描单元 BSC(Boundary Scan Cell),它将 JTAG 电路与处理器核逻辑电路联系起来,同时,隔离了处理器核逻辑电路与芯片引脚,把所有的边界扫描单元构成了边界扫描寄存器 BSR。该寄存器电路仅在进行 JTAG 测试时有效,在处理器核正常工作时无效。

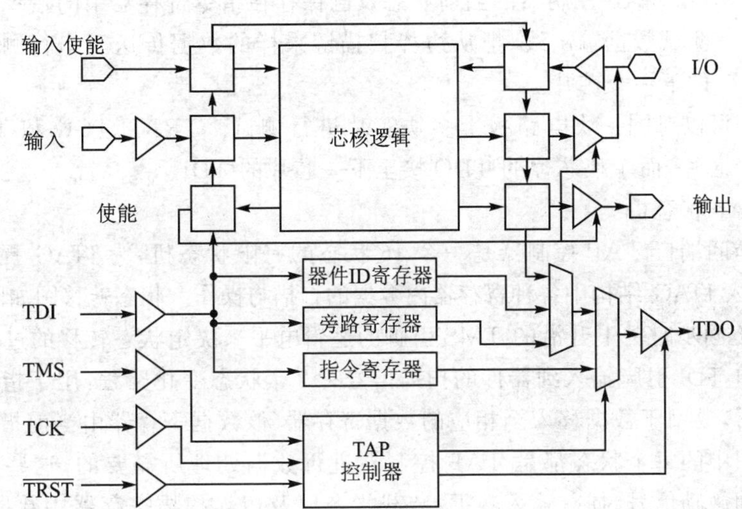


图 3.10 JTAG 调试接口示意图

**(1) JTAG 的控制/寄存器**

- 测试访问端口 TAP 控制器:它对嵌入在 ARM 处理器核内部的测试功能电路的访问控制,是一个同步状态机,通过测试模式选择 TMS 和时钟信号 TCK 来控制其状态和状态转移,实现 IEEE ll49.1 标准所确定的测试逻辑电路的工作时序。
- 指令寄存器:它是串行移位寄存器,通过它可以串行输入执行各种操作指令。
- 数据寄存器组:它是一组串行移位寄存器,操作指令被串行装入由当前指令所选择的数据寄存器,随着操作的进行,测试结果被串行移出。其中:

- 器件ID寄存器　　读出在芯片内固化的ID号；
- 旁路寄存器　　1位移位寄存器，用1个时钟的延迟把TDI连至TDO，使测试者在同一电路板测试循环内访问其他器件；
- 边界扫描寄存器(扫描链)　　截取ARM处理器核与芯片引脚之间所有信号，组成专用的寄存器位。

**(2) JTAG测试信号**

TRST　测试复位输入信号，测试接口初始化。

TCK　测试时钟，在TCK时钟的同步作用下，通过TDI和TDO引脚串行移入/移出数据或指令；同时，也为测试访问端口TAP控制器的状态机提供时钟。

TMS　测试模式选择信号，控制测试接口状态机的操作。

TDI　测试数据输入线，其串行输入数据送至边界扫描寄存器或指令寄存器(由TAP控制器的当前状态及已保存在指令寄存器中的指令来控制)。

TDO　测试数据输出线，把从边界扫描链采样的数据传送至串行测试电路中的下一个芯片。

JTAG可以对同一块电路板上多块芯片进行测试。TRST、TCK和TMS信号并行至各个芯片，而1块芯片的TDO接至下一芯片的TDI。

**(3) TAP状态机**

测试访问端口TAP控制器是一个16状态的有限状态机，为JTAG提供控制逻辑，控制进入JTAG结构中各种寄存器内数据的扫描与操作。状态转移图如图3.11所示，在TCK同步时钟上升沿的TMS引脚的逻辑电平来决定状态转移的过程。

对于由TDI引脚输入到器件的扫描信号有2个状态变化路程：用于指令移入至指令寄存器，或用于数据移入至相应的数据寄存器(该数据寄存器由当前指令确定)。

状态图中的每个状态都是TAP控制器进行数据处理所需要的，这些处理包括给引脚施加激励信号、捕获输入数据、装载指令以及边界扫描寄存器中数据的移入/移出。

**(4) JTAG接口控制指令**

控制指令用于控制JTAG接口各种操作，控制指令包括公用(public)指令和私有(private)指令。最基本的公用指令：

BYPASS　旁路片上系统逻辑指令，用于未被测试的芯片，即把TDI与TPO旁路(1个时钟延迟)。

EXTEST　片外电路测试指令，用于测试电路板上芯片之间的互连。如图3.11中的引脚状态被捕获在capture DR；并在shift DR状态时，通过TDO引脚把寄存器中数据移出；同时新的数据通过TDI引脚移入。该数据在update DR状态中用于边界扫描寄存器输出。

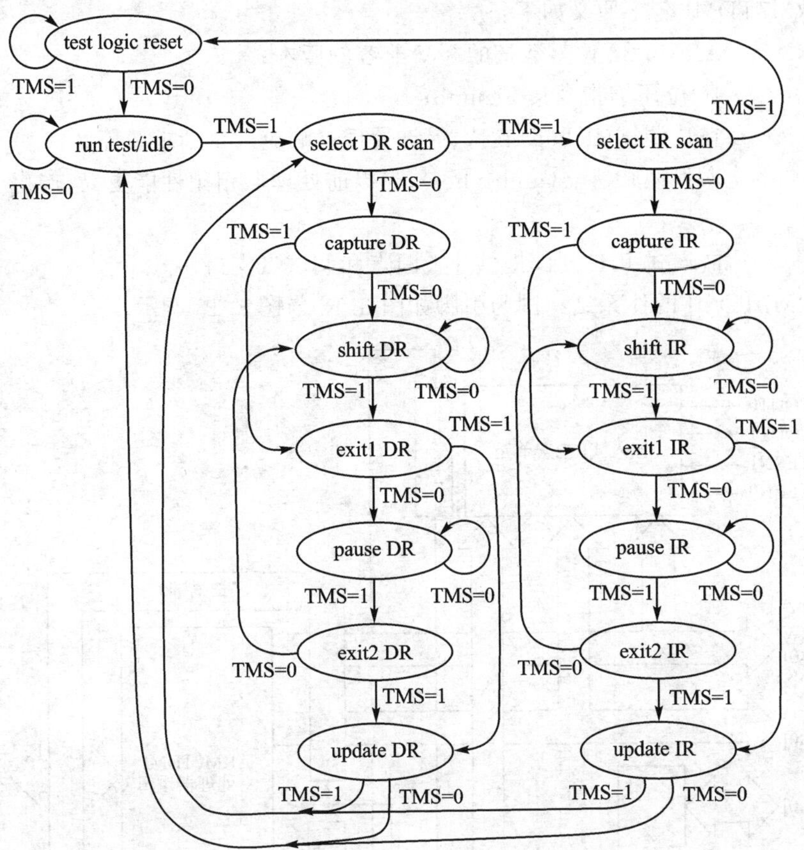


图 3.11　测试访问端口 TAP 控制器状态转移图

IDCODE　读芯片 ID 码指令,用于识别电路板上的芯片。此时,ID 寄存器在 TDI 与 TDO 引脚之间。在 capture DR 状态中,将芯片的 ID 复制至该寄存器,然后在 shift DR 状态中移出。

INTEST　片内测试指令,边界扫描寄存器位于 TDI 与 TDO 引脚之间,处理器核逻辑输入和输出状态被该寄存器捕获和控制。

以上是 ARM 架构的最基本公用指令,各种处理器核可以根据需要进行扩展。

## 3.1.3　ARM 处理器内核

ARM 体系结构的处理器内核有 ARM7TDMI、ARM8、ARM9TDMI、ARM10TDMI、ARM11 及 Cortex 等。

### 1. ARM7TDMI 处理器内核

ARM7TDMI 处理器是 ARM7 处理器系列成员之一,是目前应用很广的 32 位高性能嵌入式 RISC 处理器。

ARM7TDMI名字原义如下：

ARM7　ARM6 32位整数核的3 V兼容的版本；

T　16位压缩指令集Thumb；

D　在片调试(debug)支持，允许处理器响应调试请求暂停；

M　增强型乘法器(multiplier)，与以前处理器相比性能更高，产生全64位结果；

I　嵌入式ICE硬件提供片上断点和调试点支持。

ARM7TDMI的体系结构图与引脚如图3.12与图3.13所示。

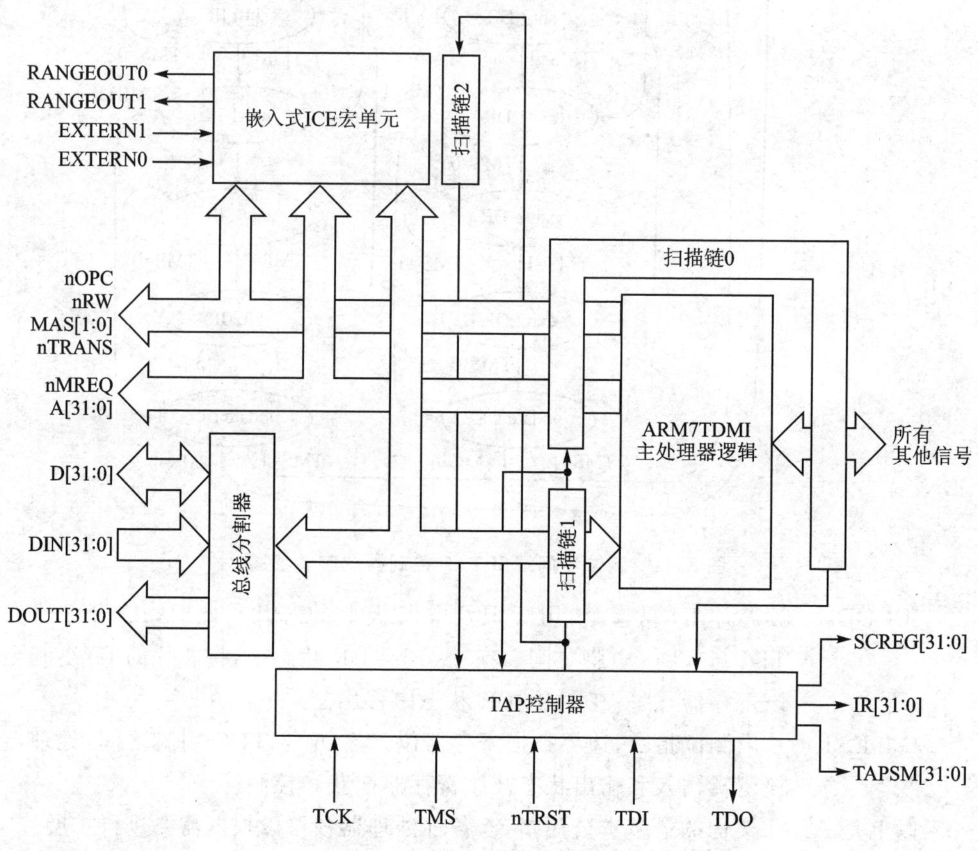


图3.12　ARM7TDMI体系结构图

图3.12中的处理器核采用了3级流水线结构，指令执行分为取指、译码和执行3个阶段。运算器能实现32位整数运算，采用了高效的乘法器，用32×8位乘法器实现32×32位乘法(结果为64位)。

ARM7TDMI采用v4T版指令，同时，还支持16位Thumb指令集，使得ARM7TDMI能灵活高效地工作。

嵌入式ICE(Embedded-ICE)模块为ARM7TDMI提供了片内调试功能；同时，

通过JTAG接口可以很方便地用PC主机对ARM7TDMI进行开发和调试。

如图3.13的引脚图所示,ARM7TDMI还提供了存储器接口、MMU接口、协处理器接口和调试接口,以及时钟与总线等控制信号。

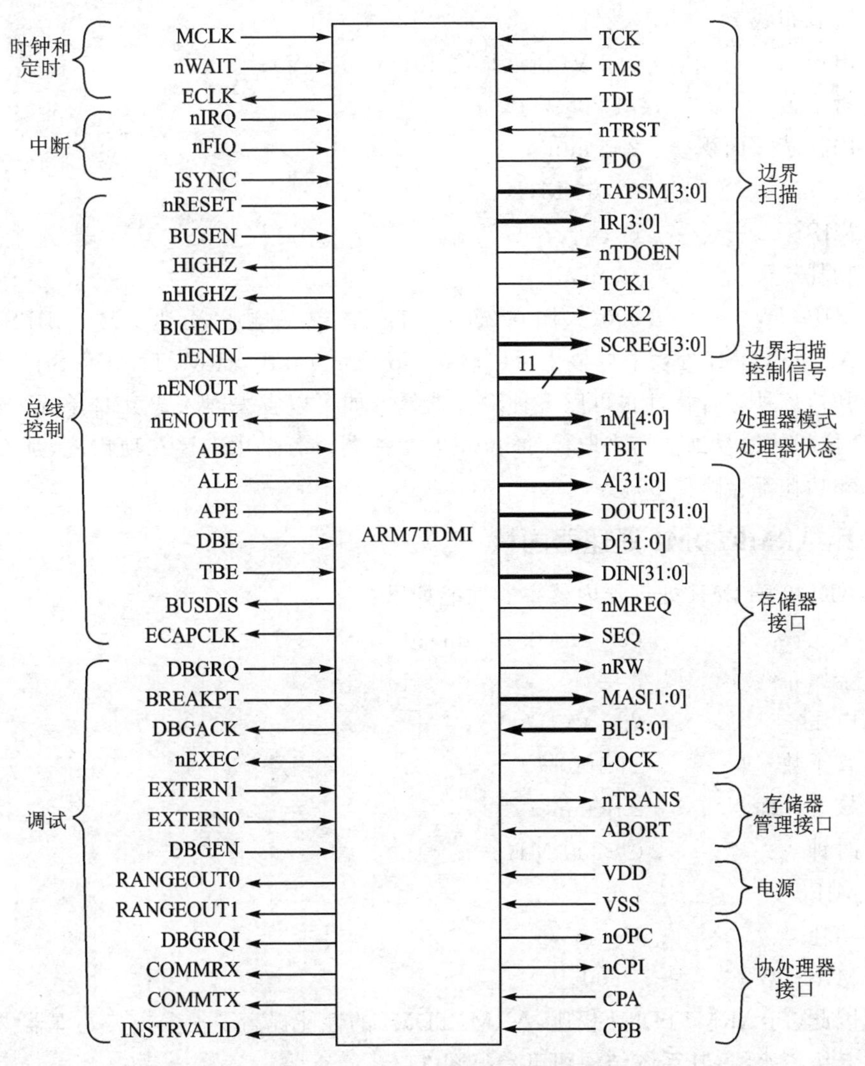


图3.13 ARM7TDMI的引脚图

存储器接口包括了32位地址A[31:0]、双向32位数据总线D[31:0]、单向32位数据总线DIN[31:0]与DOUT[31:0]以及存储器访问请求MREQ、地址顺序SEQ、存储器访问粒度MAS[1:0]和数据锁存控制BL[3:0]等控制信号。

MREQ　　表示本处理器周期为存储器访问请求。

SEQ　　表明存储器地址与先前周期的存储器地址顺序而来。

MAS[1:0]]　　存储器访问的粒度,为字节、半字或字。

BL[3:0]　　数据锁存控制信号,32 位数据以字节方式分别锁存。

ARM7TDMI 处理器内核主要性能如下:

工艺　　0.35 μm(新近采用 0.25 μm);

金属布线　　3 层;

电压　　3.3 V(新近采用 1.2 V、0.9 V);

管子数　　74 209 只;

内核芯片面积　　2.1 $mm^2$;

时钟　　0～66 MHz;

MIPS　　66;

功耗　　87 mW;

MIPS/W　　690(采用 0.25 μm 工艺,0.9 V 电压,可达 1 200 MIPS/W)。

ARM7TDMI 处理器内核也可以软核(softcore)形式 ARM7TDMI-S 供用户选用,同时,该种综合特性也可以多种组合选择。如可以省去嵌入式 ICE 单元,也可以用 32 位积的简易乘法器来取代 64 位积的乘法器。若采用上述二项措施,那么芯片面积和功耗都会降低 50%。

### 2. ARM9TDMI 处理器内核

ARM9TTDMI 处理器内核主要性能如下:

工艺　　025 μm(0.18 μm);

金属布线　　3 层;

电压　　2.5 V(1.2 V);

管子数　　11 100 只;

核芯片面积　　2.1 $mm^2$;

时钟　　0～200 MHz;

MIPS　　220;

功耗　　150 mW;

MIPS/W　　1 500。

因此,与 ARM7TDMI 相比,ARM9TDMI 的性能提高了很多。其处理器内核采用了 5 级流水线,其系统结构图可参见图 3.7。

ARM9TDMI 的 5 级流水线结构与 ARM7TDMI 的 3 级流水线结构的对比如图 3.14 所示。其主要把 3 级流水线中的执行阶段的操作进行再分配,即把执行阶段中的“寄存器读”插在译码阶段中完成;把“寄存器写”按排另一级(即第 5 级完成),同时,在该级之前,再按排了 1 级(存储器访问)。因此,ARM9TDMI 与 ARM7TDMI 相比,取指必须快 1 倍,以便在译码阶段,同时可执行“寄存器读”操作。

ARM9TDMI 处理器内核的另一个显著特点是采用指令和数据分离访问的方式,即采用了指令快存 I-Cache 和数据快存 D-Cache。这样,ARM9TDMI 可以把

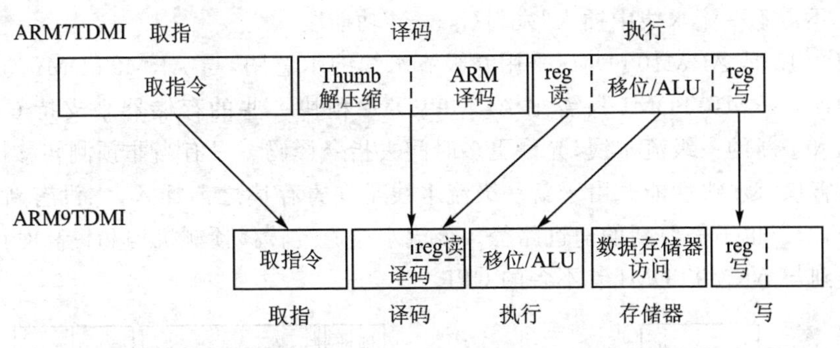


图 3.14 ARM9TDMI 与 ARM7TDMI 流水线比较图

数据访问单独按排 1 级流水线。而 ARM7TDMI 的取指和数据访问是通过单一存储器端口,无法保证取指与数据访问不同时产生。

ARM7TDMI 实现 Thumb 指令集是通过用 ARM7 的空隙(slack)时间,把 Thumb 指令翻译成 ARM 指令。而 ARM9TDMI 的流水线接排很紧,没有足够空隙时间来完成类似 ARMTTDMI 把 Thumb 指令翻译成 ARM 指令,因此,ARM9TDMI 用专门硬件来直接完成 ARM 与 Thumb 指令的译码。

ARM9TDMI 也有协处理器接口,允许在芯片增加浮点、数字信号处理或其他专用的协处理器。ARM9TDMI 也提供相应的软核。ARM9E-S 具有 DSP 功能,能执行 v5TE 版 ARM 指令的 ARM9TDMI 软核,因此其芯片面积要增加 30%。



### 3. ARM10TDMI 处理器内核

在同样工艺与同样芯片面积情况下,ARM9TDMI 的性能 2 倍于 ARM7TDMI;而 ARM10TDMI 也同样 2 倍于 ARM9TDMI。ARM10TDMI 在系统结构上主要采用增加时钟速率和减少每条指令平均时钟周期数 CPI(Clock Per Instruction)两大措施。

ARM9TDMI 的 5 级流水线中的 4 级负担已很满了,当然可以扩充流水线的级数来解决。但是,由于"超级流水线"结构较复杂,因此,只有在比较复杂的机器才采用。ARM10TDMI 仍保留与 ARM9TDMI 类似的流水线,而通过提高时钟速率来优化每级流水线的操作:

- 由于时钟的速率提高,因此,可以将取指和存储器数据访问阶段的时钟增至一个半时钟周期,这样可以早些为下一总线周期提供地址。为了进一步提高效率,在存储器访问阶段的地址计算由单独的加法器来完成,从而速度要比原来快。
- 在流水线的执行阶段采用改进的电路技术和结构。例如,乘法器为了分辨部分和与积,而不反馈至主 ALU;此时,由于乘法器不访问存储器,在存储阶段可以拥有其自己的地址计算专用加法器。
- 指令译码是处理器仅有的逻辑部分,而此部分无法来支持高时钟速率,因此,不得不在流水线中插入"发射(issue)"功能段。

图 3.15 是 ARM10TDMI 采用 6 级流水线的示意图,与 ARM9TDMI 的 5 级流水线相比,ARM10TDMI 只需比 ARM9TDMI 稍快一些的存储器来支持 6 级流水线。插入了新的一级流水线,允许更多时间去指令译码。只有当非预测转移执行时,才会损害该流水线性能。由于新一级流水线是在寄存读之前插入,它没有新的操作数依赖,所以也不需要新的前进路径。该流水线通过转移预测机构和提高时钟速率,仍可得到与 ARM9TDMI 差不多的 CPI。

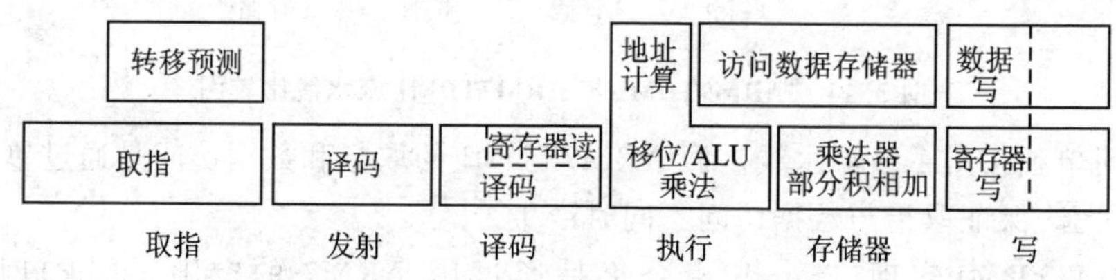


图 3.15 ARM10TDMI 流水线

上述增强流水线的措施把时钟速率提高 50%,可以不损害 CPI;若把时钟速率进一步提高,就会影响 CPI。因此,要采取新的措施来减少 CPI。

ARM7TDMI 由于采用单一 32 位存储器,因而存储器几乎占用每一个时钟周期,ARM9TDMI 采用指令与数据分离的存储器,虽然数据存储器只有 50%的负载,而指令存储器仍几乎占用每一时钟周期。很明显要改进 CPI,必须以某种方式来增加指令存储器的带宽。ARM10TDMI 采用 64 位存储器的结构来解决上述的指令存储器的瓶颈问题。

- 采用转移预测逻辑。可以把时钟速率提高,达到每一时钟周期取 2 条指令。转移预测单元(在流水线的取指阶段)在流水线的发射阶段之前识别分支指令,并把它从指令流中移去,尽可能把分支所引起的周期损失降为零。ARM10TDMI 采用的是静态分支预测机构,它只能预测向后转移的条件分支指令,而向前转移的条件分支指令却不能预测。
- 采用非阻塞(non - bloking)的存取执行。一般的存储器存储或加载指令,由于慢速存储器的传送及多寄存器传送等原因,不能在单一存储器周期中完成。采用非阻塞的存/取措施,就可以在流水线的执行阶段不会产生停顿。
- 采用 64 位数据存储器。这样,允许在每个时钟周期传送 2 个寄存器的指令存取。非阻塞的存和取逻辑需要独立寄存器文件和读/写端口,64 位存储和加载多寄存器指令也需要这些资源。因此,ARM10TDMI 的寄存器组具有 4 个读端口和 3 个写端口。

综合所述,ARM10TDMI 采用提高时钟速率、6 级流水线、转移预测逻辑、64 位存储器和无阻塞的存/取逻辑等措施,使 ARM10TDMI 的性能得到很大提高,是高档 ARM 体系结构的处理器内核。

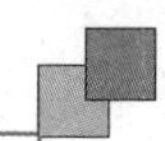





## 4. ARM11处理器

ARM11采用ARMv6体系结构，采用8级流水线，动态转移预测与返回堆栈。ARM11的时钟速度可达到550 MHz，采用了0.13 μm的工艺技术，支持IEM技术，可以大大减少功耗。ARM11的运算速度一般为1 000 DMIPS。ARM发布了4个ARM11系列微处理器内核：ARM1156T2－S、ARM1156T2F－S、ARM1176JZ－S和ARM11JZF－S。

ARM1156T2－S和ARM1156T2F－S是首批含有Thumb－2指令集技术的产品，主要用于多种深嵌入式存储器、汽车网络和成像应用产品，提供了更高的CPU性能和吞吐量，并增加了许多特殊功能，可解决新一代装置的设计难题。它们采用AMBA3.0 AXI总线标准，可满足高性能系统的大数据量存取需求。Thumb－2指令集技术结合了16位、32位指令集体系结构，提供更低的功耗、更高的性能、更短的编码。该技术提供的软件技术方案较ARM指令集技术方案使用的存储空间减少26%、较Thumb技术方案增速25%。ARM1176JZ－S和ARM1176JZF－S内核是首批以ARM TrustZone技术实现手持装置和消费电子装置中操作系统超强安全性的产品，同时也是首次对可节约高达75%处理器功耗的ARM智能能量管理(ARM Intelligent Energy Manager)进行一体化支持。

## 5. Cortex处理器

Cortex处理器采用ARMv7体系结构。ARMv7体系结构的Thumb－2技术是在ARM的Thumb代码压缩技术的基础上发展起来的，并且保持与现存ARM解决方案的代码完全兼容。Thumb－2技术比32位ARM代码使用的内存少31%，减小了系统开销。同时能够提供比Thumb技术的解决方案的性能高出38%。ARMv7体系结构还采用了NEON技术，将DSP和媒体处理能力提高了近4倍，并支持改良的浮点运算，满足下一代3D图形、游戏物理应用以及传统嵌入式控制应用的需求。此外，ARMv7还支持改良的运行环境，以迎合不断增加的JIT(Just In Time)和DAC(Dynamic Adaptive Compilation)技术的使用。在命名方式上，基于ARMv7体系结构的ARM处理器已经不再延用ARM加数字编号的命名方式，而是以Cortex命名。基于v7A的称为“Cortex－A系列”，基于v7R的称为“Cortex－R系列”，基于v7M的称为“Cortex－M3系列”。Cortex－A系列是针对日益增长的，运行包括Linux、Windows CE和Symbian操作系统在内的消费娱乐和无线产品；Cortex－R系列是针对需要运行实时操作系统来进行控制应用的系统，包括汽车电子、网络和影像系统；Cortex－M系列则是为那些对开发费用非常敏感同时对性能要求不断增加的微控制器应用所设计的。

### (1) Cortex－M3处理器

Cortex－M3处理器是为存储器和处理器的尺寸对产品成本影响极大的各种应用专门开发设计的，其结构如图3.16所示。它整合了多种技术，减少使用内存，并在极小的 RISC 内核上提供低功耗和高性能,可实现由以往的 8/16 位微控制器代码向 32 位微控制器的快速移植。Cortex－M3 处理器是使用最少门数的 ARM 处理器,相对于过去的设计大大减小了芯片面积,可减小器件的体积或采用更低成本的工艺进行生产,仅 33 000 门的内核性能可达 1.2 DMIPS/MHz。此外,基本系统外设还具备高度集成化特点,集成了许多紧耦合系统外设,合理利用了芯片空间,使系统能满足下一代控制类产品的需求。

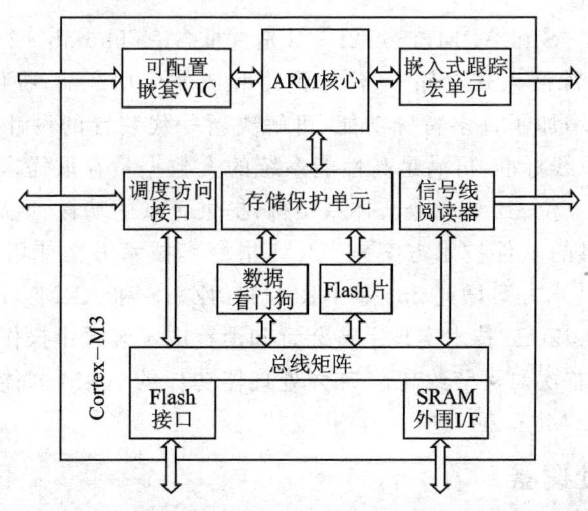


**图 3.16 Cortex－M3 处理器结构**

Cortex－M3 处理器集成了执行 Thumb－2 指令的 32 位哈佛微体系结构和系统外设,包括可嵌套的向量中断控制器和 Arbiter 总线。该技术方案在测试和实际应用中表现出较高的性能,在台机电 180 nm 工艺下,芯片性能达 1.2 DMIPS/MHz,时钟频率高达 100 MHz。Cortex－M3 处理器还实现了 Tail－Chaining 中断技术,该技术是一项完全基于硬件的中断处理技术,最多可减少 12 个时钟周期数的中断延迟时间;推出了新的单线调试技术,避免使用多引脚进行 JTAG 调试,并全面支持 RealView 编译器和调试产品。RealView 工具向设计者提供模拟、创建虚拟模型、编译软件、调试、验证和测试基于 ARMv7 体系结构的系统等功能。ARM 后又推出更低功耗的 Cortex－M0 处理器核和带 DSP 功能的 Cortex－M4 处理器核。Cortex－M3 处理器核的特点如下:

**1) 通过提高效率来提高性能**

处理器可通过两种途径来提高它的性能。一种是"work hard",也就是直接通过提高时钟频率来提高性能,这种途径以高功耗作为代价,并增加了设计的复杂性;另一种是"work smart",在低时钟频率的情况下提高运算效率,使处理器可以凭借简单的低功耗设计来完成与途径 1 同样的功能。Cortex－M3 处理器核是基于哈佛结构的 3 级流水线内核,该内核集成了分支预测,单周期乘法,硬件除法等功能强大的特

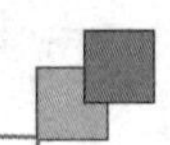





性,使其Dhrystone benchmark具有出色的表现,为1.25 DMIPS/MHz。根据Dhrystone benchmark的测评结果,采用新的Thumb-2指令集体系结构的Cortex-M3处理器,与执行Thumb指令的ARM7TDMI-S处理器相比,每兆赫兹的效率提高了70%,与执行ARM指令的ARM7TDMI-S处理器相比,效率提高了35%。

**2) 简易的使用方法加速应用程序开发**

缩短上市时间与降低开发成本是选择微控制器的关键标准,而快速和简易的软件开发能力是实现这些要求的关键。Cortex-M3处理器专门针对快速和简单的编程而设计,用户无需深厚的体系结构知识或编写任何汇编代码能力就可以建立简单的应用程序。Cortex-M3处理器带有一个简化的基于栈的编程模型,该模型与传统的ARM体系结构相容,同时与传统的8位、16位体系结构所使用的系统相似,它简化了8/16位到32位的升级过程。此外,使用基于硬件的中断机制意味着编写中断服务程序不再重要。在不需要汇编代码寄存器操作的情况下,大大简化启动代码。

**3) 针对敏感市场降低成本和功耗**

成本是采用高性能微控制器永恒的屏障。由于先进的制造工艺相当昂贵,只有降低晶片的尺寸才有可能从根本上降低成本。为了减小系统区域,Cortex-M3处理器采用了至今为止最小的ARM内核,该内核的核心部分(0.18 μm)的门数仅为33 000个,它把紧密相连的系统部件有效地集成在一起。通过采用非对齐数据存储技术、原子位元操作和Thumb-2指令集,存储容量的需求得到最小化。其中Thumb-2指令集对指令存储容量的要求比ARM指令减少25%。为了适应对节能要求日益增长的大型家电和无线网路市场,Cortex-M3处理器支持扩展时钟门控和内置睡眠模式。ARM7TDMI-S和Cortex-M3的比较如表3.2所列。

**表3.2 ARM7TDMI-S和Cortex-M3的特性比较(采用100 Hz和TSMC 0.18 μm工艺)**

| 特 性 | ARM7TDMI-S | Cortex-M3 |
|---|---|---|
| 体系结构 | ARMv4T(冯·诺依曼) | ARMv7-M(哈佛) |
| ISA支持 | Thumb/ARM | Thumb/Thumb-2 |
| 流水线 | 3级 | 3级+预测 |
| 中断 | FIQ/IRQ | NMI+1~240个物理中断 |
| 中断延迟 | 24~42个时钟周期 | 12个时钟周期 |
| 休眠模式 | 无 | 内置 |
| 存储器保护 | 无 | 8段存储器保护单元 |
| Dhrystone | 0.95 DMIPS/MHz(ARM模式) | 1.25 DMIPS/MHz |
| 功耗 | 0.28 mW/MHz | 0.19 mW/MHz |
| 面积 | 0.62 $mm^2$(仅内核) | 0.86 $mm^2$(内核+外设) |

**4) 集成的调试和跟踪功能**

嵌入式系统通常不具备图形用户界面,软件调试也因此成了程序员的一大难题。

传统的在线仿真器(ICE)单元作为插件使用，通过大家熟悉的 PC 界面向系统提供视窗。然而，随着系统体积的变小及其复杂性的增加，物理上附加类似的调试单元已经难以成为可行的方案。Cortex－M3 处理器通过其集成部件在硬件本身实现了各种调试技术，使调试在具备跟踪分析、中断点、观察点和代码修补功能的同时，速度也获得了提高，使产品可更快地投入市场。此外，处理器还通过一个传统的 JTAG 接口或适用于低引脚数封装器件的 2 引脚串行线调试 SWD(Serial Wire Debug)口赋予系统高度的可视性。

**(2) Cortex－R 处理器**

Cortex－R 系列处理器目前包括 Cortex－R4 和 Cortex－R4F 两个型号，主要适用于实时系统。

Cortex－R4 处理器结构如图 3.17 所示。该处理器支持手机、硬盘、打印机及汽车电子设计，能快速执行各种复杂的控制算法与实时工作的运算；可通过存储器保护单元 MPU(Memory Protection Unit)、Cache 以及紧密耦合存储器 TCM(Tightly Coupled Memory)让处理器针对各种不同的嵌入式应用进行最佳化调整，且不影响与基本的 ARM 指令集的兼容。

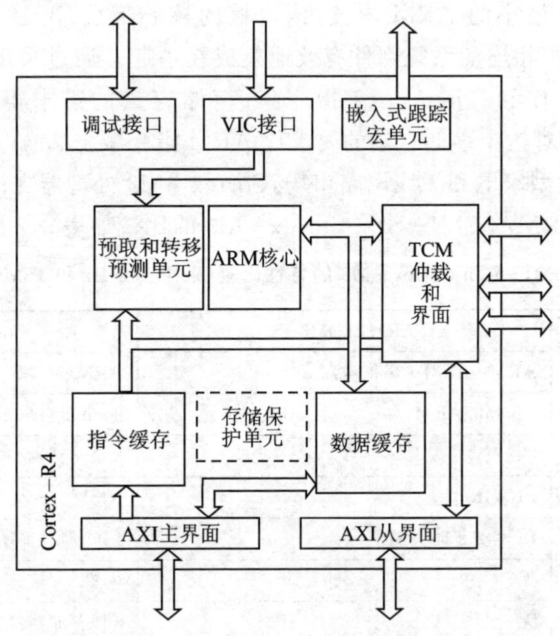


**图 3.17　Cortex－R4 处理器结构**

Cortex－R4 处理器使用 Thumb－2 指令集，加上 RealView 开发套件，使芯片内部存储器的容量最多可降低 30%，大幅降低系统成本，其速度比在 ARM946E－S 处理器所使用的 Thumb 指令集高出 40%。相比于前几代的处理器，Cortex－R4 处理器高效率的设计方案，使其能以更低的时钟达到更高的性能；经过最佳化设计的

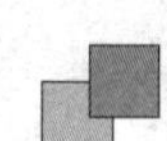





Artisan Metro 存储器，则进一步降低嵌入式系统的体积与成本。处理器搭载一个先进的微体系结构，具备双指令发射功能，采用 90 nm 工艺并搭配 Artisan Advantage 程序库的组件，底面积不到 1 $mm^2$，耗电量低于 0.27 mW/MHz，并能提供超过 600 DMIPS 的性能。

Cortex-R4F 处理器拥有针对汽车市场而开发的各项先进功能，包括自动除错功能、可相互连接的错误侦测机制，以及可选择的优化浮点运算单元 FPU(Floating-Point Unit)。基于对安全性能的重视，Cortex-R4F 处理器特别搭载了高分辨率存储器保护机制，有效地降低成本与功耗。

**(3) Cortex-A8 处理器**

Cortex-A8 处理器是一款适用于复杂操作系统的应用处理器，其结构如图 3.18 所示。该处理器支持智能能源管理 IEM(Intelligent Energy Manger)技术的 ARM Artisan 库以及先进的泄漏控制技术，使得其实现了非凡的速度和功耗效率。在 65 nm 工艺下，Cortex-A8 处理器的功耗不到 300 mW，能够提供高性能和低功耗。

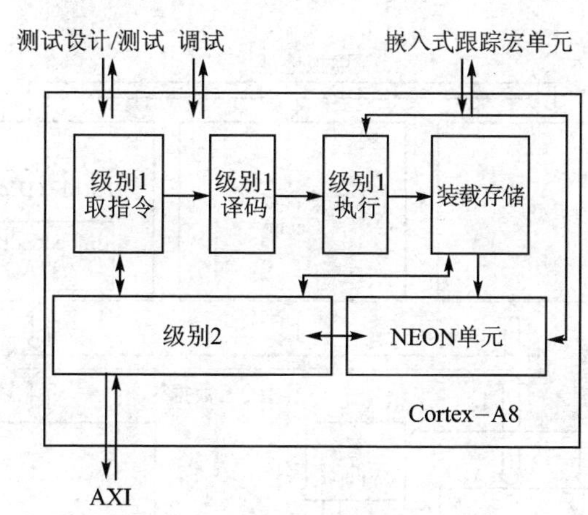


**图 3.18 Cortex-A8 处理器结构**

Cortex-A8 处理器是第一款基于 ARMv7 体系结构的应用处理器，使用了能够带来更高性能、更低功耗和更高代码密度的 Thumb-2 技术。它首次采用了强大的 NEON 信号处理扩展集，为 H.264 和 MP3 等媒体编解码提供加速性能。Cortex-A8 的解决方案还包括 Jazelle-RCT Java 加速技术，对实时(JIT)和动态调整编译(DAC)提供最优化，同时减少内存占用空间高达 3 倍。该处理器配置了先进的超标量体系结构流水线，能够同时执行多条指令，并且提供超过 2.0 DMIPS/MHz 的性能。处理器集成了一个可调尺寸的二级 Cache 存储器，能够同高速的 16 KB 或者 32 KB 一级 Cache 存储器一起工作，从而达到最快的读取速度和最大的吞吐量。该处理器还配置了用于安全交易和数字版权管理的 Trust Zone 技术，以及实现低功耗管理的 IEM 功能。

Cortex-A8 处理器使用了先进的分支预测技术，并且具有专用的 NEON 整型和浮点型流水线进行媒体和信号处理。在使用4 $mm^2$的硅片及低功耗的65 nm工艺的情况下,Cortex-A8处理器的运行频率高于600 MHz。在高性能的90 nm和65 nm工艺下,Cortex-A8处理器运行频率最高可达1 GHz,能够满足高性能消费产品设计的需要。

## 3.1.4 ARM处理器核

在最基本的ARM处理器内核基础上,可增加Cache、存储器管理单元MMU、协处理器CP15、AMBA接口以及EMT宏单元等,构成了ARM处理器核。

### 1. ARM720T/ARM740T处理器核

ARM720T处理器核是在ARM7TDMI处理器内核基础上,增加8 KB的数据与指令Cache,支持段式和页式存储的MMU(Memory Management Unit)、写缓冲器及AMBA(Advanced Microcontroller Bus Architecture)接口,其构成如图3.19所示。

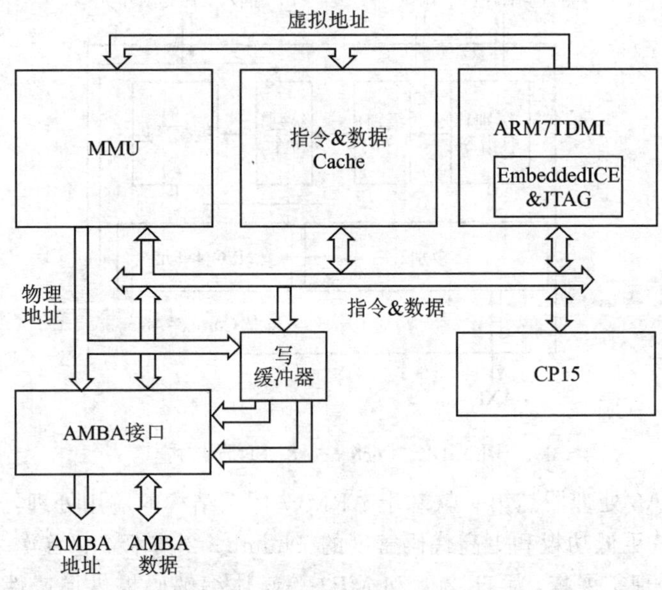


图3.19 ARM720T系统结构框图

ARM740T处理器核与ARM720T处理器核其相比结构基本相同。但ARM740处理器核没有存储器管理单元MMU,不支持虚拟存储器寻址,而是用存储器保护单元来提供基本保护和Cache的控制。这为低价格低功耗的嵌入式应用提供了合适的处理器核。由于在嵌入式应用中运行固定软件,也不需要进行地址变换,即可以省去地址变换后备缓冲器TLB。

## 2. ARM920T /ARM940T 处理器核

ARM920T 处理器核是在 ARM9TDMI 处理器内核基础上，增加了分离式的 I-Cache 和 D-Cache，并带有相应的存储器管理单元 I-MMU 和 D-MMU，写缓冲器及 AMBA 接口等构成的，如图 3.20 所示。

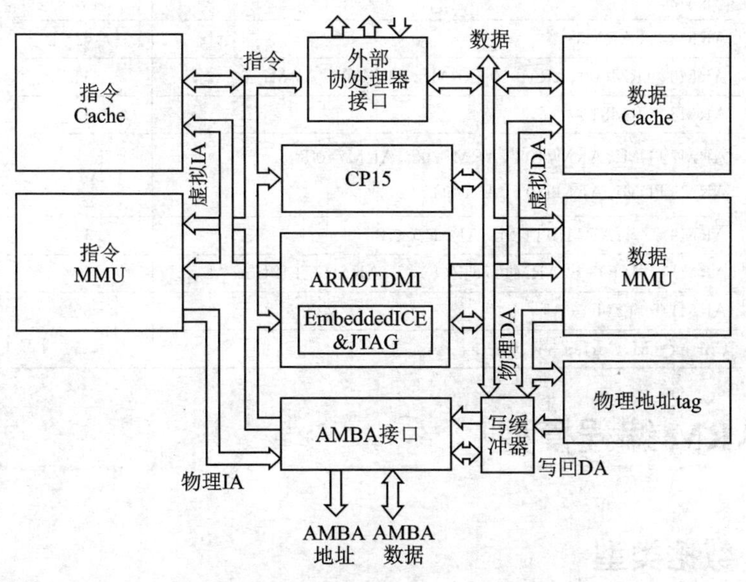


图 3.20　ARM920T 系统结构图

ARM920T 处理器核特性如下：

工艺　0.25 μm；

金属布线　4 层；

电压　2.5 V；

管子数　2 500 000 只；

核芯片面积　23～25 mm²；

时钟　0～200 MHz；

MIPS　220；

功耗　560 mW；

MIPS/W　390。

ARM940T 处理器核与 ARM740T 处理器核相似，采用了 ARM9TDMI 处理器内核，是 ARM920T 处理器核的简化。ARM940T 没有存储器管理单元 MMU，不支持虚拟存储器寻址，而是用有储器保护单元来提供存储保护和 Cache 的控制。ARM940T 的存储保护单元结构与 ARM740T 存储保护单元结构基本相同。

ARM 公司一直以知识产权 IP(Intelligence Property)提供商的身份出售其知识产权，其 32 位 RISC 微处理器体系结构已经从 v3 发展到 v7。ARM 系列微处理器核及体系结构如表 3.3 所列。

表 3.3　ARM 系列微处理器核及体系结构

| 处理器核 | 体系结构 |
|---|---|
| ARM1 | v1 |
| ARM2 | v2 |
| ARM2As、ARM3 | v2a |
| ARM6、ARM600、ARM610、ARM7、ARM700、ARM710 | v3 |
| ARM8、ARM810 | v4 |
| ARM7TDMI、ARM710T、ARM720T、ARM740T<br>ARM9TDMI、ARM920T、ARM940T | v4T |
| ARM9E-S、ARM10TDMI、ARM1020T | v5TE |
| ARM1136J(F)-S、ARM1176JZ(F)-S、ARM11、MPCore | v6 |
| ARM1156T2(F)-S | v6T2 |
| Cortex-M、Cortex-R、Cortex-A | v7 |

## 3.2　ARM 编程模型

### 3.2.1　数据类型

ARM 处理器支持下列数据类型：

Byte　　　字节，8 位；

Halfword　半字，16 位(半字必须与 2 字节边界对齐)；

Word　　　字，32 位(字必须与 4 字节边界对齐)。

图 3.21 所示为 ARM 数据类型存储图。

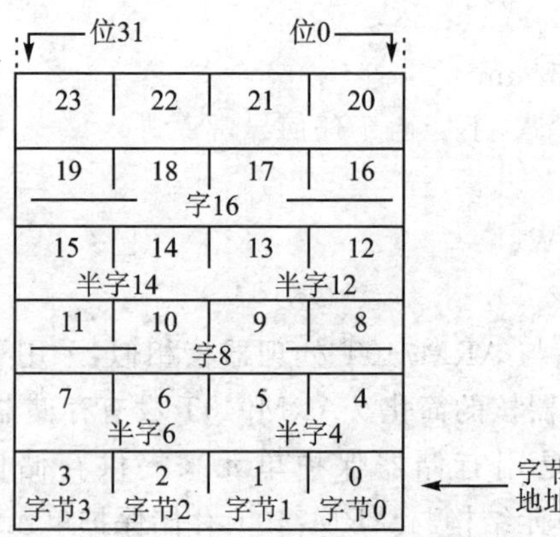


图 3.21　ARM 数据类型存储图

### 3.2.2　处理器模式

ARM 体系结构支持表 3.4 所列的 7 种处理器模式。

**表 3.4　处理器模式**

| 处理器 | 模　式 | 说　明 |
|---|---|---|
| 用户 | usr | 正常程序执行模式 |
| FIQ | fiq | 支持高速数据传送或通道处理 |
| IRQ | irq | 用于通用中断处理 |
| 管理 | svc | 操作系统保护模式 |
| 中止 | abt | 实现虚拟存储器和/或存储器保护 |
| 未定义 | und | 支持硬件协处理器的软件仿真 |
| 系统 | sys | 运行特权操作系统任务 |

在软件控制下可以改变模式,外部中断或异常处理也可以引起模式发生改变。

大多数应用程序在用户模式下执行。当处理器工作在用户模式时,正在执行的程序不能访问某些被保护的系统资源,也不能改变模式,除非异常(exception)发生。这允许操作系统来控制系统资源的使用。

除用户模式外的其他模式称为特权模式。特权模式是为了服务中断或异常,或访问保护的资源,它们可以自由地访问系统资源和改变模式。其中的 5 种称为异常模式,即

① FIQ(Fast Interrupt reQuest);

② IRQ(Interrupt ReQuest);

③ 管理(Supervisor);

④ 中止(Abort);

⑤ 未定义(Undefined)。

当特定的异常出现时,进入相应的模式。每种模式都有某些附加的寄存器,以避免异常出现时用户模式的状态不可靠。

剩下的模式是系统模式,不能由于任何异常而进入该模式,它与用户模式有完全相同的寄存器。然而它是特权模式,不受用户模式的限制。它供需要访问系统资源的操作系统任务使用,但希望避免使用与异常模式有关的附加寄存器,避免使用附加寄存器保证了当任何异常出现时,都不会使任务的状态不可靠。

### 3.2.3　处理器工作状态

ARM 处理器有两种工作状态:

ARM　　32 位,这种状态下执行字对齐的 ARM 指令;

Thumb　16 位,这种状态下执行半字对齐的 Thumb 指令。

在 Thumb 状态下,程序计数器 PC(Program Counter)使用位[1]选择另一个半

字。ARM 处理器在两种工作状态之间可以切换，ARM 和 Thumb 之间状态的切换不影响处理器的模式或寄存器的内容。

① 进入 Thumb 状态。当操作数寄存器的状态位(位[0])为 1 时，执行 BX 指令进入 Thumb 状态。如果处理器在 Thumb 状态进入异常，则当从异常处理(IRQ、FIQ、Undef、Abort 和 SWI)状态返回时，自动转换到 Thumb 状态。

② 进入 ARM 状态。当操作数寄存器的状态位(位[0])为 0 时，执行 BX 指令进入 ARM 状态。在处理器进行异常处理(IRQ、FIQ、Reset、Undef、Abort 和 SWI)情况下，把 PC 放入异常模式链接寄存器中，从异常向量地址开始执行也可以进入 ARM 状态。

### 3.2.4 寄存器组织

ARM 处理器总共有 37 个寄存器：

- 31 个通用寄存器，包括程序计数器(PC)。这些寄存器是 32 位的。
- 6 个状态寄存器。这些寄存器也是 32 位的，但只使用了其中的 12 位。

编程者不能同时看到这些寄存器，处理器状态和工作模式决定哪些寄存器可见。寄存器安排成部分重叠的组，每种处理器模式使用不同的寄存器组，如图 3.22 所示。在任何时候，15 个通用寄存器(R0～R14)、1 或 2 个状态寄存器和程序计数器都是可见的。图 3.22 的每列是在每种模式下可见的寄存器。

#### 1. 通用寄存器

通用寄存器(R0～R15)可分成 3 类：

- 不分组寄存器 R0～R7；
- 分组寄存器 R8～R14；
- 程序计数器 R15。

**(1) 不分组寄存器 R0～R7**

R0～R7 是不分组寄存器，这意味着在所有的处理器模式下，它们每一个都访问一样的 32 位物理寄存器。它们是真正的通用寄存器，没有体系结构所隐含的特殊用途。

**(2) 分组寄存器 R8～R14**

R8～R14 是分组寄存器。它们每一个访问的物理寄存器取决于当前的处理器模式，每种处理器模式有专用的分组寄存器用于快速异常处理。若要访问特定的物理寄存器而不依赖于当前的处理器模式，则要使用规定的名字。

寄存器 R8～R12 各有两组物理寄存器。一组为 FIQ 模式，另一组为除 FIQ 以外的其他模式。第 1 组访问 R8_fiq～R12_fiq，第 2 组访问 R8_usr～R12_usr。寄存器 R8～R12 没有任何指定的特殊用途。只使用 R8～R14 足以简单地处理中断。这些寄存器中独立的 FIQ 模式允许快速中断处理。

| 模式 | | | | | | |
|---|---|---|---|---|---|---|
| | 特权模式 | | | | | |
| | | 异常模式 | | | | |
| 用户 | 系统 | 管理 | 中止 | 未定义 | 中断 | 快中断 |
| R0 | R0 | R0 | R0 | R0 | R0 | R0 |
| R1 | R1 | R1 | R1 | R1 | R1 | R1 |
| R2 | R2 | R2 | R2 | R2 | R2 | R2 |
| R3 | R3 | R3 | R3 | R3 | R3 | R3 |
| R4 | R4 | R4 | R4 | R4 | R4 | R4 |
| R5 | R5 | R5 | R5 | R5 | R5 | R5 |
| R6 | R6 | R6 | R6 | R6 | R6 | R6 |
| R7 | R7 | R7 | R7 | R7 | R7 | R7 |
| R8 | R8 | R8 | R8 | R8 | R8 | R8_fiq |
| R9 | R9 | R9 | R9 | R9 | R9 | R9_fiq |
| R10 | R10 | R10 | R10 | R10 | R10 | R10_fiq |
| R11 | R11 | R11 | R11 | R11 | R11 | R11_fiq |
| R12 | R12 | R12 | R12 | R12 | R12 | R12_fiq |
| R13 | R13 | R13_svc | R13_abt | R13_und | R13_irq | R13_fiq |
| R14 | R14 | R14_svc | R14_abt | R14_und | R14_irq | R14_fiq |
| PC | PC | PC | PC | PC | PC | PC |
| CPSR | CPSR | CPSR | CPSR | CPSR | CPSR | CPSR |
| | | SPSR_svc | SPSR_abt | SPSR_und | SPSR_irq | SPSR_fiq |

◺ 表明用户或系统模式使用的一般寄存器已被异常模式特定的另一寄存器所替代。

**图3.22 寄存器组织**

寄存器R13、R14各有6个分组的物理寄存器。一个用于用户模式和系统模式，而其他5个分别用于5种异常模式。访问时需要指定它们的模式。名字形式如下：

R13_<mode>

R14_<mode>

其中：<mode>可以从usr、svc、abt、und、irq和fiq这6种模式中选取一个。

寄存器R13通常用做堆栈指针，称做SP。每种异常模式都有自己的分组R13。通常R13应当被初始化成指向异常模式分配的堆栈。在入口，异常处理程序将用到的其他寄存器的值保存到堆栈中。返回时，重新将这些值加载到寄存器。这种异常处理方法保证了异常出现后不会导致执行程序的状态不可靠。

寄存器R14用做子程序链接寄存器，也称为链接寄存器LR(Link Register)。当执行带链接分支(BL)指令时，得到R15的拷贝。在其他情况下，将R14当做通用寄存器。类似地,当中断或异常出现时,或当中断或异常程序执行BL指令时,相应的分组寄存器R14_svc,R14_irq,R14_fiq,R14_abt和R14_und用来保存R15的返回值。

FIQ模式有7个分组的寄存器R8～R14映射为R8_fiq～R14_fiq。在ARM状态下,许多FIQ处理没必要保存任何寄存器。User、IRQ、Supervisor、Abort和Undefined模式每一种都包含两个分组的寄存器R13和R14的映射,允许每种模式都有自己的堆栈和链接寄存器。

**(3) 程序计数器R15**

寄存器R15用做程序计数器(PC)。在ARM状态时,位[1:0]为0,位[31:2]保存PC。在Thumb状态下,位[0]为0,位[31:1]保存PC。程序计数器用于特殊场合。

① 读程序计数器。指令读出的R15的值是指令地址加上8字节。由于ARM指令始终是字对齐的,所以读出结果值的位[1:0]总是0(在Thumb状态下,情况有所变化)。读PC主要用于快速地对临近的指令和数据进行位置无关寻址,包括程序中的位置无关分支。

② 写程序计数器。写R15的通常结果是将写到R15中的值作为指令地址,并以此地址发生转移。由于ARM指令要求字对齐,通常希望写到R15中值的位[1:0]=0b00。

## 2. 程序状态寄存器

在所有处理器模式下都可以访问当前程序状态寄存器CPSR(Current Program Status Register)。CPSR包含条件码标志、中断禁止位、当前处理器模式以及其他状态和控制信息。每种异常模式都有一个程序状态保存寄存器SPSR(Saved Program Status Register)。当异常出现时,SPSR用于保留CPSR的状态。

CPSR和SPSR格式如下:

| 31 | 30 | 29 | 28 | | 8 | 7 | 6 | 5 | 4 | 3 | 2 | 1 | 0 |
|---|---|---|---|---|---|---|---|---|---|---|---|---|---|
| N | Z | C | V | | DNM(RAZ) | I | F | T | M4 | M3 | M2 | M1 | M0 |

**(1) 条件码标志**

N、Z、C、V(Negative、Zero、Carry、oVerflow)位称做条件码标志(condition code flags),经常以标志(flags)引用。CPSR中的条件码标志可由大多数指令检测以决定指令是否执行。

通常条件码标志通过执行下述指令进行修改,即

- 比较指令(CMN、CMP、TEQ、TST)。
- 一些算术运算、逻辑运算和传送指令,它们的目的寄存器不是R15。这些指令中大多数同时有标志保留变量和标志设置变量。后者通过在指令助记符后加上字符"S"来选定,加"S"表示进行标志设置。

条件码标志的通常含义如下:

N 如果结果是带符号二进制补码，那么，若结果为负数，则 N=1；若结果为正数或 0，则 N=0。

Z 若指令的结果为 0，则置 1(通常表示比较的结果为“相等”)，否则置 0。

C 可用如下 4 种方法之一设置，即

- 加法，包括比较指令 CMN。若加法产生进位(即无符号溢出)，则 C 置 1；否则置为 0。
- 减法，包括比较指令 CMP。若减法产生借位(即无符号溢出)，则 C 置为 0；否则置 1。
- 对于结合移位操作的非加法/减法指令，C 置为移出值的最后 1 位。
- 对于其他非加法/减法指令，C 通常不改变。

V 可用如下两种方法设置，即

- 对于加法或减法指令，当发生带符号溢出时，V 置 1，认为操作数和结果是补码形式的带符号整数。
- 对于非加法/减法指令，V 通常不改变。

**(2) 控制位**

程序状态寄存器 PSR(Program Status Register)的最低 8 位 I、F、T 和 M[4:0] 用做控制位。当异常出现时，可改变控制位。处理器在特权模式下时，也可由软件改变控制位。

➢ 中断禁止位。

I 置 1 则禁止 IRQ 中断；

F 置 1 则禁止 FIQ 中断。

➢ T 位。

T=0 指示 ARM 执行；

T=1 指示 Thumb 执行。

➢ 模式位。

M0、M1、M2、M3 和 M4(M[4:0])是模式位，这些位决定处理器的工作模式，如表 3.5 所列。

**表 3.5 模式位**

| M[4:0] | 模 式 | 可访问的寄存器 |
|---|---|---|
| 10000 | 用户 | PC、R14～R0、CPSR |
| 10001 | FIQ | PC、R14_fiq～R8_fiq、R7～R0、CPSR、SPSR_fiq |
| 10010 | IRQ | PC、R14_irq、R13_irq、R12～R0、CPSR、SPSR_irq |
| 10011 | 管理 | PC、R14_svc、R13_svc、R12～R0、CPSR、SPSR_svc |
| 10111 | 中止 | PC、R14_abt、R13_abt、R12～R0、CPSR、SPSR_abt |
| 11011 | 未定义 | PC、R14_und、R13_und、R12～R0、CPSR、SPSR_und |
| 11111 | 系统 | PC、R14～R0、CPSR |

并非所有的模式位的组合都能定义一种有效的处理器模式，其他组合的模式位，其结果不可预知。

**(3) 其他位**

程序状态寄存器的其他位保留，用做以后的扩展。

### 3. Thumb 状态的寄存器集

Thumb 状态下的寄存器集是 ARM 状态下的寄存器集的子集。程序员可以直接访问 8 个通用寄存器(R0～R7)、PC、SP、LR 和 CPSR。每一种特权模式都有一组 SP、LR 和 SPSR。详细的描述如图 3.23 所示。

Thumb状态的通用寄存器和专用寄存器

| 系统和用户 | FIQ | 管理 | 中止 | IRQ | 未定义 |
| --- | --- | --- | --- | --- | --- |
| R0 | R0 | R0 | R0 | R0 | R0 |
| R1 | R1 | R1 | R1 | R1 | R1 |
| R2 | R2 | R2 | R2 | R2 | R2 |
| R3 | R3 | R3 | R3 | R3 | R3 |
| R4 | R4 | R4 | R4 | R4 | R4 |
| R5 | R5 | R5 | R5 | R5 | R5 |
| R6 | R6 | R6 | R6 | R6 | R6 |
| R7 | R7 | R7 | R7 | R7 | R7 |
| SP | SP_fiq* | SP_svc* | SP_abt* | SP_irq* | SP_und* |
| LR | LR_fiq* | LR_svc* | LR_abt* | LR_irq* | LR_und* |
| PC | PC | PC | PC | PC | PC |

Thumb状态的程序状态寄存器

| 系统和用户 | FIQ | 管理 | 中止 | IRQ | 未定义 |
| --- | --- | --- | --- | --- | --- |
| CPSR | CPSR | CPSR | CPSR | CPSR | CPSR |
|  | SPSR_fiq | SPSR_svc* | SPSR_abt* | SPSR_irq* | SPSR_und* |

* 分组的寄存器。

**图 3.23 Thumb 状态下寄存器组织**

- Thumb 状态 R0～R7 与 ARM 状态 R0～R7 是一致的。
- Thumb 状态 CPSR 和 SPSR 与 ARM 的状态 CPSR 和 SPSR 是一致的。
- Thumb 状态 SP 映射到 ARM 状态 R13。
- Thumb 状态 LR 映射到 ARM 状态 R14。
- Thumb 状态 PC 映射到 ARM 状态 PC(R15)。

Thumb 状态寄存器与 ARM 状态寄存器的关系如图 3.24 所示。

在 Thumb 状态下，寄存器 R8～R15（高寄存器）并不是标准寄存器集的一部分。汇编语言编程者虽有限制地访问它，但可以将其用做快速暂存存储器，可以将 R0～R7（低寄存器）中寄存器的值传送到 R8～R15(高寄存器)。

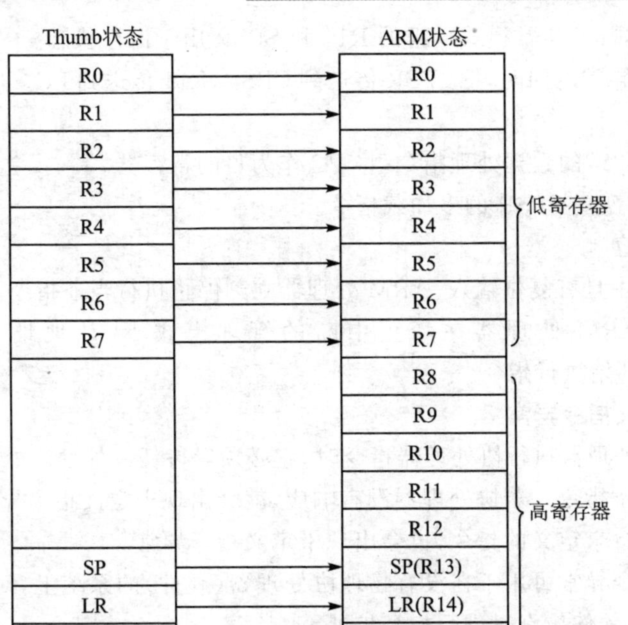


**图 3.24 Thumb 状态寄存器映射到 ARM 状态寄存器**



## 3.2.5 异 常

异常由内部或外部源产生并引起处理器处理一个事件,例如外部中断或试图执行未定义指令都会引起异常。在处理异常之前,处理器状态必须保留,以便在异常处理程序完成后,原来的程序能够重新执行。同一时刻可能出现多个异常。

ARM 支持 7 种类型的异常。异常的类型以及处理这些异常的处理器模式如表 3.6 所列。异常出现后,强制从异常类型对应的固定存储器地址开始执行程序。这些固定的地址称为异常向量(exception vectors)。

**表 3.6 异常处理模式**

| 异常类型 | 模 式 | 正常地址 | 高向量地址 |
|---|---|---|---|
| 复位 | 管理 | 0x00000000 | 0xFFFF0000 |
| 未定义指令 | 未定义 | 0x00000004 | 0xFFFF0004 |
| 软件中断(SWI) | 管理 | 0x00000008 | 0xFFFF0008 |
| 预取中止(取指令存储器中止) | 中止 | 0x0000000C | 0xFFFF000C |
| 数据中止(数据访问存储器中止) | 中止 | 0x00000010 | 0xFFFF0010 |
| IRQ(中断) | IRQ | 0x00000018 | 0xFFFF0018 |
| FIQ(快速中断) | FIQ | 0x0000001C | 0xFFFF001C |

当异常出现时,异常模式分组的R14和SPSR用于保存状态。

当处理完异常返回时,把SPSR传送到CPSR,R14传送到PC。这可用两种方法自动完成,即

① 使用带“S”的数据处理指令,将PC作为目的寄存器。

② 使用带恢复CPSR的多加载指令。

**(1) 复 位**

处理器上一旦有复位输入,ARM处理器立刻停止执行当前指令。

复位后,ARM处理器在禁止中断的管理模式下,从地址0x00000000或0xFFFF0000开始执行指令。

**(2) 未定义指令异常**

当ARM处理器执行协处理器指令时,它必须等待任一外部协处理器应答后,才能真正执行这条指令。若协处理器没有响应,就会出现未定义指令异常。

若试图执行未定义的指令,也会出现未定义指令异常。

未定义指令异常可用于在没有物理协处理器(硬件)的系统上,对协处理器进行软件仿真,或在软件仿真时进行指令扩展。

**(3) 软件中断异常**

软件中断异常指令SWI(SoftWare Interrupt Instruction)进入管理模式,以请求特定的管理(操作系统)函数。



**(4) 预取中止(取指令存储器中止)**

存储器系统发出存储器中止(Abort)信号,响应取指激活的中止标记所取的指令无效。若存储器试图执行无效指令,则产生预取中止异常。若指令未执行(例如,指令在流水线中发生了转移),则不发生预取中止。

**(5) 数据中止(数据访问存储器中止)**

存储器系统发出存储器中止信号,响应数据访问(加载或存储)激活中止标记数据为无效。在后面的任何指令或异常改变CPU状态之前,数据中止异常发生。

**(6) 中断请求(IRQ)异常**

通过处理器上的IRQ输入引脚,由外部产生IRQ异常。IRQ异常的优先级比FIQ异常优先级低。当进入FIQ处理时,会屏蔽掉IRQ异常。

**(7) 快速中断请求(FIQ)异常**

通过处理器上的FIQ输入引脚,由外部产生FIQ异常。FIQ被设计成支持数据传送和通道处理,并有足够的私有寄存器,从而在这样的应用中可避免对寄存器保存的需求,减少了上下文切换的总开销。

**(8) 异常优先级**

异常的优先级如表3.7所列。

**表3.7 异常优先级**

| 优先级 | 异 常 |
|---|---|
| 1(最高) | 复位 |
| 2 | 数据中止 |
| 3 | FIQ |
| 4 | IRQ |
| 5 | 预取中止 |
| 6(最低) | 未定义指令、SWI |

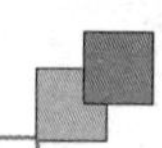

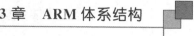

## 3.2.6　存储器和存储器映射 I/O

ARM 体系结构允许使用现有的存储器和 I/O 器件进行各种各样的存储器系统设计。

### 1. 地址空间

ARM 体系结构使用 $2^{32}$ 个 8 位字节的单一、线性地址空间。将字节地址作为无符号数看待，范围为 $0 \sim 2^{32}-1$。

将地址空间看做由 $2^{30}$ 个 32 位的字组成。每个字的地址是字对齐的，故地址可被 4 整除。字对齐地址是 A 的字由地址为 A、A+1、A+2 和 A+3 的 4 字节组成。

地址空间也看做由 $2^{31}$ 个 16 位的半字组成，每个半字的地址是半字对齐的(可被 2 整除)。半字对齐地址是 A 的半字由地址为 A 和 A+1 的 2 个字节组成。

地址计算通常由普通的整数指令完成。这意味着若计算的地址在地址空间中上溢或下溢，通常就会环绕，意味着计算结果缩减模 $2^{32}$。然而，为了减少以后地址空间扩展的不兼容，程序应该编写成使地址的计算结果位于 $0 \sim 2^{32}-1$ 的范围内。大多数分支指令通过把指令指定的偏移量加到 PC 的值上来计算目的地址，然后把结果写回到 PC。计算公式如下：

目的地址=当前指令的地址+8+偏移量

如果计算结果在地址空间中上溢或下溢，则指令因其依赖于地址环绕从而是不可预知的。因此，向前转移不应当超出地址 0xFFFFFFFF，向后转移不应当超出地址 0x00000000。

另外，每条指令执行之后，根据指令正常的顺序执行，则计算

目的地址=当前指令的地址+4

以决定下一个执行哪条指令。若计算从地址空间的顶部溢出，那么从技术上讲结果是不可预知的。换句话说，程序在执行完地址 0xFFFFFFFC 的指令后，不应当依据顺序来执行地址 0x00000000 的指令。

### 2. 存储器格式

对于字对齐的地址 A 地址空间规则要求：

地址位于 A 的字由地址为 A、A+1、A+2 和 A+3 的字节组成；

地址位于 A 的半字由地址为 A 和 A+1 的字节组成；

地址位于 A+2 的半字由地址为 A+2 和 A+3 的字节组成；

地址位于 A 的字因而由地址为 A 和 A+2 的半字组成。

然而，这没有完全指明字、半字和字节之间的映射关系。

存储系统使用以下两种映射方法之一：

① 在小端序存储系统：

- 字对齐地址中的字节或半字是该地址中字的最低有效字节或半字；

- 半字对齐地址中的字节是该地址中的半字的最低有效字节。

② 在大端序存储系统:

- 字对齐地址中的字节或半字是该地址中字的最高有效字节或半字;
- 半字对齐地址中的字节是该地址中的半字的最高有效字节。

对于字对齐地址 A,图 3.25 表明了地址 A 中的字,地址 A 和地址 A+2 中的半字,以及地址 A、A+1、A+2 和 A+3 中的字节在每种存储系统中是如何互相映射的。

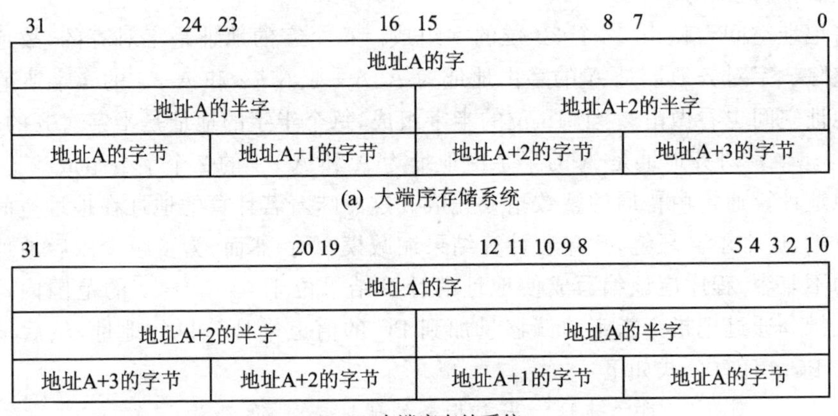


图 3.25 大端序和小端序存储系统



### 3. 非对齐的存储器访问

ARM 体系结构通常希望所有的存储器访问能适当地对齐。特别是,用于字访问的地址通常应当字对齐,用于半字访问的地址通常应当半字对齐。未按这种方式对齐的存储器访问称做非对齐的存储器访问。

若在 ARM 态执行期间,将没有字对齐的地址写到 R15 中,那么结果通常是,或者不可预知,或者地址的位[1:0]被忽略。若在 Thumb 态执行期间,将没有半字对齐的地址写到 R15 中,则地址的位[0]通常忽略。详见写程序计数器部分和每个指令的说明。当执行无效代码时,从 R15 读值的结果是,对 ARM 状态来说位[1:0]总为 0,对 Thumb 状态来说位[0]总为 0。

### 4. 存储器映射 I/O

ARM 系统完成 I/O 功能的标准方法是使用存储器映射 I/O。这种方法使用特定的存储器地址,当从这些地址加载或向这些地址存储时,它们提供 I/O 功能。典型情况下,从存储器映射 I/O 地址加载用于输入,而向存储器映射 I/O 地址存储用于输出。加载和存储也可用于执行控制功能,代替或者附加到正常的输入或输出功能。

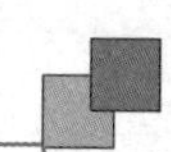



存储器映射 I/O 位置的行为通常不同于对一个正常存储器位置所期望的行为。例如，从一个正常存储器位置两次连续加载，每次返回同样的值，除非中间插入一个到该位置的存储操作。对于存储器映射 I/O 位置，第 2 次加载的返回值可以不同于第 1 次加载的返回值。一般来讲，这是由于第 1 次加载有副作用(如从缓冲器中移去加载值)，或者由于对另一个存储器映射 I/O 位置插入加载或存储操作产生副作用。

## 3.3　ARM 基本寻址方式

寻址方式是根据指令中给出的地址码字段来寻找真实操作数地址的方式。ARM 处理器支持的基本寻址方式有以下几种。

### 1. 寄存器寻址

所需要的值在寄存器中，指令中地址码给出的是寄存器编号，即寄存器的内容为操作数。例如指令：

```
ADD  R0,R1,R2                       ;  R0←R1 + R2
```

这条指令将两个寄存器(R1 和 R2)的内容相加，结果放入第 3 个寄存器 R0 中。必须注意写操作数的顺序，第 1 个是结果寄存器，然后是第 1 操作数寄存器，最后是第 2 操作数寄存器。

### 2. 立即寻址

立即寻址是一种特殊的寻址方式，指令中在操作码字段后面的地址码部分不是通常意义上的操作数地址，而是操作数本身。也就是说，数据就包含在指令中，只要取出指令也就取出了可以立即使用的操作数，这样的数称为立即数。例如指令：

```
ADD R3,R3,#1                    ;R3←R3 + 1
AND R8,R7,#0xff                 ;R8←R7[7:0]
```

第 2 个源操作数为一个立即数，以“#”为前缀，十六进制值以在“#”后加“0x”或“&”表示。

第 1 条指令完成寄存器 R3 的内容加 1，结果放回 R3 中。第 2 条指令完成 R7 的 32 位值与 0FFH 相“与”，结果为将 R7 的低 8 位送到 R8 中。

### 3. 寄存器移位寻址

这种寻址方式是 ARM 指令集特有的。第 2 个寄存器操作数在与第 1 个操作数结合之前，选择进行移位操作。例如指令：

```
ADD  R3,R2,R1,LSL #3                ;  R3←R2 + 8 × R1
```

寄存器 R1 的内容逻辑左移 3 位，再与寄存器 R2 内容相加，结果放入 R3 中。

可以采取的移位操作如下：

LSL　逻辑左移(Logical Shift Left)。寄存器中字的低端空出的位补 0。

LSR　逻辑右移(Logical Shift Right)。寄存器中字的高端空出的位补 0。

ASR　算术右移(Arithmetic Shift Right)。算术移位的对象是带符号数，在移位过程中必须保持操作数的符号不变。若源操作数为正数，则字的高端空出的位补 0；若源操作数为负数，则字的高端空出的位补 1。

ROR　循环右移(ROtate Right)。从字的最低端移出的位填入字的高端空出的位。

RRX　扩展为 1 的循环右移(Rotate Right eXtended by 1 place)。操作数右移 1 位，空位(位[31])用原 C 标志值填充。

以上移位操作如图 3.26 所示。

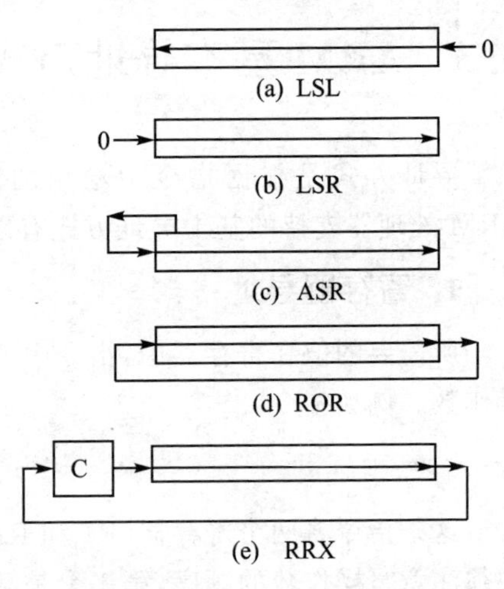


图 3.26　移位操作过程

## 4. 寄存器间接寻址

指令中的地址码给出某一通用寄存器的编号。在被指定的寄存器中存放操作数的有效地址，而操作数则存放在存储单元中，即寄存器为地址指针。例如指令：

```
LDR  R0,[R1]                    ;R0←[R1]
STR  R0,[R1]                    ;R0→[R1]
```

寄存器间接寻址使用一个寄存器(基址寄存器)的值作为存储器的地址。第 1 条指令将寄存器 R1 指向的地址单元的内容加载到寄存器 R0 中，第 2 条指令将寄存器 R0 存入寄存器 R1 指向的地址单元。

## 5. 变址寻址

变址寻址就是将基址寄存器的内容与指令中给出的位移量相加，形成操作数有效地址。变址寻址用于访问基址附近的存储单元，包括基址加偏移和基址加变址寻址。寄存器间接寻址是偏移量为 0 的基址加偏移寻址。

基址加偏移寻址中的基址寄存器包含的不是确切的地址。基址须加(或减)最大 4 KB 的偏移来计算访问的地址。例如指令：

```
LDR  R0,[R1,#4]                 ;R0←[R1 + 4]
```

这是前变址寻址方式，用基址访问同在一个存储区域的某一存储单元的内容。这条指令把基址 R1 的内容加上位移量 4 后所指向的存储单元的内容送到寄存器 R0 中。

改变基址寄存器指向下一个传送的地址对数据块传送很有用。可采用带自动变址的前变址寻址。例如指令：

```
LDR  R0,[R1,#4]!                ;R0←[R1 + 4]
                                ;R1←R1 + 4
```

“!”符号表明指令在完成数据传送后应该更新基址寄存器。ARM 的这种自动变址不消耗额外的时间。

另一种基址加偏移寻址称为后变址寻址。基址不带偏移作为传送的地址,传送后自动变址。例如指令:

```
LDR  R0,[R1],#4                 ;R0←[R1]
                                ;R1←R1 + 4
```

这里没有“!”符号,只使用立即数偏移作为基址寄存器的修改量。

基址加变址寻址是指令指定一个基址寄存器,再指定另一个寄存器(变址),其值作为位移加到基址上形成存储器地址。例如指令:

```
LDR  R0,[R1,R2]                 ;R0←[R1 + R2]
```

这条指令将 R1 和 R2 的内容相加得到操作数的地址,再将此地址单元的内容送到 R0。

### 6. 多寄存器寻址

一次可以传送几个寄存器的值。允许一条指令传送 16 个寄存器的任何子集(或所有 16 个寄存器)。例如指令:

```
LDMIA  R1,{R0,R2,R5}            ;R0←[R1]
                                ;R2←[R1 + 4]
                                ;R5←[R1 + 8]
```

由于传送的数据项总是 32 位的字,基址 R1 应该字对齐。这条指令将 R1 指向的连续存储单元的内容送到寄存器 R0、R2 和 R5。

### 7. 堆栈寻址

堆栈是一种按特定顺序进行存取的存储区。这种特定的顺序可归结为“后进先出(LIFO)”或“先进后出(FILO)”。堆栈寻址是隐含的,它使用一个专门的寄存器(堆栈指针)指向一块存储器区域(堆栈)。栈指针所指定的存储单元就是堆栈的栈顶。存储器堆栈可分为两种:

① 向上生长:即向高地址方向生长,称为递增堆栈(ascending stack)。

② 向下生长:即向低地址方向生长,称为递减堆栈(descending stack)。

堆栈指针指向最后压入堆栈的有效数据项,称为满堆栈(full stack)。堆栈指针指向下一个数据项放入的空位置,称为空堆栈(empty stack)。

这样就有 4 种类型的堆栈表示递增和递减的满和空堆栈的各种组合。ARM 处理器支持所有这 4 种类型的堆栈。

- 满递增:堆栈通过增大存储器的地址向上增长,堆栈指针指向内含有效数据项的最高地址。
- 空递增:堆栈通过增大存储器的地址向上增长,堆栈指针指向堆栈上的第一个空位置。
- 满递减:堆栈通过减小存储器的地址向下增长,堆栈指针指向内含有效数据项的最低地址。
- 空递减:堆栈通过减小存储器的地址向下增长,堆栈指针指向堆栈下的第一个空位置。

使用进栈(push)向堆栈写数据项,使用出栈(pop)从堆栈读数据项。

## 8. 块复制寻址

下面从堆栈的角度来看多寄存器传送指令。多寄存器传送指令用于把一块数据从存储器的某一位置复制到另一位置。ARM 支持两种不同角度的寻址机制,两者都映射到相同的基本指令。块复制角度即基于数据是存储在基址寄存器的地址之上还是之下,地址是在存储第一个值之前还是之后增加还是减少。两种角度的映射取决于操作是加载还是存储,详见表 3.8 所列的堆栈和块复制角度的多寄存器加载和存储指令映射。

**表 3.8　多寄存器指令映射**

| 6SS] | | 向上生长 | | 向下生长 | |
|---|---|---|---|---|---|
| | | 满 | 空 | 满 | 空 |
| 增　加 | 之前 | STMIB<br>STMFA | | | LDMIB<br>LDMED |
| | 之后 | | STMIA<br>STMEA | LDMIA<br>LDMFD | |
| 减　少 | 之前 | | LDMDB<br>LDMEA | STMDB<br>STMFD | |
| | 之后 | LDMDA<br>LDMFA | | | STMDA<br>STMED |

块复制角度的寻址如图 3.27 所示。图中表明了如何将 3 个寄存器存到存储器中,以及使用自动寻址时如何修改基址寄存器。执行指令之前的基址寄存器值是 R9,自动寻址之后的基址寄存器是 R9'。

下面的两条指令是从 R0 指向的位置复制 8 个字到 R1 指向的位置。

```
LDMIA  R0!,{R2 - R9}
STMIA  R1,{R2 - R9}
```

执行指令后,R0 由于"!"的引用自动寻址 8 个字,其值共增加 32,而 R1 不变。

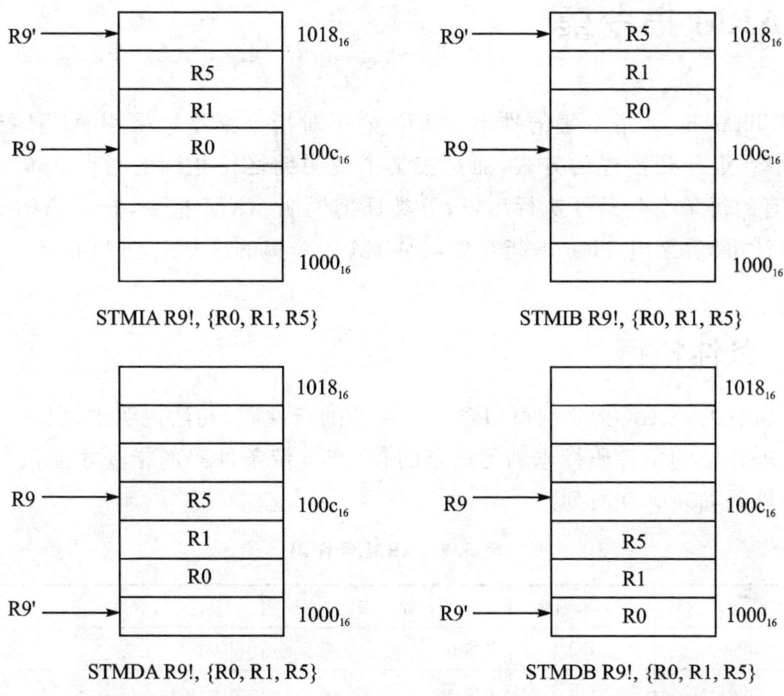

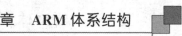

图 3.27　多寄存器传送寻址方式



若 R2～R9 保存的是有用的值，就应该把它们压进堆栈进行保存。即

```
STMFD  R13!,{R2 - R9}                ; 存储寄存器到堆栈
LDMIA  R0!,{R2 - R9}
STMIA  R1,{R2 - R9}
LDMFD  R13!,{R2 - R9}                ; 从堆栈恢复
```

其中第一条和最后一条指令的"FD"表明是满递减堆栈寻址方式(full descending stack)。

## 9. 相对寻址

相对寻址是变址寻址的一种变通，由程序计数器 PC 提供基地址，指令中的地址码字段作为位移量，两者相加后得到操作数的有效地址。位移量指出的是操作数与现行指令之间的相对位置。例如指令：

```
        BL   SUBR                    ;转移到 SUBR
        …                            ;返回到此
SUBR    …                            ;子程序入口地址
        MOV  PC,R14                  ;返回
```

## 3.4 ARM指令集

随着Thumb-2指令集的推出,ARM公司对指令集不再采用ARM指令集和Thumb指令集分开描述的方式,而是按类来说明助忆符相同的指令。本节首先从ARM特有的每条指令条件执行出发,分类详细说明ARM指令,介绍ARM汇编语言程序设计,最后给出Thumb指令集与ARM指令集的区别以及Thumb-2指令集的特点。

### 3.4.1 条件执行

几乎所有的ARM指令均可包含一个可选的条件码,句法说明中以{cond}表示。只有在CPSR中的条件码标志满足指定的条件时,带条件码的指令才能执行。可以使用的条件码如表3.9所列。

表3.9 ARM条件码

| 操作码[31:28] | 助记符后缀 | 标 志 | 含 义 |
|---|---|---|---|
| 0000 | EQ | Z置位 | 相等 |
| 0001 | NE | Z清零 | 不等 |
| 0010 | CS/HS | C置位 | 大于或等于(无符号>=) |
| 0011 | CC/LO | C清零 | 小于(无符号<) |
| 0100 | MI | N置位 | 负 |
| 0101 | PL | N清零 | 正或零 |
| 0110 | VS | V置位 | 溢出 |
| 0111 | VC | V清零 | 未溢出 |
| 1000 | HI | C置位且Z清零 | 大于(无符号>) |
| 1001 | LS | C清零或Z置位 | 小于或等于(无符号<=) |
| 1010 | GE | N和V相同 | 有符号>= |
| 1011 | LT | N和V不同 | 有符号< |
| 1100 | GT | Z清零且N和V相同 | 有符号> |
| 1101 | LE | Z置位或N和V不同 | 有符号<= |
| 1110 | AL | 任何 | 总是(通常省略) |

几乎所有的ARM数据处理指令均可以根据执行结果来选择是否更新条件码标志。若要更新条件码标志,则指令中须包含后缀S,如指令的句法说明所示。

一些指令(如CMP、CMN、TST和TEQ)不需要后缀S。它们唯一的功能就是更新条件码标志,且始终更新条件码标志。

## 3.4.2 指令分类说明

32 位 ARM 指令集由 13 个基本指令类型组成,分成 4 个大类。

- 存储器访问指令:控制存储器和寄存器之间的数据传送。第 1 种类型用于优化的灵活寻址;第 2 种类型用于快速上下文切换;第 3 种类型用于交换数据。
- 数据处理指令:使用片内 ALU、桶形移位器和乘法器针对 31 个寄存器完成高速数据处理操作。
- 转移指令:控制程序执行流程、指令优先级以及 ARM 代码和 Thumb 代码的切换。
- 协处理器指令:专用于控制外部协处理器。这些指令以开放和统一的方式扩展了指令集的片外功能。

指令说明所用的符号如下:

op　　操作码。

cond　可选的条件码。

S　　可选后缀。若指定 S,则根据执行结果更新条件码标志。

其他所用的符号,与前面指令说明相同的符号不再特别说明。

### 1. ARM 存储器访问指令

#### (1) LDR 和 STR(零、立即数或前变址立即数偏移)

加载寄存器(LDR,LoaD Register)和存储寄存器(STR,STore Register),字节和半字加载是用 0 扩展或符号扩展到 32 位。指令句法如下:

op{type}{T}{cond} Rd, {Rd2,} [Rn {, #offset}]{!}

其中:op　操作码,指令 LDR 或 STR。

type　必须是以下所列的其中之一。

　B　对无符号字节;
　SB　对有符号字节(仅 LDR);
　H　对无符号半字;
　SH　对有符号半字(仅 LDR);
　—　对字省略;
　D　双字。

T　可选后缀。若有 T,那么即使处理器是在特权模式下,存储系统也将访问,看成是处理器是在用户模式下。T 在用户模式下无效。

cond　可选的条件码。

Rd　用于加载或存储的 ARM 寄存器。

Rd2　用于加载或存储的第 2 个 ARM 寄存器(仅 type=D 时)。

Rn　存储器的基址寄存器,不允许与 Rd 或 Rd2 相同。

offset　加在 Rn 上的立即数偏移量。若偏移量省略,则指令是零偏移指令。

!　可选后缀。若有"!",则指令是前变址指令,将包含偏移量的地址写回到 Rn。

① 零偏移:Rn 的值作为传送数据的地址。双字指令没有 T 后缀。

② 立即数偏移:在数据传送之前,将偏移量加到 Rn 中。其结果作为传送数据的存储器地址。

③ 前变址偏移:在数据传送之前,将偏移量加到 Rn 中。其结果作为传送数据的存储器地址。若使用后缀"!",则结果写回到 Rn 中,且 Rn 不允许是 R15。

对于 ARM 指令,双字寄存器限制 Rd 必须是偶数寄存器,Rd 不准是 R14 且 Rd2 必须是 R(d+1)。

**(2) LDR 和 STR(后变址立即数偏移)**

加载和存储寄存器。字节和半字加载是用 0 或符号扩展到 32 位。指令句法如下:

op{type}{T}{cond} Rd, {Rd2,} [Rn], #offset

其中:Rn 存储器的基址寄存器,不允许与 Rd 或 Rd2 相同。

Rn 的值作为传送数据的存储器地址。在数据传送后,将偏移量加到 Rn 中,结果写回到 Rn。



**【例　子】**

```
LDR     R8,[R10]                    ;R8←[R0]
LDRNE   R2,[R5,#960]!               ;(有条件地)R2←[R5+960],R5←R5+960
STR     R2,[R9,#consta-struc]       ;consta-struc 是常量的表达式,该常量值的范围为
                                    ;0~4 095
STR     R5,[R7],#-8                 ;R5→[R7],R1←R7-8
LDR     R0,localdata                ;加载一个字,该字位于标号 lacaldata 所在地址
```

**(3) LDR 和 STR(寄存器或前变址寄存器偏移)**

加载和存储寄存器。字节和半字加载是用 0 或符号扩展到 32 位。指令句法如下:

op{type}{cond} {Rd, {Rd2,}} [Rn, +/-Rm {, shift}]{!}

其中:Rm　内含偏移量的寄存器,Rm 不允许是 R15。

shift　Rm 的可选移位方法。可以是下列形式的任何一种:

ASR n　算术右移 n 位(1≤n≤32);

LSL n　逻辑左移 n 位(0≤n≤31);

LSR n　逻辑右移 n 位(1≤n≤32);

ROR n　循环右移 n 位(1≤n≤31);

RRX　循环右移 1 位,带扩展。

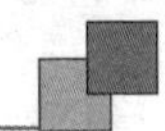





对于 ARM 指令集，从 Rn 的值中加上或减去 Rm 的值；而对于 Thumb 和 Thumb－2 指令集，不允许减法。加法或减法的结果用做传送数据的存储器地址。若指令是前变址指令结果写回到 Rn。

**(4) LDR 和 STR(后变址寄存器偏移)**

加载和存储寄存器。字节和半字加载是用 0 或符号扩展到 32 位。指令句法如下：

op{type}{T}{cond} Rd, {Rd2,} [Rn], +/－Rm {, shift}

其中：Rm　内含偏移量的寄存器，不允许是 R15。

shift　可选移位方法。

Rn 的值作为传送数据的存储器地址。在数据传送后，将偏移量加到 Rn 中，结果写回到 Rn。对于 ARM 指令集，偏移量加到 Rn 的值中或从 Rn 中减去；而对于 Thumb－2 指令集，偏移量只能加到 Rn 的值中，结果写回到 Rn。Rn 不允许是 R15。

**(5) LDR(PC 相对偏移)**

加载寄存器。地址是相对 PC 的偏移量。字节和半字加载是用 0 或符号扩展到 32 位。指令句法如下：

LDR{type}{cond}{.W} Rd, {Rd2,} label

其中：.w　可选的指令宽度说明。

label　程序相对偏移表达式，必须是在当前指令的±4 KB 范围内。

**(6) PLD**

Cache 预加载(Preload)。处理器告知存储系统从不久的将来使用的地址加载。存储系统可使用这种方法加速以后的存储器访问。指令句法如下：

PLD{cond} [Rn {, #offset}]

PLD{cond} [Rn, +/－Rm {, shift}]

PLD{cond} label

**【例　子】**

```
PLD    [R2]
PLD    [R15,#280]
PLD    [R9,# - 2481]
PLD    [R0,#av * 4]          ;av * 4 必须在汇编时求值,范围为 - 4 095～4 095 内的整数
PLD    [R0,R2]
PLD    [R5,R8,LSL #2]
```

**(7) LDM 和 STM**

加载多个寄存器(LDM, LoaD Multiple registers)和存储多个寄存器(STM, Store Multiple registers)。在 ARM 状态可以传送 R0～R15 的任何组合，但在 Thumb 状态有一些限制。指令句法如下：

op{addr_mode}{cond} Rn{!}, reglist{^}

其中:addr_mode 可以是下列情况其中之一:

- IA 每次传送后地址加 1,可省略;
- IB 每次传送前地址加 1(仅 ARM 指令集);
- DA 每次传送后地址减 1(仅 ARM 指令集);
- DB 每次传送前地址减 1;
- FD 满递减堆栈;
- ED 空递减堆栈;
- FA 满递增堆栈;
- EA 空递增堆栈。

Rn 基址寄存器,装有传送数据的初始地址。Rn 不允许是 R15。

! 可选后缀。若有"!",则最后的地址写回到 Rn。

reglist 加载或存储的寄存器列表,包含在括号中。它也可以包含寄存器的范围。

若包含多于 1 个寄存器或寄存器范围,则必须用逗号分开。

^ 可选后缀,不允许在用户模式或系统模式下使用。它有两个目的:

- 若 op 是 LDM 且 reglist 中包含 PC(R15),那么除了正常的多寄存器传送外,将 SPSR 也复制到 CPSR 中。这用于从异常处理返回,仅在异常模式下使用。
- 数据传入或传出的是用户模式的寄存器,而不是当前模式寄存器。

**【例 子】**

```
LDM      R8,{R0,R2,R9}               ;LDMIA 与 LDM 同义
STMDB    R1!,{R3 - R6,R11,R12}
STMFD    R13!,{R0,R4 - R7,LR}        ;寄存器进栈
LDMFD    R13!,{R0,R4 - R7,PC}        ;寄存器出栈,从子程序返回
```

**(8) PUSH 和 POP**

寄存器进栈和寄存器出栈。

PUSH{cond} reglist

POP{cond} reglist

其中:reglist 为用{}括起来的寄存器或寄存器范围的、用逗号隔开的列表。

PUSH 和 POP 与 STMDB 和 LDM(或 LDMIA)同义,基地址为 R13(SP)。寄存器以数字顺序存储在堆栈中。最低数字的寄存器其地址最低。

```
POP   {reglist,PC}
```

这条指令引起处理器转移到从堆栈弹出给PC的地址。这通常是从子程序返回,其中LR在子程序开头压进堆栈的。

**【例 子】**

```
PUSH     {R0,R3,R5}
PUSH     {R1,R4 - R11}   ;R1、R4~R11 进栈
PUSH     {R0,LR}
POP      {R8,R12}
POP      {R0 - R7,PC}    ;出栈并从子程序返回
```

**(9) SWP 和 SWAPB**

在寄存器和存储器之间进行数据交换。

使用SWP(SWaP)和SWPB来实现信号量(semaphores)交换。ARMv6及以上版本不赞成使用SWP和SWPB。

SWP {B}{cond} Rd, Rm, [Rn]

其中:B　可选后缀。若有B,则交换一个字节;否则,交换32位字。

Rd　ARM寄存器。数据从存储器加载到Rd。

Rm　ARM寄存器。Rm的内容存储到存储器。Rm可以与Rd相同。在这种情况下,寄存器的内容与存储器的内容进行交换。

Rn　ARM寄存器。Rn的内容指定要进行数据交换的存储器的地址。Rn必须与Rd和Rm不同。

**(10) 小　结**

① Load/Store 寻址基本格式。

- 寄存器间接访问　　[Rn]
- 寄存器加立即数偏移　　[Rn,#+/-<offset>]
- 寄存器加寄存器偏移　　[Rn,+/-Rm]
- 寄存器加寄存器移位偏移　　[Rn, +/-Rm, <shift> # <shift_imm>]

② Load/Store 分类。

- Load/Store 单寄存器;
- Load/Store 多寄存器;
- 寄存器和内存值互换。

③ Load/Store 单寄存器。

- Load/Store Word/Unsigned Byte　　LDR/STR{<cond>}{B} Rd,[Rn,+/-Rm]
- Load/Store Halfword/Signed Byte　　LDR/STR{<cond>}H/SH/SB Rd,[Rn,+/-Rm]

➢ Cond:条件码。

- B:字节(8 位)
- H:半字(16 位)
- S:带符号

➢ 变址方式。

LDR R1,[R0,R3]

后变址　　LDR R1, [R0], R3

前变址　　LDR R1, [R0, R3]!

➢ 第 2 操作数偏移方式。

立即数　　LDR R1,[R0,#4]

寄存器　　LDR R1,[R0,R2]

寄存器移位　　LDR R1,[R0, R2, LSL #3]

④ Load/Store 多寄存器。

➢ LDM/STM{<cond>}IA/IB/DA/DB Rn{!},<registers>{^}

| | | |
|---|---|---|
| Cond | 条件码 | |
| IA/IB/DA/DB | 变化方式 | |
| | I/D | Increase/Decrease |
| | A/B | After/Before |
| Rn | 基地址 | |
| ! | 更新 Rn | |
| registers | 寄存器列表 | |

➢ 主要用于堆栈操作。

STMDB SP!,{R1, R2－R5,PC}

LDMIA SP!, {R1－R3, PC}

➢ 堆栈类型。

Full/Empty

Ascending/Descending

➢ 与工作模式有关的用法。

LDMFD SP!,{R4－R12,PC}^

LDMFD SP!,{R2－R12,R14}

⑤ 寄存器和内存值互换。

➢ SWP R3, R2, [R1]

R3←(R1)

(R1)←R2

➢ SWP R2, R2, [R1]

R2↔(R1)

## 2. ARM 数据处理指令

### (1) 灵活的第 2 操作数

大多数 ARM 和 Thumb-2 通用数据处理指令有一个灵活的第 2 操作数(flexible second operand)。在每一个指令的句法描述中以 Operand2 表示。在 ARM 和 Thumb-2 指令中 Operand 允许的选项有些区别。Operand2 有如下两种可能的形式:

#constant

Rm{, shift}

其中:constant 取值为数字常量的表达式。

Rm 存储第 2 操作数数据的 ARM 寄存器。可用各种方法对寄存器中的位图进行移位或循环移位。

Shift Rm 的可选移位方法。可以是以下方法的任何一种:

- ASR n 算术右移 n 位(1≤n≤32)。
- LSL n 逻辑左移 n 位(0≤n≤31)。
- LSR n 逻辑右移 n 位(1≤n≤32)。
- ROR n 循环右移 n 位(1≤n≤31)。
- RRX 带扩展的循环右移 1 位。
- type Rs 仅 ARM 指令中有,其中:
  - type ASR、LSL、LSR、ROR 中的一种;
  - Rs 提供移位量的 ARM 寄存器,仅使用最低有效字节。

在 ARM 指令中,contant 必须对应 8 位位图(pattern)在 32 位字中被循环移位偶数位(0、2、4、8、…、26、28、30)后的值。

合法常量:

0xFF、0x104、0xFF0、0xFF000、0xFF000000、0xF000000F。

非法常量:

0x101、0x102、0xFF1、0xFF04、0xFF003、0xFFFFFFFF、0xF000001F。

在 32 位 Thumb-2 指令中,contant 可以是在 32 位字中 8 位值左移任意位产生的常量,8 位值被循环右移 2、4、6 位产生的常量在 ARM 数据处理指令中可用,但在 Thumb-2 指令中不可用。所有其他 ARM 常量在 Thumb-2 指令中也可用。

① ASR:若将 Rm 中内容看做是有符号的补码整数,那么算术右移(ASR,Arithmetic Shift Right)n 位,即与 Rm 中的内容除以 $2^n$ 等效。将原来的位[31]复制到寄存器左边的 n 位中(即空出的最高位补码符号位),如图 3.28(a)所示。

② LSR 和 LSL:若将 Rm 中内容看做是无符号整数,则逻辑右移(LSR,Logical Shift Right)n 位,即将 Rm 的内容除以 $2^n$。寄存器左边的 n 位置为 0,如图 3.28(b)所示。

若将 Rm 中的内容看做是无符号整数,则逻辑左移(LSL,Logical Shift Left)n 位,即将 Rm 的内容乘以 $2^n$。可能会出现溢出且无警告,寄存器右边的 n 位置为 0,如图 3.28(b)所示。

③ ROR:循环右移(ROR,ROtate Right)n 位,把寄存器右边的 n 位移动到结果的左边 n 位。同时其他位右移 n 位,如图 3.28(c)所示。

④ RRX:带扩展的循环右移(RRX,Rotate Right with eXtend)将 Rm 的内容循环右移 1 位。进位标志复制到 Rm 的位[31],如图 3.28(d)所示。若指定 S 后缀,则将 Rm 原值的位[0]移到进位标志。

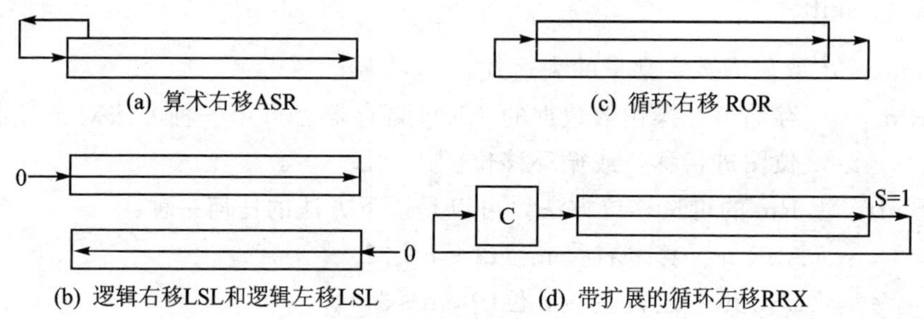


图 3.28　移位操作过程

**(2) ADD、SUB、RSB、ADC、SBC 和 RSC**



加、减、反减,每个带或不带进位位。

op {S} {cond} Rd,Rn,Operand2

其中:

| | |
|---|---|
| op | ADD、SUB、RSB、ADC、SBC 和 RSC 其中一个。 |
| S | 可选的后缀。若指定 S,则根据操作结果更新条件码标志(N、Z、C 和 V)。 |
| Rd | ARM 结果寄存器。 |
| Rn | 保存第 1 操作数的 ARM 寄存器。 |
| Operand2 | 灵活的第 2 操作数。 |
| ADD(ADD) | 指令用于将 Rn 和 Operand2 的值相加。 |
| SUB(SUBtract) | 指令用于从 Rn 的值中减去 Operand2 的值。 |
| RSB(Reverse SuBtract) | 指令用于从 Operand2 的值中减去 Rn 的值。由于 Operand2 的可选范围宽,所以这条指令很有用。 |
| ADC(ADd with Carry) | 指令将 Rn 和 Operand2 中的值相加,再加上进位标志。 |
| SBC(SuBtract with Carry) | 指令从 Rn 的值中减去 Operand2 的值。若进位标志是清零的,则结果减 1。 |
| RSC(Reverse Subtract with Carry) | 指令从 Operand2 的值中减去 Rn 的值。若进位标志是清零的,则结果减 1。 |

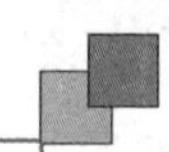



ADC、SBC 和 RSC 用于多个字的算术运算。

【例 子】

```
ADD      R2,R1,R3
SUBS     R8,R6,#240          ;根据结果设置标志
RSB      R4,R4,#1280         ;1 280 - R4
ADCHI    R11,R0,R3           ;只有标志 C 置位且标志 Z 清零时才执行
RSCLES   R0, R5,R0,LSL R4    ;有条件执行,设置标志
```

【多个字的算术运算举例】

下面两条指令将 R2 和 R3 中的 64 位整数与 R0 和 R1 中的 64 位整数相加,结果放在 R4 和 R5 中,即

```
ADDS    R4,R0,R2              ;加低有效字
ADC     R5,R1,R3              ;加高有效字
```

下面这些指令进行 96 位减法,即

```
SUBS    R3,R6,R9
SBCS    R4,R7,R10
SBC     R5,R8,R11
```

**(3) SUBS PC, LR (仅 Thumb-2)**

从异常返回,没有堆栈弹出操作。

SUBS{cond} PC, LR, #immed_8

其中:immed_8　　8 位立即数常量。

若堆栈中没有返回状态,可以使用“SUBS PC,LR”从堆栈返回。“SUBS PC,LR”从链接寄存器减去一个值,结果加载到 PC,然后把 SPSR 复制到 CPSR。

**(4) AND、ORR、EOR、BIC 和 ORN**

逻辑与、或、异或、位清零和或非。

op {S} {cond} Rd,Rn,Operand2

| | |
|---|---|
| AND、EOR 和 ORR | 指令分别完成按位“与(AND)”、“异或(Exclusive OR)”和“或(OR)”操作,操作数是 Rn 和 Operand2 中的值。 |
| BIC(BIt Clear) | 指令用于将 Rn 中的位与 Operand2 值中相应位的补码(complement)进行“与”操作。 |
| ORN | Thumb-2 指令用于将 Rn 中的位与 Operand2 值中相应位的补码(complement)进行“或”操作。 |

【例 子】

```
AND     R9,R2,#0xFF00
ORREQ   R2,R0,R5
EORS    R0,R0,R3,ROR R6
ANDS    R9, R8, #0x19
EORS    R7, R11, #0x18181818
BIC     R0, R1, #0xab
ORN     R7, R11, R14, ROR #4
ORNS    R7, R11, R14, ASR #32
```

**(5) BFC和BFI**

位域清0(Bit Field Clear)和位域插入(Bit Field Insert)。清0寄存器中邻近位，或从一个寄存器到另一寄存器插入邻近位。

BFC{cond} Rd, #lsb, #width

BFI{cond} Rd, Rn, #lsb, #width

其中:lsb　要清0或复制的最低有效位;

width　要清0或复制的位数,width不准是0,且width+lsb必须小于32。

BFC　Rd中从lsb开始的width位被清0。Rd中其他位不变。

BFI　Rd中从lsb开始的width位被Rn中从位[0]开始的width位代替。Rd中其他位不变。



**(6) CLZ**

前导零计数。

CLZ {cond} Rd, Rm

其中:Rd　ARM结果寄存器,Rd不允许是R15。

Rm　操作数寄存器,Rd不允许是R15。

CLZ(Count Leading Zeros)指令对Rm中值的前导零(leading zeros)的个数进行计数,结果放到Rd中。若源寄存器全为0,则结果为32。若位[31]为1,则结果为0。

【例 子】

```
CLZ     R4,R9
CLZNE   R2,R3
```

**(7) CMP和CMN**

比较和比较负值。

CMP {cond} Rn,Operand2

CMN {cond} Rn,Operand2

这些指令将寄存器的值与 Operand2 进行比较。它们根据结果更新条件码标志,但结果不放到任何寄存器中。

CMP(CoMPare)　指令从 Rn 的值中减去 Operand2 的值。除将结果丢弃外,CMP 指令同 SUBS 指令一样。

CMN(CoMpare Negative)　指令将 Operand2 的值加到 Rn 的值中。除将结果丢弃外,CMN 指令的用法同 ADDS 一样。

【例　子】

```
CMP     R2,R9
CMN     R0,#6400
CMPGT   R13,R7,LSL #2
```

**(8) MOV 和 MVN**

传送和传送非。

MOV {S}{cond} Rd,Operand2
MVN {S} {cond} Rd,Operand2

MOV(MOVe)　指令将 Operand2 的值复制到 Rd。

MVN(MoVe Not)　指令对 Operand2 的值进行按位逻辑非操作,然后将结果送到 Rd。

【例　子】

```
MOV     R5,R2
MVNNE   R11,#0xF000000B      ;仅 ARM。这个常量 T2 中没有
MOVS    R0,R0,ASR R3
```

**(9) MOVT**

传送到顶部(Move Top)。把 16 位立即数值写到寄存器的顶部半字,不影响底部半字。

MOVT{cond} Rd, #immed_16

其中:Rd　　ARM 目的寄存器;
immed_16　16 位立即数常量。

MOVT 把 immed_16 写到 Rd[31:16],写操作不影响 Rd[15:0]。使用 MOV、MOVT 指令对可以产生 32 位常量。

**(10) TST 和 TEQ**

测试位和测试相等。

TST {cond}　Rn,Operand2
TEQ {cond}　Rn,Operand2

这些指令依据 Operand2 测试寄存器中的值。它们根据结果更新条件码标志，但结果不放到任何寄存器中。

TST(TeST)　指令对 Rn 的值和 Operand2 的值进行按位“与”操作。除结果丢弃外，TST 的功能同 ANDS 指令的一样。

TEQ(Test EQuivalence)　指令对 Rn 的值和 Operand2 的值进行按位“异或”操作。除结果丢弃外，某功能同 EORS 指令的一样。

**【例　子】**

```
TST         R0,＃0x3F8
TEQEQ       R10,R9
TSTNE       R1,R5,ASR R1
```

**(11) REV、REV16、REVSH 和 RBIT**

在字或半字中翻转(Reverse)字节或位。

op{cond} Rd, Rn

使用这些指令改变端序(endian)。

REV　把 32 位大端序数据转换为小端序数据或把 32 位小端序数据转换为大端序数据；

REV16　把 16 位大端序数据转换为小端序数据或把 16 位小端序数据转换为大端序数据。

REVSH　转换,两者之一：

把 16 位有符号大端序数据转换为 32 位有符号小端序数据；

把 16 位有符号大端序数据转换为 32 位有符号大端序数据。

RBIT　逆转 32 位字中的位顺序。

**【例　子】**

```
REV R3, R7
REV16 R0, R0
REVSH R0, R5       ;翻转有符号半字
REVHS R3, R7       ;以更高或相同条件翻转
RBIT R7, R8
```

**(12) ASR、LSL、LSR、ROR 和 RRX**

移位和循环移位操作。这些指令与使用移位寄存器作为第 2 操作数的 MOV 指令同义。

op{S}{cond} Rd, Rm, Rs

op{S}{cond} Rd, Rm, ＃sh

RRX{S}{cond} Rd, Rm

其中：op　可以是下列其中之一：

ASR　算术右移(Arithmetic Shift Right)。将寄存器中的内容看做补码形式的有符号整数。将符号位复制到空位。

LSL　逻辑左移(Logical Shift Left)。空位清零。

LSR　逻辑右移(Logical Shift Right)。空位清零。

ROR　循环右移(Rotate Right)。将寄存器右端移出的位循环移回到左端。

RRX　带扩展的循环右移(RRX,Rotate Right with eXtend)将 Rm 的内容循环右移 1 位。进位标志复制到 Rm 的位[31]。

sh　常量移位。

【例　子】

```
ASR R7, R8, R9
LSL R1, R2, R3
LSLS R1, R2, R3
LSR R4, R5, R6
LSRS R4, R5, R6
ROR R4, R5, R6
RORS R4, R5, R6
```

(13) **MUL、MLA 和 MLS**

乘法、乘加和乘减(32 位×32 位,结果为低 32 位)。

MUL{S}{cond} Rd, Rm, Rs

MLA{S}{cond} Rd, Rm, Rs, Rn

MLS{cond} Rd, Rm, Rs, Rn

其中：Rd　结果寄存器；

Rm、Rs、Rn　操作数寄存器。

MUL(MULtiply)　指令将 Rm 和 Rs 中的值相乘,并将最低有效的 32 位结果放到 Rd 中。

MLA(MuLtiply - Accumulate)　指令将 Rm 和 Rs 中值相乘,再加上 Rn 的值,并将最低有效的 32 位结果放到 Rd 中。

MLS(MuLtiply - Subtract)　指令将 Rm 和 Rs 中值相乘,再从 Rn 中减去乘法结果值,并将最低有效的 32 位结果放到 Rd 中。

【例 子】

```
MUL     R10,R2,R5
MLA     R10,R2,R1,R5
MULS    R0,R2,R2
MULLT   R2,R3,R2
MLS     R4,R5,R6,R7
```

**(14) UMULL、UMLAL、SMULL 和 SMLAL**

无符号和有符号长整数乘法和乘加(32 位×32 位,加法或结果为 64 位)。

op {S}{cond}  RdLo,RdHi,Rm,Rs

其中:RdLo,RdHi  ARM 结果寄存器。对于 UMLAL 和 SMLAL,这两个寄存器用于保存加法值。

Rm,Rs  操作数寄存器。

R15 不能用于 RdHi、RdLo、Rm 或 Rs。RdLo、RdHi 必须是不同的寄存器。

UMULL (Unsigned Long MULtiply)指令将 Rm 和 Rs 中的值解释为无符号整数。该指令将这两个整数相乘,并将结果的最低有效 32 位放在 RdLo 中,最高有效 32 位放在 RdHi 中。

UMLAL (Unsigned Long MuLtiply Accumulate)指令将 Rm 和 Rs 中的值解释为无符号整数。该指令将这两个整数相乘,并将 64 位结果加到 RdHi 和 RdLo 中的 64 位无符号整数上。

SMULL (Signed Long MULtiply)指令将 Rm 和 Rs 中的值解释为有符号的补码整数。该指令将这两个整数相乘,并将结果的最低有效 32 位放在 RdLo 中,将最高有效 32 位放在 RdHi 中。

SMLAL (Signed Long MuLtiply Accumulate)指令将 Rm 和 Rs 中的值解释为有符号的补码整数。该指令将这两个整数相乘,并将 64 位结果加到 RdHi 和 RdLo 中的 64 位有符号补码整数上。

【例 子】

```
UMULL    R0,R4,R5,R6
UMLALS   R4,R5,R3,R8
```

**(15) SSAT 和 USAT**

带可选的饱和前移位,有符号饱和和无符号饱和到任意位位置(bit position)。

op{cond} Rd, #sat, Rm{, shift}

其中:sat  指定饱和到的位位置,范围为 0~31。

SSAT(Signed SATurate)  指令先进行指定的移位,然后饱和到有符号范围 $-2^{sat-1} \leqslant X \leqslant 2^{sat-1}-1$。

USAT(Unsigned SATurate)  指令先进行指定的移位,然后饱和到无符号范围

$0 \leqslant X \leqslant 2^{sat}-1$。

【例 子】

```
SSAT R7, #16, R7, LSL #4
USATNE R0, #7, R5
```

**(16) SBFX 和 UBFX**

有符号和无符号的位域提取(Signed and Unsigned Bit Field eXtract)。将相邻的位从一个寄存器复制到另一寄存器的最低有效位,有符号扩展或 0 扩展到 32 位。

op{cond} Rd, Rm, #lsb, #width

其中:lsb　　位域的最低有效位的位编号,范围为 0~31。
　width　位域的宽度,范围为 1~1+lsb。

**(17) 小　结**

**1) 数据处理类指令格式**

<opcode>{<cond>}{S} {Rd}, {Rn}, <shifter_operand>

| | | |
|---|---|---|
| Opcode | 操作码,如 ADD、SUB、ORR; | |
| Cond | 条件码; | |
| S | 本指令是否更新 CPSR 中的状态标志位; | |
| Rd | 目标寄存器; | |
| Rn | 第一个源寄存器; | |
| shifter_operand | 复合的源操作数,其格式: | |
| | 直接数 | ADD R1,R2,#0x35 |
| | 寄存器 | SUBS R3,R2,R1 |
| | 寄存器移位 | ADDEQS R9,R5,R5, LSL #3 |
| | | SUB R3,R2, R1,ROR R7 |

**2) 数据处理**

算术/逻辑运算指令。

```
ADD R0, R0, R1
ORR R7, R9, #0x3f
```

乘法指令。

```
MUL R4, R2, R1
MLA R7, R8, R9, R3      ;R7 = R8 * R9 + R3
SMULL RdLo,RdHi,Rm,Rs
```

**3) 条件判断,计算 Abs(a-b)**

```
SUBS R2,R1,R0
RSBLO R2, R2, #0
```

### 3. ARM转移指令

#### (1) B、BL、BX、BLX和BXJ

转移、带链接转移、转移并交换指令集、带链接转移并交换指令集和转移并改变到Jazelle状态。

```
op {cond} label
op {cond} Rm
```

其中：op　是下列之一：

B{.w}　转移(Branch)；

BL　带链接转移(Branch and Link)；

BX　转移并交换(Branch and optionally eXchange)指令集；

BLX　带链接转移并交换(Branch with Link and optionally eXchange)指令集；

BXJ　转移，改变到Jazelle执行状态。

.w　可选的指令宽度指定符(specifier)。

label　程序相对偏移表达式。

Rm　含有转移地址的寄存器。



所有这些指令指令引起处理器转移到label，或引起处理器转移到Rm中的地址。而且：

- BL和BLX指令将下一条指令的地址复制到R14(LR，链接寄存器)。
- BX和BLX指令可以改变处理器状态，从ARM到Thumb状态或Thumb到ARM状态。
- BLX label总是改变状态。
- BX Rm和BLX Rm由Rm的位[0]得到目标状态：
  - 若Rm的位[0]为0，处理器改变到或保持在ARM状态；
  - 若Rm的位[0]为1，处理器改变到或保持在Thumb状态。

**【例　子】**

```
B       loop A
BLE     ng + 8
BL      subC
BLLT    rtX
BEQ     {pc} + 4 ; #0x8004
```

#### (2) CBZ和CBNZ

比较并为0转移(Compare and Branch on Zero)和比较并非0转移(Compare and Branch on Non-Zero)。

CBZ Rn，label
CBNZ Rn，label

使用 CBZ 或 CBNZ 指令在与 0 比较并转移的转移代码序列上节省一条指令。除不改变条件码标志外，CBZ Rn，label 等同于：

```
CMP Rn, ＃0
BEQ label
```

除不改变条件码标志外，CBNZ Rn，label 等同于：

```
CMP Rn, ＃0
BNE label
```

**(3) TBB 和 TBH**

表转移字节(Table Branch Byte)和表转移半字(Table Branch Halfword)。

TBB [Rn，Rm]
TBH [Rn，Rm，LSL ＃1]

其中：Rn　基址寄存器。保存转移长度表的地址。这条指令 Rn 可以是 R15。使用的值是“当前指令的地址＋4”。

Rm　是变址寄存器。保存指向表中单字节的整型数。表中的偏移量取决于指令，这些指令使用单一字节偏移(TBB)或半字偏移(TBH)表引起 PC 相对转移。Rn 提供表的指针，Rm 提供表的变址值。转移长度是表返回的字节(TBB)值的 2 倍或表返回的半字(TBH)值的 2 倍。

**(4) 小　结**

**1) 转移 B、BL**

B{L} subroutine

数据处理或 Load 指令。

```
MOV PC, LR
LDR PC, [R0]
SUBS PC, LR, ＃4
```

SWI

```
SWI  n
```

**2) 子程序调用和返回**

调用

```
BL Sub1
 ⋮                ;return here
MOV  LR,PC
LDR PC, = Sub1
 ⋮                ;return here
```

返回

```
Sub1
 ⋮
MOV PC, LR        ;return
```

### 4. ARM协处理器指令

#### (1) CDP和CDP2

协处理器数据操作(CDP,Coprocessor Data oPeration)。

CDP {cond}  coproc,opcode1,CRd,CRn,CRm{,opcode2}

CDP2  coproc,opcode1,CRd,CRn,CRm{,opcode2}

其中:coproc 指令操作的协处理器名。标准名为pn,其中n为0~15范围内的整数。

opcode1 协处理器特定操作码。

CRd,CRn,CRm 协处理器寄存器。

opcode2 可选的协处理器特定操作码。

#### (2) MCR、MCR2、MCRR和MCRR2

将数据从ARM寄存器传送到协处理器,可指定各种附加操作,依据协处理器而定。

MCR {cond} coproc,opcode1,Rd,CRn,CRm{,opcode2}

MCR2 coproc,opcode1,Rd,CRn,CRm{,opcode2}

MCRR {cond} coproc,opcode1,Rd,Rn,CRm

MCRR2 coproc,opcode1,Rd,Rn,CRm

#### (3) MRC、MRC2、MRRC和MRRC2

从协处理器传送到ARM寄存器,取决于协处理器,可指定各种附加操作。

MRC {cond} coproc,opcode1,Rd,CRn,CRm{,opcode2}

MRC2 coproc,opcode1,Rd,CRn,CRm{,opcode2}

MRRC {cond} coproc,opcode1,Rd,Rn,CRm

MRRC2 coproc,opcode1,Rd,Rn,CRm

#### (4) LDC和STC

在存储器和协处理器之间传送数据。这些指令有3种可能形式:零偏移、前变址偏移、后变址偏移。以同样的顺序，3 种形式的句法如下：

```
op {L}{cond}  coproc,CRd,[Rn]
op {L}{cond} coproc,CRd,[Rn, #{-}offset]{!}
op {L}{cond} coproc,CRd,[Rn], #{-}offset
```

其中：L　　可选后缀，指明是长整数传送。

coproc　指令操作的协处理器名。标准名为 pn，其中 n 为 0～15 范围内的整数。

CRd　用于加载或存储的协处理器寄存器。

Rn　存储器基址寄存器。若指定 R15，则使用的值是当前指令地址加 8。

offset　表达式，其值为 4 的整倍数，范围在 0～1 020 之间。

**(5) LDC2 和 STC2**

在存储器和协处理器之间传送数据的指令，根据数据传送方向可以选择两者其一。这些指令有 3 种可能的形式：零偏移、前变址偏移、后变址偏移。以同样的顺序，3 种形式的句法如下：

```
op{L} coproc,CRd,[Rn]
op{L} coproc,CRd,[Rn, #{-}offset]{!}
op{L} coproc,CRd,[Rn], #{-}offset
```



## 5. 杂项 ARM 指令

**(1) BKPT**

断点。

```
BKPT  immed
```

其中：immed　取值整数的表达式，其值范围：

在 ARM 指令中为 0～65 536(16 位值)。

在 16 位 Thumb 指令中为 0～255(8 位值)。

BKPT(BreaKPoinT)指令引起处理器进入调试模式。调试工具可使用这一点在指令到达特定的地址时调查系统状态。

**(2) SWI**

软件中断。

```
SWI {cond} immed
```

其中：immed 为取值整数的表达式，其值范围：

在 ARM 指令中为 $0 \sim 2^{24}-1$(24 位值)。

在 16 位 Thumb 指令中为 0～255(8 位值)。

SWI(SoftWare Interrupt)指令引起 SWI 异常。这意味着处理器模式变换为管

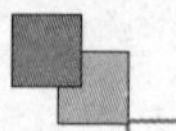







理模式,CPSR 保存到管理模式的 SPSR 中,执行转移到 SWI 向量。

**(3) MRS**

将 CPSR 或 SPSR 的内容传送到通用寄存器。

MRS {cond} Rd,psr

其中:Rd　　目标寄存器。Rd 不允许为 R15。

　psr　　CPSR 或 SPSR。

MRS 与 MSR 配合使用,作为更新 PSR 的读—修改—写序列的一部分。例如,改变处理器模式或清除标志 Q。

**【例　子】**

```
MRS     R3,SPSR
```

**(4) MSR**

用立即数常量或通用寄存器的内容加载 CPSR 或 SPSR 的指定区域。

MSR {cond}　<psr>_<fields>, #constant

MSR {cond}　<psr>_<fields>, Rm

其中:<psr>　　CPSR 或 SPSR。

　<fields>　　指定 PSR(Program Status Register)的区域。<fields>可以是以下的一种或多种:

　　c　　控制域屏蔽字节(PSR[7:0]);

　　x　　扩展域屏蔽字节(PSR[15:8]);

　　s　　状态域屏蔽字节(PSR[23:16]);

　　f　　标志域屏蔽字节(PSR[31:24])。

　constant　　值为数字常量的表达式。常量必须对应于 8 位位图在 32 位字中循环移位偶数位后的值。

　Rm　　源寄存器。

MRS 与 MSR 相配合使用,作为更新 PSR 的读—修改—写序列的一部分。例如,改变处理器模式或清除标志 Q。

**【例　子】**

```
MSR     CPSR_f,R5
```

**(5) CPS**

CPS (Change Processor State)改变模式的一位或多位,CPSR 中的 A、I 和 F 位,不改变其他 CPSR 位。仅在特权模式时允许 CPS,在用户模式时无效。

CPS effect iflags{, #mode}

CPS #mode

其中:effect 是下列其中之一:

IE 中断或中止使能;

ID 中断或中止禁止。

iflags 是下列一个或多个的序列:

a 使能或禁止不确切中止;

i 使能或禁止IRQ中断;

f 使能或禁止FIQ中断。

mode 指定改变到的模式的编号。

**【例 子】**

```
CPSIE if            ;使能中断和快中断
CPSID A             ;禁止不确切中止
CPSID ai, #17       ;禁止不确切中止和中断,进入FIQ模式
CPS #16             ;进入用户模式
```

**(6) NOP、SEV、WFE、WFI和YIELD**

无操作(No Operation)、置位事件(Set Event)、等待事件(Wait For Event)、等待中断(Wait for Interrupt)和让步(Yield)。

```
NOP{cond}
SEV{cond}
WFE{cond}
WFI{cond}
YIELD{cond}
```

这些是提示指令,可选它们是否执行。若它们之一未执行,则行为如同NOP。

NOP NOP什么也不做。若NOP在目标体系结构上没作为特定的指令执行,汇编器产生可选的什么也不做的指令,如MOV R0,R0(ARM)或MOV R8,R8(Thumb)。

SEV SEV引起给多处理器系统的所有处理器核发信号的事件。若执行SEV,也必须执行WFE。

WFE 若事件寄存器没置位,WFE将执行挂起直到下列事件之一发生:

- IRQ中断,除非被CPSR I位屏蔽;
- FIQ中断,除非被CPSR F位屏蔽;
- 不确切数据中止,除非被CPSR A位屏蔽;
- 若调试使能,进入调试的请求;
- 由另一处理器使用SEV指令发出的事件。

若事件寄存器置位,WFE清零它并立即返回。

若执行WFE,也必须执行SEV。

WFI　　WFI 将执行挂起直到下列事件之一发生:

- IRQ 中断,不管 CPSR I 位;
- FIQ 中断,不管 CPSR F 位;
- 不确切数据中止,不管 CPSR A 位;
- 不管调试是否使能,进入调试的请求。

YIELD　YIELD 告知硬件当前线程正在执行任务,例如一个自旋锁,当前线程可被切换出。在多处理器系统中硬件可以使用这个提示挂起并重新开始线程。

**(7) 小　结**

PSR 操作

```
MRS R0, CPSR            ;读 CPSR
MSR R0, CPSR_c          ;更新控制位
```

### 6. ARM 伪指令

#### (1) ADR 伪指令

将程序相对偏移或寄存器相对偏移地址加载到寄存器中。

ADR{cond}{.W} register,label

其中:.W　　可选的指令宽度指定符;

register　　加载的寄存器;

label　　程序相对偏移或寄存器相对偏移表达式。

ADR 始终汇编成 1 条指令。汇编器试图产生一个 ADD 或 SUB 指令来加载地址。若地址不能放入 1 条指令,则产生错误,汇编失败。因为地址是程序相对偏移或寄存器相对偏移,ADR 产生位置无关代码。使用 ADRL 伪指令以汇编更宽的有效地址范围。若 label 是程序相对偏移,则它必须取值成与 ADR 伪指令在同一代码区域的地址。

**【例　子】**

```
start   MOV     R0,#10
        ADR     R4,start          ;=> SUB   R4,PC,#0x0C
```

#### (2) ADRL 伪指令

将程序相对偏移或寄存器相对偏移地址加载到寄存器中。ADRL 类似于 ADR 伪指令。ADRL 因为产生 2 个数据处理指令,比 ADR 可以加载更宽范围的地址。

ADRL {cond} register, label

其中:register　　加载的寄存器;

label　　程序相对偏移或寄存器相对偏移表达式。

ADRL 始终汇编成2条32位指令。即使地址可放入一条指令,也产生第2条冗余指令。若汇编器不能将地址放入2条指令,则产生错误,汇编失败。因为地址是程序相对偏移或寄存器相对偏移,ADRL 产生位置无关的代码。若 label 是程序相对偏移,则必须取值成与 ADRL 伪指令在同一代码区域的地址;否则,链接后可能会超出范围。

**【例 子】**

```
start    MOV     R0,#10
         ADRL    R4,start + 6000   ;→ADD  R4,pc,#0xe800
                                   ; ADD  R4,R4,#0x254
```

**(3) MOV32 伪指令**

用32位常量值或任意的地址加载寄存器。

MOV32 总是产生2条32位指令。若 MOV32 用于加载一个地址,产生的代码不是位置无关的。

MOV32{cond} register, expr

其中:register 加载的寄存器。

expr 可以是下列的任一个:

symbol 在这个或另一程序区的标号;

contant 任意32位常量;

symbol+contant 标号加上32位常量。

**(4) LDR 伪指令**

用32位常量或一个地址加载寄存器。

LDR {cond}{.w} register,=[expr | label-expr]

其中:.w 可选的指令宽度指示符。

register 加载的寄存器。

expr 赋值成数字常量。

- 若 expr 值是在指令范围内,则汇编器产生一条 MOV 或 MVN 指令。
- 若 expr 值不在 MOV 或 MVN 指令的范围内,则汇编器将常量放入文字池(literal pool),并产生一条程序相对偏移的 LDR 指令从文字池中读常量。

label-expr 程序相对偏移或外部表达式。汇编器将 label-expr 的值放入文字池中,并产生一条程序相对偏移的 LDR 指令从文字池中加载值。

LDR 伪指令用于2个主要目的:

① 当立即数由于超出MOV和MVN指令范围不能加载到寄存器中时，产生文字常量。

② 将程序相对偏移或外部地址加载到寄存器中。地址保持有效而与链接器将包含LDR的ELF区域放到何处无关。

**【例 子】**

```
LDR     R3, = 0xff0           ;加载0xff0到R3中
                              ;→MOV  R3,#0xff0
 LDR     R1, = 0xfff          ;加载0xfff到R1中
                              ;→LDR  R1,[PC,offset_to_litpool]
    ⋮
                              ;litpool DCD 0xfff
LDR     R2, = place           ;将place的地址加载到R2中
                              ;→LDR  R2,[PC,offset_to_litpool]
    ⋮
                              ;litpool DCD  place
```

### 3.4.3 Thumb指令集与ARM指令集的区别

对于传统的微处理器体系结构，指令和数据具有同样的宽度。与16位体系结构相比，32位体系结构在操纵32位数据时呈现了更高的性能，并可更有效地寻址更大的空间。一般来讲，16位体系结构比32位体系结构具有更高的代码密度，但只有近似一半的性能。



Thumb在32位体系结构上实现了16位指令集，以提供：

- 比16位体系结构更高的性能；
- 比32位体系结构更高的代码密度。

#### 1. Thumb指令集

Thumb指令集是通常使用的32位ARM指令集的子集。每条Thumb指令是16位长，其相应的处理器模型与32位ARM指令有相同效果。

Thumb指令在标准的ARM寄存器配置下进行操作，在ARM和Thumb状态之间具有出色的互操作性。执行时，16位Thumb指令透明地实时解压缩成32位ARM指令，且没有性能损失。这以32位处理器性能给出16位代码密度，节省了存储空间和成本。

Thumb指令集的16位指令长度使其近似有标准ARM代码两倍的密度，而保留了相对传统使用16位寄存器的16位处理器的ARM性能优势。这种可能性是由于Thumb代码如同ARM代码工作在相同的32位寄存器集之上。

一般来讲，Thumb代码的长度是ARM代码长度的65%，当从16位存储系统运行时，提供ARM代码160%的性能。因此，Thumb使ARM核非常适用于有存储器

宽度限制且代码密度和脚印为重要的嵌入式应用场合。

### 2. Thumb的优点

32位体系结构相对16位体系结构的主要优点是能用单一指令操纵32位整型数,可以有效地寻址更大的地址空间。当处理32位数据时,16位体系结构至少花费2个指令来完成单一ARM指令的相同任务。然而,并不是程序中的所有代码都处理32位数据(例如,完成字符串处理的代码),并且一些指令,如分支指令,根本不处理任何数据。

若16位体系结构仅有16位指令,32位体系结构仅有32位指令,那么16位体系结构会有更好的代码密度,比32位体系结构一半的性能要好。显然32位性能来自代码密度的代价。

Thumb通过在32位体系结构上实现16位指令长度突破了这一限制,有效地用压缩的指令编码处理32位数据。这比16位体系结构性能好得多,而比32位体系结构代码密度好得多。

Thumb比使用16位指令的32位体系结构还有一个主要优点。这就是能够切换回全ARM代码并全速执行。从Thumb代码到ARM代码的切换开销只有子程序入口时间。通过适当地在Thumb和ARM执行之间切换,系统的各个部分可为速度或代码密度进行优化。

Thumb具有32位核的所有优点:

- 32位寻址空间;
- 32位寄存器;
- 32位移位器和算术逻辑单元ALU(Arthmetic Logic Unit);
- 32位存储器传送。

Thumb因而可提供长的转移范围、强大的算术运算能力和大的寻址空间。

由于ARM7TDMI具有16位Thumb指令集和32位ARM指令集,这使设计者能根据他们的应用要求在子程序级灵活地强调性能或代码长度。例如,像快速中断和DSP算法这样的应用,关键循环可以使用全ARM指令集编码,然后再与Thumb代码链接。

### 3. Thumb指令集与ARM指令集的区别

Thumb指令集与ARM指令集一般在以下几种指令中有所区别:

- 转移指令;
- 数据传送指令;
- 单寄存器加载和存储指令;
- 多寄存器加载和存储指令。

Thumb指令集没有协处理器指令、信号量(semaphore)指令以及访问CPSR或SPSR的指令。

**(1) 转移指令**

转移指令用于:

- 向后转移形成循环;
- 条件结构下向前转移;
- 转向子程序;
- 将处理器从 Thumb 状态切换到 ARM 状态。

Thumb 指令集的程序相对转移指令,特别是条件转移指令,与 ARM 指令集的转移指令相比,在范围上有更多的限制,转向子程序只具有无条件转移指令。

**(2) 数据处理指令**

这些指令对通用寄存器进行操作。在许多情况下,操作的结果须放入其中一个操作数寄存器中,而不是第3个寄存器中。

Thumb 指令集的数据处理操作比 ARM 指令集的更少,因此访问寄存器 R8～R15 受到一定限制。除 MOV 或 ADD 指令访问寄存器 R8～R15 外,数据处理指令总是更新 CPSR 中的 ALU 状态标志。除 CMP 指令外,访问寄存器 R8～R15 的 Thumb 数据处理指令不能更新标志。

**(3) 单寄存器加载和存储指令**

这些指令从存储器加载一个寄存器值,或把一个寄存器值存储到存储器中。在 Thumb 指令集下,这些指令只能访问寄存器 R0～R7。

**(4) 多寄存器加载和存储指令**

LDM 和 STM 将任何范围为 R0～R7 的寄存器子集从存储器加载以及存储到存储器中。

PUSH 和 POP 指令使用堆栈指针(R13)作为基址实现满递减堆栈。除可传送 R0～R7 外,PUSH 还可用于存储链接寄存器,并且 POP 可用于加载程序指针。

## 3.4.4 Thumb-2 指令集的特点

今天系统设计者面临的最大挑战就是进行低成本、长电池寿命和高性能的嵌入式系统竞争需求的平衡。

Thumb-2 核技术是 ARM 体系结构的最新增强技术,它建筑在现有 ARM 解决方案之上,改善了 ARM 代码密度和性能,将 ARM 解决方案延伸到了低功耗、高性能系统中。

### 1. 设计权衡

设计者关注的重要指标是成本、性能和功耗。在一个应用中可将 ARM 和 Thumb 代码相结合,使设计者对系统的成本、性能和功耗特性进行平衡。

- 代码密度影响程序存储器,即影响存储器的大小。由于存储器是构成系统成本的主要部分之一,而存储器的成本随系统复杂性的增加而增加,因此需要

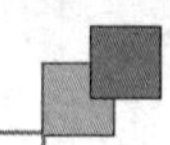



减小存储器的大小。

➢ 降低功耗总是很重要的,对便携式应用的设计者来说,降低功耗、延长电池寿命是非常重要的,因而功耗对所有设计都有很大的影响。

➢ 从性能上考虑,通常指令越少越好。因此,只使用 ARM 指令通常性能最好。

性能与功耗关系紧密。通过使用高效的指令(ARM 指令集),以尽可能低速的时钟设计满足特定的功能,可显著降低设计的功耗。换句话说,通过让系统在进入低功耗模式前尽早完成所需的操作,可降低整个系统的功耗。

代码密度与功耗之间也有联系。高代码密度对改善系统的功耗很有帮助,不同的存储器类型需配置不同的电源。

在片外处理数据或指令比将所有数据或指令放在片内操作更耗电。因为总的来讲,要给更多的门提供时钟,所以需要更多的时钟周期;然而片内存储器容量是有限的。

用 Thumb 指令编写应用程序,可将更频繁使用的代码放在片内存储器中。可以说,提高代码密度与降低功耗的目标是一致的。

由此得出结论:性能—密度—功耗的权衡不是直观的。用手工调整代码达到这些指标之间所需的平衡需要相当长的时间。

### 2. 代码的开发过程

如同基本设计权衡一样,整个开发时间也是要着重考虑的。



为了得到功耗、性能和代码密度所需的平衡,产生优化设计,设计者趋于使用 ARM 和 Thumb 指令的混合编程。识别出性能关键的代码,让要求快的子程序使用 ARM 指令开发。若可能,其余代码则使用 Thumb 指令,以得到存储器的脚印最小。

代码开发的实用解决方案是使用 ARM 和 Thumb 混合编程。然而,使用这种混合 ARM－Thumb 方法有一些限制。不是所有 ARM 指令都有等效的 Thumb 指令,甚至当目标是最高代码密度时,仍必须使用一些 ARM 指令。例如,没有等效的访问特殊功能部件(如 SIMD)、协处理器寄存器或使用特权的 Thumb 指令。为了实现这些访问操作,Thumb 代码必须调用 ARM 代码函数。

在开发过程中,由于存储器的限制,ARM 代码和 Thumb 代码实现的边界可以改变。然而,真实情况常出现在设计接近完成,实际硬件环境已做好的时候。

这些因素使得开发过程更加复杂。在 ARM 和 Thumb 代码使用之间进行优化调整,特别是对有存储器限制的设计,可能需要反复调整。

### 3. 高性能、密度和效率的开发:ARM Thumb－2 核技术

Thumb－2 核技术扩展 ARM 体系结构,是对 Thumb ISA(Instruction System Architecture)的增强,有助于提高代码密度和改善性能。ISA 由现存 16 位 Thumb 指令组成,增加了:

➢ 用于改善程序流的新 16 位 Thumb 指令;

- 由 ARM 指令等价派生的新 32 位 Thumb 指令；
- ARM 32 位 ISA 增加了 32 位指令来改善性能和数据处理。

对 Thumb 增加 32 位指令克服了过去的限制，这些新 32 位指令是协处理器访问、特权指令和如 SIMD 的特殊功能指令。Thumb 现在具有高性能和高代码密度的所有指令。

对于新 Thumb－2 核技术：

- 其访问完全等同于所有的 ARM 指令；
- 12 个全新指令改善了性能—代码量的平衡；
- 性能达到只使用 ARM 指令集 C 代码开发的 98%；
- 存储器脚印只有 ARM 等效实现的 74%；
- 与现存 Thumb 高密度代码相比：代码量少 5%、速度快 2%～3%。

使用 ARM、Thumb 和 Thumb－2 指令集所生成的代码量和性能的比较如图 3.29 所示。

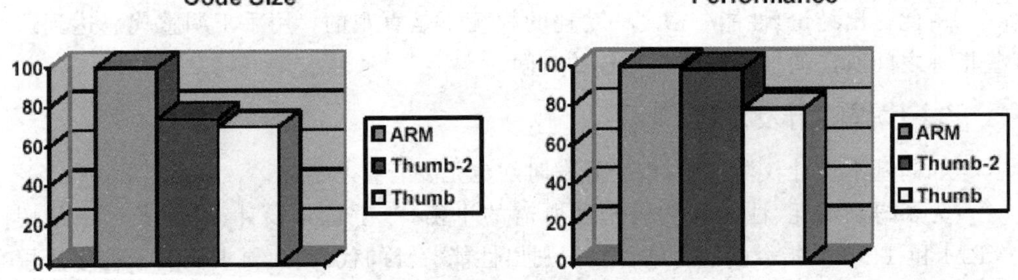


图 3.29 ARM、Thumb 和 Thumb－2 指令集的代码量和性能的比较

过去在选用 Thumb 和 ARM 指令集上可能有不确定性，Thumb－2 核技术现已成为大多数应用的缺省指令集。使用 Thumb－2 核技术显著简化了开发过程，特别是在性能、代码密度和功耗不能直接了当地权衡时。而且，代码“混和(blending)”，改变了 ARM 和 Thumb 指令的使用方法，不再需要混合编程。

### 4. 性能和代码量的权衡

为 Thumb－2 核技术开发的新指令是通过大量的例子，分析由 ARM 和 Thumb 编译器产生的代码而得到的。

通过假定新指令，可以看到性能和代码密度的效果。

### 5. 指令亮点

#### (1) 位域指令

为了改善对打包的数据结构的处理，将插入和提取位域的指令加到了 Thumb 32 位指令和 ARM 32 位指令中。这减少了向一个寄存器插入或从寄存器提取几个位所需的指令数，该指令使得打包的数据结构更有吸引力，也减少了对数据存储器的

需求。

```
ARM（v6 或以前版本）                  Thumb-2（ARM 或 Thumb）
AND R2，R1，#bitmask                BFI R0，R1，#bitpos，#bitwidth
BIC R0，R0，#bitmask << bitpos
ORR R0，R0，R2，LSL #bitpos
```

以上代码表明，对于不超过ARM指令位域限制的掩码和移位掩码，简单的ARM例子需要3条指令。若位域宽度增大，需要的指令增多。Thumb-2核技术就没有这个限制。ARM代码还需要一个额外的寄存器用于保存中间值。

**(2) 位翻转指令**

这条指令将源寄存器的每个位从位[n]传送到目的寄存器的位[31－n]。有几种方法可以做到不使用位翻转指令，例如采用交换最小单元，直到所有位都翻转的15条指令的序列，然而还需要一个额外的工作寄存器。位翻转指令节省大量指令，在诸如FFT的DSP算法中非常有用。

**(3) 16位常量**

为了给处理程序常量提供更大的灵活性，ARM 32位指令集和Thumb 32位指令集增加了两条新指令。一条指令为MOVW，将16位常量加载到寄存器中并用0扩展结果；另一条指令为MOVT，将16位常量加载到寄存器顶部半字。这对指令结合起来使用，可以将32位常量加载到寄存器中。这种常量通常用于在访问外设的一个或多个寄存器之前，加载外设地址。目前是使用文字池来完成，将32位常量嵌入到指令流中，采用程序计数器相对寻址进行访问。

文字池对于存储常量和减少访问常量所需的代码量非常有用，然而实现哈佛体系结构存在内核开销。这里的开销是指需要几个额外周期，使指令流中保存的常量出现在内核的数据口。这意味着要么将常量加载到数据Cache，要么从处理器的数据口访问程序存储器。

将常量嵌入两条指令的2个半字中，意味着常量已经存在于指令流中，不再需要数据访问。这对小型文字池非常有用，减少了访问常量所需的时钟数，改善了性能并显著减少了访问常量的功耗。

**(4) 表转移指令**

基于一个变量的值，使用表来控制程序流是高级语言的公有特征，此方法可使用ARM和Thumb指令集很好地翻译成目标代码。由于ARM编译器试图得到高性能代码，编译器选择只注重速度而不注重程序量的代码序列。相反，Thumb编译器倾向于使用打包数据表，通过将代码和表结合起来使用，得到存储器最小化的代码序列。

Thumb-2核技术结合两种技术的优点，引入了表转移指令，使用打包的数据使得指令数目最少，可以最少的代码和数据脚印得到最高的性能。

**(5) IT - if then 指令**

ARM 指令集具有条件执行每条指令的能力,这种特性在编译器为短条件语句生成代码时非常有用。尽管如此,Thumb 16 位译码空间没有足够的空间来保留这种能力,因此,在 Thumb 编译器中没有这种特性。

Thumb - 2 核技术引入了一条提供类似机制的指令。IT 指令根据一个条件码来预测多达 4 条 Thumb 指令的执行。条件码是状态寄存器中的一个或多个条件标志,这使得 Thumb 代码获得与 ARM 代码同等的性能。

| ARM | Thumb | Thumb - 2 |
|---|---|---|
| LDREQ R0,[R1] | BNE L1 | ITETE EQ |
| LDRNE R0,[R2] | LDR R0,[R1] | LDR R0,[R1] |
| ADDEQ R0,R3,R0 | ADD R0,R3,R0 | LDR R0,[R2] |
| ADDNE R0,R4,R0 | B L2 | ADD R0,R3,R0 |
| | L1 | ADD R0,R4,R0 |
| | LDR R0,[R2] | |
| | ADD R0,R4,R0 | |
| | L2 | |

在上述例子中,ARM 代码占用 16 字节,Thumb 代码占用 12 字节,而 Thumb - 2 核技术代码仅占用 10 字节。ARM 代码的执行花费 4 个周期,Thumb 代码的执行花费 4~20 周期,而 Thumb - 2 核技术代码的执行只花费 4 或 5 个周期。Thumb 周期计数值取决于精确的转移预测。在 Thumb - 2 核技术情况下,IT 指令可以类似转移指令的方式交迭(fold),将周期从 5 减少到 4。



**(6) 比较 0 和转移指令——CZB**

这条指令用于替换常用的与 0 比较,后跟一条转移指令的指令序列。它通常用于测试地址指针。除了程序流控制、数据处理和加载/存储指令外,新的 32 位 Thumb 指令包含协处理访问指令,这使得在其他协处理器中第一次能为向量浮点 VFP(Vector Floating - Point)单元编写 Thumb 代码。连同访问系统寄存器的指令,使得整个应用可在 Thumb 状态编写,而不必切换到 ARM 状态去访问特殊功能部件。

### 6. 应用举例

表 3.10 列出了以 Thumb - 2 核技术编译现存的 ARM - Thumb 实现的效果。1 MB 的应用原本将 80%的代码编译成 Thumb 得到最好的代码密度,剩余的 20%使用 ARM 指令集得到所需的性能。当所有代码使用 Thumb - 2 核技术编译时,整个可节省了 90 KB 或 9%。

但为了性能更佳,ARM 代码更喜欢驻存在 Cache 或紧耦合存储器中。分析

Thumb－2 核技术只编译驻存在紧耦合存储器中代码的效果,表明使用片上存储器更有效。如表 3.11 所列,假设具有 128 KB 的指令 TCM,其中 50%由 ARM 代码占用,另 50%由 Thumb 代码占用,可节省 15%的存储器。

**表 3.10　Thumb v4 编译**

| ARM | Thumb－2 |
| --- | --- |
| 200 KB | 150 KB |
| Thumb | Thumb－2 |
| 800 KB | 760 KB |

**表 3.11　Cache/TCM 存储器节省**

| ARM | Thumb－2 |
| --- | --- |
| 64 KB | 48 KB |
| Thumb | Thumb－2 |
| 64 KB | 61 KB |

Thumb－2 核技术显著增强了 ARM 体系结构,相比以前的 ARM 体系结构,可以更高的代码密度来提供高性能。此外,Thumb－2 引入一些新特性进一步改进程序流、程序效率和代码量。这些优点共同使得设计者将更多的部件放入器件中来降低功耗和提高性能,为终端用户设备提供更完整的开发基础。

## 3.5　ARM9 与 ARM7 的比较

ARM9 核(ARM9TDMI 和 ARM9E-S)通过使用更多的晶体管来实现更复杂的设计。采用相同的硅加工工艺时,ARM9 核的性能是 ARM7 核(ARM7TDMI 和 ARM7TDMI-S)的 2 倍。性能的改进来自提高时钟频率和减少常用指令执行的时钟周期数。



ARM9TDMI 处理器内核与 ARM7TDMI 相比,性能提高了很多。ARM9TDMI 处理器内核采用了 5 级流水线,其系统结构参见图 3.30。它把存储器的取指与数据访问分开,增加了 ICache 和 DCache 以提高存储器访问的效率;其次,增加了用于数据写回的专门通路和寄存器,以减少数据通路冲突。这样,5 级流水线分为:取指、指令译码、执行、数据缓存和写回。

### 1. 时钟频率改进

与 ARM7 核 3 级流水线相比,ARM9 核时钟频率的提高来自 ARM9 的 5 级流水线设计。增加流水线级数增加了设计的并行度,减少了在一个时钟周期内必须求值的逻辑数目。采用 5 级流水线的设计,每条指令的处理分成 5 个(或更多)时钟周期,在任何一个时钟周期内最多处理 5 条指令。ARM9 核的最高时钟频率总的来讲是 ARM7 核的 1.8～2.2 倍,具体倍数取决于不同的硅加工工艺。

### 2. 周期数改进

周期数的改进提高了性能,它与时钟频率无关而是取决于执行代码中的指令混合。改进量受到程序本身影响,对高级语言而言,受使用的编译器影响。研究表明,

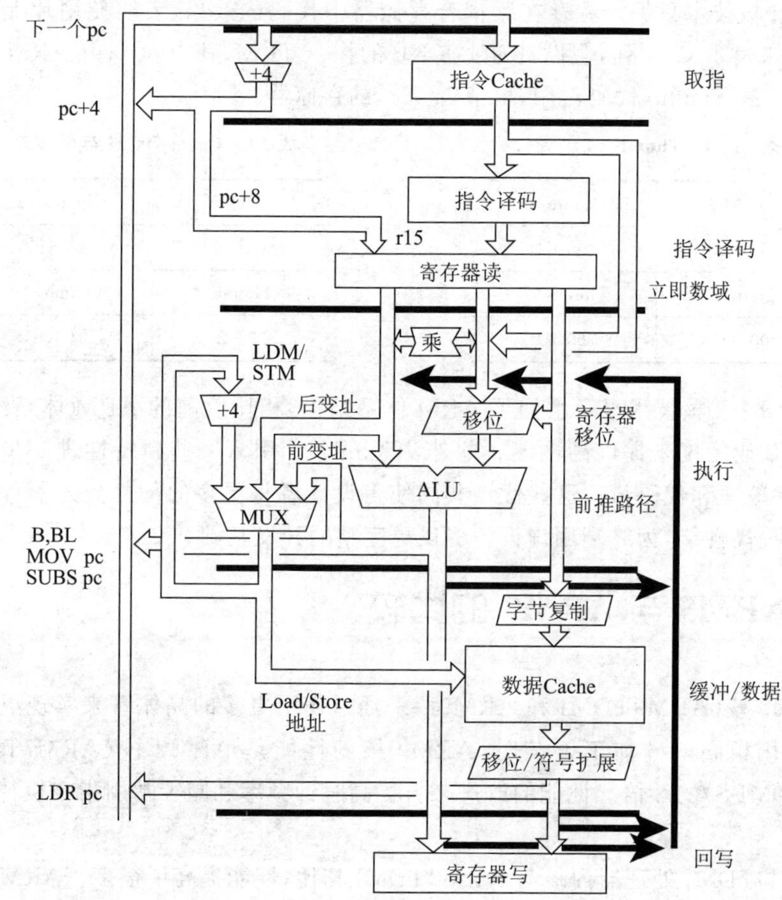


图 3.30 ARM 5 级流水线

ARM程序的性能改进了约30%。

**(1) 加载和存储**

从ARM7核到ARM9核的指令周期数的最显著改进是加载和存储指令的性能。由于约30%的指令是加载和存储指令,减少这些指令的时钟周期数,可以显著缩短程序执行时间。加载和存储时钟周期数的减少是由于两种微体系结构的设计不同。

ARM9核有独立的指令和数据存储器接口,允许CPU同时取指和读/写数据。这称作改进的哈佛体系结构。ARM7核只有单一存储器接口,此存储器接口同时用于取指和数据访问。

5级流水线引入分开的“存储器”和“写回”段。这两个段用作加载或存储指令的访问存储器操作,以及将结果写回到寄存器组。

**(2) 互 锁**

当指令所需的数据由于前边的指令未执行完而不可用时,出现流水线互锁。此

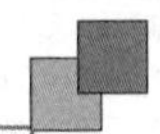





时,硬件暂停指令的执行直到数据准备好。这样就与早期ARM处理器设计完全二进制兼容,然而众多的互锁周期数,增加了代码序列的执行时间。编译器和汇编程序设计者多数情况可以通过重新安排指令顺序和其他技术来减少互锁周期的数目。

**(3) 转　移**

许多人问是否在ARM9核上执行转移指令的时钟周期数比在ARM7核上的多。答案是否定的,ARM9核和ARM7核花费相同的周期数。这是由于两者的流水线到达执行段有相同的级数,所有的转移指令以同样的方式实现。

ARM9核上的转移实现比较简单,不能实现转移预测。

### 3. 流水线设计

下面解释在ARM7核和ARM9核的流水线上加载和存储是如何实现的。

**(1) ARM7核**

ARM7核实现3级流水线设计。在单一时钟周期内,执行段可从寄存器组读操作数,将它们通过移位寄存器传递给ALU,并将结果写回到寄存器组。

通过在单一时钟周期内完成所有这些操作从而简化了设计,得到了低的功耗、晶体管数和小的ARM7核的低管芯(Die)尺寸。但同时也限制了ARM7设计的最大时钟频率。

**(2) ARM9核**

ARM9核实现5级流水线设计。除了ARM9E-S核使用了更复杂的流水线乘加单元来执行ARMv5TE指令集中的新DSP增强指令外,ARM9的流水线设计是相同的。ARM9核是哈佛体系结构,以便数据访问而不必与取指操作争抢总线。还实现了"结果前向通道",能够立即得到ALU的结果和从存储器加载的数据,供后续指令使用。这样就避免了必须等待写回到寄存器组,再从寄存器组读出。

### 4. 性能改进例子

从ARM7核到ARM9核性能的改进取决于软件使用ARM指令集的方法。加载和存储指令百分比大的代码相比百分比小的代码有更大的改进。

**(1) EPOC版本4引导序列**

跟踪分析Symbian的EPOC操作系统的引导版本4,假定ARM9TDMI和ARM7TDMI两种核以相同时钟频率运行,则ARM9TDMI仅花费ARM7TDMI执行代码序列时钟周期数的79%,相当于性能提高27%。

**(2) Dhrystone 2.1 Benchmark**

Dhrystone 2.1 Benchmark是用C语言编写的综合基准测试程序。执行指令的跟踪分析表明,在相同的时钟频率下,ARM9TDMI相比ARM7TDMI有27%的性能改进。

# 3.6 ARM9TDMI 内核

ARM9TDMI 是 ARM 通用微处理器家族中的一员。ARM9TDMI 主要用于注重高性能、低管芯尺寸和低功耗的嵌入式控制应用领域。它既支持 32 位的 ARM 指令集,也支持 16 位的 Thumb 指令集,从而允许用户在高性能和高代码密度之间做出权衡。ARM9TDMI 支持 ARM 调试体系结构,并且包含用于硬件和软件调试的逻辑。ARM9TDMI 在连接外部存储器系统时,既支持双向连接,也支持单向连接。此外还支持协处理器。

ARM9TDMI 处理器内核使用 5 级流水线,包括取指令、指令译码、执行、数据存储器访问和寄存器写五个阶段;采用哈佛体系结构,简单的总线接口很容易实现连接高速缓冲的或者基于 SRAM 的存储器系统;另外还提供一个简单的握手协议用于支持协处理器。图 3.31 显示了 ARM9TDMI 处理器的框图。

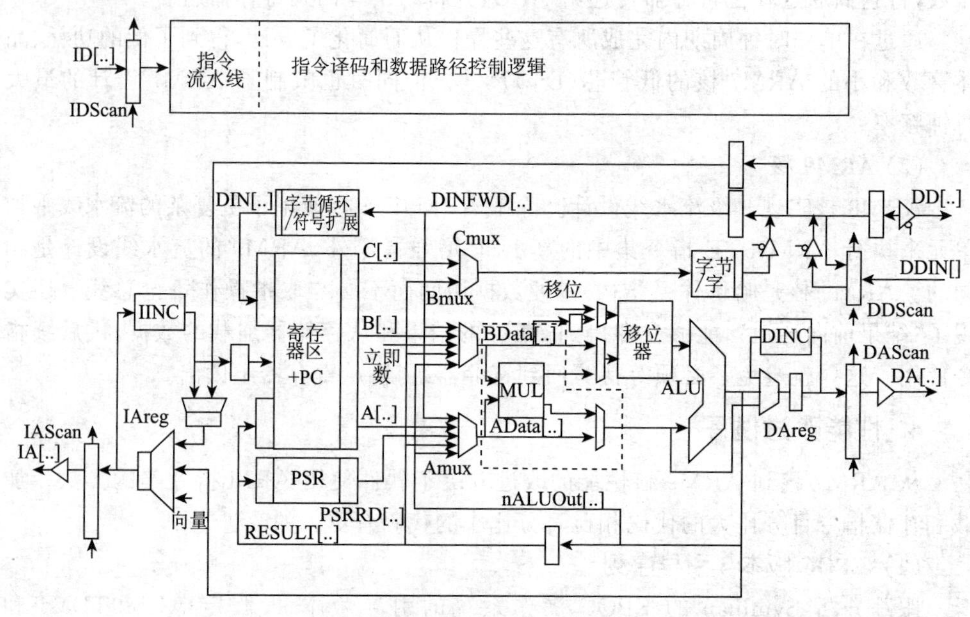


图 3.31 ARM9TDMI 处理器框图

## 3.6.1 ARM9TDMI 编程模型

ARM9TDMI 处理器内核实现的是 ARM 体系结构 v4T 版本,因此执行的是 ARM 32 位指令集和压缩的 Thumb 16 位指令集。详细内容参见“3.2ARM 编程模型”一节。本小节主要介绍 ARM9TDMI 和 ARM7TDMI 的不同之处。

### 1. 有关编程模型

ARM v4T 体系结构规定了少量的实现选项。在 ARM9TDMI 实现中选择的选项如表 3.12 所列。为了便于比较,表中还列出了在 ARM7TDMI 实现中选择的选项。

表 3.12 ARM9TDMI 和 ARM7TDMI 的实现选项

| 处理器内核 | ARM 体系结构 | 数据中止模型 | 直接被 STR、STRT、STM 指令存储的 PC 的值 |
|---|---|---|---|
| ARM7TDMI | V4T | 基址更新 | 指令地址+12 |
| ARM9TDMI | V4T | 基址恢复 | 指令地址+12 |

AMR9TDMI 在编码上兼容 ARM7TDMI,但有以下两点不同:

- ARM9TDMI 实现了基址恢复数据中止模型,大大简化了软件方面的数据中止处理程序。
- ARM9TDMI 完全实现了体系结构 v4 和 v4T 中加到 ARM(32 位)指令集上的指令集扩展空间。

#### (1) 数据中止模型

ARM9TDMI 实现了基址恢复数据中止模型(Base Restored Data Abort Model),它不同于 ARM7TDMI 实现的基址更新数据中止模型(Base Updataed Data Abort Model)。

数据中止模型的不同只影响操作系统编码中有关数据中止处理的一小部分代码,不影响用户的编码。当执行一条存储器访问指令期间产生一个数据中止异常时,基址寄存器总是被处理器硬件恢复为指令执行之前该寄存器中的值。因此不再需要数据中止处理程序来查找被中止指令更新的任何基址寄存器。



#### (2) 指令集扩展空间

所有的 ARM 处理器将未定义指令空间作为一种未定义指令异常的入口机制。也就是说,操作码位[27:25]=0b011 并且位[4]=1 的所有 ARM 指令都是未定义的,包括 ARM9TDMI 和 ATM7TDMI。

ARM 体系结构 v4 和 v4T 提出了大量对于 ARM 指令集的指令集扩展空间,包括:

- 算术指令扩展空间
- 控制指令扩展空间
- 协处理器指令扩展空间
- 加载/存储指令扩展空间

这些空间中的指令是未定义的(它们将引起未定义指令异常)。ARM9TDMI 完全实现了将 ARM 体系结构 v4T 中定义的所有指令集扩展空间作为未定义指令。

### 2. 流水线实现和互锁(Interlocks)

ARM9TDMI 实现了使用 5 级流水线设计,分别为:

- 取指令(F)
- 指令译码(D)
- 执行(E)
- 数据存储器访问(M)
- 寄存器写(W)

ARM 实现是完全互锁的，因此软件能够在不同的实现上执行相同的功能而不会影响流水线的效果。互锁会影响指令的执行节拍。例如，下面的指令序列由于在寄存器 R0 上的一个用于加载的互锁造成了一个周期的代价。

```
LDR  R0,[R7]
ADD  R5,R0,R1
```

流水线的时序和每一级的主要活动如图 3.32 所示。

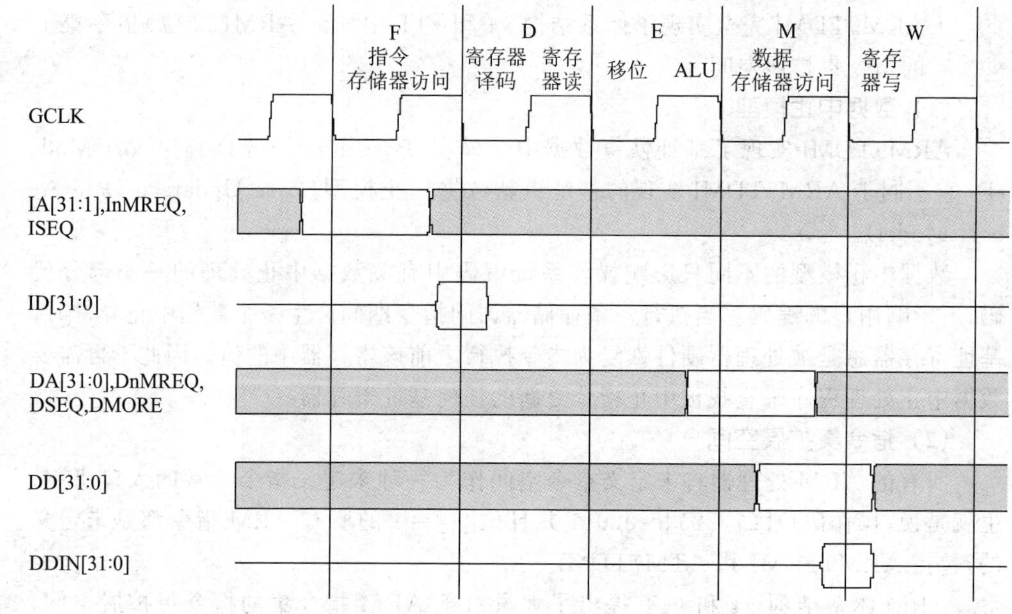


图 3.32 ARM9TDMI 处理器内核的指令流水线

## 3.6.2 ARM9TDMI 存储器接口

### 1. 存储器接口简介

ARM9TDMI 采用哈佛总线体系结构，具有分开的指令和数据接口，因此允许并发的指令和数据访问，从而大大降低了处理器的 CPI(周期数/指令)。为了优化性能，两个接口都需要单周期的存储器访问，这样对于非连续的访问或者较慢的存储器，系统内核可能处于等待状态。

对于指令和数据接口，ARM9TDMI 处理器内核使用流水寻址。数据传送发生之前的周期产生地址和控制信号,并且尽可能早地通知译码逻辑。所有的存储器访问都是由 GCLK 产生的。

每一个接口都有不同类型的存储器访问:

- 非连续的
- 连续的
- 内部的
- 协处理器传送(对于数据接口)

对于指令接口,这些访问由 InMREQ 和 ISEQ 定义;对于数据接口,由 DnMREQ 和 DSEQ 定义。

ARM9TDMI 既可工作在大端存储器配置模式,也可工作在小端模式,具体采用哪种模式由 BIGEND 输入引脚来决定。端配置对这两种接口都有影响,因此务必仔细设计存储器接口逻辑以确保处理器内核的正确操作。

对于整个系统来说,通常需要提供数据接口访问指令存储器的机制。主要原因有以下两点:

- 对于文字池,内联数据的使用非常普遍。取自数据接口的数据通常被放在指令存储器空间。
- 为了通过 JTAG 接口进行调试,必须能够将代码下载到指令存储器。由于指令数据总线是单向的,因此代码必须通过数据总线写入存储器。



**(1) ARM9TDMI 在调试状态下的行为**

一旦 ARM9TDMI 处于调试状态,两个存储器接口都将需要内部周期。这样允许其他存储器系统无视 ARM9TDMI,仍像往常一样工作。由于其他系统继续工作,ARM9TDMI 将无视中止和中断的发生。

在调试状态,BIGEND 信号不应该被系统修改。如果修改了这个信号,不仅会引起同步问题,ARM9TDMI 的调试界面也将不经调试器的确认而发生改变。nRESET 信号在调试状态也必须保持稳定。如果系统对 ARM9TDMI 复位(nRESET 被驱动为低电平),ARM9TDMI 的状态将不经调试器的确认而发生变化。

当在调试状态下执行指令时,ARM9TDMI 将异步地改变存储系统的输出(InMREQ、ISEQ、DnMREQ 和 DSEQ 除外,这些信号由 GCLK 同步改变)。例如,每当一个新指令进入流水线时,指令地址总线将发生变化。如果这条指令是加载或存储指令,数据地址总线将在指令执行时进行相应变化。虽然这是异步的,但是它不影响整个系统,因为两个接口需要的是内部周期。在设计存储器控制器时需要特别注意这些问题。

**(2) 等待状态**

对于需要多个周期的存储器访问,处理器可以通过使用 nWAIT 被暂停(Halt)。这个信号暂停处理器包括指令接口和数据接口。第 2 相位结束时应该将 nWAIT 信号驱动为低电平来使处理器停顿(它被翻转并与 GCLK 进行或运算以便扩展内部处理器时钟)。nWAIT 信号只能在 GCLK 的第 2 相位发生变化。为了调试目的,内部的内核时钟在 ECLK 信号上输出。具体时序如图 3.33 所示。

另外,可以通过在 GCLK 信号应用于处理器之前扩展其任何相位来插入等待状态。ARM9TDMI 不包含任何需要规则的时钟来保持其状态的动态逻辑。因此对 GCLK 信号某一相位被扩展的最大时间没有限制,nWAIT 信号保持低电平的时间也没有限制。

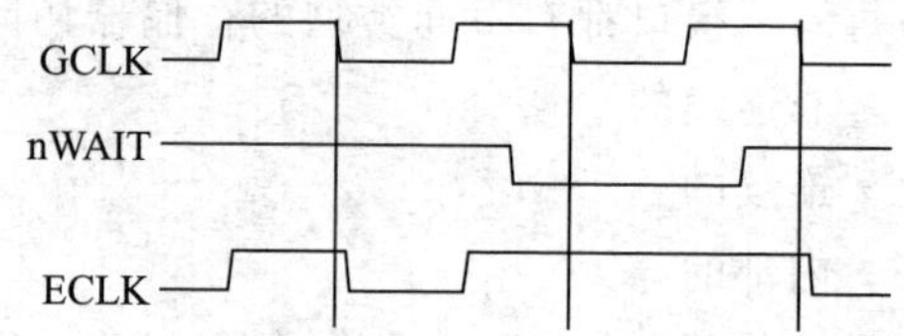


图 3.33　使用 nWAIT 信号使 ARM9TDMI 时钟停顿

当增加等待状态时系统设计者必须小心,因为接口采用的是流水线操作。当声明一个等待状态时,当前的数据和指令传输被挂起。然而,地址总线和控制信号已经被改变并指示下一次传输。因此当使用等待状态时有必要锁存地址和控制信号。

### 2. 指令接口

一旦一条指令进入流水线的执行阶段,就会从指令总线取一个新的操作码。ARM9TDMI 处理器内核可以连接各种 Cache/SRAM 系统,并且被优化为单周期访问系统。

为了简化系统设计,ARM9TDMI 可能连接的存储器对于非连续(N)访问需要花费两个(或更多个)周期,对于连续(S)访问需要花费一个周期。尽管这样增加了有效的 CPI,但是大大简化了存储器设计。

ARM9TDMI 通过将 InMREQ 驱动为低电平产生取指令操作。指令地址总线 IA[31:1]保存取指令的地址,ISEQ 信号确定所取指令与前面的访问是连续的还是非连续的。所有这些信号在取指令的前一个周期的第 2 相位结束时变为有效。

如果 ITBIT 是低电平,则 ARM9TDMI 正在执行读字操作,那么 IA[1]应该被忽略。时序如图 3.34 所示。InMREQ 和 ISEQ 的完整编码如表 3.13 所列。

取指令可以被标记为中止。IABORT 信号是一个相对于处理器的输入信号,它和指令数据具有相同的时序。如果指令到达流水线的执行阶段,则取出预取中止向量。具体时序如图 3.34 所示。如果存储器控制逻辑没有使用 IABORT 信号,则必须接低电平。

表 3.13　InMREQ 和 ISEQ 编码

| InMREQ | ISEQ | 周期类型 |
|---|---|---|
| 0 | 0 | 非连续 |
| 0 | 1 | 连续 |
| 1 | 0 | 内部 |
| 1 | 1 | 保留 |

当处理器被暂停(Stall)时产生内部周期,此时或者等待互锁来解决,或者完成一个多周期指令。

在一个内部周期后可以立即产生一个连续周期。图 3.34 显示了一个 N 周期后跟着一个 S 周期的周期时序,在 S 周期上有一个预取中止。

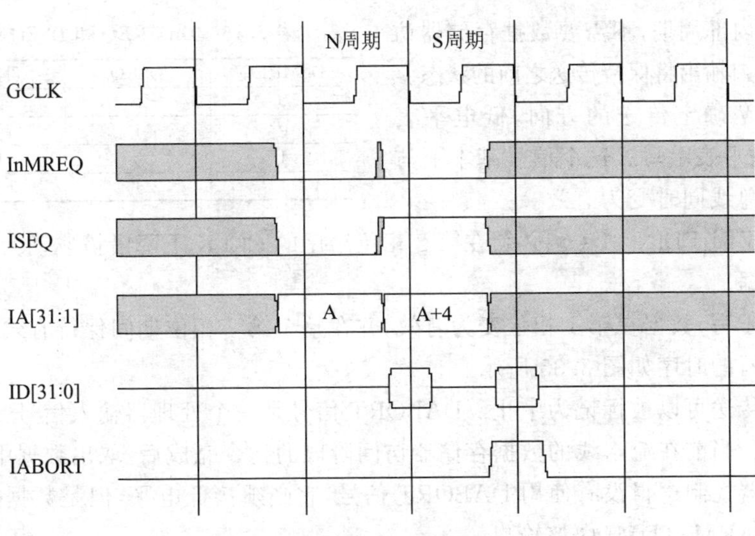


图 3.34 取指令时序

### 3. 端对取指令的影响

根据 ARM9TDMI 处于 ARM 还是 Thumb 状态,处理器将执行 32 位或 16 位取指令。处理器的状态可以通过 ITBIT 信号的值进行外部定义。当这个信号是低电平时,处理器处于 ARM 状态,取 32 位指令;当它是高电平时,处理器处于 Thumb 状态,取 16 位指令。

当处理器处于 ARM 状态时,端配置不影响取指令,因为 ID[31:0]的 32 位值全部被读出。然而在 Thumb 状态,处理器将读取指令数据总线的高 16 位 ID[31:16],或者低 16 位 ID[15:0]。这由存储器系统的端配置决定,端的配置情况由 BIGEND 和 IA[1]确定。

表 3.14 列出了在不同的配置下数据总线上的哪一半被采样。

表 3.14 端对指令位置的影响

| 配 置 | 小端 BIGEND=0 | 大端 BIGEND=1 |
|---|---|---|
| IA[1]=0 | ID[15:0] | ID[31:16] |
| IA[1]=1 | ID[31:16] | ID[15:0] |

当取一个 16 位指令时,ARM9TDMI 忽略数据总线上未使用的一半。

### 4. 数据接口

数据传送发生在流水线的数据存储器访问阶段。数据接口的操作与指令接口的操作非常类似。

数据接口进入流水线时,要求地址和控制信号在传送发生前的一个周期的第 2 相位成为有效的信号。有 4 种类型的数据周期,它们由 DnMREQ 和 DSEQ 确定。这些信号的时序如图 3.35 所示,其完整的编码如表 3.15 所列。

对于内部周期,不需要数据存储器访问,数据接口输出将保持传送之前的状态。

表 3.15 DnMREQ 和 DSEQ 编码

| DnMREQ | DSEQ | 周期类型 |
|---|---|---|
| 0 | 0 | 非连续 |
| 0 | 1 | 连续 |
| 1 | 0 | 内部 |
| 1 | 1 | 协处理器传送 |

DnRW 确定传送的方向,低电平表示读,高电平表示写。这个信号基本上与数据地址总线同时变为有效。

- 对于读,DDIN[31:0]必须在第 2 相位结尾的 GCLK 下降沿被驱动为带有有效数据。
- 对于写,数据在第 1 相位变为有效,并在整个第 2 相位期间保持有效状态。

读和写的时序如图 3.35 所示。

数据传送可以被标记为中止。DABORT 信号是一个处理器输入信号,与数据的时序相同。当前在流水线的数据存储器访问阶段的指令完成后,取出数据中止向量。如果存储器控制逻辑没有使用 DABORT 信号,它必须接低电平,但是数据仍然可以输入或从 ARM9TDMI 内核输出。

传送数据的大小由 DMAS[1:0]确定。这些信号基本上与数据地址总线同时变为有效。编码如表 3.16 所列。

对于协处理器传送,不需要访问存储器,但是将使用数据总线 DD[31:0]和 DDIN[31:0]在 ARM9TDMI 和协处理器之间进行一次数据传送。DnRW 信号确定传送方向;当所有协处理器传送的都是字大小的数据时,DMAS[1:0]用来确定字传送方式。

表 3.16 DMAS[1:0]编码

| DMAS[1:0] | 传送大小 |
|---|---|
| 00 | 字节 |
| 01 | 半字 |
| 10 | 字 |
| 11 | 保留 |

DMORE 信号在执行加载和存储多个指令时是有效的,只有当 DnMREQ 是低电平时该信号才变为高电平。这个信号有效地给出了与 DSEQ 相同的信息,但是要早一个周期。所提供的信息允许外部逻辑使用更多的时间对连续时钟进行译码。

图 3.35 给出了在一个中止的存储操作后,使用 MCR 加载 4 个字的时序图。需要注意的是:

- DMORE 信号在加载多寄存器指令的前 3 个周期是有效的,表明在接下来的周期将产生一串连续字的加载操作。
- 从 LDM 期间 InMREQ 的行为可以看出,在指令进入流水线的执行阶段时产生取指令操作,但是此后指令流水线被中断直到 LDM 完成。

### 5. 单向/双向模式接口

AMR9TDMI 提供两种和外部存储器系统连接的方式,一种是使用一条双向数据总线,另一种是使用两条单向总线。具体采用哪种方式由 UNIEN 输入信号确定。

如果 UNIEN 信号是低电平,DD[31:0]是一个用于传送写入数据的三态输出总线。只有当 ARM9TDMI 执行向存储器写操作时,这个信号才被驱动。通过将 DD[31:0]与输入 DDIN[31:0]总线(ARM9TDMI 的外部)进行绑定,可以形成一

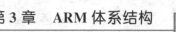

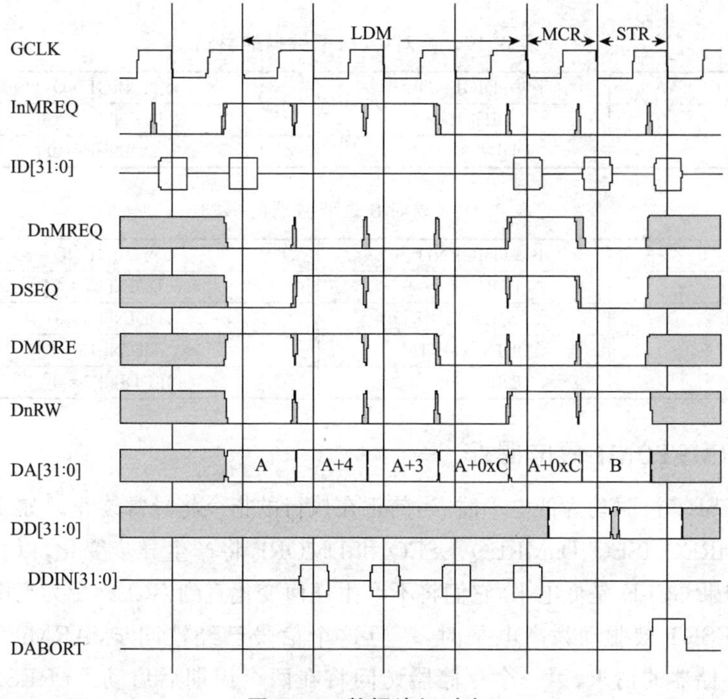


图 3.35 数据访问时序

个双向的数据总线。

如果 UNIEN 是高电平,那么 DD[31∶0]和所有其他 ARM9TDMI 输出被永久驱动。DD[31∶0]将形成一个单向的写数据总线。在这种模式下,三态使能引脚 IABE、DABE、DDBE、TBE 和 TAP 指令 nHIGHZ 无效,因此所有的输出总是一直被驱动。

除了明确标明是三态时序,有关 ARM9TDMI 的所有时序图中都假设 UNIEN 为高电平。

### 6. 端对数据传送(transfer)的影响

ARM9TDMI 支持 32 位、16 位和 8 位的数据存储器访问。由 BIGEND 信号确定的处理器的端配置只对非字传送(16 位和 8 位传送)有影响。

对于处理器的数据写入操作,被写入的数据被复制到数据总线上。所以对于一个 16 位数据存储操作,数据的一个副本出现在数据总线 DD[31∶16]的高半段,相同的数据也会出现在低半段 DD[15∶0]。对于 8 位写操作,将输出 4 个副本,分别出现在 DD[31∶24],DD[23∶16],DD[15∶8]和 DD[7∶0]上。这样大大地简化了存储器控制逻辑,并且有助于克服任何端影响。

对于数据读操作,处理器将读取数据总线上特定部分。读取总线的哪一部分则由端配置、传送的大小以及数据地址总线的位 1 和位 0 决定。表 3.17 显示了读 16 位数据时数据总线的哪些位被读出,表 3.18 显示了读 8 位数据时数据总线的哪些位被读出。

为了简化设计,处理器可以从存储器读取 32 位数据,并忽略不需要的空闲位。

表 3.17 端对16位取数据的影响

| DA[1:0] | 小端(DIGEND=0) | 大端(BIGEND=1) |
| --- | --- | --- |
| 00 | DDIN[15:0] | DDIN[31:16] |
| 10 | DDIN[31:16] | DDIN[15:0] |

表 3.18 端对8位取数据的影响

| DA[1:0] | 小端(DIGEND=0) | 大端(BIGEND=1) |
| --- | --- | --- |
| 00 | DDIN[7:0] | DDIN[31:24] |
| 01 | DDIN[15:8] | DDIN[23:16] |
| 10 | DDIN[23:16] | DDIN[15:8] |
| 11 | DDIN[31:24] | DDIN[7:0] |

## 7. ARM9TDMI复位操作

当nRESET被驱动为低电平时,当前正在执行的指令将异常终止。如果GCLK为高电平,InMREQ、ISEQ、DnMREQ、DSEQ和DMORE将产生异步变化,以标识一个内部周期。如果GCLK是低电平,它们将不产生任何变化直到GCLK变为高电平。

当nRESET被驱动为高电平时,一旦这个信号已经被同步,ARM9TDMI将再次启动对存储器的请求,第一个存储器访问将在两个周期后启动。nRESET信号在GCLK的下降沿被采样。由于复位操作而产生的存储器接口的行为如图3.36所示。

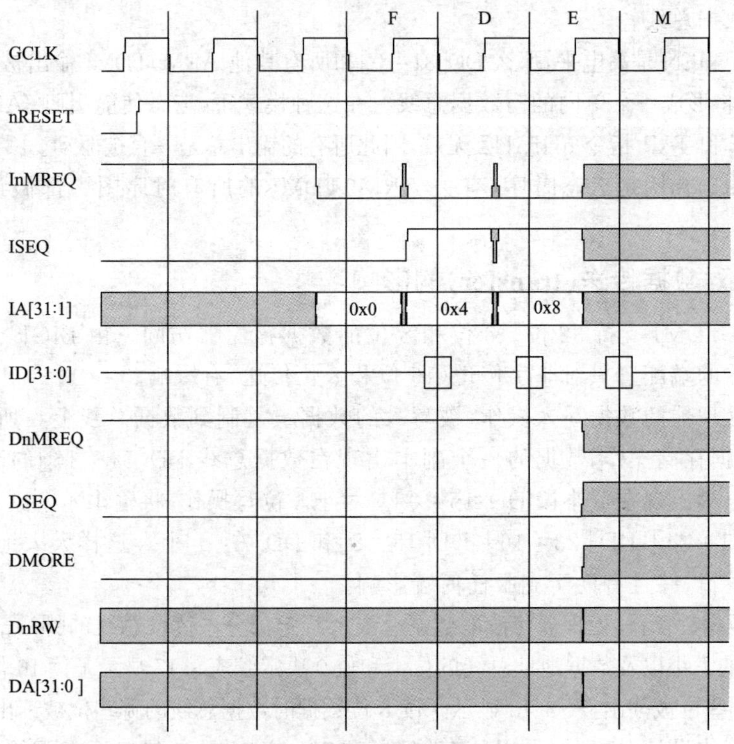


图 3.36 ARM9TDMI的复位操作

## 3.7　ARM920T 核

ARM920T 处理器是 ARM9TDMI 通用微处理器家族中的一员，该家族包括：

- ARM9TDMI(内核)；
- ARM940T(内核加 Cache 和保护单元)；
- ARM920T(内核加 Cache 和 MMU)。

ARM9TDMI 处理器内核采用哈佛体系结构，实现了 5 级流水线，包括取指令、指令译码、执行、数据存储器访问和寄存器写五个阶段。它可以将独立的内核嵌入更复杂的设备中。这个独立的内核具有一个简单的总线接口，允许用户在它周围设计自己的 Cache 和存储器系统。

微处理器的 ARM9TDMI 家族既支持 32 位的 ARM 指令集，也支持 16 位的 Thumb 指令集，使得用户可以根据实际情况在高性能和高代码密度之间作出权衡。

ARM920T 处理器是一种哈佛 Cache 体系结构的处理器，主要用于把完全的存储器管理、高性能和低功耗都看得非常重要的多处理器应用领域。分开的指令和数据 Cache 的大小都是 16 KB，每行长度为 8 个字。ARM920T 处理器实现了增强的 ARM 体系结构 v4 MMU，为指令和数据地址提供变换和访问权限检查。

ARM920T 处理器支持 ARM 调试体系结构，包括用于硬件和软件调试的逻辑。ARM920T 处理器还包括对协处理器的支持，将指令和数据总线连同简单的握手信号一并输出。

ARM920T 与其他系统的接口采用标准的地址和数据总线。这种接口或者是 AMBA(Advanced Microcontroller Bus Architecture，先进的微控制器总线体系结构)、ASB(Advanced System Bus，先进的系统总线)，或者是 AHB(Advanced High-performance Bus，先进的高性能总线)的实现，该接口或者作为完全兼容 AMBA 总线的主模块，或者作为产品测试用的从模块。ARM920T 处理器还具有跟踪 ICE 模式，该模式提供与传统的 ICE 模式类似的操作。

ARM920T 处理器支持附加的嵌入式跟踪宏单元(ETM)，用于实时地跟踪指令和数据。

图 3.37 显示了 ARM920T 处理器的功能框图。

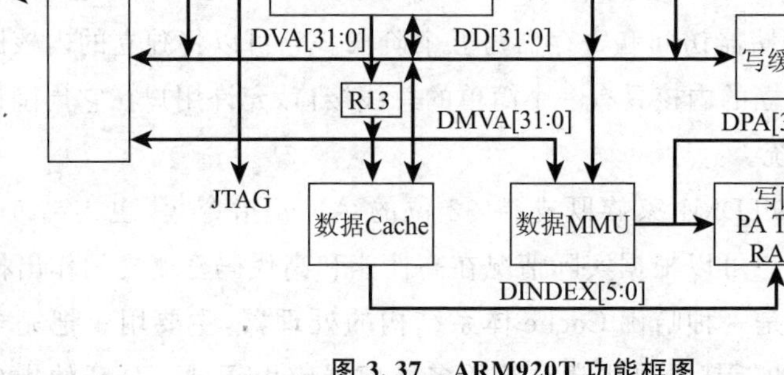

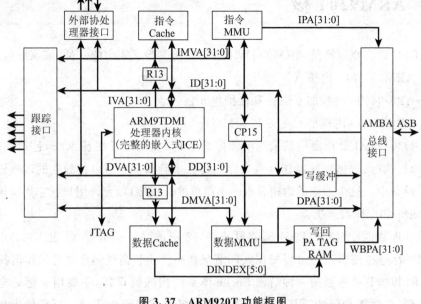

图 3.37 ARM920T 功能框图

## 3.7.1 ARM920T 编程模型



ARM920T 处理器集成了完整的 ARM9TDMI 内核,实现的是 ARM 体系结构 v4T。它执行 ARM 和 Thumb 指令集,还具有嵌入式 ICE JTAG 软件调试特性。

ARM920T 处理器的编程模型由 ARM9TDMI 内核的编程模型构成,并有如下增加和修改:

- ARM920T 处理器加入了 2 个协处理器。
  - CP14,允许软件访问调试通信通道。使用 MCR 和 MRC 指令可以访问 CP14 中定义的寄存器。
  - 系统控制协处理器 CP15,提供了一些附加寄存器用于配置和控制 Cache、MMU、保护系统、时钟模式和其他 ARM920T 的系统选项,比如大端或小端操作。使用 MCR 和 MRC 指令可以访问 CP15 中定义的寄存器。
- ARM920T 还特有一个外部协处理器接口,允许在同一个芯片上附加紧耦合的协处理器,例如一个浮点单元。使用适当的协处理器指令可以访问由连在外部协处理器接口上的任何协处理器提供的寄存器和操作。
- 对于取指令以及数据加载和存储操作产生的存储器访问可以被高速缓存或缓冲。
- 存储在主存中的 MMU 页表描述了虚拟地址到物理地址的映射、访问权限以及 Cache 和写缓冲的配置。MMU 页表由操作系统创建,一旦某次访问引起 TLB 未命中则由 ARM920T MMU 硬件自动进行访问。

- ARM920T 有一个跟踪接口,允许使用用于实时跟踪指令和数据的硬件及各种工具。

ARM9TDMI 的编程模型已经在前面介绍过了,这里主要介绍一下 CP15 寄存器映射。CP15 定义了 16 个寄存器。CP15 寄存器映射如表 3.19 所列。

表 3.19 CP15 寄存器映射

| 寄存器 | 读 | 写 |
|---|---|---|
| 0 | ID 编码① | 不可预知 |
| 0 | Cache 类型① | 不可预知 |
| 1 | 控制 | 控制 |
| 2 | 变换表基址 | 变换表基址 |
| 3 | 域访问控制 | 域访问控制 |
| 4 | 不可预知 | 不可预知 |
| 5 | 故障状态② | 故障状态② |
| 6 | 故障地址 | 故障地址 |
| 7 | 不可预知 | Cache 操作 |
| 8 | 不可预知 | TLB 操作 |
| 9 | Cache 锁定② | Cache 锁定② |
| 10 | TLB 锁定② | TLB 锁定② |
| 11 和 12 | 不可预知 | 不可预知 |
| 13 | FCSE PID(快速上下文切换扩展进程 ID,Fast Context Switch Extension Process ID) | FCSE PID |
| 14 | 不可预知 | 不可预知 |
| 15 | 测试配置 | 测试配置 |

注:① 位置为 0 的寄存器可以提供对多个寄存器的访问,被访问的寄存器由 Opcode_2 字段的值决定。

② 指令和数据寄存器是分开的。

## 1. ARM920T 中的地址

ARM920T 系统中存在 3 种截然不同的地址类型,如表 3.20 所列。

表 3.20 ARM920T 中的地址类型

| 域(domain) | ARM9TDMI | Cache 和 TLB | AMBA 总线 |
|---|---|---|---|
| 地址类型 | 虚拟地址 (Virtual Address,VA) | 修改的虚拟地址 (Modified VA,MVA) | 物理地址 (Physical Address,PA) |

下面举例说明当 ARM9TDMI 内核请求一条指令时产生的地址操作:

(1) ARM9TDMI 内核发出指令 VA(IVA)。

(2) PID 将指令 VA 变换成指令 MVA(IMVA)。指令 Cache(ICache)和 MMU 看到的是 IMVA。

(3) 如果在 IMVA 上由 IMMU 实行的保护检测没有中止并且 IMVA 标签在 ICache 中,则指令数据返回给 ARM9TDMI 内核。

(4) 如果 ICache 未命中(IMVA 标签没有在 ICache 中),IMMU 将执行一次变换来产生指令 PA(IPA)。这个地址被送往 AMBA 总线接口,从而执行一个外部访问。

### 2. 访问CP15寄存器

表3.21列出了本章中使用的术语和缩写词。

表3.21 CP15缩写词

| 术 语 | 缩写词 | 描 述 |
|---|---|---|
| 不可预知(Unpredictable) | UNP | 对于读:当从这个位置读时返回的数据是不可预知的。它可以有任何值。<br>对于写:向这个位置写将产生不可预知的行为,或者在设备配置中产生不可预知的变化 |
| 应该是零(Should Be Zero) | SBZ | 当向这个位置写时,这个字段的所有位应该为0 |

在所有情况下,包括从CP15读或向CP15寄存器写任何数据值,即使是那些指定为不可预知的或者应该是零的字段,都不会对芯片造成任何物理破坏。

除了寄存器1中的V位以外,所有CP15中被定义且包含状态信息的寄存器位都被BnRES设置为0。当BnRES被置1时,寄存器1中的V位保存宏单元输入信号VINITHI的值。

对CP15寄存器只能在特权模式下使用MRC和MCR指令进行访问。MCR和MRC指令的位模式如图3.38所示。这两条指令使用的汇编语句格式如下:



```
MCR/MRC{cond}P15,opcode_1,Rd,CRn,CRm,opcode_2
```

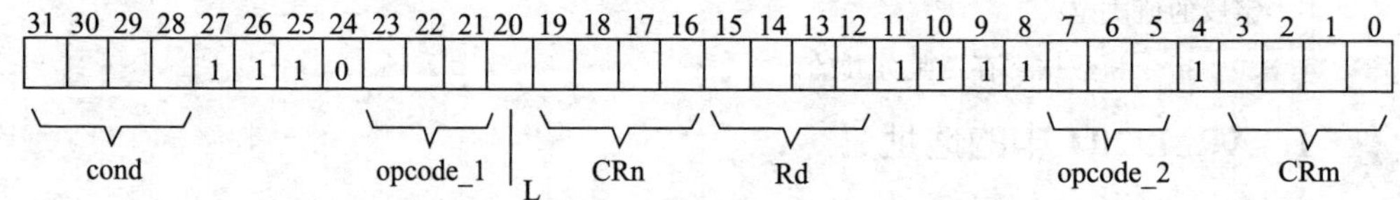


图3.38 CP15 MRC和MCR的位模式图

指令CDP、LDC和STC,与非特权模式下对于CP15操作的MRC和MCR指令一起使用,会引起未定义指令陷阱。MRC和MCR指令的CRn字段用于指出被访问的协处理器寄存器。CRm字段和opcode_2字段用于指出特定的寄存器寻址方式。L位用于区分MRC(L=1)和MCR(L=0)。

试图从一个只写寄存器中进行读操作或者向一个只读寄存器中进行写操作将产生不可预知的结果。在所有访问CP15的指令中,opcode_1、opcode_2和CRm字段除了指定用于选择预期的操作外必须设置为0,使用其他值将导致不可预知的行为。

### 3. 寄存器0(ID编码寄存器)

该寄存器为只读寄存器,返回32位的设备ID编码。

通过读CP15寄存器0并将opcode_2字段设置为除1以外的任何值(读操作时CRm字段应该是0)可以访问ID编码寄存器。例如:

```
MRC  p15,0,Rd,c0,c0,0        ;返回 ID 寄存器
```

ID 编码寄存器的内容如表 3.22 所列。

表 3.22　寄存器 0,ID 编码

| 寄存器位 | 功 能 | 值 |
|---|---|---|
| [31:24] | 实现者商标的 ASCII 码 | 0x41 |
| [23:20] | 规范版本 | 0x1 |
| [19:16] | 体系结构(ARMv4T) | 0x2 |
| [15:4] | 部件编号 | 0x920 |
| [3:0] | 发行版本 | 版本 |

### 4. 寄存器 0(Cache 类型寄存器)

该寄存器为只读寄存器,它包含指令 Cache(ICache)和数据 Cache(DCache)的大小以及体系结构的相关信息,并使操作系统确定如何执行 Cache 清理和锁定等操作。ARMv4T 和以后版本中带高速缓存功能的处理器都包含该寄存器,允许 RTOS 开发商开发能够适应未来的操作系统版本。

通过读 CP15 寄存器 0 并将 opcode_2 字段设置为 1 可以访问 Cache 类型寄存器。例如:

```
MRC  p15,0,Rd,c0,c0,1        ;返回 Cache 的详细资料
```



Cache 类型寄存器的格式如图 3.39 所示。

| 31 | 30 | 29 | 28 ~ 25 | 24 | 23 ~ 12 | 11 ~ 0 |
|---|---|---|---|---|---|---|
| 0 | 0 | 0 | ctype | S | Dsize | Isize |

图 3.39　Cache 类型寄存器的格式

图中:ctype　ctype 字段确定 Cache 类型。

S 位　确定 Cache 是一体的 Cache(S=0)、还是分开的 ICache 和 DCache(S=1)。如果 S=0,Isize 和 Dsize 字段都用来描述一体的 Cache 并且两个字段的值必须相同。

Dsize　确定数据 Cache 的大小、行长度和相联性。

Isize　确定指令 Cache 的大小、行长度和相联性。

Cache 类型寄存器中的 Dsize 和 Isize 字段具有相同的格式,如图 3.40 所示。

| 11 | 10 | 9 | 8 7 6 | 5 4 3 | 2 | 1 0 |
|---|---|---|---|---|---|---|
| 0 | 0 | 0 | size | assoc | M | len |
| 23 | 22 | 21 | 20 19 18 | 17 16 15 | 14 | 13 12 |

图 3.40　Dsize 和 Isize 字段的格式

图中:size　size 字段连同 M 位一起确定 Cache 大小。

assoc　assoc 字段连同 M 位一起确定 Cache 的相联性。

M位　M位连同size和assoc字段一起确定Cache大小和Cache相联性的值。

len　len字段确定Cache的行长度。

ARM920T的Cache类型寄存器的取值如表3.23所列。

表3.23 Cache类型寄存器格式

| 功能 | | 寄存器位 | 值 |
|---|---|---|---|
| 保留 | | 31:29 | 0b000 |
| ctype | | 28:25 | 0b0110 |
| S | | 24 | 0b1=哈佛Cache |
| Dsize | 保留 | 23:21 | 0b000 |
| | size | 20:18 | 0b101=16 KB |
| | assoc | 17:15 | 0b110=64路 |
| | M | 14 | 0b0 |
| | len | 13:12 | 0b10=8字/行(32字节) |
| Isize | 保留 | 11:9 | 0b000 |
| | size | 8:6 | 0b101=16 KB |
| | assoc | 5:3 | 0b110=64路 |
| | M | 2 | 0b0 |
| | len | 1:0 | 0b10=8字/行(32字节) |

位[28:25]指示具体实现采用的是哪种Cache类型。0x6表示该Cache提供:

- Cache清理操作
- Cache刷新操作
- 锁定工具

Cache的大小由size字段和M位共同确定。对于数据和指令Cache来说,M位取值为0。位[20:18]为数据Cache(DCache)的size字段,位[8:6]为指令Cache(ICache)的size字段。表3.24列出了Cache大小的编码。

Cache的相联性是由assoc字段和M位共同确定的。对于数据和指令Cache来说,M位取值为0。位[17:15]为DCache的assoc字段,位[5:3]为ICache的assoc字段。表3.25列出了Cache相联性的编码。

表3.24 Cache大小编码(M=0)

| size字段 | Cache大小 |
|---|---|
| 0b000 | 512 B |
| 0b001 | 1 KB |
| 0b010 | 2 KB |
| 0b011 | 4 KB |
| 0b100 | 8 KB |
| 0b101 | 16 KB |
| 0b110 | 32 KB |
| 0b111 | 64 KB |

表3.25 Cache相联性编码(M=0)

| assoc字段 | 相联性 |
|---|---|
| 0b000 | 直接映像 |
| 0b001 | 2路 |
| 0b010 | 4路 |
| 0b011 | 8路 |
| 0b100 | 16路 |
| 0b101 | 32路 |
| 0b110 | 64路 |
| 0b111 | 128路 |

Cache 的行长度是由 len 字段确定的。位[13 : 12] 为 DCache 的 len 字段,位[1 : 0]为 ICache 的 len 字段。表 3.26 列出了行长度的编码。

表 3.26 行长度编码

| len 字段 | Cache 行长度 |
| --- | --- |
| 00 | 2 字(8 字节) |
| 01 | 4 字(16 字节) |
| 10 | 8 字(32 字节) |
| 11 | 16 字(64 字节) |

### 5. 寄存器 1(控制寄存器)

该寄存器包含 ARM920T 的控制位。所有保留位必须按要求写入 0 或 1,或者使用"读－修改－写"进行写入。读保留位将得到不可预知的值。读写这个寄存器的指令如下:

```
MRC  p15,0,Rd,c1,c0,0  ;读控制寄存器
MCR  p15,0,Rd,c1,c0,0  ;写控制寄存器
```

除了 V 位,所有已定义的控制位在复位时被设置为 0。复位时,如果 VINITHI 引脚为低电平,则 V 位设置为 0;反之,如果 VINITHI 引脚为高电平,则 V 位设置为 1。表 3.27 描述了控制寄存器各位的功能。

表 3.27 控制寄存器各位的功能

| 寄存器位 | 名 字 | 功 能 | 值 |
| --- | --- | --- | --- |
| 31 | iA 位 | 异步时钟选择 | 参见表 3.26 |
| 30 | nF 位 | 非快速总线选择 | 参见表 3.26 |
| 29 : 15 | — | 保留 | 读＝不可预知<br>写＝应该是 0 |
| 14 | RR 位 | 轮转(Round-robin)替换 | 0＝随机替换<br>1＝轮转替换 |
| 13 | V 位 | 异常寄存器的基地址 | 0＝低地址＝0x00000000<br>1＝高地址＝0xFFFF0000 |
| 12 | I 位 | ICache 使能 | 0＝ICache 禁止<br>1＝ICache 使能 |
| 11 : 10 | — | 保留 | 读＝0<br>写＝0 |
| 9 | R 位 | ROM 保护 | 此位用于修改 ROM 保护系统 |
| 8 | S 位 | 系统保护 | 此位用于修改 MMU 保护系统 |
| 7 | B 位 | 端 | 0＝小端操作<br>1＝大端操作 |
| 6 : 3 | — | 保留 | 读＝1111<br>写＝1111 |
| 2 | C 位 | DCache 使能 | 0＝DCache 禁止<br>1＝DCache 使能 |
| 1 | A 位 | 对齐故障使能 | 数据地址对齐故障检查<br>0＝禁止故障检查<br>1＝使能故障检查 |
| 0 | M 位 | MMU 使能 | 0＝MMU 禁止<br>1＝MMU 使能 |

寄存器1中的位[31:30]用于选择ARM920T的时钟模式,如表3.28所列。

### 6. 寄存器2(变换表基址(TTB)寄存器)

寄存器c2是变换表基址(TTB,Translation Table Base)寄存器,用于保存当前活动的第一级变换表的基地址。寄存器2中的内容如表3.29所列。

表3.28 时钟模式

| 时钟模式 | iA | nF |
|---|---|---|
| 快速总线模式 | 0 | 0 |
| 同步 | 0 | 1 |
| 保留 | 1 | 0 |
| 异步 | 1 | 1 |

表3.29 寄存器2,变换表基址

| 寄存器位 | 功能 |
|---|---|
| 31:14 | 指向第一级变换表基地址,可读/写 |
| 13:0 | 保留:<br>读=不可预知<br>写=应该是0 |

从寄存器2读时,将返回位[31:14]中指向的当前活动的第一级变换表的指针。向寄存器2写时,使用写入值的[31:14]位的值来更新第一级变换表的指针。位[13:0]在写时应该是0,读时是不可预知的。

使用如下指令可以访问TTB:

```
MRC  p15,0,Rd,c2,c0,0      ;读 TTB 寄存器
MCR  p15,0,Rd,c2,c0,0      ;写 TTB 寄存器
```

### 7. 寄存器3,域访问控制寄存器



寄存器3是可读写的域访问控制寄存器,包含16个两位字段。每一个两位字段分别定义了16个域(D15~D0)的访问权限。两位域访问权限字段的编码参见"3.7.2 存储器管理单元(MMU)"一节中有关域访问控制的相关内容。使用如下指令可以访问域访问控制寄存器:

```
MRC  p15,0,Rd,c3,c0,0      ;读域 15:0 访问权限
MCR  p15,0,Rd,c3,c0,0      ;写域 15:0 访问权限
```

### 8. 寄存器5(故障状态寄存器)

寄存器5是故障状态寄存器(FSR,Fault Status Register)。FSR保存最近一次发生数据故障的原因,即当产生数据中止时指示试图进行访问的域和类型。表3.30显示了FSR的位分配情况。

表3.30 FSR位字段描述

| 位 | 描述 |
|---|---|
| [31:9] | 读出时UNP<br>写入时SBZ |
| [8] | 读出时总为0<br>写入时SBZ |
| [7:4] | 当出现数据故障时,指示被访问的域(D15~D0) |
| [3:0] | 故障类型 |

故障类型的编码参见"3.7.2 存储器管理单元(MMU)"一节中有关故障地址和故障状态的相关内容。

在 ARMv4T 中定义了数据 FSR。另外,还有一个仅用于调试目的的流水线预取 FSR。这里所说的流水线与 ARM9TDMI 的流水线相匹配。

可以使用如下指令访问数据和预取 FSR:

```
MRC  p15,0,Rd,c5,c0,0     ;读数据 FSR
MCR  p15,0,Rd,c5,c0,0     ;写数据 FSR
MRC  p15,0,Rd,c5,c0,1     ;读预取 FSR
MCR  p15,0,Rd,c5,c0,1     ;写预取 FSR
```

写 FSR 对于调试器恢复 FSR 的值非常有用。必须使用"读－修改－写"的方法来写该寄存器。位[31:8]应该是 0。

### 9. 寄存器 6(故障地址寄存器)

寄存器 6 是故障地址寄存器(FAR,Fault Address Register)。FAR 中包含最近一次出现故障时试图被访问的 MVA。FAR 仅仅在出现数据中止时被更新,而出现预取故障时不会被更新(预取故障的地址保存在 R14 中)。可以使用如下指令访问 FAR:

```
MRC  p15,0,Rd,c6,c0,0     ;读 FAR 数据
MCR  p15,0,Rd,c6,c0,0     ;写 FAR 数据
```



写 FAR 用于调试器恢复到先前的状态。

### 10. 寄存器 7(Cache 操作寄存器)

寄存器 7 是一个只写寄存器,用于管理 ICache 和 DCache。寄存器 7 提供的 Cache 操作如表 3.31 所列。

表 3.31 寄存器 7 的功能描述

| 功　能 | 描　述 |
|---|---|
| 使 Cache 无效 | 使所有的 Cache 数据,包括任何脏数据无效*。小心使用 |
| 使用 MVA 使单个项无效 | 使单个 Cache 行无效,丢弃任何脏数据*。小心使用 |
| 使用索引或者 MVA 清理单个数据项 | 如果指定的 Cache 行被标记为有效并且是脏的,则将该行写入主存,并将该行标记为不脏。有效位不变 |
| 使用索引或者 MVA 清理单个数据项并使之无效 | 如果指定的 Cache 行被标记为有效并且是脏的*,则将该行写入主存。该行被标记为无效 |
| 预取 Cache 行 | 对于指定的 MVA,执行一次 ICache 查找。如果 Cache 未命中并且这个区域是可高速缓存的,则执行一次行填充 |

注:* 脏数据指已经在 Cache 中被修改但还没有写入主存中的数据。

可以使用如下指令实现向寄存器 7 的写入:

```
MCR  p15,opcode_1,Rd,CRn,CRm,opcode_2
```

每个Cache操作的功能是由用于写CP15 寄存器7的MCR指令中的opcode_2和CRm字段确定的。向opcode_2和CRm写入其他的值将产生不可预知的结果。从CP15寄存器7读是不可预知的。表3.32列出了使用寄存器7执行Cache操作的指令。

**表3.32 寄存器7的Cache操作**

| 功 能 | 数 据 | 指 令 |
|---|---|---|
| 使ICache和DCache无效 | SBZ | MCR p15,0,Rd,c7,c7,0 |
| 使ICache无效 | SBZ | MCR p15,0,Rd,c7,c5,0 |
| 使ICache单个项无效(使用MVA) | MVA格式 | MCR p15,0,Rd,c7,c5,1 |
| 预取ICache行(使用MVA) | MVA格式 | MCR p15,0,Rd,c7,c13,1 |
| 使DCache无效 | SBZ | MCR p15,0,Rd,c7,c6,0 |
| 使DCache单个项无效(使用MVA) | MVA格式 | MCR p15,0,Rd,c7,c6,1 |
| 清理DCache单个项(使用MVA) | MVA格式 | MCR p15,0,Rd,c7,c10,1 |
| 清理并使DCache项无效(使用MVA) | MVA格式 | MCR p15,0,Rd,c7,c14,1 |
| 清理DCache单个项(使用索引) | 索引格式 | MCR p15,0,Rd,c7,c10,2 |
| 清理并使DCache项无效(使用索引) | 索引格式 | MCR p15,0,Rd,c7,c14,2 |
| 排空写缓冲① | SBZ | MCR p15,0,Rd,c7,c10,4 |
| 等待中断② | SBZ | MCR p15,0,Rd,c7,c10,4 |

注:① 停止执行直到写缓冲被排空;

② 停止执行并进入低功耗状态直到产生中断。

对单个Cache行实施的操作使用MCR指令中传递的数据来标识所操作的行。数据的解释方法采用图3.41或图3.42中的一种。

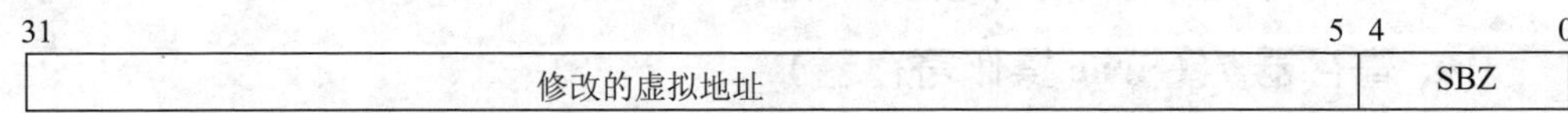


**图3.41 寄存器7的MVA格式**

| 31 ~ 26 | 25 ~ 8 | 7 ~ 5 | 4 ~ 0 |
|---|---|---|---|
| Index | SBZ | Seg | SBZ |

**图3.42 寄存器7的索引格式**

有关寄存器7的使用请参阅“3.7.3 Cache、写缓冲和物理地址TAG RAM”一节。

## 11. 寄存器8(TLB操作寄存器)

寄存器8是一个只写寄存器,用于管理地址变换后备缓冲器(Translation Lookaside Buffer,TLB),包括指令TLB(I TLB)和数据TLB(D TLB)。

已定义了5种TLB操作,通过写CP15寄存器8的MCR指令中的opcode_2和CRm字段可选择所执行的功能。向opcode_2和CRm字段写入其他值将出现不可预知的结果。从CP15寄存器8读也是不可预知的。

表 3.33 列出了用于执行 TLB 操作的指令。

表 3.33　TLB 操作寄存器 8

| 功　能 | 数　据 | 指　令 |
|---|---|---|
| 使 TLB 无效 | SBZ | MCR p15,0, Rd,c8,c7,0 |
| 使 I TLB 无效 | SBZ | MCR p15,0,Rd,c8,c5,0 |
| 使 I TLB 单个项无效(使用 MVA) | MVA 格式 | MCR p15,0,Rd,c8,c5,1 |
| 使 D TLB 无效 | SBZ | MCR p15,0,Rd,c8,c6,0 |
| 使 D TLB 单个项无效(使用 MVA) | MVA 格式 | MCR p15,0,Rd,c8,c6,1 |

使 TLB 无效的操作将使 TLB 中所有未保存的项都无效。使 TLB 单个项无效的操作将使 Rd 字段中给定的 MVA 所对应的某个 TLB 项无效,而与它的存储状态无关。

图 3.43 显示了使 TLB 单个项无效的操作中 R8 中 MVA 的格式。

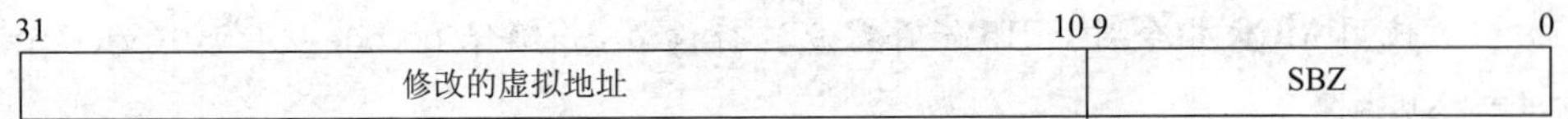


图 3.43　寄存器 8 的 MVA 格式

## 12. 寄存器 9(Cache 锁定寄存器)

寄存器 9 是 Cache 锁定寄存器,复位时值为 0x0。Cache 锁定寄存器允许通过软件来单独控制 ICache 或 DCache 中的哪一行被加载以实现行填充,并且能够在行填充期间阻止 ICache 或 DCache 中的某些行被逐出,使其锁定在 Cache 中。



ICache 和 DCache 分别对应各自的寄存器。opcode_2 的值决定哪一个 Cache 寄存器被访问。

- opcode_2＝0x0　访问 DCache 锁定寄存器。
- opcode_2＝0x1　访问 ICache 锁定寄存器。

opcode_1 和 CRm 字段应该是 0。

读 CP15 寄存器 9 将返回 Cache 锁定寄存器的值,包含所有 Cache 段的基指针。其中只有位[31：26]被返回,位[25：0]是不可预知的。

向 CP15 寄存器 9 写将更新 Cache 锁定寄存器,包括所有 Cache 段的基指针和当前的丢弃者指针。位[25：0]应该是 0。

丢弃者计数器指示下次行填充时将被替换掉的 Cache 行。进行一次行填充以后,采用随机替换策略或轮转替换策略对丢弃者计数器进行修改,具体采用的替换策略由寄存器 1 的 RR 位决定。丢弃者计数器产生的值的范围是从基址到 63。锁定行所使用的索引值范围是 0 到基址－1。如果基址＝0,表示没有被锁定的行。

向 CP15 寄存器 9 写将更新基址指针和当前的丢弃者指针。下一次行填充将使用并增加丢弃者指针。多次行填充以后,该指针如果已经达到最大值,则接下来它将循环指向基地址。例如,设置基指针为 0x3,则阻止丢弃者指针选择 0x0～0x2 之间的项，这些项被锁定在Cache中。加载并锁定一个Cache行到ICache的0行的方法如下：

(1) 使用MCR指令对CP15寄存器9进行设置，并确保opcode_2＝0x1，Victim＝Base＝0x0。

(2) 使用MCR指令进行指令预取。若ICache未命中，则对第0行进行填充。

(3) 使用MCR指令对CP15寄存器9进行设置，并确保opcode_2＝0x1，Vvitim＝Base＝0x1。

更多的ICache行填充将出现在行1～63。

加载并锁定一个Cache行到DCache的0行的方法如下：

(1) 使用MCR指令对CP15寄存器9进行设置，并确保opcode_2＝0x0，Victim＝Base＝0x0。

(2) 使用MCR/LDM进行数据加载。若DCache未命中，则对第0行进行填充。

(3) 使用MCR指令对CP15寄存器9进行设置，并确保opcode_2＝0x0，Victim＝Base＝0x1。

更多的DCache行填充将出现在行1～63。

写CP15寄存器9时，如果CRm字段设置为b0001，则只针对特定段更新当前丢弃者指针。位[31：26]指示丢弃者，位[7：5]指示段(一个16 KB的Cache)，所有其他位应该是0。这种编码是为了调试目的，建议用户不要使用这种编码。



图3.44显示了寄存器9的位分配格式。

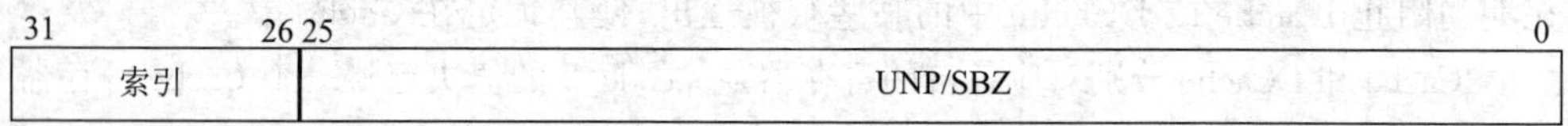


**图3.44　寄存器9的位分配格式**

表3.34列出了可以用于访问Cache锁定寄存器的指令。

**表3.34　访问Cache锁定寄存器9**

| 功　能 | 数　据 | 指　令 |
|---|---|---|
| 读DCache锁定基址 | 基址 | MRC p15,0,Rd,c9,c0,0 |
| 写DCache丢弃者和锁定基址 | 丢弃者＝基址 | MCR p15,0,Rd,c9,c0,0 |
| 读ICache锁定基址 | 基址 | MRC p15,0,Rd,c9,c0,1 |
| 写ICache丢弃者和锁定基址 | 丢弃者＝基址 | MCR p15,0,Rd,c9,c0,1 |

### 13. 寄存器10(TLB锁定寄存器)

寄存器10是TLB锁定寄存器，复位时值为0x0。每个TLB都有一个TLB锁定寄存器，opcode_2的值用来决定哪一个TLB寄存器被访问。

- opcode_2＝0x0　访问D TLB寄存器。
- opcode_2＝0x1　访问I TLB寄存器。

读CP15寄存器10将返回TLB锁定计数器基址寄存器、当前丢弃者号以及保存位(P位)的值。读位[19∶1]结果是不可预知的。

写CP15寄存器10将更新TLB锁定计数器基址寄存器、当前丢弃者指针以及保存位的状态。位[19∶1]在写时应该是0。

表3.35列出了可以用来访问TLB锁定寄存器的指令。

**表3.35 访问TLB锁定寄存器10**

| 功 能 | 数 据 | 指 令 |
|---|---|---|
| 读D TLB锁定寄存器 | TLB锁定 | MRC p15,0,Rd,c10,c0,0 |
| 写D TLB锁定寄存器 | TLB锁定 | MCR p15,0,Rd,c10,c0,0 |
| 读I TLB锁定寄存器 | TLB锁定 | MRC p15,0,Rd,c10,c0,1 |
| 写I TLB锁定寄存器 | TLB锁定 | MCR p15,0,Rd,c10,c0,1 |

图3.45显示了TLB锁定寄存器的位分配格式。

| 31 26 | 25 20 | 19 1 | 0 |
|---|---|---|---|
| 基址 | 受害者 | SBZ/UNP | P |

**图3.45 TLB锁定寄存器格式**

TLB中的项采用轮转替换策略进行替换。该策略通过使用一个丢弃者计数器从0到63进行计数来实现,当计数到63时又返回初值0继续计数。

下面介绍两种用于保证TLB中的项不被移除的可行机制。

- 锁定一个项,防止它在表搜索期间被选择而重写。通过编程修改丢弃者重新加载的基址值可以达到该目的。例如,如果要锁定最底层的3项(0～2),必须将基址计数器设置为3。
- 在执行使所有项无效的指令期间,保存一个项。通过将该项加载到TLB时确保P位置1可以达到该目的。加载并锁定单个项到I TLB的位置0,以避免该项被设置为无效的方法如下:

① 使用MCR指令对CP15寄存器10进行设置,并确保opcode_2=0x1,Victim=Base=0x0,P=1。

② 使用MCR指令进行指令预取。若I TLB未命中,则加载到第0项。

③ 使用MCR指令对CP15寄存器10进行设置,并确保opcode_2=0x1,Victim=Base=0x1,P=0

加载并锁定单个项到D TLB的位置0,以避免该项被设置为无效的方法如下:

① 使用MCR指令对CP15寄存器10进行设置,并确保opcode_2=0x0,Victim=Base=0x0,P=1。

② 使用LDR/LDR进行数据加载或者使用STR/STM进行数据存储。若D TLB未命中,则加载到第0项。

③ 使用MCR指令对CP15寄存器10进行设置,并确保opcode_2=0x0,Victim=Base=0x1,P=0。

### 14. 寄存器13(FCSE PID寄存器)

寄存器13是快速上下文切换扩展(FCSE)进程标识符(PID)寄存器。复位时FCSE PID寄存器值为0。

读CP15寄存器13返回FCSE PID的值。写CP15寄存器13将使用写入值的位[31:25]来更新FCSE PID,位[24:0]应该是0。寄存器13的位分配图如图3.46所示。

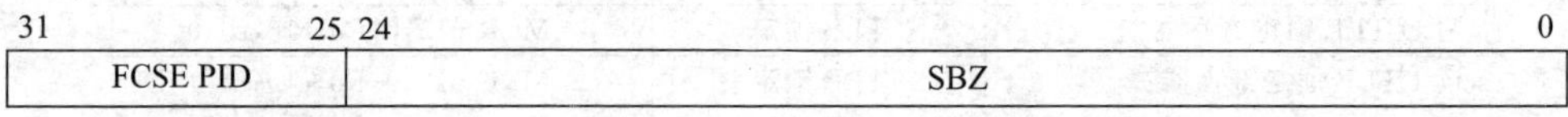


图3.46 寄存器13的位分配图

使用如下指令可以访问寄存器13:

```
MRC p15,0,Rd,c13,c0,0          ;读 FCSE PID
MCR p15,0,Rd,c13,c0,0          ;写 FCSE PID
```

ARM9TDMI内核发出的范围在0~32 MB之间的地址根据CP15寄存器13,即FCSE PID寄存器进行地址变换。地址A变成A+(FCSE PID×32 MB)。两个Cache以及MMU所看到的就是该变换后的地址。大于32 MB的地址不再进行地址变换。地址变换过程如图3.47所示。



FCSE PID是一个7位字段,可以映射128×32 MB个进程。如果FCSE PID等于0,比如复位时,则在ARM9TDMI内核与Cache和MMU之间有一个单调映射。

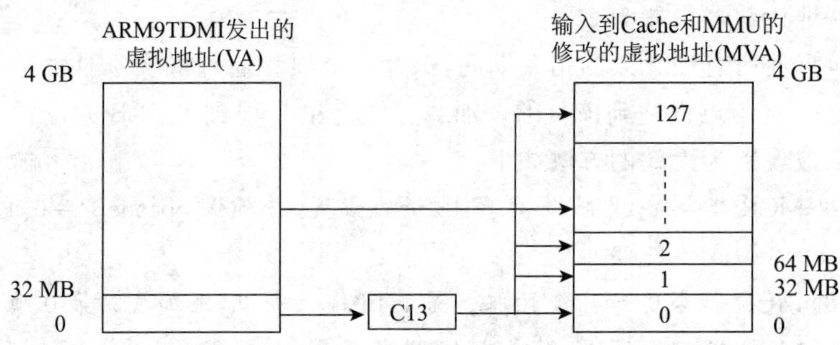


图3.47 使用CP15寄存器13进行地址映射

通过写CP15寄存器13,可以实现一次快速上下文切换。快速上下文切换执行之后不必清理Cache和TLB中的内容,因为它们仍保存着有效的地址标签。使用MCR写FCSE PID之后紧跟的两条指令已经取出的是旧的FCSE PID,如以下代码所示。

```
{FCSE PID= 0}
MOV r0,#1:SHL:25              ;取出 FCSE PID= 0
MCR p15,0,r0,c13,c0,0         ;取出 FCSE PID= 0
```

```
A1                              ;取出 FCSE PID= 0
A2                              ;取出 FCSE PID= 0
A3                              ;取出 FCSE PID= 1
```

其中 A1、A2 和 A3 指快速上下文切换后跟着的三条指令。

#### 15. 寄存器 15(测试配置寄存器)

寄存器 15 用于测试目的。访问(读或写)这个寄存器将使 ARM920T 产生不可预知的行为。

#### 16. 寄存器 4、11、12、14,保留

这些寄存器不可被访问(读或写),否则将引起不可预知的行为。

### 3.7.2 存储器管理单元(MMU)

#### 1. MMU 简介

ARM920T 处理器实现了增强 ARM 体系结构 v4 MMU,为 ARM9TDMI 内核的指令和数据地址端口提供了变换和访问权限检查。MMU 由存储在主存储器中的一组二级页表控制,该组页表由 CP15 寄存器 1 中的 M 位使能,提供了一种地址变换和保护方案。用户可以单独地锁定和刷新 MMU 中的指令和数据 TLB。

MMU 的特性包括:

- 标准的 ARMv4 MMU 映像大小、域和访问保护方案;
- 映像大小是 1 MB(区)、64 KB(大页)、4 KB(小页)和 1 KB(极小页);
- 针对区的访问权限;
- 大页和小页的访问权限可以通过单独地为每个 1/4 页进行分别指定来实现(这些 1/4 页被称为子页);
- 硬件实现了 16 个域;
- 64 项指令 TLB 和 64 项数据 TLB;
- 硬件页表搜索(Walks);
- Round-Robin 替换算法(也叫轮转算法);
- 使用 CP15 寄存器 8 使整个 TLB 无效;
- 使用 CP15 寄存器 8 使由 MVA 选择的 TLB 入口无效;
- 使用 CP15 寄存器 10 单独地锁定指令 TLB 和数据 TLB。

**(1) 访问权限和域**

对于大页和小页,可以为每个子页(小页为 1 KB,大页为 16 KB)定义访问权限。区和极小页具有单独的一组访问权限。

存储器的所有区域都有一个相关联的域。域是存储器区域的主要访问控制机制。它定义了发生一次访问需要的条件。域定义了:

- 访问权限是否用于限定访问;

- 访问是否允许无条件进行；
- 访问是否无条件被中止。

在后两种情况下，访问的权限属性被忽略。

总共有16个域，通过域访问控制寄存器来控制。

**(2) 变换项**

每一个TLB缓存了64个变换项。在CPU存储器访问期间，TLB为访问控制逻辑提供保护信息。

如果TLB包含一个MVA的变换项，访问控制逻辑定义：

- 如果允许访问并且需要片外访问，MMU输出符合MVA的适当的物理地址；
- 如果允许访问并且不需要片外访问，则使用Cache为这次访问服务；
- 如果不允许访问，MMU通知CPU内核中止。

如果一个TLB未命中(它不包含MVA的项)，则使用变换表搜索硬件从物理存储器的变换表中恢复变换信息。恢复后，变换表信息被写入TLB中，可能会覆盖原来的值。

通过对TLB位置进行轮询选中被写入项。为了使用TLB锁定特性，被写入的位置可以使用CP15 c10 TLB锁定寄存器来指定。

复位时MMU被关闭，不发生任何地址映射，同时所有的区域被标记为不可缓存且不可缓冲的。

## 2. MMU编程可访问的寄存器

表3.36列出了用于与存储在存储器中的页表描述符联合使用的CP15寄存器，以确定MMU的操作。

表3.36 CP15寄存器的功能

| 寄存器 | 序 号 | 位 | 寄存器描述 |
| --- | --- | --- | --- |
| 控制寄存器 | 1 | M,A,S,R | 使能MMU(M位)，使能数据地址对齐检测(A位)，控制访问保护方案(S位和R位) |
| 变换表基址寄存器 | 2 | [31:14] | 保存主存储器中变换表基址的物理地址。这个基地址必须在16 KB边界上，并且对于两个TLB来说是相同的 |
| 域访问控制寄存器 | 3 | [31:0] | 由16个2位字段组成。每一个字段分别定义16个域(D15～D0)的访问控制属性 |
| 故障状态寄存器 | 5(I和D) | [7:0] | 指示中止发生时，数据或预取中止的原因以及被中止访问的域号。位[7:4]指示发生故障时，16个域(D15～D0)中的哪个域正在被访问。位[3:0]指示正在试图访问的类型。所有其他位的值是不可预知的。这些位的编码如表3.42所列 |

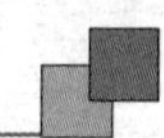





续表 3.36

| 寄存器 | 序 号 | 位 | 寄存器描述 |
| --- | --- | --- | --- |
| 故障地址寄存器 | 6(D) | [31:0] | 保存与引起数据中止的访问相关的 MVA。有关为每一类故障保存的地址,详细内容请参阅表 3.42。ARM9TDMI 寄存器 14 可用于定义与预取中止相关的 MVA |
| TLB 操作寄存器 | 8 | [31:0] | 通过写这个寄存器,可以使 MMU 执行 TLB 维护操作。这些操作或者使 TLB 中所有(未保留)项无效,或者使一个指定项无效 |
| TLB 锁定寄存器 | 10(I 和 D) | [31:20]和[0] | 允许指定的页表项被锁存到 TLB 中,并允许读或写 TLB 丢弃对象(Victim)的索引:<br>• opcode2=0x0 访问 D TLB 锁定寄存器<br>• opcode2=0x1 访问 I TLB 锁定寄存器<br>TLB 中的锁定项确保了对锁定页或区的访问正常进行,而不会由于 TLB 未命中而导致时间代价。这使得诸如中断处理程序等对时间至关重要的代码的执行延迟被最小化 |

除了 c8,所有 CP15 MMU 寄存器可以使用 MRC 指令被读,也可以使用 MCR 指令被写。寄存器 5 和 6 也在一次数据中止期间被 MMU 写入。写寄存器 8 会引起 MMU 执行一个 TLB 操作。这个寄存器是只写的,不能被读。指令 TLB(I TLB)和数据 TLB(D TLB)都使用寄存器 10 作为它们的拷贝,CP15 指令中的 opcode_2 字段用来决定访问哪一个 TLB。

### 3. 地址变换

MMU 将 CPU 核产生的 VA 地址通过 CP15 寄存器 13 变换成一个物理地址以访问外部存储器,并使用 TLB 执行访问权限检测。

MMU 表搜索硬件(Table-walking Hardware)用于在 TLB 中增加项。保存在物理存储器的变换表中的变换信息由地址变换数据和访问权限数据组成。MMU 提供遍历变换表以及向 TLB 中加载项所需要的逻辑。

根据地址被标记为区映射访问还是页映射访问,在硬件表搜索和权限检测过程中的级(Stages)数分别是 1 个或 2 个。

有 3 种大小的页映射访问和 1 种区映射(Section-mapped)访问。页映射访问包括:大页、小页和极小页。

变换过程总是开始于一级取操作。区映射访问只需要一次一级取操作,但是页映射访问还需要一次二级取操作。

#### (1) 变换表基址

当 TLB 不再包含被请求的 MVA 需要的变换时,就会开始一次硬件变换过程。

变换表基址(TTB)寄存器指向物理存储器中一个表的基地址，此表中包含区或页描述符，或者两者都包含。TTB寄存器的低14位[13：0]在读访问时被设置为0，并且这个表必须在一个16 KB边界上。图3.48显示了TTB寄存器的格式。

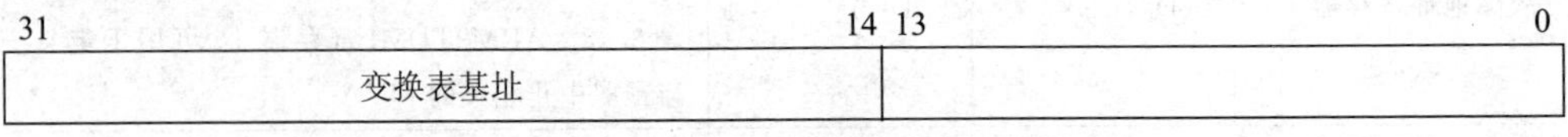


**图3.48 变换表基址寄存器**

变换表最多可以有4 096个项，每项32位，分别用于描述虚拟存储器的1 MB空间。因此可以寻址最大4 GB的虚拟存储器。图3.49显示了表搜索过程。

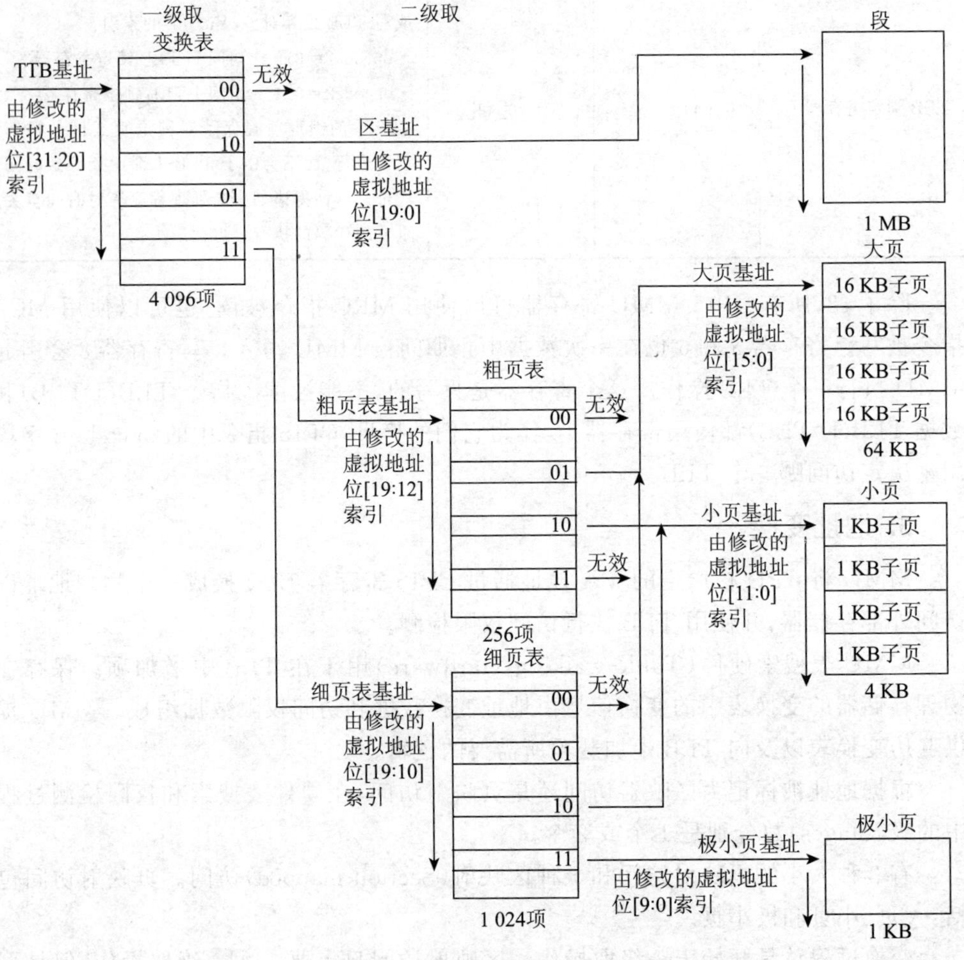

**图3.49 变换页表**

**(2) 第一级取操作**

TTB寄存器的位[31：14]拼接MVA的位[31：20]产生一个30位地址，如

图 3.50 所示。

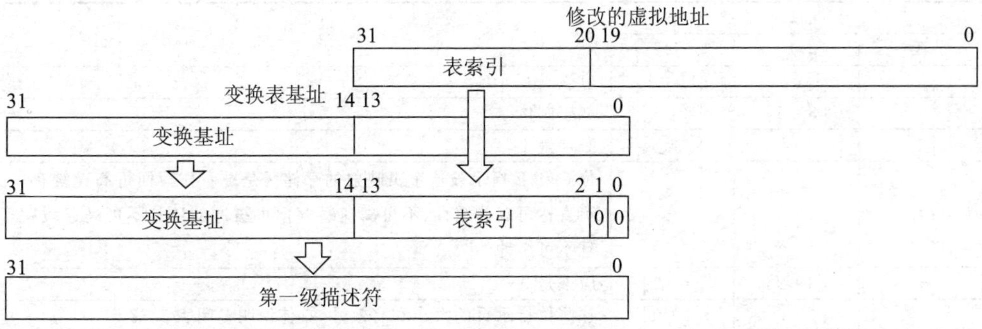


**图 3.50 访问变换表第一级描述符**

这个地址用来选择一个 4 字节变换表项。这是一个区表或页表的第一级描述符。

**(3) 第一级描述符**

返回的第一级描述符是一个区、粗页表或细页表描述符，或者是无效内容。图 3.51显示了第一级描述符的格式。

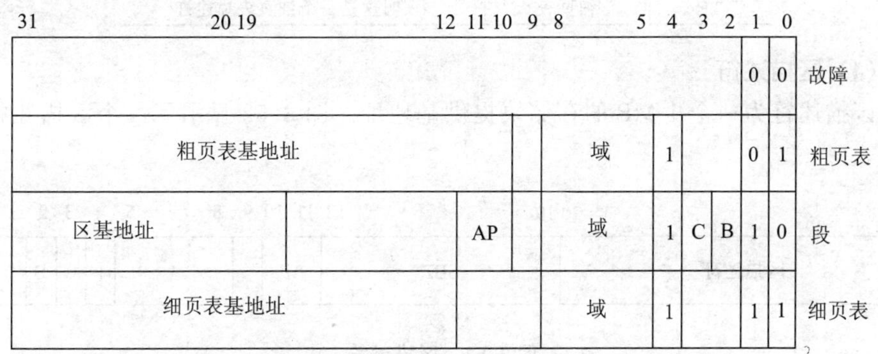


**图 3.51 第一级描述符**

区描述符提供了 1 MB 存储块的基地址。

页表描述符为包含第二级描述符的页表提供基地址。有两种大小的页表：

- 粗页表有 256 个项，将这个表描述的 1 MB 空间分割成 4 KB 的块。
- 细页表有 1 024 个项，将这个表描述的 1 MB 空间分割成 1 KB 的块。

第一级描述符的位分配如表 3.37 所列。

**表 3.37 第一级描述符的位分配**

| 位 | | | 描 述 |
|---|---|---|---|
| 区 | 粗 | 细 | |
| [31：20] | [31：10] | [31：12] | 这些位形成物理地址的相应位 |
| [19：12] | — | — | 应该是 0 |
| [11：10] | — | — | 访问权限位 |

续表 3.37

| 位 | | | 描　述 |
|---|---|---|---|
| 区 | 粗 | 细 | |
| [9] | [9] | [11：9] | 应该是0 |
| [8：5] | [8：5] | [8：5] | 域控制位 |
| [4] | [4] | [4] | 必须是1 |
| [3：2] | — | — | 位C和B指示被这个页映射的存储区是被看作写回可高速缓存、写直达可高速缓存、不可高速缓存但可缓冲的还是不可高速缓存且不可缓冲的 |
| — | [3：2] | [3：2] | 应该是0 |
| [1：0] | [1：0] | [1：0] | 这些位指示页的大小和有效性，具体说明参阅表3.38 |

第一级描述符的最低两个有效位指示描述符的类型，如表3.38所列。

**表3.38　第一级描述符位[1：0]**

| 值 | 含　义 | 描　述 |
|---|---|---|
| 00 | 无效 | 产生一个区变换故障 |
| 01 | 粗页表 | 表明这是一个粗页表描述符 |
| 10 | 区 | 表明这是一个区描述符 |
| 11 | 细页表 | 表明这是一个细页表描述符 |

**(4) 区描述符**

区描述符为一个1 MB的存储块提供基地址。图3.52显示了一个区描述符的格式。



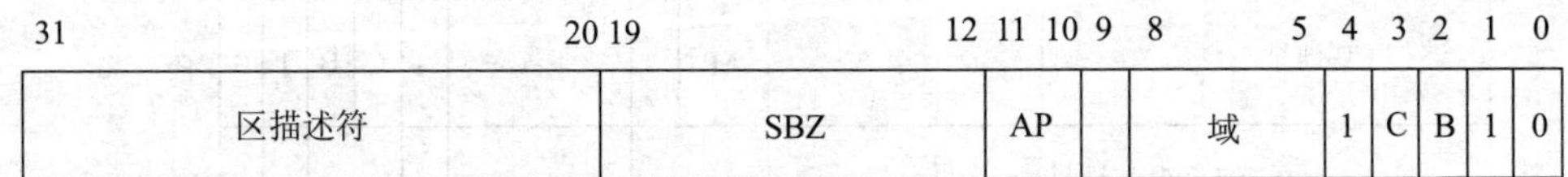


**图3.52　区描述符**

区描述符的位分配情况如表3.39所列。

**表3.39　区描述符的位分配**

| 位 | 描　述 |
|---|---|
| [31：20] | 为一个区生成相应的物理地址位 |
| [19：12] | 总被写入0 |
| [11：10] | (AP)指示这个区的访问权限 |
| [9] | 总被写入0 |
| [8：5] | 指定包含主要访问控制的16个可能存在的域(保存在预访问控制寄存器中)中的一个 |
| [4] | 应该写入1，用于向后兼容 |
| [3：2] | 这些位(C和B)指示被这个区映射的存储区是被看作写回可高速缓存、写直达可高速缓存、不可高速缓存但可缓冲的还是不可高速缓存且不可缓冲的 |
| [1：0] | 这两位必须是10，表示区描述符 |

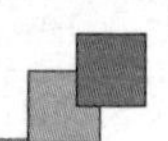





**(5) 粗页表描述符**

粗页表描述符为包含用于大页或小页访问的第二级描述符的页表提供基地址。粗页表有256个项,将这个表所描述的1 MB空间分割成4 KB的块。图3.53显示了粗页表描述符的格式。如果第一级取操作返回粗页表描述符,则接下来将开始第二级取操作。

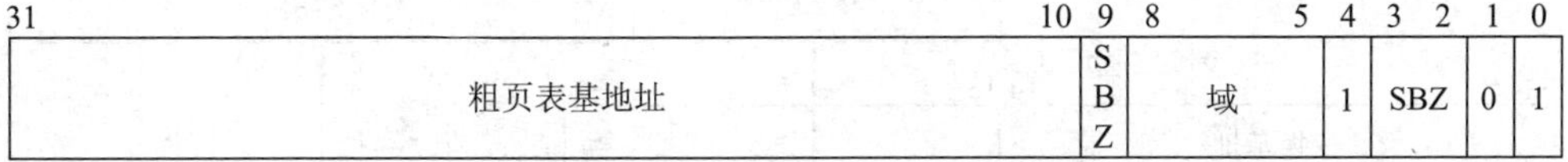


**图3.53 粗页表描述符**

粗页表描述符的位分配情况如表3.40所列。

**表3.40 粗页表描述符的位分配**

| 位 | 描 述 |
| --- | --- |
| [31:10] | 这些位的形成参考第二级描述符的基地址(此项的粗页表索引来自MVA) |
| [9] | 总被写入0 |
| [8:5] | 这些位指定包含主要访问控制的16个可能存在的域(保存在域访问控制寄存器中)中的一个 |
| [4] | 总被写入1 |
| [3:2] | 总被写入0 |
| [1:0] | 这两位必须是01,表示粗页表描述符 |

**(6) 细页表描述符**

细页表描述符为包含用于大页、小页或极小页访问的第二级描述符的页表提供基地址。细页表有1 024个项,将这个表所描述的1 MB空间分割成1 KB的块。图3.54显示了细页表描述符的格式。如果第一级取操作返回细页表描述符,则接下来将开始第二级取操作。

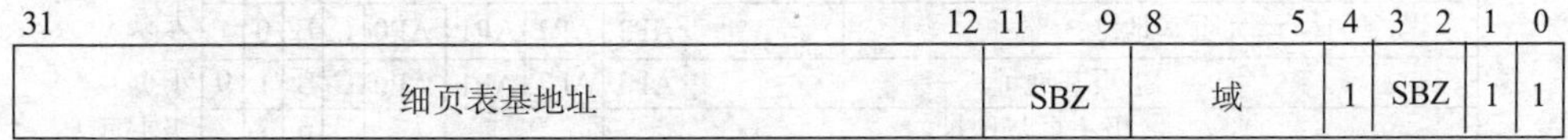


**图3.54 细页表描述符**

细页表描述符的位分配情况如表3.41所列。

**表3.41 细页表描述符的位分配**

| 位 | 描述 |
| --- | --- |
| [31:12] | 这些位的形成参考第二级描述符的基地址(此项的细页表索引来自MVA) |
| [11:9] | 总被写入0 |
| [8:5] | 这些位指定包含主要访问控制的16个可能存在的域(保存在域访问控制寄存器中)中的一个 |
| [4] | 总被写入1 |
| [3:2] | 总被写入0 |
| [1:0] | 这两位必须是11,指示细页表描述符 |

**(7) 变换区参考**

图 3.55 显示了区变换的整个顺序。生成物理地址之前，必须检查第一级描述符中的访问权限。

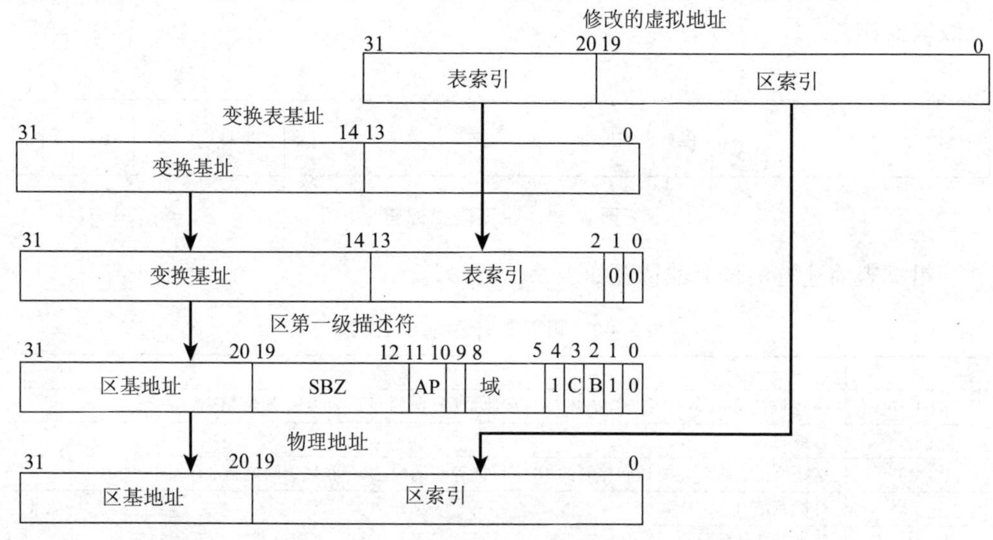


**图 3.55 区变换**

**(8) 第二级描述符**

如果第一级取操作返回一个粗页表描述符或者一个细页表描述符，这就提供了要使用页表的基地址。然后页表被访问，并返回一个第二级描述符。图 3.56 显示了第二级描述符的格式。

| 31–16 | 15–12 | 11–10 | 9–8 | 7–6 | 5–4 | 3 | 2 | 1 | 0 | |
|---|---|---|---|---|---|---|---|---|---|---|
| | | | | | | | | 0 | 0 | 故障 |
| 大页基地址 | | AP3 | AP2 | AP1 | AP0 | C | B | 0 | 1 | 大页 |
| 小页基地址 | | AP3 | AP2 | AP1 | AP0 | C | B | 1 | 0 | 小页 |
| 极小页基地址 | | | | | AP | C | B | 1 | 1 | 极小页 |

**图 3.56 第二级描述符**

一个第二级描述符定义了一个极小、小或大页描述符，或者该第二级描述符是无效的：

- 一个大页描述符为一个 64 KB 的存储块提供基地址；
- 一个小页描述符为一个 4 KB 的存储块提供基地址；
- 一个极小页描述符为一个 1 KB 的存储块提供基地址。

粗页表为小页或大页提供基地址。大页描述符必须在 16 个连续项里重复设置。小页描述符必须在每个连续项里重复设置。

细页表为大、小或极小页提供基地址。大页描述符必须在 64 个连续项里重复设

置。小页描述符必须在4个连续项里重复设置。极小页描述符必须在每个连续项里重复设置。

第二级描述符的位分配情况如表3.42所列。

**表3.42 第二级描述符的位分配**

| 位 | | | 描 述 |
|---|---|---|---|
| 大 | 小 | 极小 | |
| [31:16] | [31:12] | [31:10] | 这些位形成物理地址的相应位 |
| [15:12] | — | [9:6] | 应该是0 |
| [11:4] | [11:4] | [5:4] | 访问权限位 |
| [3:2] | [3:2] | [3:2] | 位C和B指示被这个页映射的存储区是被看作写回可高速缓存、写直达可高速缓存、不可高速缓存但可缓冲的还是不可高速缓存且不可缓冲的 |
| [1:0] | [1:0] | [1:0] | 这些位指示页的大小和有效性,具体说明参阅表3.43 |

第二级描述符的最低2个有效位指示描述符的类型,如表3.43所列。由于极小页不支持子页权限,因此只有一组访问权限位。

**表3.43 页表项的位[1:0]**

| 值 | 含 义 | 描 述 |
|---|---|---|
| 00 | 无效 | 产生一个页变换故障 |
| 01 | 大页 | 表明这是一个64 KB页 |
| 10 | 小页 | 表明这是一个4 KB页 |
| 11 | 极小页 | 表明这是一个1 KB页 |



**(9) 变换大页参考**

图3.57显示了一个64 KB大页的整个变换顺序。

由于页索引的高4位与粗页表索引的低4位重叠,一个大页的每个粗页表项必须在这个粗页表中被复制16次(在连续的存储器位置)。

如果一个大页描述符包含在一个细页表中,则该页索引的高6位和细页表索引的低6位重叠。因此,一个大页的每个细页表项必须被复制64次。

**(10) 变换小页参考**

图3.58显示了一个4 KB小页的整个变换顺序。

如果一个小页描述符包含在一个细页表中,则页索引的高2位和细页表索引的低2位重叠。因此,一个小页的每个细页表项必须被复制4次。

**(11) 变换极小页参考**

图3.59显示了一个1 KB极小页的整个变换顺序。

页变换除了区变换所需的步骤外,还增加了一步。第一级描述符是细页表描述符,它用于指向第一级描述符。第一级描述中指定的域和访问权限共同决定了是否允许进行访问。

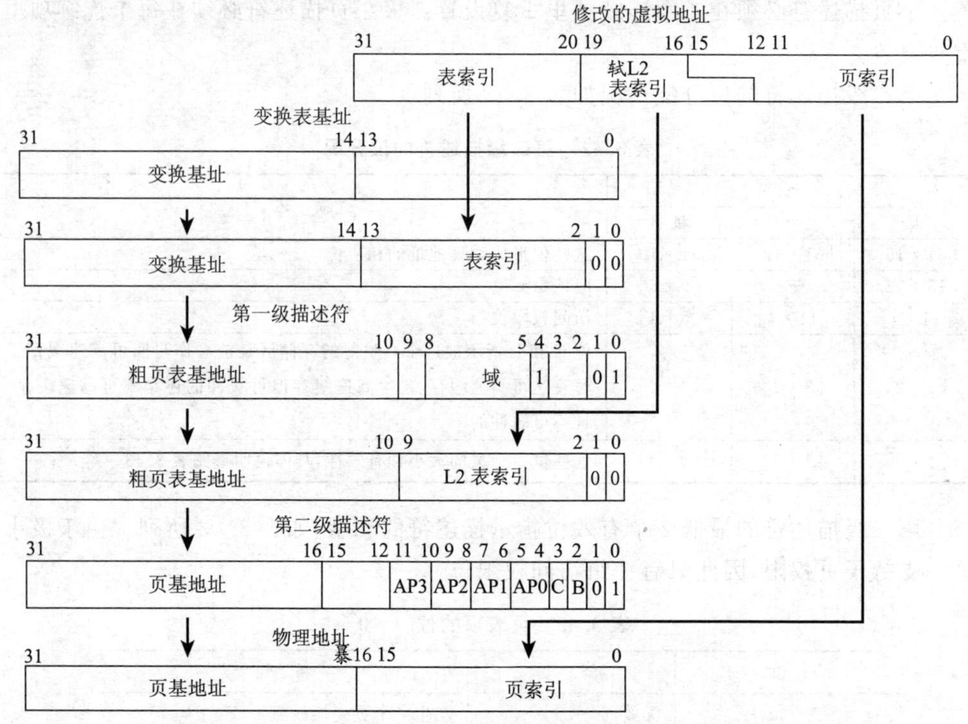


图 3.57 从一个粗页表进行的大页变换

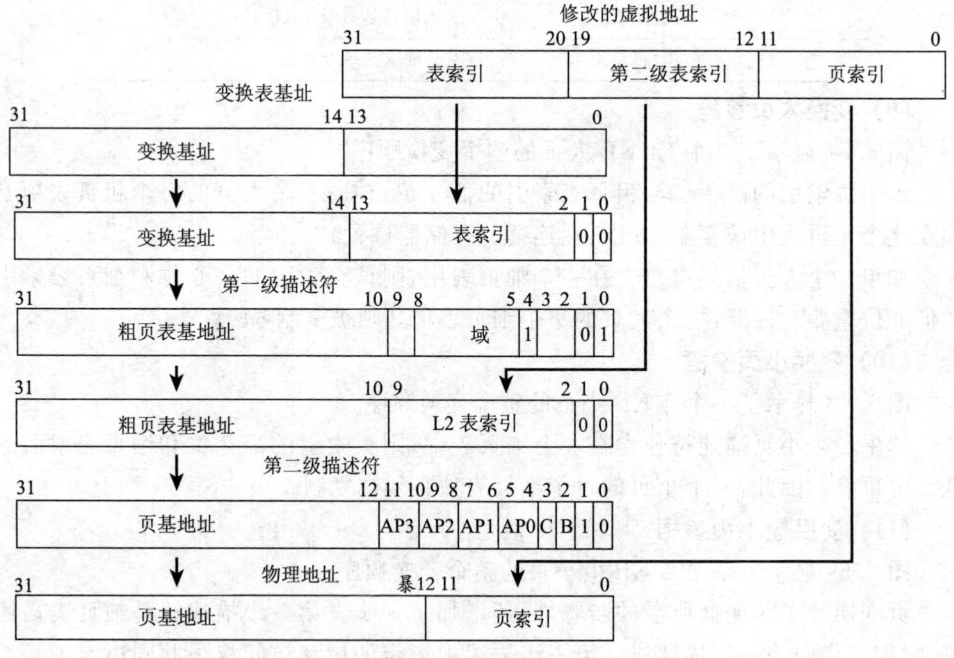


图 3.58 从一个粗页表进行的小页变换

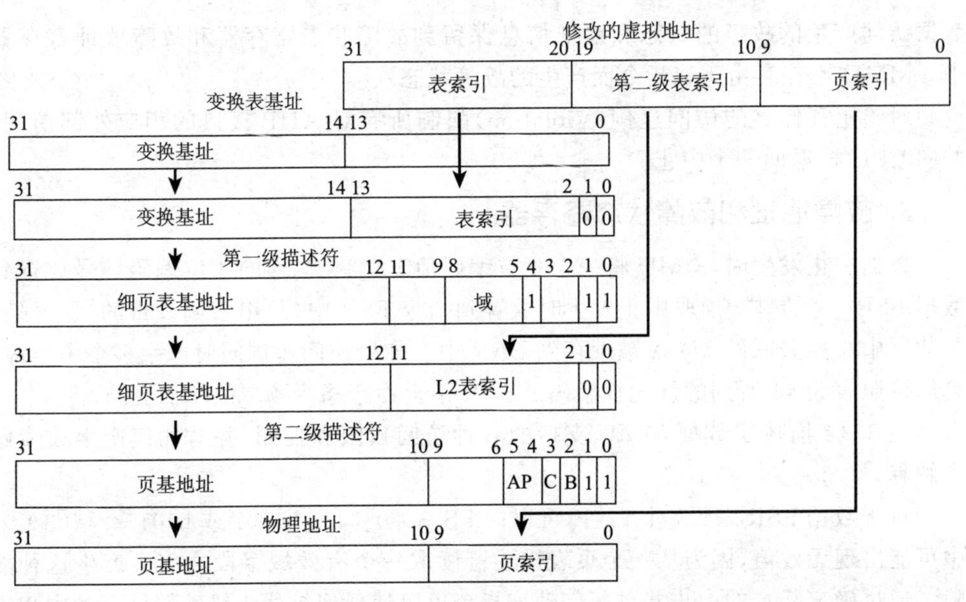


**图 3.59 从一个细页表进行的极小页变换**

### (12) 子 页

可以为大页和小页的子页定义访问权限。在一次页表搜索期间,如果一个小页或大页具有不同的子页权限,则只有正在被访问的子页写入 TLB 中。例如,如果子页权限不同,将一个 16 KB(大页)子页项写入 TLB;如果子页权限相同,将一个 64 KB 项写入 TLB。

当使用子页权限时,页项必然是无效的,此时必须分别使 4 个子页都无效。

## 4. MMU 故障和 CPU 中止

MMU 由于以下类型的故障将产生中止。

- 对齐故障(仅数据访问有);
- 变换故障;
- 域故障;
- 权限故障。

另外,外部系统可能引起外部中止。这种情况只有与外部系统同步的访问类型才可能发生。

- 不可高速缓存加载;
- 不可缓冲写。

CP15 寄存器 1 中的 A 位使能对齐故障检查,MMU 是否使能不影响对齐故障检查。变换、域和权限故障只有在 MMU 使能时才会产生。

MMU 的访问控制机制探测引起这些故障的条件。如果一个故障作为存储器访问的结果被探测到,MMU 将中止这次访问并将故障条件通知给 CPU 核。MMU 将数据访问产生的故障的状态和地址信息保留到故障状态寄存器和故障地址寄存器中。MMU不保存由于取指令而产生的故障状态。

对给定存储器的访问违例(Violation)限制所有对AHB接口的相应外部访问,并向CPU核返回一个中止。

### 5. 故障地址和故障状态寄存器

数据中止发生时,MMU将一个4位编码值FS[3:0]连同4位编码域号放置到数据FSR中。同样,预取中止发生时放置到指令FSR中(只用于调试目的)。另外,与数据中止相关联的MVA被锁存到FAR中。如果访问违例同时产生多个中止源,它们按照表3.44所列的优先权编码。FAR不会由于指令预取故障而更新。

表3.44描述了数据MMU支持的各种访问权限和控制,并对如何产生故障做了解释。

对于数据FSR来说,对齐故障可以向FS[3:0]写入b0001或b0011。域[3:0]中可能出现无效值,因为从一个页表描述符读取一个有效域字段之前会产生这种故障。通过确定基本的中止并重新启动该指令可以使任何被优先级编码屏蔽的中止重复发生。

**表3.44 故障状态的优先级编码**

| 优先级 | 源 | 大小 | 状态 | 域 | FAR |
|---|---|---|---|---|---|
| 最高 | 对齐 | — | b00x1 | 无效 | 访问MVA引起中止 |
| | 变换 | 区 | b0101 | 无效 | 访问MVA引起中止 |
| | | 页 | b0111 | 有效 | |
| | 域 | 区 | b1001 | 有效 | 访问MVA引起中止 |
| | | 页 | b1011 | 有效 | |
| | 权限 | 区 | b1101 | 有效 | 访问MVA引起中止 |
| | | 页 | b1111 | 有效 | |
| 最低 | 在不可缓存且不可缓冲的访问中或者在不可缓存但可缓冲的读操作中产生外部中止 | 区 | b1000 | 无效 | 访问MVA引起中止 |
| | | 页 | b1010 | 有效 | |

对于指令FSR来说,除了不产生对齐故障并且外部中止仅应用于不可缓存的读操作以外,应用的优先级与数据FSR相同。

### 6. 域访问控制

MMU访问主要通过使用域来进行控制。总共有16个域,每个域包含一个2位字段以定义访问。支持两类用户:客户和管理员。域在域访问控制寄存器中被定义。图3.60显示了该32位寄存器是如何分配来定义16个2位域的。

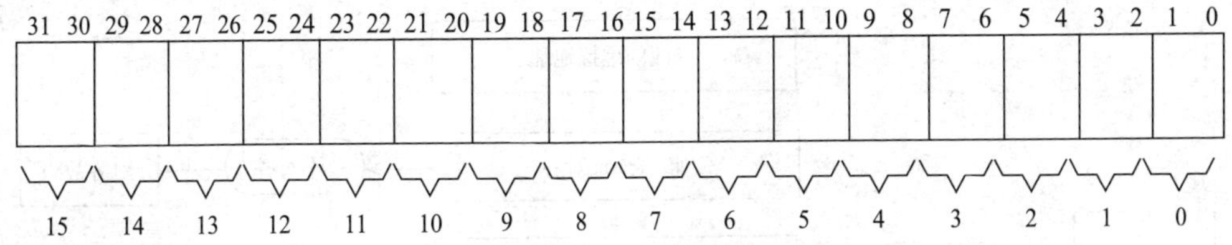

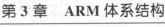

图 3.60 域访问控制寄存器的格式

表3.45列出了每个域包含的位被解释成哪种特定的访问权限。

表 3.45 对域访问控制寄存器中访问控制位的解释

| 值 | 含 义 | 描 述 |
|---|---|---|
| 00 | 无访问 | 任何访问都会产生域故障 |
| 01 | 客户 | 检测访问是否违反区或页描述符中的访问权限位 |
| 10 | 保留 | 保留。相当于无访问模式 |
| 11 | 管理员 | 不检测访问是否违反访问权限位,所以不可能产生权限故障 |

表3.46显示了对访问权限(AP,Access Permission)位的解释,以及这些解释对R和S位(控制寄存器位8和位9)的依赖性。

表 3.46 对访问权限(AP)位的解释

| AP | S | R | 特权权限 | 用户权限 | 描 述 |
|---|---|---|---|---|---|
| 00 | 0 | 0 | 无访问 | 无访问 | 任何访问都会产生权限故障 |
| 00 | 1 | 0 | 只读 | 无访问 | 只允许特权读 |
| 00 | 0 | 1 | 只读 | 只读 | 任何写操作都会产生权限故障 |
| 00 | 1 | 1 | 保留 | — | — |
| 01 | x | x | 读/写 | 无访问 | 只允许特权模式下的访问 |
| 10 | x | x | 读/写 | 只读 | 用户模式下的写操作会引起权限故障 |
| 11 | x | x | 读/写 | 读/写 | 在两种模式下允许任何访问类型 |
| xx | 1 | 1 | 保留 | — | — |

## 7. 故障检查顺序

MMU用于检查访问故障的顺序对于区和页来说是不同的。两种类型访问的故障检查顺序如图3.61所示。

下面分别介绍对齐故障、变换故障、域故障和权限故障的产生条件。

### (1) 对齐故障

如果使能对齐故障检查(CP15寄存器1中的A位),当进行数据字访问时地址不是字对齐的,或者半字访问时地址不是半字对齐的,此时不管MMU是否使能,它都会产生一个对齐故障。取指令或字节访问时不会产生对齐故障。

如果一次访问产生了对齐故障,访问顺序将中止,但不会涉及其他的权限检测。

### (2) 变换故障

有两种类型的变换故障:区和页。如果第一级描述符被标记为无效,则产生区变

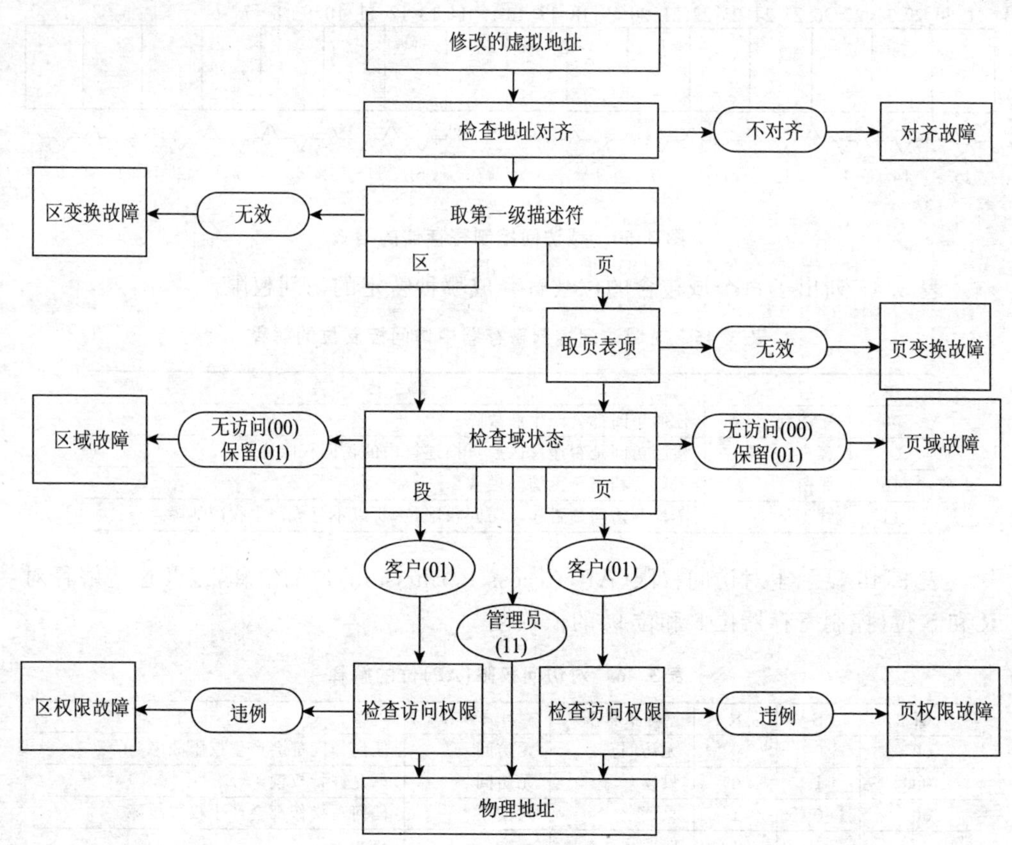


图 3.61　检查故障的顺序

换故障或者页变换故障。如果描述符的位[1：0]都是 0，就会发生这种故障。

**(3) 域故障**

有两种类型的域故障：区和页。第一级描述符保存着一个 4 位的域字段，它用于从域访问控制寄存器的 16 个 2 位域中选择一个。通过检查指定域所包含的 2 位数据来确定访问权限，如表 3.46 所列。当第一级描述符被返回时检查域。

如果指定的访问是无访问(00)或者保留(10)，那么将出现一个区域故障或者页域故障。

**(4) 权限故障**

如果 2 位的域字段返回 01(客户)，访问权限按照如下原则被检查：

- 区　如果第一级描述符定义了一个区映射访问，描述符的 AP 位定义访问是否被允许，如表 3.46 所列。这些位的具体含义取决于 S 和 R 位(控制寄存器位 8 和位 9)的设置。如果访问没有被允许，将产生一个区权限故障。
- 大页或小页　如果第一级描述符定义了一个页映射访问，第二级描述符用于一个大页或一个小页，那么 4 个访问权限字段(ap3～ap0)被指定，每一个对应于1/4页。对于小页，ap3被页顶的1 KB选择，ap0被页底的1 KB选择。对于大页，ap3被页顶的16 KB选择，ap0被页底的16 KB选择。对于被选择的AP位的解释与区相同(参阅表3.44)。唯一不同的是产生的故障是一个页权限故障。

• 极小页　如果第一级描述符定义了一个页映射访问，第二级描述符用于一个极小页，那么第一级描述符的AP位定义访问是否按照与区同样的方式被允许。产生的故障是一个页权限故障。

### 8. 外部中止

除了MMU产生的中止以外，ARM920T也可以通过AMBA总线产生外部中止。利用这一点可以标记外部存储器访问中出现的故障。然而，并不是所有的访问都可以通过这种方式被中止，并且总线接口单元(BIU)将忽略不能够处理的外部中止。

以下访问可以被外部中止：

• 不可高速缓存读；

• 不可缓冲写；

• 不可高速缓存的读一锁一写序列。

对于读一锁一写(SWP)序列，若读操作被外部中止，那么将一直试图进行写操作。

### 9. MMU和Cache的相互影响

MMU通过CP15控制寄存器的位0禁止和使能，下面进行具体介绍。

**(1) 使能MMU**

为了使能MMU，必须：

① 编程TTB和域访问控制寄存器。

② 编程所需的第一级和第二级页表。

③ 通过设置控制寄存器的位0来使能MMU。

必须特别注意变换地址是否不同于未变换地址，因为使能MMU之后的一些指令可能已经被预取，而预取操作却是在MMU关闭状态下(使用物理地址＝VA一单调变换)进行的。

在这种情况下，使能MMU可以被看作是延迟执行的分支操作。当MMU禁止时也会出现类似的情况。思考如下代码序列：

```
MRC  p15,0,R1,C0,0          ;读控制寄存器
ORR  R1,#0x1
MCR  p15,0,R1,C1,C0,0       ;使能MMU
Fetch  Flat
Fetch  Flat
Fetch  Translated
```

由此可见,可以使用一条MCR指令同时实现对ICache、DCache和MMU的使能。

**(2) 禁止MMU**

通过将控制寄存器的位0清零,可以禁止MMU。数据Cache必须在MMU禁止之前或与之同时禁止,禁止的方法是将控制寄存器的位2清零。

如果MMU使能后又禁止,然后又使能,则TLB的内容被保留。如果希望TLB的内容此时是无效的,必须在重新使能MMU之前使TLB无效。

## 3.7.3 Cache、写缓冲和物理地址TAG RAM

本小节主要介绍指令Cache、数据Cache、写缓冲以及物理地址TAG RAM。

### 1. Cache和写缓冲简介

ARM920T第一级存储器系统包含一个指令Cache(ICache)、一个数据Cache(DCache)、一个写缓冲和一个物理地址(PA)TAG RAM以改善存储器带宽和延时对性能的影响。

ARM920T处理器实现了分开的16 KB指令Cache和16 KB数据Cache。

这些Cache具有如下特征:

- 采用虚拟地址寻址的64路组相联Cache。
- 每行8个字(即每行32字节),每行有一个有效位和2个脏位,允许半行写回操作。
- 支持写直达和写回Cache操作(写回Cache也称为拷回Cache),存储器区域通过使用MMU变换表中的C位和B位来进行选择(只对于数据Cache)。
- 伪随机或轮转替换,可由CP15寄存器1中的RR位进行选择。
- 低功耗CAM-RAM实现。
- 可独立地对Cache的1/64大小,即64字(256字节)进行锁定。
- 为了避免在写回数据逐出期间出现TLB未命中,并降低中断延时,除了VA TAG保存到Cache CAM中以外,与每一个数据Cache入口对应的物理地址被保存到PA TAG RAM中,以备在Cache行写回期间使用。这意味着MMU不会涉及Cache写回操作,排除了与写回地址相关的TLB未命中的可能性。
- Cache维护操作能够有效地清理整个数据Cache以及使虚拟存储器的一些小区域无效。后者能够在产生小的代码变化时有效地保持ICache的一致性,例如自我修改代码和异常向量的改变。

写缓冲包括一个16字数据缓冲器和一个4地址缓冲器,可以使用一条CP15 MCR指令通过软件控制使其排空。

ARM920T可以在软件控制下(使用一条CP15 MCR指令)被排空,并进入低功耗状态,直到中断产生。

**2. ICache**

ARM920T包含一个16 KB的ICache。ICache总共有512行,每行32字节(8个字),排列成一个64路组相联Cache。它使用ARM9TDMI CPU内核的MVA,该地址通过CP15寄存器13变换得来。

ICache实现了"读未命中时分配"。通过软件控制CP15寄存器1的RR位(位14)可以实现对随机替换或轮转替换策略的选择。复位时选择的是随机替换。

指令也可以被锁存在ICache中,从而不能由于行填充覆盖该指令。可独立地对Cache的1/64大小,即64字(256字节)进行锁定。

所有的指令访问必须服从MMU权限和变换检查。被MMU中止的取指令操作不会引起行填充或在AMBA ASB接口出现取指令。

为了清楚起见,后续章节中将I位(CP15寄存器1的位12)称为Icr位。与被访问地址相关的MMU变换表描述符的C位被称为Ctt位。

**(1) ICache的组成**

ICache由8个段组成,每段包含64行,每行包含8个字。段内行的位置编号为0~63,称为索引。Cache中的行可以通过段和索引被唯一地标识。索引与MVA无关,MVA的位[7:5]用来选择段。

MVA的位[4:2]确定Cache行中被访问的字。对于半字操作,MVA的位[1]确定这个字中被访问的半字。对于字节操作,位[1:0]确定这个字中被访问的字节。

每个Cache行的MVA的位[31:8]称为TAG。当通过行填充加载一行时,MVA TAG连同8字的数据存储到Cache中。

Cache检查操作通过对这次访问的MVA的位[31:8]和存储的TAG进行比较来确定访问命中还是未命中,因此Cache被认为是虚拟寻址的。16 KB ICache的逻辑模型如图3.62所示。

**(2) 使能和禁止ICache**

复位时,ICache项全部是无效的,并且ICache禁止。

通过向Icr位写1,可以使能ICache;通过向Icr位写0,可以禁止ICache。

当ICache禁止时,Cache中的内容忽略,所有取指令操作都被看作单独的非连续访问,从AMBA ASB接口取指令。ICache通常在MMU使能的情况下使用。此时,相应的MMU变换表描述符中的Ctt位确定存储器的某个区域是否是可高速缓存的。

如果ICache使能后又禁止,Cache中的所有内容都忽略。所有取指令操作都被看作单独的非连续访问,从AMBA ASB接口取指令,并且Cache不更新。如果ICache紧接着又重新使能,其内容不会发生改变。如果ICache的内容与主存不再一致,必须在重新使能之前使ICache无效。

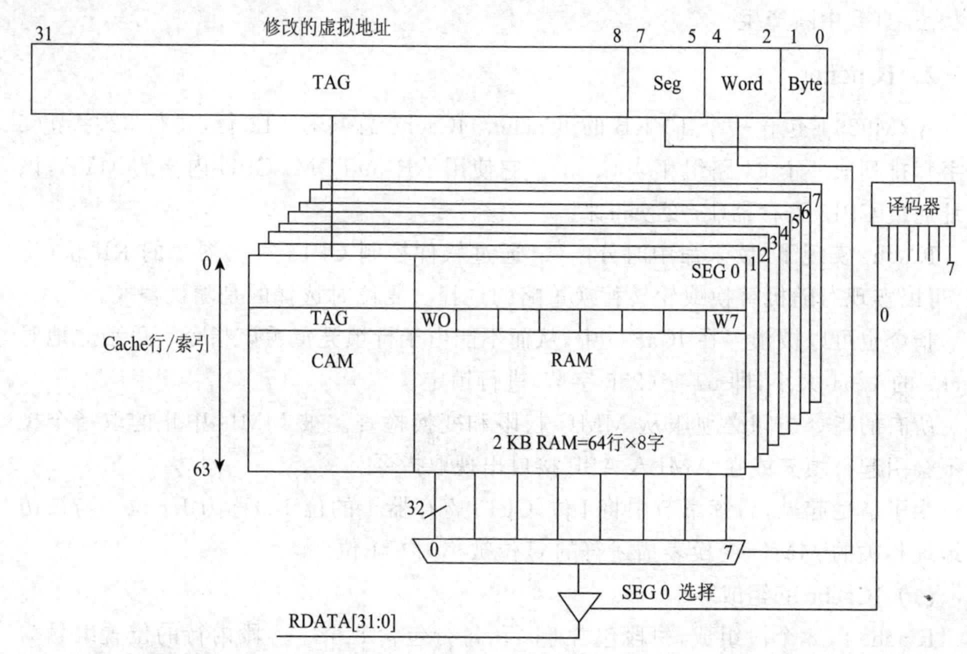


图 3.62 对 16 KB ICache 寻址



如果 ICache 在 MMU 禁止的条件下使能,所有的取指令都被看作是可高速缓存的。此时,不进行保护检查,并且物理地址被单调映射为修改的虚拟地址。

使用 MCR 指令向 CP15 寄存器 1 的 M 位和 Icr 位同时写 1,可以同时使能 MMU 和 ICache。

ARM920T 在 AMBA ASB 接口上实现的非连续访问被看作是一个地址传送(A-TRAN)周期后紧跟一个连续传送(S-TRAN)周期。它不产生非连续传送(N-TRAN)周期。一次行填充被看作是一个 A-TRAN 周期后紧跟一个 S-TRAN 周期。

**(3) ICache 操作**

如果 ICache 禁止,每一次取指令操作都会在 AMBA ASB 接口上引起一次单独的非连续存储器访问,从而使得总线和存储器性能非常低。因此,尽可能在复位之后马上使能 ICache。

如果 ICache 使能,不论相关的 MMU 变换表描述符中的 Ctt 位如何设置,每一次取指令都会执行 ICache 查找:

- 如果在 Cache 中找到所需的指令,这次查找称为 Cache 命中。如果取指令操作为 Cache 命中并且 Ctt=1(表示一个可高速缓存的存储器区域),那么将 Cache 中的指令返回给 ARM9TDMI CPU 内核。
- 如果在 Cache 中没有找到所需的指令,这次查找称为 Cache 未命中。如果 Cache 未命中并且 Ctt=1,则执行一个 8 字行填充,可能替换另一个项。被替

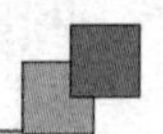

换的项称为丢弃者，它通过随机替换策略或轮转替换策略选自没有锁定的项。如果 Ctt=0(表示一个不可高速缓存的存储器区域)，则一个单独的非连续存储器访问出现在 AMBA ASB 接口上。

如果 Ctt=0，则 Cache 查找将导致 Cache 未命中。可以引起 Cache 命中的唯一方法是通过软件已经改变了 MMU 变换表描述符中 Ctt 位的值，但是却没有使 Cache 内容无效。这是一个编程错误，这样的行为从体系结构上来讲是不可预知的，并且不同的具体实现也会产生不同的结果。

**(4) ICache 替换算法**

ICache 和 DCache 的替换算法由 CP15 控制寄存器中的 RR 位(CP15 寄存器 1，位 14)来选择。复位时选择的是随机替换。通过向 RR 位写 1 来选择轮转替换。轮转替换的意思是在每个 Cache 区中连续的选择被替换项。

**(5) ICache 锁定**

指令可以被锁定到 ICache 中，这样就可以保证 ICache 永远命中，从而提供最佳的且可预测的执行时间。如果使能了 ICache，那么对于每条取指令操作都会执行 ICache 查找。如果 ICache 未命中并且 Ctt=1，则执行一个 8 字的行填充。通过丢弃者(Victim)指针来选择被替换项。通过控制丢弃者指针以及强制将指令预取到 ICache 中，可以实现将指令锁定在 ICache 中。要将指令锁定到 ICache 中，必须首先确保被锁定的代码不在 ICache 内。这一点可以通过使整个 ICache 或指定行无效来实现：

```
MCR  p15,0,Rd,c7,c5,0                  ;使 ICache 无效
MCR  p15,0,Rd,c7,c5,1                  ;使用 MVA 使 ICache 行无效
```

然后使用一小段软件程序将指令加载到 ICache 中。这段软件程序必须是不可高速缓存的，或者已经在 ICache 中但是不在将被覆盖的 ICache 行中。MMU 必须被使能以确保加载指令时出现的任何 TLB 未命中都会引起页表搜索。这段软件程序通过写 CP15 寄存器 9 使丢弃者指针强制指向指定的 ICache 行，通过使用预取 ICache 行操作迫使 ICache 执行一次查找。如果 ICache 未命中，假设代码已经无效，此时执行一个 8 字行填充，将 Cache 行加载到由丢弃者指针指定的项中。

当所有的指令全部被加载后，通过写 CP15 寄存器 9 将丢弃者指针的基地址设置为比最后一个写入项大 1，从而实现指令的锁定。所有以后的行填充的范围是从丢弃者基地址开始到 63。以下是一个 ICache 锁定的程序示例，这个例子假定不知道被加载的 Cache 行号。地址不要求必须是 Cache 行或字对齐的，但是建议如此编程以确保以后的兼容性。

```
        ADRL    r0,start_address              ;地址指针
        ADRL    r1,end_address
        MOV     r2,#lockdown_base<< 26        ;丢弃者指针
        MCR     p15,0,r2,c9,c0,1              ;修改 ICache 丢弃者和锁定基地址
loop    MCR     p15,0,r0,c7,c13,1             ;预取 ICache 行
```

```
        ADD     r0,r0,#32                      ;增加地址指针使其指向下一个 ICache 行
; 是否需要增加丢弃者指针呢?
; 测试是否为段 0,如果是,则增加丢弃者指针,并修改 ICache 丢弃者及锁定基地址
        AND     r3,r0,#0xE0                    ;从地址中提取表示段的位
        CMP     r3,#0x0                        ;测试是否为段 0
        ADDEQ   r2,r2,#0x1<< 26                ;如果是段 0,增加丢弃者指针
        MCREQ   p15,0,r2,c9,c0,1               ;修改 ICache 丢弃者和锁定基地址
; 是否进行了足够的行填充?
; 测试地址指针是否小于等于 end_address,如果是的话,循环执行另一个行填充
        CMP     r0,r1                          ;测试是否小于等于 end_address
        BLE     loop                           ;如果是,转到 loop
; 是否在 r3 指向段 0 时已经退出?
; 如果是,ICache 丢弃者和锁定基地址已经设置为比最后一个写入项大 1
; 如果不是,增加丢弃者指针,并修改 ICache 丢弃者和锁定基地址
        CMP     r3,#0x0                        ;测试段 1~7
        ADDNE   r2,r2,#0x1<< 26                ;如果地址是段 1~7
        MCRNE   p15,0,r2,c9,c0,1               ;修改 ICache 丢弃者和锁定基地址
```

由于 Rd 中的地址不能实行地址别名,因此预取 ICache 行操作使用 MVA 格式。建议将相关的 TLB 项锁定到 TLB 中,以避免在执行锁定的代码期间出现页表搜索。

### 3. DCache 和写缓冲

ARM920T 处理器包含一个 16 KB 的 DCache 和一个写缓冲,从而可以降低主存带宽和延时对数据访问性能的影响。DCache 总共有 512 行,每行 32 字节(8 个字),排列成一个 64 路组相联 Cache。它使用 ARM9TDMI CPU 内核的 MVA,该地址通过 CP15 寄存器 13 变换得来。写缓冲最多可以保存 16 字的数据和 4 个单独的地址。DCache 和写缓冲的操作具有紧密的联系。

DCache 支持写直达和写回存储器区域,它由 MMU 变换表中分别在段和页描述符中的 C 位和 B 位控制。为了清楚起见,后续章节称这两位为 Ctt 和 Btt。

每个 DCache 行包含两个脏位和一个用于整个 8 字行的虚拟 TAG 地址和有效位,每个脏位分别对应于一行的前 4 个字和后 4 个字。每行加载的物理地址保存在 PA TAG RAM 中,当把修改的行写回到存储器的时候使用该地址。

当出现 DCache 存储命中时,如果存储器区域采用写回策略,则相关的脏位被设置以标记相应的半字已经被修改。如果由于行填充使整个 Cache 行被替换,或者该行是 DCache 清除操作的目标,此时脏位用来决定是整行、半行还是都不需要写回到存储器。该行被写回到与其加载时相同的物理地址,不管 MMU 变换表是否发生了改变。

DCache 实现了“读未命中时分配”。通过软件控制 CP15 寄存器 1 的 RR 位(位 14)可以实现对随机替换或轮转替换策略的选择。复位时选择的是随机替换。行填充总是加载一个完整的 8 字行。

数据也可以被锁存在 DCache 中,从而不能由于行填充覆盖该数据。可独立地对 Cache 的 1/64 大小,即 64 字(256 字节)进行锁定。

所有的数据访问必须服从 MMU 权限和变换检查。被 MMU 中止的数据访问不会引起行填充或在 AMBA ASB 接口出现数据访问。

为了清楚起见,后续章节中将 C 位(CP15 寄存器 1 的位 2)称为 Ccr 位。

**(1) 使能和禁止 DCache 与写缓冲**

复位时,DCache 项无效,DCache 禁止,并且写缓冲内容被丢弃。

ARM920T 没有实现明确的写缓冲使能位。写缓冲通过以下方式被使用。

- 通过向 Ccr 位写 1 使能 DCache,写 0 禁止 DCache。
- MMU 使能时必须使能 DCache。因为 MMU 变换表定义了每个存储器区域的 Cache 和写缓冲配置。
- 如果 DCache 使能后又禁止,Cache 中的所有内容都被忽略,此时所有数据访问都作为单独的非连续访问出现在 AMBA ASB 接口上,并且 Cache 不被更新。如果 DCache 紧接着又重新使能,它的内容不会发生改变。根据软件系统设计,通常需要在禁止 DCache 之后清理它,在重新使能 DCache 之前使它无效。
- 通过使用一条单独的 MCR 指令修改控制寄存器(CP15 寄存器 1)的 M 位和 C 位,可以同时使能或禁止 MMU 和 DCache。

**(2) DCache 和写缓冲操作**

每个存储器区域的 DCache 和写缓冲配置情况由 MMU 变换表中的每个段和页描述符中的 Ctt 位和 Btt 位控制。通过使用 CP15 控制寄存器中的 DCache 使能位可以修改该配置,该位被称为 Ccr。

如果 DCache 使能,不管相关的变换表描述符是何值,每一次数据访问开始都要由 ARM9TDMI CPU 内核执行一次 DCache 查找。如果找到了所需的数据,这次查找称为 Cache 命中。如果没有找到所需的数据,这次查找称为 Cache 未命中。这里数据访问的含义指任何类型的加载(读)、存储(写)和交换指令,包括 LDR、LDRB、LDRH、LDM、LDC、STR、STRB、STRH、STC、SWP 和 SWPB。

当缓冲写通过 AMBA ASB 接口写入存储器时,访问按照编程顺序出现在 AMBA ASB 接口上;但是 ARM9TDMI CPU 内核可以继续全速运行,从 Cache 读指令和数据,向 DCache 和写缓冲写。

表 3.47 描述了在每种存储器配置下 DCache 和写缓冲的行为。Ctt AND Ccr 意思是 Ctt 和 Ccr 进行位"与"运算。

**表 3.47 DCache 和写缓冲配置**

| Ctt AND Ccr | Btt | DCache、写缓冲和存储器访问的行为 |
|---|---|---|
| 0① | 0 | 不可高速缓存,不可缓冲(NCNB)。<br>读和写是不可高速缓存的。它们总是在 AMBA ASB 接口上执行访问。<br>写是不可缓冲的。CPU 停止直到 AMBA ASB 接口上的写操作完成。<br>读和写可以被外部中止。<br>正常操作下不会发生 Cache 命中② |
| 0 | 1 | 不可高速缓存,可缓冲(NCB)。<br>读和写是不可高速缓存的。它们总是在 AMBA ASB 接口上执行访问。<br>写结果被放入写缓冲,同时出现在 AMBA ASB 接口上。一旦写结果被放入写缓冲中,CPU 将继续工作。<br>读可以被外部中止。<br>写不能被外部中止。正常操作下不会发生 Cache 命中② |
| 1 | 0 | 高速缓存的写直达模式(WT)。<br>对于 Cache 命中的读操作将从 Cache 中读数据,没有命中的将在 AMBA ASB 接口上执行访问。<br>Cache 读未命中将引起一次行填充。<br>Cache 写命中将更新 Cache。<br>所有的写结果都被放入写缓冲,同时出现在 AMBA ASB 接口上。<br>一旦写结果被放入写缓冲中,CPU 将继续工作。<br>读和写不能被外部中止 |
| 1 | 1 | 高速缓存的写回模式(WB)。<br>对于 Cache 命中的读操作将从 Cache 中读数据,没有命中的将在 AMBA ASB 接口上执行访问。<br>Cache 读未命中将引起一次行填充。<br>Cache 写命中将更新 Cache,并将相应的半个 Cache 行标记为脏数据,且不会引起对 AMBA ASB 接口的访问。<br>Cache 写未命中将使写结果放入写缓冲,同时出现在 AMBA ASB 接口上。一旦写结果被放入写缓冲,CPU 将继续工作。<br>Cache 写回是可缓冲的。<br>读、写和写回不能被外部中止 |

注: ① 如果控制寄存器 C 位(Ccr)是 0,则禁止对 Cache 的所有查找;如果变换表描述符 C 位(Ctt)是 0,则仅禁止新数据被加载到 Cache 中。当 Ccr=1 且 Ctt=0 时,每次访问仍然要查找 Cache,以检查 Cache 中是否包含数据项。

② 如果对一个标记为 NCNB 或 NCB 的存储器区域进行读或写操作时出现 Cache 命中,这将是一个操作系统软件故障。这种故障发生的唯一条件是操作系统修改了页表描述符中的 C 位和 B 位,与此同时 Cache 中包含该描述符控制的虚拟存储区的数据。这是由于以这种方式改变页表描述符而产生的 Cache 和存储器系统的行为是不可预知的。如果操作系统必须改变页表描述符的 C 位和 B 位,必须先确保 Cache 中不包含任何由该描述符控制的数据。在某些情况下,操作系统可能必须通过清理和刷新 Cache 来保证这一点。

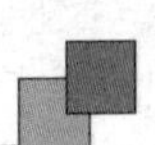

一次行填充执行来自 AMBA ASB 接口的一个 8 字数据突发读操作,并将该 8 字数据作为 Cache 中的一个新项,也可能替换某个 Cache 行。被替换的位置称为丢弃者,是使用随机或轮转替换策略从未锁定的项中选出的。如果被替换的 Cache 行被标记为脏的,表示该行已经修改但是主存还没有更新,会产生一次 Cache 写回操作。

根据 Cache 行的半行还是整行是脏的,写回操作在 AMBA ASB 接口上执行一个 4 字或 8 字的连续突发写访问。写回的数据被放入写缓冲中,然后从 AMBA ASB 接口读取行填充数据。写回数据通过 AMBA ASB 接口写入存储器的同时,CPU 可以继续工作。

访问 NCNB 或 NCB 区域的多寄存器加载指令(LDM)在 AMBA ASB 接口上执行连续的突发。访问 NCNB 区域的多寄存器存储指令(STM)也在 AMBA ASB 接口上执行连续的突发。

如果连续的突发穿越了 1 KB 边界,则将分裂成两次突发。因为最小的 MMU 保护和映射大小是 1 KB,所以 1 KB 边界两侧的存储器区域具有不同的特性。

ARM920T 产生的连续访问不会穿越 1 KB 边界,这一点可以用来简化存储器接口的设计。例如,一个简单的页模式 DRAM 控制器可以为每一个连续访问执行一次页模式访问,提供的 DRAM 页大小是 1 KB 或更大。

**(3) DCache 的组成**

DCache 由 8 个段组成,每段包含 64 行,每行包含 8 个字。段内行的位置编号为 0~63,称其为索引。

DCache 的逻辑模型与 ICache 相同,参阅图 3.62。

**(4) 交换指令**

交换指令(SWP 或 SWPB)的行为依赖于存储器区域是否为可高速缓存的。

可高速缓存的存储器区域的交换指令可用于在多线程单一处理器软件系统中实现旗语或其他同步原语。

不可高速缓存的存储器区域的交换指令可用于多主控(Multi-Master)总线系统中的两个总线主控器之间的同步。这里可以是两个处理器,或者一个处理器和一个 DMA 控制器。

当一个交换指令访问一个可高速缓存的存储器区域时(写直达和写回),DCache 和写缓冲的行为与正常情况下的加载后紧跟一次存储的操作相同。BLOK 引脚在指令执行期间不被设置,这样就保证了在交换的加载和存储部分之间不会产生中断。

当一个交换指令访问一个不可高速缓存(NCB 或 NCNB)的存储器区域时,写缓冲被排空,并且从 AMBA ASB 接口读取一个字或一个字节。不管 Btt 位的值是什么,交换指令的写部分看作是不可缓冲的,处理器被暂停直到 AMBA ASB 接口上的写操作完成。BLOK 引脚被设置,表示读和写可以看作是总线上的原子操作。

与所有其他数据访问类似,与一个不可高速缓存的区域进行的交换操作如果产生了 Cache 命中,说明产生了编程错误。

**(5) DCache 锁定**

数据锁定到 DCache 中,就可以保证 DCache 永远命中,从而提供最佳的且可预测的执行时间。如果使能了 DCache,那么对于每次加载操作都会执行 DCache 查找。如果 DCache 未命中并且 Ctt=1,则执行一个 8 字的行填充,通过丢弃者指针来选择被替换项。通过控制丢弃者指针以及强制加载到 DCache 中,可以实现将指令锁定在 DCache 中。此时必须首先确保锁定的数据不在 DCache 内。这一点可以通过使整个 DCache 或指定行无效来实现。使 DCache 无效和清理操作的实现代码如下:

```
MCR  p15,0,Rd,c7,c6,0          ;使 DCache 无效
MCR  p15,0,Rd,c7,c6,1          ;使用 MVA 使 DCache 单个项无效
MCR  p15,0,Rd,c7,c10,1         ;使用 MVA 清理 DCache 单个项
MCR  p15,0,Rd,c7,c14,1         ;使用 MVA 清理并使 DCache 单个项无效
MCR  p15,0,Rd,c7,c10,2         ;使用索引清理 DCache 单个项
MCR  p15,0,Rd,c7,c14,2         ;使用索引清理并使 DCache 单个项无效
```

然后使用一小段软件程序将数据加载到 DCache 中。倘若这段软件程序不包含任何加载和存储操作,则可以将其放入一个可高速缓存的存储器区域。MMU 必须被使能。这段软件程序通过写 CP15 寄存器 9 使丢弃者指针强制指向指定的 DCache 行,通过使用 LDR 或 LDM 迫使 DCache 执行一次查找。如果 DCache 未命中,假设数据已经无效,此时执行一个 8 字行填充,将 Cache 行加载到由丢弃者指针指定的项中。当所有的数据全部被加载后,通过写 CP15 寄存器 9 将丢弃者指针的基地址设置为比最后一个写入项大 1,从而实现数据的锁定。所有以后的行填充的范围是从丢弃者基地址开始到 63。以下是一个 DCache 锁定的程序示例,这个例子假定不知道被加载的 Cache 行号。地址不要求必须是 Cache 行或字对齐的,但是建议如此以确保以后的兼容性。



```
        ADRL    r0,start_address            ;地址指针
        ADRL    r1,end_address
        MOV     r2,#lockdown_base<<26       ;丢弃者指针
        MCR     p15,0,r2,c9,c0,0            ;修改 DCache 丢弃者和锁定基地址

loop    LDR     r3,[r0],#32                 ;加载 DCache 行,增加地址指针使其指向
                                            下一个;DCache 行
; 是否需要增加丢弃者指针呢
; 测试是否为段 0,如果是,则增加丢弃者指针,并修改 DCache 丢弃者及锁定基地址
        AND     r3,r0,#0xE0                 ;从地址中提取表示段的位
        CMP     r3,#0x0                     ;测试是否为段 0
        ADDEQ   r2,r2,#0x1<<26              ;如果是段 0,增加丢弃者指针
        MCREQ   p15,0,r2,c9,c0,0            ;修改 DCache 丢弃者和锁定基地址
; 是否进行了足够的行填充
; 测试地址指针是否小于等于 end_address,如果是,循环执行另一个行填充
        CMP     r0,r1                       ;测试是否小于等于 end_address
```

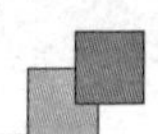



```
        BLE     loop                              ;如果是,转到 loop
; 是否在 r3 指向段 0 时已经退出
; 如果是,DCache 丢弃者和锁定基地址已经设置为比最后一个写入项大 1
; 如果不是,增加丢弃者指针,并修改 DCache 丢弃者和锁定基地址
        CMP     r3,#0x0                           ;测试段 1～7
        ADDNE   r2,r2,#0x1<<26                    ;如果地址是段 1～7
        MCRNE   p15,0,r2,c9,c0,0                  ;修改 DCache 丢弃者和锁定基地址
```

**4. Cache 一致性**

ICache 和 DCache 中包含的内容通常是主存信息的副本。如果这些主存信息的副本由于一个更新而另一个没有更新而造成步调混乱,则称它们是不一致的。如果 DCache 包含一个被存储或交换指令修改的行,并且主存储器还没有更新,那么该 Cache 行被认为是脏的。清理操作将迫使 Cache 中的脏行写回到主存中。ICache 必须在 MVA 上出现指令变化之后,新指令执行之前与发生变化的存储区域保持一致。

在 ARM920T 中,使用软件来负责保持主存、ICache 和 DCache 的一致性。

寄存器 7,即 Cache 操作寄存器描述了使整个 ICache 或单独的 ICache 行无效的方法,同时还描述了清理且/或使 DCache 行无效,或者使整个 DCache 无效的方法。

为了有效地清理整个 DCache,软件中必须使用"清理 DCache 单个项(使用索引)"或"清理并使 DCache 项无效(使用索引)"操作来循环遍历每个 Cache 项。完成该操作必须使用一个两层的嵌套循环来遍历每个段的每个索引值。下面是一个用来实现两种 DCache 清理操作的循环示例。



```
    for seg= 0 to 7
      for index= 0 to 63
        Rd= {seg,index}
        MCR p15,0,Rd,c7,c10,2             ;清理 DCache 单个项(使用索引)
或      MCR p15,0,Rd,c7,c14,2             ;清理并使 DCache 单个项无效(使用索引)
      next index
    next seg
```

DCache、ICache 和存储器的一致性通常通过以下方法获得。

- 清理 DCache,确保存储器与所有最新的变化一致。
- 使 ICache 无效,确保 ICache 不得不从存储器重新取指令。

通过软件方法可以将由于清理和使 Cache 无效带来的性能代价降到最小。

- 当只有一小部分存储区需要保持一致时,仅清理一小部分 DCache。例如,更新一个异常向量。使用的操作是"清理 DCache 单个项(使用 MVA)"或"清理并使 DCache 单个项无效(使用 MVA)"。
- 当只有少量指令被修改时,则仅使 ICache 中的一小部分被清理。例如,更新一个异常向量。使用的操作是"使 ICache 单个项无效(使用 MVA)"。
- 在已知被修改的存储器区域不可能在 Cache 中时,则不使 ICache 无效。例如,在将一个新页映射到当前运行的进程时。

必须清理并使 Cache 无效的情况如下。

- 使用 STR 或 STM 向一个可高速缓存的存储区写的指令,例如:
  - — 自我修改代码;
  - — JIT 汇编;
  - — 从另一个区域复制代码;
  - — 使用嵌入式 ICE JTAG 调试特性下载代码;
  - — 更新一个异常向量项。
- 另一个总线主控器,例如 DMA 控制器,修改了可高速缓存的存储区。
- MMU 打开或关闭。
- 修改 MMU 页表中的映射关系(虚拟地址到物理地址)、Ctt、Btt 或保护信息。在通过修改 MMU 变换表描述符中的 Ctt 或 Btt 位而修改一个存储区的 Cache 和写缓冲配置信息之前,DCache 必须被清理,并且使 DCache 和 ICache 无效。如果已知 Cache 中所包含的存储区项的变换表描述符都没有被修改,则必须进行清理和无效操作。
- 如果 ICache 或 DCache 中的内容不再一致,则打开 ICache 或 DCache。

修改 CP15 寄存器 13 中的 FCSE PID 不会改变 Cache 或存储器中的内容,也不会影响 Cache 项和物理存储器位置之间的映射。它只会改变 ARM9TDMI 地址和 Cache 项之间的映射。这意味着修改 FCSE PID 不会导致任何一致性问题。当 FCSE PID 被修改时,不需要清理 Cache 或使 Cache 无效。



软件设计还必须考虑到 ARM9TDMI 内核的流水线设计,该设计意味着在当前执行指令之前已经预取了 3 条指令。因此,如果这 3 条指令跟在使 ICache 无效的指令 MCR 之后,则在使之无效之前已经将其从 ICache 中读出了。

### 5. 锁定时清理 Cache

"清理 DCache 单个项(使用索引)"和"清理并使 DCache 项无效(使用索引)"操作允许将丢弃者指针设置为该操作所使用的索引值。如果使用了 DCache 锁定,可能使丢弃者指针保留在锁定区域,从而导致被锁定的数据从 Cache 中被逐出。通过实现 Cache 循环,可以将丢弃者指针移出锁定区域,该循环操作夹在对基地址和丢弃者指针的读和写操作之间:

```
MRC  p15,0,Rd,c9,c0,0              ;将 DCache 基地址读入 Rd
```

索引清理或索引清理并无效循环操作:

```
MCR  p15,0,Rd,c9,c0,0              ;将 Rd 的值写入 DCache 基地址和丢弃者指针
```

"清理 DCache 单个项(使用 MVA)"和"清理并使 DCache 项无效(使用 MVA)"操作不能移动丢弃者指针,所以使用了这些操作以后不必重新定位丢弃者指针。

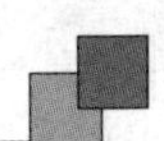



### 6. 实现时需注意的问题

本节描述了一些 ARM920T 实现中的行为，这些实现从体系结构上分析是不可预知的。为了向其他 ARM 进行移植，软件设计一定不能依赖于这些行为。

如果一个不可高速缓存(NCB 或 NCNB)区域的读操作意外在 Cache 中命中，则仍然会从 AMBA ASB 接口读取所需数据。Cache 中的内容被忽略，不会被更新。这里的读操作包括交换指令(SWP 或 SWPB)的读操作部分。

如果向一个不可高速缓存(NCB 或 NCNB)区域的写操作意外在 Cache 中命中，将更新 Cache 并仍然会引起一次在 AMBA ASB 接口上的访问。这里的写操作包括交换指令的写操作部分。

对于 DCache 和 ICache，存在两个测试接口：

• 调试接口；

• AMBA 接口。

### 7. 物理地址 TAG RAM

为了执行从 DCache 写回，ARM920T 实现了物理地址(PA)TAG RAM。

脏数据指在 Cache 中被修改，但还没有在主存储器中更新的数据。当脏数据将要被行填充数据覆盖，若该脏数据来自一个标记为写回的存储器区域，则产生写回操作。该数据被写回主存储器以保持存储器的一致性。

如果该行必须写回主存储器，则读取 PA TAG RAM，AMBA ASB 接口使用该物理地址执行写回操作。

一个 16 KB DCache 的 PA TAG RAM 阵列包含 8 段×64 行/段×26 位/行。有两个 PA TAG RAM 的测试接口：

• 调试接口；

• AMBA 测试接口。

### 8. 排空(Drain)写缓冲

通过软件控制可以实现排空写缓冲，因此后续指令不再执行直到写缓冲被排空，使用的方法如下。

• 存储到不可缓冲的存储器。

• 从不可高速缓存的存储器加载。

• MCR 排空写缓冲：`MCR p15,0,Rd,c7,c10,4`

执行以下控制性较小的活动之前写缓冲也被排空，关于这一点必须参考具体实现中的定义：

• 从不可高速缓存的存储器取。

• DCache 行填充。

• ICache 行填充。

#### 9. 等待中断

通过执行 CP15 MCR 等待中断,可以使 ARM920T 进入低功耗状态:

```
MCR  p15,0,Rd,c7,c0,4
```

该 MCR 的执行将引起写缓冲被排空,并且 ARM920T 进入一次中断或调试请求以后恢复代码执行的状态。当中断发生时,MCR 指令完成并正常进入 FIQ 或 IRQ 处理程序。R14_fiq 或 R14_irq 中保存的链接地址是 MCR 指令的地址加 8,因此通常用于中断返回的指令将返回到 MCR 指令的下一条指令:

```
SUBS  pc,r14,#4
```

### 3.7.4　时钟模式

本小节描述 ARM920T 处理器可用的各种时钟模式。

#### 1. ARM920T 时钟简介

ARM920T 处理器具有两个不同功能的时钟输入,BCLK 和 FCLK。ARM920T 内部由 GCLK 提供时钟,参阅图 3.63 的 CPCLK 输出。GCLK 可以由 BCLK 提供,也可以由 FCLK 提供,具体由时钟模式和外部存储器访问决定。时钟模式由 CP15 寄存器 1 的 nF 位和 iA 位来选定。3 种时钟模式分别是:



- 快速总线模式;
- 同步模式;
- 异步模式。

ARM920T 是一个静态设计,两个时钟都可以在不丢失状态的条件下被不确定的停止。图 3.63 显示出一些 ARM920T 宏单元信号具有与 GCLK 相关的一些特定时序。根据时钟模式,这里可能是 FCLK,也可能是 BCLK。

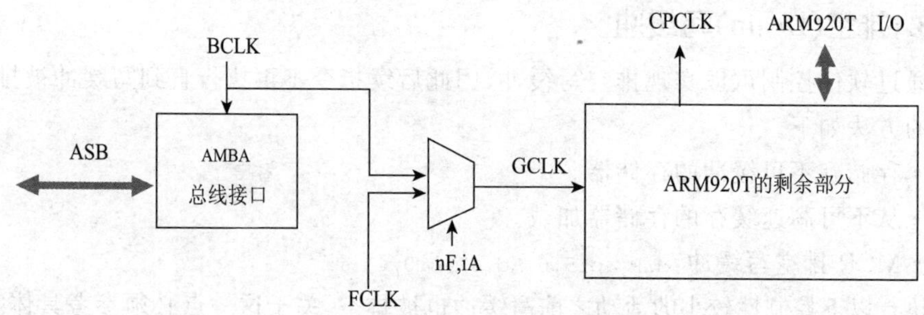


图 3.63　ARM920T 时钟

#### 2. 快速总线模式

在快速总线模式下,GCLK 由 BCLK 提供时钟,FCLK 输入被忽略。这意味着

BCLK 用于控制 AMBA ASB 接口以及内部 ARM920T 处理器内核。

复位时,ARM920T 设置为快速总线模式,使用 BCLK 工作。快速总线模式的一个典型应用是执行启动代码,同时在软件控制下将一个 PLL 配置为产生较高频率的 FCLK。当这个 PLL 稳定并被锁定后,可以将 ARM920T 切换为同步或异步时钟,并使用 FCLK 进行正常的操作。

### 3. 同步模式

同步模式下的各种操作使用的 GCLK 源自 BCLK 或 FCLK。使用 BCLK 和 FCLK 时有以下三条限制:

- FCLK 的频率必须高于 BCLK;
- FCLK 的频率必须是 BCLK 频率的整数倍;
- BCLK 跳变时,FCLK 必须为高电平。

BCLK 用于控制 AMBA ASB 接口,FCLK 用于控制内部的 ARM920T 处理器内核。当需要外部存储器访问时,内核或者继续使用 FCLK 来作为时钟,或者切换为 BCLK,如表 3.48 所列。对于异步模式也是如此。

**表 3.48　外部存储器访问的时钟选择**

| 外部存储器访问操作 | GCLK= |
|---|---|
| 可缓冲写 | FCLK |
| 不可缓冲写 | BCLK |
| 页搜索,可高速缓速读(行填充),<br>不可高速缓存读 | BCLK |

从 FCLK 切换到 BCLK 与从 BCLK 切换到 FCLK 的代价是一样的,都需要花费 0 到 1 个时钟相位的时间来使内核重新同步。也就是说,从 FCLK 切换到 BCLK 需要花费 0 到 1 个 BCLK 相位的时间代价,从 BCLK 切换回 FCLK 需要花费 0 到 1 个 FCLK 相位的时间代价。

图 3.64 显示了在同步模式下从 FCLK 切换到 BCLK 需要 0 个 BCLK 相位延时的例子。

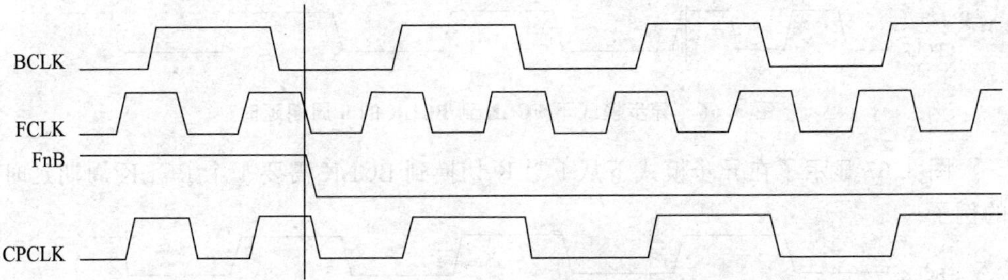


**图 3.64　同步模式下 FCLK 到 BCLK 的 0 相位延时**

图 3.65 显示了在同步模式下从 FCLK 切换到 BCLK 需要 1 个 BCLK 相位延时的例子。

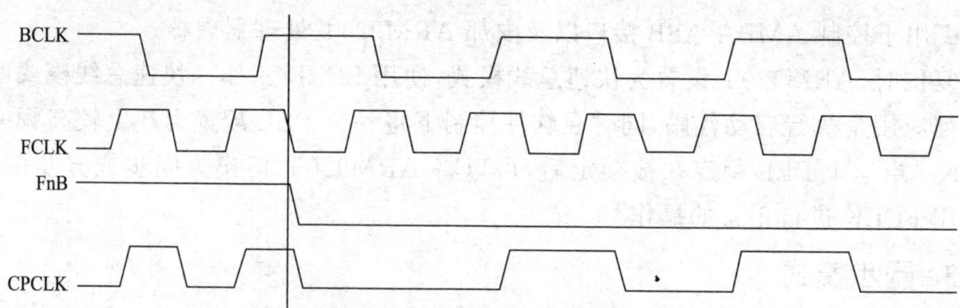


图 3.65 同步模式下 FCLK 到 BCLK 的 1 个相位延时

## 4. 异步模式

异步模式下的各种操作使用的 GCLK 源自 BCLK 或 FCLK。FCLK 和 BCLK 可以完全异步,前提是 FCLK 必须比 BCLK 的频率高。

BCLK 用于控制 AMBA ASB 接口,FCLK 用于控制内部的 ARM920T 处理器内核。当需要外部存储器访问时,内核或者继续使用 FCLK 来作为时钟,或者切换为 BCLK。这一点与同步模式一样。从 FCLK 切换到 BCLK 与从 BCLK 切换到 FCLK 的代价是一样的,都需要花费 0 到 1 个时钟周期来使内核重新同步。也就是说,从 FCLK 切换到 BCLK 需要花费 0 到 1 个 BCLK 周期的代价,从 BCLK 切换回 FCLK 需要花费 0 到 1 个 FCLK 周期的代价。



图 3.66 显示了在异步模式下从 FCLK 切换到 BCLK 需要 0 个 BCLK 周期延时的例子。

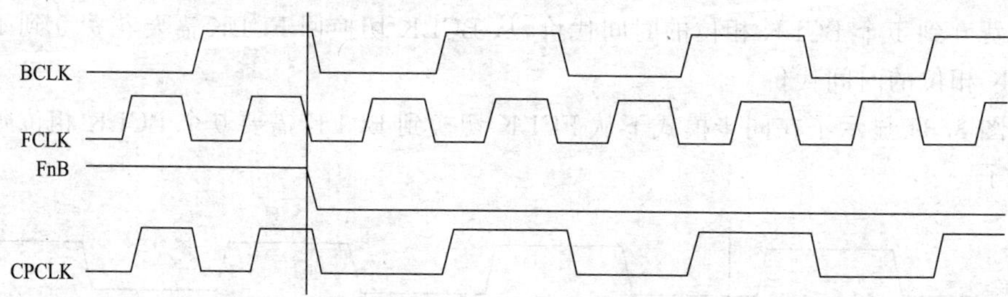


图 3.66 异步模式下 FCLK 到 BCLK 的 0 周期延时

图 3.67 显示了在异步模式下从 FCLK 切换到 BCLK 需要 1 个 BCLK 周期延时的例子。

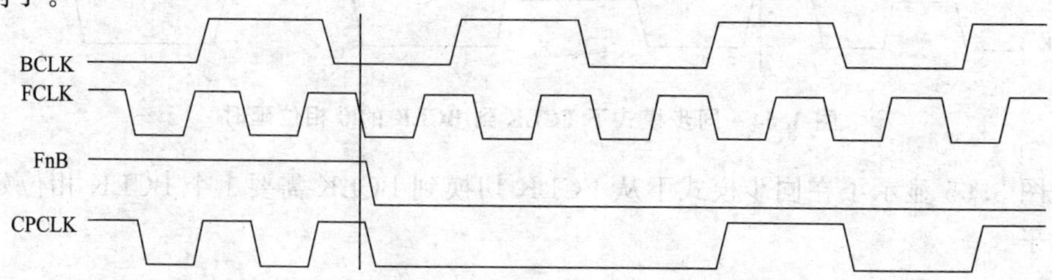


图 3.67 异步模式下 FCLK 到 BCLK 的 1 个周期延时

### 3.7.5 总线接口单元

#### 1. ARM920T 总线接口简介

AMBA 规范(版本 2.0)定义了两种高性能的系统总线:

- 先进的高性能总线(AHB,Advanced High-performance Bus);
- 先进的系统总线(ASB,Advanced System Bus)。

ARM920T 处理器设计为带有一个单向 ASB 接口,外加必要的额外控制信号以保证 AHB 和 ASB 接口的高效实现。在单主控器系统中不需任何附加逻辑电路即可使用单向的 ASB 接口,这里 ARM920T 为主控器。通过附加三态驱动器,ARM920T 实现了一个完整的 ASB 接口,使其或者作为 ASB 总线主控器,或者作为产品测试的从设备。通过附加的一个可综合的封装器,ARM920T 实现了一个完整的 AHB 接口,使其或者作为 AHB 总线主控器,或者作为产品测试的从设备。

封装器的引入使得读操作无速度代价、无性能代价;可缓冲的写操作无性能代价;不可缓冲的写操作只有最小的性能代价。MCR 排空写缓冲需要一条工作在可预测方式下的附加指令。

本小节中用到的缩略词的含义如下:

NCNB　不可高速缓存且不可缓冲

NCB　不可高速缓存但可缓冲

NC　不可高速缓存

WT　可高速缓存并且写直达

WB　可高速缓存并且写回

#### 2. 单向 ABMA ASB 接口

AMBA 规范(版本 2.0)定义了先进的微控制器总线体系结构(AMBA,Advanced Microcontroller Bus Architecture)ASB 接口,该接口供多个主控器使用。这里要求只有授权的主控器才能够对总线系统进行控制和驱动。ARM920T 上的单向 AMBA ASB 接口支持使用组合信号生成一个单向接口,这些组合信号包括输入、输出和输出使能。这些信号如表 3.49 中所列。

表 3.49　双向和单向 ASB 接口之间的关系

| ASB 信号 | ARM920T 输入 | ARM920T 输出 | ARM920T 输出使能 |
|---|---|---|---|
| AGNTx | AGNT | — | — |
| AREQx | — | AREQ | — |
| BCLK | BCLK | — | — |
| BnRES | BnRE | — | — |
| DSELx | DSEL | — | — |
| BA[31:12] | — | AOUT[31:12] | ENBA |
| BA[11:2] | AIN[11:2] | AOUT[31:0] | ENBA |

续表 3.49

| ASB 信号 | ARM920T 输入 | ARM920T 输出 | ARM920T 输出使能 |
|---|---|---|---|
| BA[1:0] | — | AOUT[1:0] | ENBA |
| BLOK | — | LOK | ENBA |
| BPROT[1:0] | — | PROT[1:0] | ENBA |
| BSIZE[1:0] | — | SIZE[1:0] | ENBA |
| BWRITE | WRITEIN | WRITEOUT | ENBA |
| BD[31:0] | DIN[31:0] | DOUT[31:0] | ENBD |
| BTRAN[1:0] | — | TRAN[1:0] | ENBTRAN |
| BERROR | ERRORIN | ERROROUT | ENSR |
| BLAST | LASTIN | LASTOUT | ENSR |
| BWAIT | WAITIN | WAITOUT | ENSR |

一个ASB总线周期定义为从BCLK跳变的一个下降沿到下一个下降沿。低电平部分称为相位1,高电平部分称为相位2。时序如表3.50所列,仅供参考。这里假设ARM920T宏单元用在AMBA ASB或者AMBA AHB系统中。

**表 3.50 ARM920T 的输入/输出时序**

| ARM920T 输入 | 时 序 | ARM920T 输出 | 时 序 |
|---|---|---|---|
| — | — | AREQ | 改变相位2 |
| AGNT | 建立上升BCLK | — | — |
| DSEL | 建立下降BCLK | — | — |
| AIN[11:2] | 建立下降BCLK | AOUT[31:0] | 改变相位2 |
| — | — | LOK | 改变相位2 |
| — | — | BPROT[1:0] | 改变相位2 |
| — | — | SIZE[1:0] | 改变相位2 |
| WRITEIN | 建立下降BCLK | WRITEOUT | 改变相位2 |
| DIN[31:0] | 建立下降BCLK | DOUT[31:0] | 改变相位1 |
| — | — | TRAN[1:0] | 改变相位2(1) |
| ERRORIN | 建立上升BCLK | ERROROUT | 固定为0 |
| LASTIN | 建立上升BCLK | LASTOUT | 固定为0 |
| WAITIN | 建立上升BCLK | WAITOUT | 改变相位1 |

TRAN[1:0]的时序稍有不同,因此如果ARM920T丢失了GNT信号,TRAN[1:0]改变以表示同一相位1中的A-TRAN。然而在这种情况下,ARM920T在接下来的相位2中不会驱动BTRAN[1:0]。

### 3. 完全兼容的AMBA ASB接口

AMBA规范(版本2.0)定义了AMBA ASB接口可以由多个主控器使用。在下面"将ARM920T连接到一个AMBA ASB接口"中指出的连接单向ARM920T信号实现了一个完全兼容的接口,它或者作为ASB总线主控器,或者作为用于产品测试的从设备。

**(1) 将ARM920T连接到一个AMBA ASB接口**

对于双向信号BA[11:2]、BWRITE、BD[31:0]、BERROR、BWAIT和BLAST,宏单元输出必须是三态可缓冲的,可通过使用表3.49中规定的输出使能实

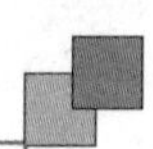



现。ARM920T宏单元输出信号被连续驱动,并试图将这些信号从被缓冲而用于附加线路和三态行为的地方驱动到宏单元的边沿。三态驱动器选择的驱动力度取决于ASB负载。图3.68显示了双向信号使用的输出缓冲器。

对于输出信号BA[31:12]、BA[1:0]、BLOK、BPROT[1:0]、BSIZE[1:0]以及BTRAN[1:0],宏单元输出必须是三态可缓冲的,可通过使用表3.49中规定的输出使能实现。三态驱动器选择的驱动力度取决于ASB负载。图3.69显示了单向信号使用的输出缓冲器。

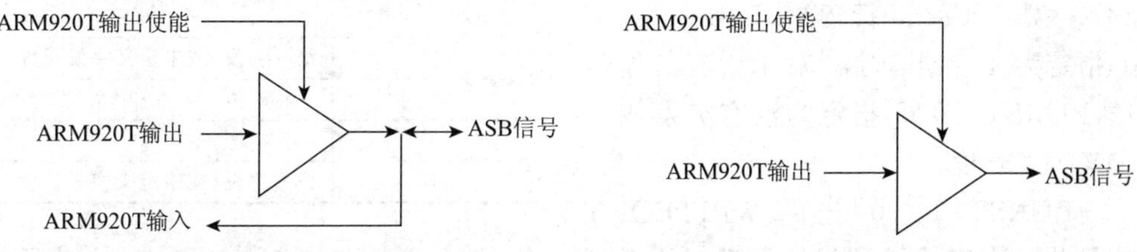


图3.68 双向信号使用的输出缓冲器　　图3.69 单向信号使用的输出缓冲器

输入信号,AGNTx、BCLK、BnRES和DSELx可以直接连到ARM920T。当这些信号到达宏单元的边沿时被适当地进行缓冲,因此不需要附加的缓冲器。输出信号AREQ必须在无三态控制下被缓冲,同时还依赖于ASB系统内的负载。

**(2) 传送类型**

AMBA ASB规范描述了使用BTRAN[1:0]编码的三种传送类型,如表3.51所列。

表3.51 AMBA ASB传送类型

| BTRAN[1:0] | 传送类型 | 描　述 |
|---|---|---|
| 00 | 仅地址<br>(A-TRAN) | 不需要移动数据时使用。三个主要使用"仅地址"传送的场合是:<br>• IDLE周期;<br>• 总线移交周期;<br>• 不提交给数据传送的具有投机性的地址译码 |
| 01 | — | 保留 |
| 10 | 非连续的<br>(N-TRAN) | 用于单个的传送或一次突发的第一个传送。传送的地址与以前的总线访问无关 |
| 11 | 连续的<br>(S-TRAN) | 用于突发中的连续传送。一次"连续"传送的地址总是与以前的传送有关 |

对于非连续传送,ARM920T不使用N-TRAN周期,取而代之的是一个A-TRAN周期紧跟一个S-TRAN。这大大简化了AMBA译码器设计,对于高速设计更是如此。

输出信号ASTB、BURST[1:0]和NCMAHB已经加入到ARM920T总线接口上。它们对于支持AMBA AHB封装器是非常必要的,同时也可以在AMBA ASB系统中提供最优化的访问。

**ASTB** 该信号用于区分IDLE周期和非连续传送的A-TRAN周期。它被设置为与AOUT[31:0]相同的时序,在相位2发生变化。通常一个存储器控制器只在它看到A-TRAN周期时提交一次传送,或许只在A-TRAN周期进行地址译码。ASTB在前面的A-TRAN周期设置为有效,表示当前A-TRAN后紧跟一个S-TRAN,并在下一个BCLK的上升沿为AGNT提供高电平。

**BURST[1:0]** 这个信号给出了一个连续突发的长度,如表3.52所列。

对于行填充,BURST[1:0]指定为8字。对于Cache行逐出,BURST[1:0]指定为4字或8字。对于所有其他传送,BURST[1:0]指定为没有突发或未定义突发长度。

**表3.52 突发传送**

| BURST[1:0] | 传 送 |
|---|---|
| 00 | 没有突发,或未定义突发长度 |
| 01 | 4字突发 |
| 10 | 8字突发 |
| 11 | 没有突发,或未定义突发长度 |

BURST[1:0]连同WRITEOUT信号共同决定总线访问的类型。从而可以区分是可缓冲或不可缓冲的STR/STM,还是页表搜索,如表3.53所列。

**表3.53 WRITEOUT信号的使用**

| BURST[1:0] | WRITEOUT | ARM920T总线访问 | 类 型 |
|---|---|---|---|
| 00 | 读 | NC LDR/LDM/取 | 不可高速缓存读 |
| 00 | 写 | NCNB STR/STM | 不可缓冲写 |
| 01 | 读 | — | — |
| 01 | 写 | 4字写回 | 可缓冲写 |
| 10 | 读 | 8字行填充 | 可高速缓存读 |
| 10 | 写 | 8字写回 | 可缓冲写 |
| 11 | 读 | 表搜索 | 可高速缓存读 |
| 11 | 写 | NCB/WT/WB未命中 STR/STM | 可缓冲写 |



当ASTB有效时,BURST[1:0]信号在相位2发生变化并在该相位设为有效。接下来BURST[1:0]将保持不变直到下一次传送。

**NCMAHB** 对于不可高速缓存的多寄存器加载,该信号用于指出是否请求多个字作为当前突发传送的一部分。该信号为高电平表示多个字被请求,在突发的最后一个S-TRAN为低电平表示当前传送的是突发的最后一个字。该信号在相位2置1,并且只有当AGNT在整个传送期间都保持置1时该信号才有效。

下面介绍可被ARM920T版本1启动的传送类型。有关不同的从设备响应以及总线主控器移交的内容请参阅"AMBA规范(版本2.0)"。这里假定使用的ARM920T宏核带有一个多主控器ASB系统。

### (3) 复位后取指令

复位信号BnRES是低电平有效的,并且可以以异步方式置1以保证总线处于安全状态。在复位期间,总线上发生的活动如下。

- 仲裁器授权给默认的总线主控器。
- 默认的总线主控器必须:
  — 驱动BTRAN以指示一次“仅地址”传送。
  — 驱动BLOK为低电平以允许仲裁。
  — 驱动BA、BWRITE、BSIZE和BPROT为任意值。
  — 驱动BD为三态。
- 所有其他总线主控器必须将共享总线的信号:BA、BD、BWRITE、BTRAN、BSIZE、BPROT和BLOK设置成三态。
- 译码器必须:
  — 将所有从设备选择信号DSELx清0。
  — 提供适当的传送响应。
- 所有从设备必须将共享总线的信号设置成三态。

为了保证ARM920T处理器完成复位操作,必须使BnRES保持低电平的时间至少为5个BCLK周期。在BCLK的低电平相位期间,必须使BnRES清0。

图3.70显示复位期间默认的总线主控器为TIC控制器。复位后,ARM920T处理器成为默认的总线主控器,因此当BA、BWRITE、BSIZE、BPROT和BLOK不被驱动时有一个移交相位。BTRAN被驱动为“仅地址”,ARM920T处理器继续作为默认的总线主控器而不再请求总线,所以它必须:

— 驱动BTRAN以指示一次“仅地址”传送。

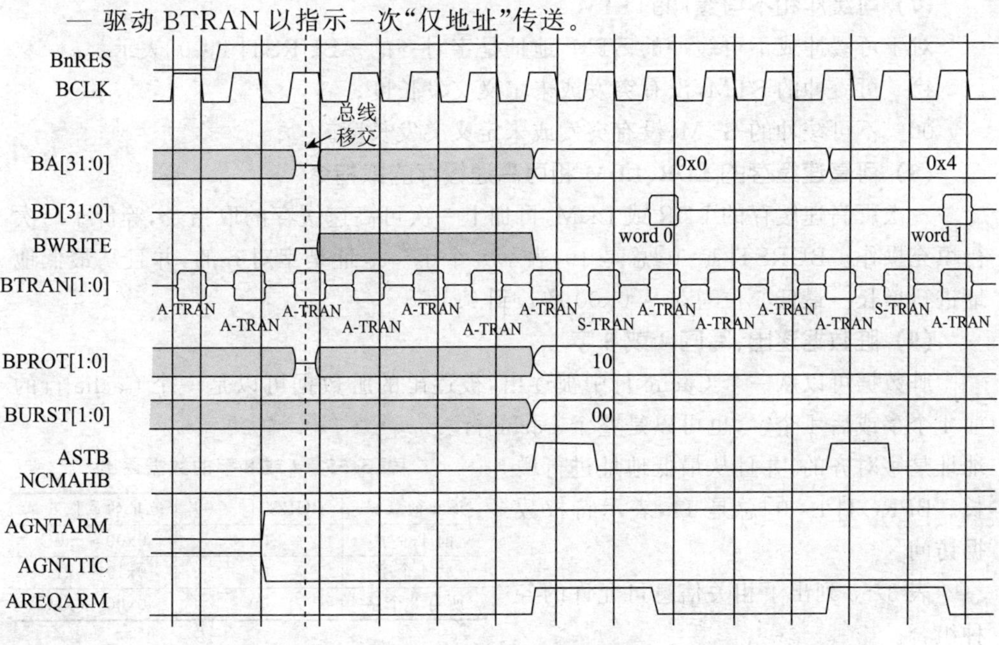


图3.70 复位后取指令

— 驱动 BLOK 为低电平以允许仲裁。

— 驱动 BA、BWRITE、BSIZE 和 BPROT 为任意值。

— 驱动 BD 为三态。

然后 ARM920T 处理器请求使用总线,被准许后,启动第一次“仅地址”周期。ASTB 用来指示该周期为“地址”周期而不是 IDLE 周期。第一次取指令则从这里开始。

**(4) 不可高速缓存的 LDR 和不可高速缓存的取指令**

对于不可高速缓存的 LDR 和不可高速缓存的取指令,地址是字对齐的。它们之间唯一的不同之处在于 BPROT[1:0]信息,如表 3.54 所列。

**表 3.54 不可高速缓存的 LDR 和取指令**

| BPROT[0] | 传 送 |
|---|---|
| 0 | 取操作码 |
| 1 | 数据访问 |

**(5) 不可高速缓存的 LDM**

尽管在整个突发传送期间如果 AGNT 保持置 1,NCMAHB 信号会提前 1 个周期给出突发结束的警告,但是对于不可高速缓存的 LDM,BURST[1:0]总是 00,表示没有突发或未定义突发长度。地址是字对齐的。

**(6) 可缓冲和不可缓冲的 STR**

对于可缓冲或不可缓冲的 STR,地址是字对齐的。BURST[1:0]表示:

11 可缓冲的 STR,没有突发或未定义突发长度;

00 不可缓冲的 STR,没有突发或未定义突发长度。

**(7) 可缓冲和不可缓冲的 STM**

对于可缓冲或不可缓冲的 STM,地址是字对齐的。BURST[1:0]表示:

11 可缓冲的 STM,没有突发或未定义突发长度;

00 不可缓冲的 STM,没有突发或未定义突发长度。

**(8) 可高速缓存的 LDR、LDM 和可高速缓存的取指令**

一次可高速缓存的 LDR 或 LDM,再加上一次可高速缓存的取指令,等价于一次行填充操作。BURST[1:0]总是 10,表示 8 个字。地址是字对齐的,并且从最低地址进行增长。最低 5 位总是从 0x00 增长到 0x1C。

**(9) 脏数据逐出,写回 4 或 8 字**

脏数据可以从一个 Cache 行中被逐出,被逐出的脏数据可以是一个 Cache 行的前 4 个字或后 4 个字,也可以是整个 Cache 行。

地址是字对齐的,并且从最低地址进行增长。BPROT[1:0]总是 11,表示特权数据访问。

表 3.55 列出了相关信息可允许的各种组合。

**表 3.55 4 或 8 字的数据逐出**

| 逐出的数据 | BURST[1:0] | 地址的最低 5 位 |
|---|---|---|
| 前 4 个字 | 01 | 0x00~0x0C |
| 后 4 个字 | 01 | 0x10~0x1C |
| 所有 8 个字 | 10 | 0x00~0x1C |

**(10) 交换**

交换操作是通过一次单独的读传送紧跟一次单独的写传送来实现的。BLOK信号被置1,因此写传送被锁定到前面的读传送。这里必须使用仲裁器来确保在读和写传送期间没有其他总线主控器要求访问总线。

**(11) 页搜索**

一次页搜索相当于ASB上一次不可高速缓存的LDR,即单个字的读取。BURST[1:0]的编码总是11。对于取操作码引起的页搜索,BPROT[1:0]=10;对于数据操作引起的页搜索,BPROT[1:0]=11。页搜索总是特权级的。

**(12) AMBA ASB从设备传送**

在AMBA系统中,可以将ARM920T处理器作为一个独立的模块进行测试,此时仅对来自AMBA ASB的传送进行响应。在这种操作模式下,ARM920T处理器从来不会被授权作为ASB的总线主控器,而是作为ASB从设备进行响应,并探测DSEL的设置值。

### 4. AMBA AHB接口

"AMBA AHB规范(版本2.0)"定义了可供多个主控器使用的AMBA AHB接口。ARM920T通过外加一个综合封装器实现了一个完整的AHB接口,该接口或者作为AHB总线主控器,或者作为从设备用于产品测试。除了单向的ASB信号,该接口还使用了ASTB、BURST[1:0]和NCMAHE信号。这样的设计使得具体的实现更加高效,体现在:

- 没有速度代价;
- 对于读传送,没有周期代价;
- 对于可缓冲的写传送,没有周期代价;
- 对于不可缓冲的写传送,没有周期代价;
- 交换操作的读传送导致一个周期代价,写传送导致一个周期代价;
- MCR排空写缓冲指令"MCR p15,0,Rd,c7,c10,4",将写缓冲的内容输出到AHB封装器。

当使用MCR排空写缓冲时,写传送是可缓冲的,所以在AHB上完成最后的写传送之前ARM920T处理器将继续运行。

下面举一个可能会出现故障的例子,该例子完成的操作如下:

① 可缓冲的STR用于清除中断;

② MCR排空写缓冲;

③ 使能中断。

如果最后一条可写缓冲的STR指令用于在使能ARM9TDMI中断之前清除一个中断源,后面紧跟的操作可能导致在中断被清除之前已经返回给ARM9TDMI。

下面提供3种解决此问题的方法。

(1) 对于一个非写敏感的地址,应用两次STR。第一个STR在第二个STR进入 AHB 封装器之前完成,从而保证中断在使能之前被清除,具体步骤如下。

① 第一次可缓冲的 STR 清除中断;

② 第二次可缓冲的 STR 清除中断;

③ MCR 排空写缓冲;

④ 使能中断。

(2) 对于一个写敏感的地址,向一个非写敏感地址应用任何一个其他的可缓冲 STR。这里必须采用一个 NCB 或 WT 区域以保证 STR 被提交给写缓冲,具体步骤如下。

① 可缓冲的 STR 清除中断;

② 可缓冲的 STR 用于一个非写敏感的地址;

③ MCR 排空写缓冲;

④ 使能中断。

(3) 使能中断之前在 AHB 上应用一次读操作。这里必须是对不可高速缓存的区域进行读操作以保证读操作出现在 AHB 上,具体步骤如下。

① 可缓冲的 STR 清除中断;

② MCR 排空写缓冲;

③ 不可高速缓存的 LDR 或取指令;

④ 使能中断。

### 5. 第二级 Cache 及性能分析



BURST[1:0]编码,与 WRITEOUT 和 PROT[1:0],或者 BWRITE 和 BPROT[1:0]联合使用可以为实现高效的 AHB 封装器提供必要的信息。并且它还为在 ARM920T 宏核外实现的第二级 Cache 提供很多信息。ARM920T 处理器支持的访问的编码如表 3.56 所列。

表 3.56 ARM920T 支持的总线访问类型

| BURST[1:0] | WRITEOUT | PROT[0] | ARM920T 总线访问 |
|---|---|---|---|
| 00 | 读 | 0 | 不可高速缓存的取指令 |
| 00 | 读 | 1 | 不可高速缓存的 LDR 或 LDM |
| 00 | 写 | 0 | — |
| 00 | 写 | 1 | 不可缓冲的 STR 或 STM |
| 01 | 读 | 0 | — |
| 01 | 读 | 1 | — |
| 01 | 写 | 0 | |
| 01 | 写 | 1 | 写回 4 字 |
| 10 | 读 | 0 | 8 字的指令行填充 |
| 10 | 读 | 1 | 8 字的数据行填充 |
| 10 | 写 | 0 | — |
| 10 | 写 | 1 | 写回 8 字 |
| 11 | 读 | 0 | 指令表搜索 |
| 11 | 读 | 1 | 数据表搜索 |
| 11 | 写 | 0 | — |
| 11 | 写 | 1 | 可缓冲的 STR 或 STM |

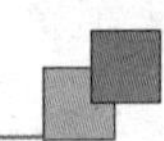



通过监控 AMBA ASB 总线传送，即通过对 ARM920T AGNT 和从设备响应信号 BERROR、BLAST 和 BWAIT 的描述，可以在 ARM920T 宏核外边实现一个性能监控器。它可以给出运行一段程序之后的信息类型，如下所示：

```
;来自性能监控器的典型输出数据
I TLB 页表搜索              :1
D TLB 页表搜索              :1
4 字写回                    :10
8 字写回                    :5
I Cache 行填充              :48
D Cache 行填充              :28
NC 加载                     :2
NC 取指令                   :38
NCNB 存储                   :2
NCB、WT 或 WB 未命中存储    :13
BCLK 周期                   :1594
```

性能监控器可以作为一个存储器映射的外围设备或在 ARM920T 外部扫描链上使用 JTAG，从而实现其可访问性。

## 3.8　习　题

1. ARM 的英文全名是什么？ARM 处理器有什么特点？
2. ARM7 和 ARM9 在流水线方面有何不同？
3. ARM 处理器支持的数据类型有哪些？
4. 写出 ARM 使用的各种工作模式和工作状态。
5. ARM 处理器总共有多少个寄存器？其中哪个用做 PC？哪个用做 LR？
6. 假设 R0＝0x12345678，使用将 R0 存储到 0x4000 的指令存到存储器中。若存储器为大端组织，写出从存储器 0x4000 处加载一个字节到 R2 的指令执行后 R2 的值。
7. 假定有一个 25 个字的数组。编译器分别用 R0 和 R1 分配变量 x 和 y。若数组的基地址放在 R2 中，使用后变址形式翻译：x＝array[5]＋y。
8. 使用汇编完成下列 C 的数组赋值：
   for(i=0;i<=10;i++){a[i]=b[i]+c; }
9. ARM920T 处理器加入了哪两个协处理器？各自的主要功能是什么？
10. ARM920T 支持哪些时钟模式？

# 第 4 章

# ARM 系统硬件设计基础

## 4.1 ARM 开发环境简介

根据功能的不同，ARM 应用软件的开发工具可分为编辑软件、编译软件、汇编软件、链接软件、调试软件、嵌入式实时操作系统、函数库、评估板、JTAG 仿真器、在线仿真器等。目前世界上约有四十多家公司提供以上不同类别的产品。用户选用 ARM 处理器开发嵌入式系统时，选择合适的开发工具可以加快开发进度，节省开发成本。因此，一套含有编辑软件、编译软件、汇编软件、链接软件、调试软件、工程管理及函数库的集成开发环境（IDE）一般来说是必不可少的。至于嵌入式实时操作系统、评估板等其他开发工具则可以根据应用软件规模和开发计划选用。使用集成开发环境开发基于 ARM 的应用软件时，其中涉及的编辑、编译、汇编、链接等工作可全部在 PC 机上完成，调试工作则需要配合其他的模块或产品来完成。目前进行 ARM 嵌入式系统开发常见的开发工具主要有：RealView MDK、IAR EWARM、ADS 1.2、WinARM 等。下面分别介绍 RealView MDK 和 IAR EWARM 开发工具的使用。

### 4.1.1 RealView MDK 开发工具简介

RealView MDK（Microcontroller Development Kit）开发工具是 ARM 公司目前最新推出的针对各种嵌入式处理器的软件开发工具。RealView MDK 集成了业内最领先的技术，包括 μVision 集成开发环境与 RealView 编译器；支持所有基于 ARM 的设备，能够自动配置启动代码，集成了 Flash 烧写模块，还具有强大的仿真模拟、性能分析等功能。与 ARM 之前的工具包 ADS 等相比，RealView 编译器的最新版本可将性能改善超过 20%。

RealView MDK 的突出特性主要包括：

- 启动代码生成向导。RealView MDK 开发工具可以自动生成完善的启动代码，并提供图形化的窗口。无论对于初学者还是有经验的开发工程师，都能大大节省时间，提高开发效率。
- 软件模拟器。RealView MDK 的软件模拟器可以仿真整个目标硬件，包括快速指令集仿真、外部信号和 I/O 仿真、中断过程仿真、片内所有外围设备仿真等，使得软硬件开发能够同步进行，大大缩短开发周期。而一般的 ARM 开发工具仅提供指令集模拟器，只能支持 ARM 内核模拟调试。

- 性能分析器。RealView MDK 的性能分析器可以辅助用户查看代码覆盖情况、程序运行时间、函数调用次数等高端控制功能，指导用户轻松的进行代码优化。
- 支持 Cortex-M3 内核。Cortex-M3 核是 ARM 公司最新推出的针对微控制器应用的内核，它提供业界领先的高性能和低成本的解决方案，未来几年将成为 MCU 应用的热点和主流。目前国内只有 ARM 公司的 MDK 和 RVDS 开发工具可以支持 Cortex-M3 芯片的应用开发。
- RealView 编译器。RealView 编译器是业界公认非常优秀的编译器，它生成的代码更小、性能更高。与 ADS 1.2 相比，代码尺寸小 10%，而代码性能高 20%。
- 配备 ULINK2 仿真器和 Flash 编程模块。RealView MDK 无需寻求第三方编程软件与硬件支持，通过配套的 ULINK2 仿真器与 Flash 编程工具，能够轻松实现 CPU 片内 FLASH、外扩 FLASH 烧写，并支持用户自行添加 FLASH 编程算法；而且能支持 FLASH 整片删除、扇区删除、编程前自动删除以及编程后自动校验等功能。
- 性价比高，提供专业的本地化技术支持和服务。

ARM 公司根据不同客户的需求，专门为 RealView MDK 定制了 4 个版本，分别是 Demo 版（MDK 评估版）、C-MDK（MDK 中国版套装，含 ULINK2 仿真器）、I-MDK（MDK 国际版，固定许可）和 I-MDK-F（MDK 国际版，浮动许可）。C-MDK 版是标准的发行版本，具有 256 KB 的代码限制。Demo 版具有 32 KB 的代码限制，可以免费从网上下载，通过获取序列号，Demo 版可以转换为不受限制的完全版。

### 1. RealView MDK 下工程的创建

下面通过具体示例来介绍使用 RealView MDK 创建工程的步骤。这里使用的集成开发环境版本是 μVision4，使用的开发板是北京精仪达盛科技有限公司提供的 EL-ARM-860。

μVision 集成开发环境是一个基于 Windows 的软件开发平台，它有功能强大的编辑器、工程管理器和制作工具。通常使用 μVision4 创建一个新的工程需要以下步骤：

- 启动 μVision4，创建一个工程文件并从器件数据库中选择一种 CPU。
- 添加和配置启动代码。
- 设置目标硬件的工具选项。
- 创建源文件及文件组，并将其添加到工程中。
- 编译链接工程并生成一个 HEX 文件。

**(1) 创建工程并选择处理器**

μVision4 是一个标准的 Windows 应用程序,直接单击程序图标就可以启动它。使用 μVision4 的"Project|New μVision Project…"菜单命令可以创建一个新的工程文件。此时会弹出一个标准的 Windows 对话框,询问新建工程文件的名字。

建议每个工程都使用一个独立的文件夹。在该对话框里,只要使用"创建新文件夹"图标就可以建立一个新的空文件夹。然后,选中该文件夹并键入新建工程的名字,例如:Project1。μVision4 就以 Project1.uvproj 为名字创建了一个新的工程文件,该文件包含了默认的目标和文件组名字。这些内容在左侧的 Project 窗口中可以看到。

输入完新工程的名字后,接下来弹出的对话框要求用户选择一款适当的处理器,如图 4.1 所示,通过"Project|Select Device for Target…"菜单命令也可以打开该对话框。在我们的例子中,使用的是 Samsung 的 S3C2410A。这种选择方法为 S3C2410A 器件设置必要的工具选项,简化了工具的配置。

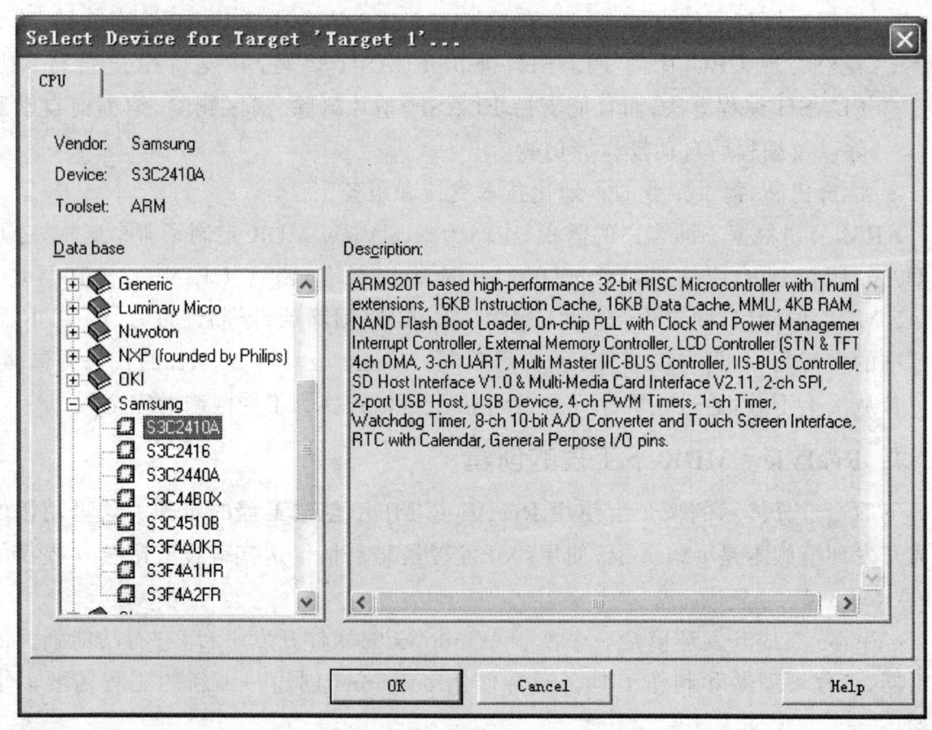


**图 4.1　选择处理器**

对于大多数处理器来说,μVision4 会提示用户是否在目标工程中添加相关的启动代码,如图 4.2 所示。所谓启动代码,就是处理器在启动的时候执行的一段代码,主要任务是初始化处理器模式、设置堆栈、初始化变量等。由于以上的操作均与处理器体系结构和系统配置密切相关,所以一般由汇编来编写。μVision4 提供的自动加载启动代码的功能使得用户对启动代码的编程工作量大大降低，用户只需要根据自身硬件的特点，对启动代码稍加修改即可使用。如果用户有自己编写好的启动代码，如针对 S3C2410A 的启动代码 S3C2410A.s，可将其覆盖已经安装到目录 Keil\ARM\Startup\Samsung 下的原同名文件，这样以后加载的启动代码就是用户自己的启动代码文件。通过选择“否”，也可以不加载系统提供的启动代码，在生成工程后，再选择合适的启动代码单独添加。

图 4.2　添加启动代码

### (2) 设置硬件选项

µVision4 可以为目标硬件设置选项。通过单击工具栏图标或者“Project | Options for Target”菜单命令可以打开“Options for Target”对话框，如图 4.3 所示。在 Target 标签页，可以指定目标硬件以及所选器件的片内部件的相关参数。EL-ARM-860 实验系统采用了 64M 的 SDRAM，分配的地址从 0x3000 0000 开始，图 4.3 显示了示例工程的相关设置。



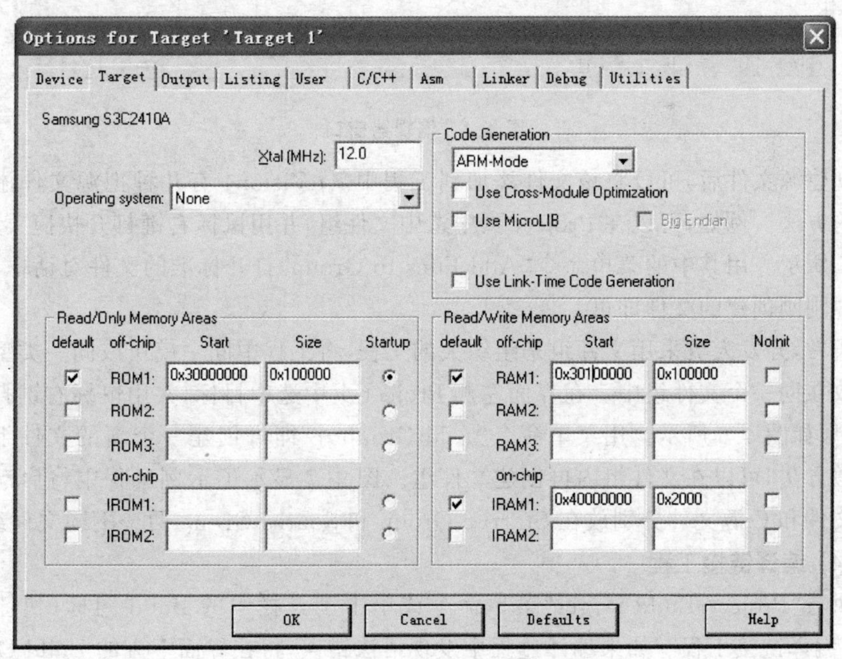


图 4.3　“Options for Target”对话框

**(3) 创建源文件及文件组**

创建工程后,就可以向工程中添加源文件了。使用菜单命令"File|New"可以创建一个新的源文件。该命令会打开一个空的编辑器窗口,如图4.4所示,可以在其中输入源代码。当在"Save As"对话框中用扩展名 *.c 保存文件后,μVision4 将对 C 语言句法彩色高亮显示。图4.4中显示的是示例工程中的 Main.c 文件。其他相关 C 文件以及启动代码文件都可以这样来创建。

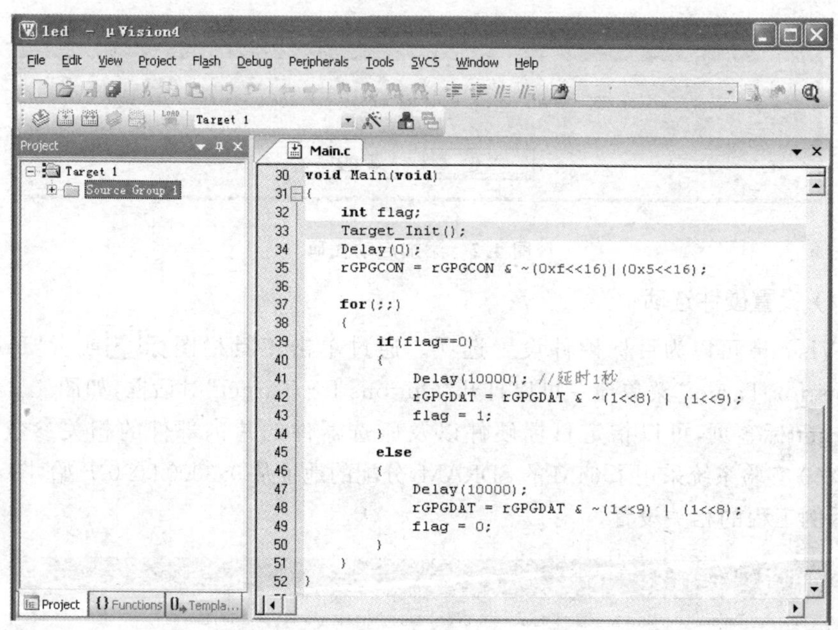


**图4.4 编辑器窗口**

创建源文件后,可以将该文件添加到工程中。μVision4 有几种把源文件添加到工程的方法。例如,可以在 Project 页中选中文件组,并用鼠标右键打开快捷菜单,如图4.5所示。用其中的菜单命令"Add Files to Group"打开标准的文件对话框,在其中选中刚刚创建的文件即可。

通常,开发人员采用文件组来组织大的工程,将工程中同一模块或同一类型的源文件放在同一个文件组中。在界面左侧 Project 页中选中目标,并用鼠标右键打开快捷菜单,如图4.6所示。用菜单命令"Add Group…"即可创建一个新的文件组。采用类似方法,可以在文件组内再创建文件组。图4.7显示了示例工程中将启动代码相关文件和 C 源文件分别放在 Startup Group 和 Source Group 两个不同文件组中。

**(4) 编译链接工程**

执行"Project|Build target"菜单命令或单击工具栏中的 Build 图标(快捷键为 F7)可编译链接工程。如果编译过程中发现语法错误,将在界面下方的 Build Output 窗口中显示错误信息和警告信息。双击信息行,μVision4 将在编辑器窗口打开此信

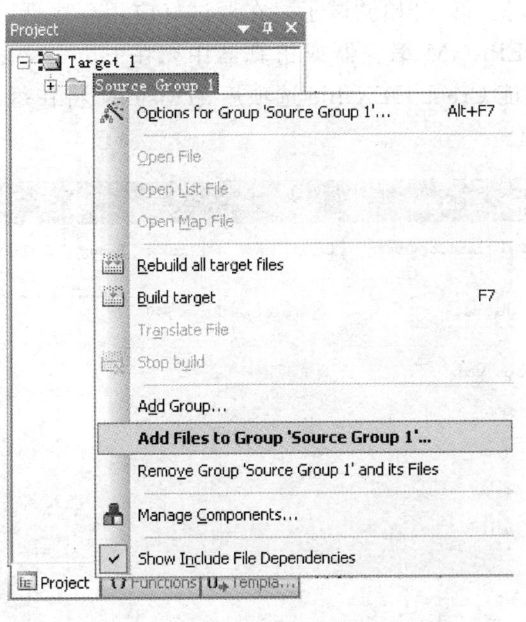


图 4.5　文件组快捷菜单

息对应的源文件并定位到相应的位置，方便用户快速定位出错位置。Build target 命令只编译修改过的或新的源文件，而 Rebuild all target files 命令将编译所有的源文件，而不管文件是否被修改过。



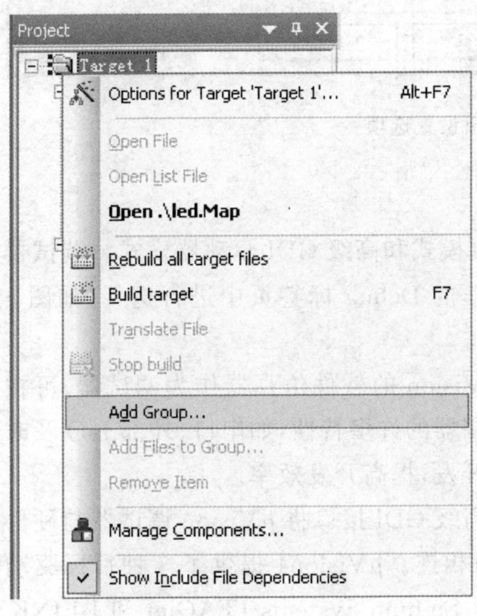


图 4.6　目标快捷菜单

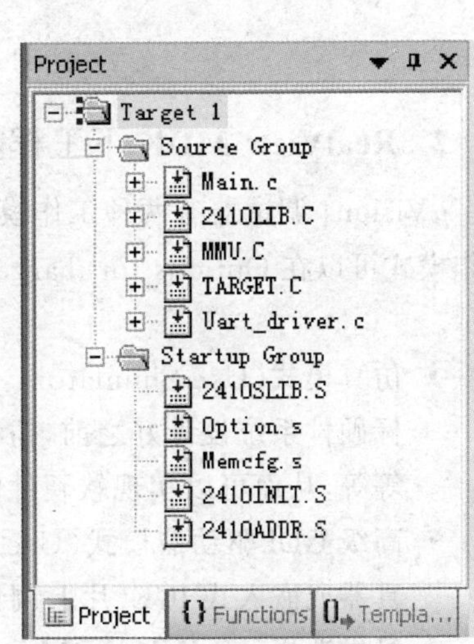


图 4.7　文件组列表

一旦编译成功,就可以开始调试了。在调试好应用程序后,需要生成一个 HEX 文件,用于下载到 EPROM 编程器或仿真器中。在 Options for Target 对话框的 Output 标签页中使能 Creat HEX file 选项后,μVision4 将在每次编译后生成 HEX 文件,如图 4.8 所示。

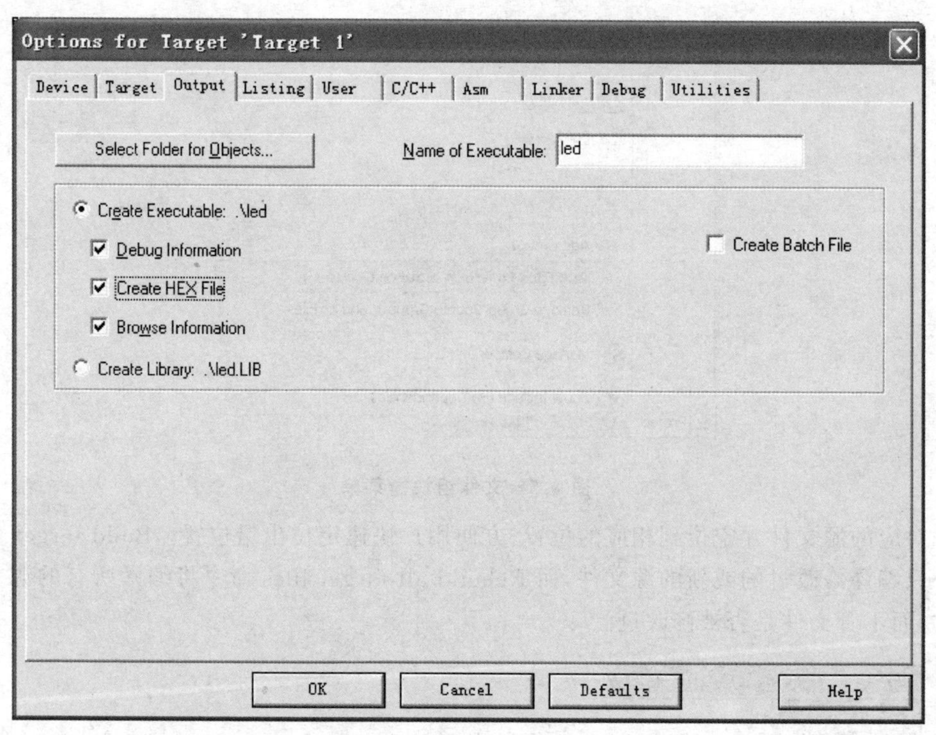


图 4.8 输出设置选项

## 2. RealView MDK 下工程的调试

μVision4 调试器有两种工作模式:仿真模式和高级 GDI 驱动器模式。调试器的工作模式可以在 Options for Target 对话框的 Debug 标签页中进行选择,如图 4.9 所示。

- 仿真模式(Use Simulator):选择 μVision 的软件仿真器作为调试器,可在目标硬件系统设计好之前,仿真微控制器的许多特性,如串口、外部 I/O 及时钟等等,从而可以实现软硬件的并行开发,提高开发效率。
- 高级 GDI 驱动器模式(Use):通过高级 GDI 接口将 μVision 调试器与硬件仿真器或嵌入式 ICE(片上调试系统)相连。μVision4 提供了 3 种目标驱动器可供选择:ULINK ARM Debugger、Signum Systems JTAGjet 和 J-LINK/J-TRACE。

ULINK 是 ARM 公司提供的 USB-JTAG 接口仿真器,目前最新版本是 2.0,即

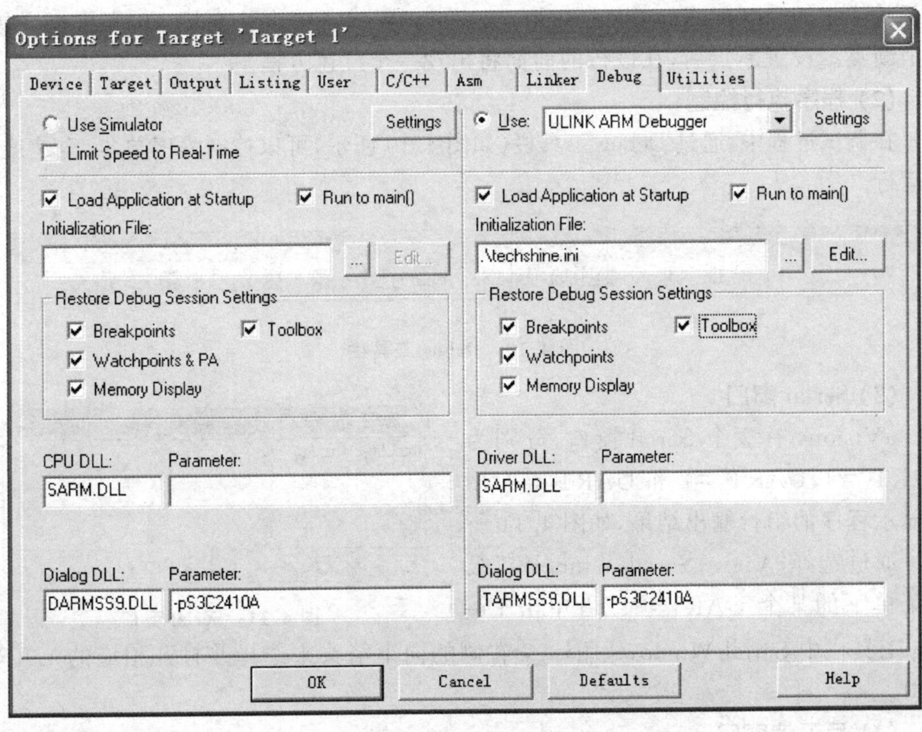


图 4.9 调试器的设置



常见的 ULINK2。ULINK2 支持诸多芯片厂商的 8051、ARM7、ARM9、Cortex-M3、InfineonC16x、InfineonXC16x、InfineonXC8xx、STMicroelectronics μPSD 等多个系列的处理器。ULINK2 不仅具有 ULINK 仿真器的所有功能,还增加了串行调试(SWD)支持、返回时钟支持和实时代理等功能。

和其他集成开发环境一样,Realview MDK 中也可以使用调试脚本(*.ini)。调试脚本除了可以初始化软硬件的调试环境以外,还可以初始化 Flash 的烧写环境,甚至可以提供信号函数模拟片上外围设备,并控制仿真目标映像文件的装载。RealView MDK 提供的工程示例中提供了相应的调试脚本,用户可以根据自身硬件的情况进行选择和修改。

当工程编译链接成功后,就可以对其进行调试了。通过菜单命令"Debug|Start/Stop Debug Session"或单击工具栏上的图标将启动 μVision4 的调试模式。根据 Options for Target 对话框的 Debug 标签页中的设置,μVision4 调试器将载入程序并执行到主函数。下面将具体介绍基本的调试功能。

**(1) 设置断点**

当程序全速运行时,如果希望程序在某些地方停止运行,然后进行单步调试,则可以通过设置断点来明确程序停止运行的位置。通过双击某一行或者选定某行后单击工具栏中的Insert/Remove Breakpoint图标或者单击快捷键F9都可以设置/取消断点。设置断点后,在该行的前面将出现一个红色方框。

**(2) 程序执行控制**

在调试过程中,通过Debug工具栏(如图4.10所示)可以控制程序单步、全速或停止运行。

图4.10 Debug工具栏

**(3) Serial窗口**

μVision4有3个Serial窗口,分别为UART #1、UART #2和UART #3,用于显示程序的串行输出结果,如图4.11所示。通过选择"View|Serial Windows"级联菜单下的某个UART项或者单击Debug工具栏中Serial Windows图标右侧的向下箭头来选择并打开相应的UART窗口。

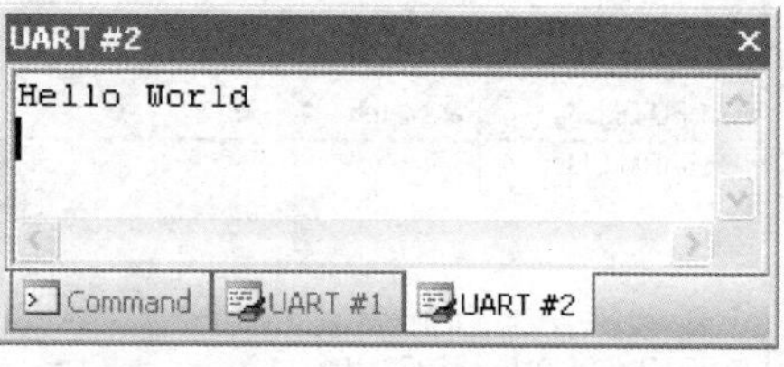


图4.11 Serial窗口

**(4) 反汇编窗口**



反汇编(Disassembly)窗口可以将源程序和汇编程序一起显示,也可以只显示汇编程序,如图4.12所示。通过执行"View|Disassembly Windows"菜单命令或单击工具栏中的图标可以打开反汇编窗口。如果选择反汇编窗口作为当前活动窗口,则所有程序的单步命令会工作在CPU的指令级而不是源程序的行。可以在"Debug|Inline Assembly…"菜单命令打开的对话框中修改CPU指令,也可以在调试时修改错误或在目标程序上进行暂时的改动。

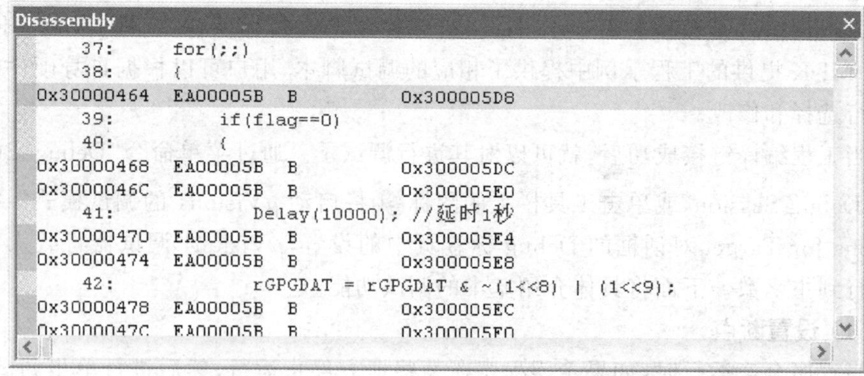


图4.12 反汇编窗口

### (5) Watch 窗口

Watch 窗口可以查看和修改程序中变量的值,如图 4.13 所示。通过“View|Watch Windows”级联菜单或者 Debug 工具栏中 Serial Windows 图标可以选择打开 Locals 或 Watch 窗口。Local 窗口用于显示当前函数的所有局部变量,Watch 窗口用于显示用户指定的程序变量。Watch 窗口的内容会在程序停止运行后自动更新。通过使能“View|Periodic Window Update”菜单项,可实现在目标程序运行时自动更新变量的值。

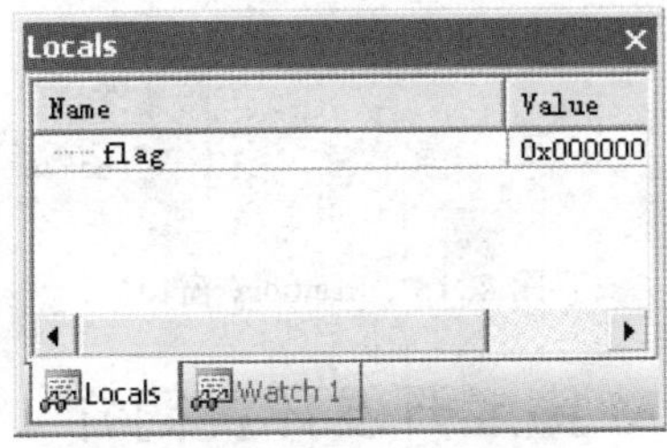


图 4.13 Watch 窗口

### (6) 寄存器窗口

寄存器(Registers)窗口列出了 CPU 的所有寄存器。通过“View|Registers Window”菜单命令或者 Debug 工具栏中 Registers Window 图标可以选择打开寄存器窗口,如图 4.14 所示。在调试过程中,值发生变化的寄存器将以蓝色显示。选中某个寄存器,然后按 F2,可以修改该寄存器的值。

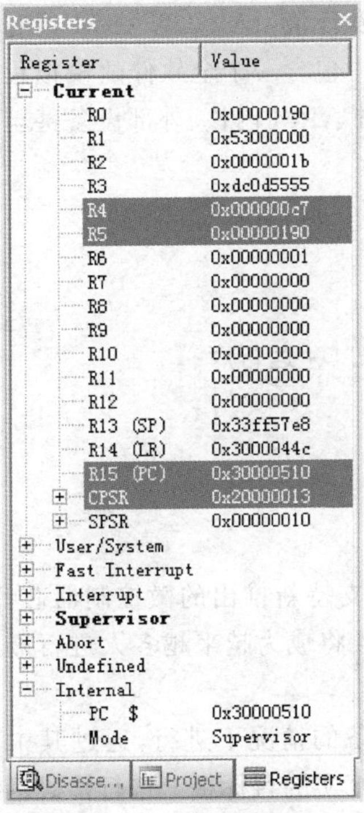

图 4.14 寄存器窗口

### (7) Memory 窗口

Memory 窗口能显示各种存储区的内容。通过选择“View|Memory Windows”级联菜单下的某个 Memory 项或者单击 Debug 工具栏中 Memory Windows 图标右侧的向下箭头来选择并打开相应的 Memory 窗口。最多可以通过 4 个不同的页观察 4 个不同的存储区。在 Memory 窗口中使用右键快捷菜单可以选择数据的输出格式,如图 4.15 所示。在 Memory 窗口的 Address 字段,可以输入任意表达式,表示要显示区域的起始地址。要改变存储器内容,可用鼠标双击该值,此时会弹出一个可以输入新存储器值的编辑窗口。通过使能“View|Periodic Window Update”菜单项,可实现在目标程序运行时

自动更新 Memory 窗口中的值。

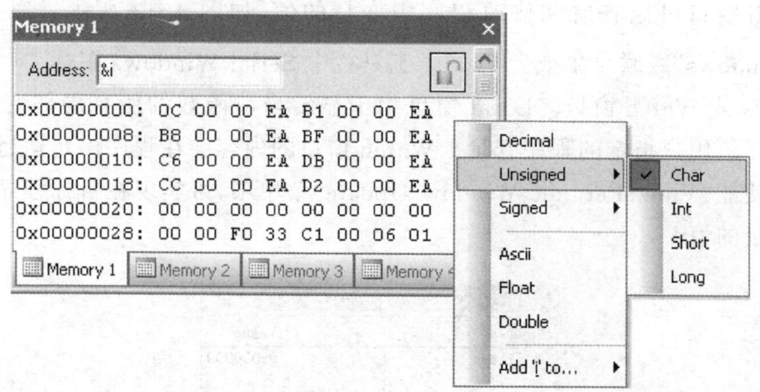


图 4.15　Memory 窗口

## 4.1.2　IAR EWARM 集成开发环境简介

IAR Embedded Workbench for ARM 是 IAR Systems 公司为 ARM 微处理器开发的一个集成开发环境(简称 IAR EWARM)。IAR Systems 公司目前推出的最新版本是 IAR Embedded Workbench for ARM version 5.40,并提供一个 32 K 代码限制但没有时间限制的免费评估版,有兴趣的读者可以到 IAR 公司的网站(http://www.iar.com/ewarm)去下载。比较其他的 ARM 开发环境,IAR EWARM 具有入门容易、使用方便和代码紧凑等特点。IAR EWARM 中包含一个全软件的模拟程序(Simulator),用户不需要任何硬件支持就可以模拟各种 ARM 内核、外部设备甚至中断的软件运行环境。IAR EWARM 的主要模块如下。

- 高度优化的 IAR ARM C/C++ Compiler。
- IAR ARM Assembler。
- 一个通用的 IAR XLINK Linker。
- IAR XAR 和 XLIB 建库程序和 IAR DLIB C/C++运行库。
- 功能强大的编辑器。
- 项目管理器。
- 命令行实用程序。
- IAR C-SPY 调试器(先进的高级语言调试器)。

由于 ADS 集成开发环境已经不再更新,因此无法支持新推出的微控制器芯片,而 IAR EWARM 在持续的更新中,因此 IAR EWARM 将成为越来越多人进行嵌入式系统开发的首选开发环境。

学习使用 IAR EWARM 可以在没有任何硬件设备的情况下进行,通过其中自带的模拟程序实现运行环境的模拟。如果用户希望在真实的目标板上进行代码运行和调试,则需要 IAR 的 JTAG 仿真器 J-Link。

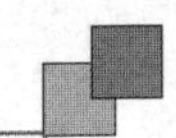

IAR J-Link 是 IAR 为支持仿真 ARM 内核芯片推出的 JTAG 方式仿真器。配合 IAR EWARM 成开发环境支持所有 ARM7、ARM9、ARM11、Cortex-M3 等内核芯片的仿真，与 IAR EWARM 集成开发环境无缝连接，操作方便、简单易学，是学习开发 ARM 非常实用的开发工具。

## 1. IAR EWARM 集成开发环境下工程的创建

下面通过具体实例来介绍使用 IAR EWARM 创建工程的步骤。

**(1) 新建工作区(Workspace)**

启动 IAR EWARM 集成开发环境，单击“File|New|Workspace”菜单命令，生成一个空的工作区，如图 4.16 所示。

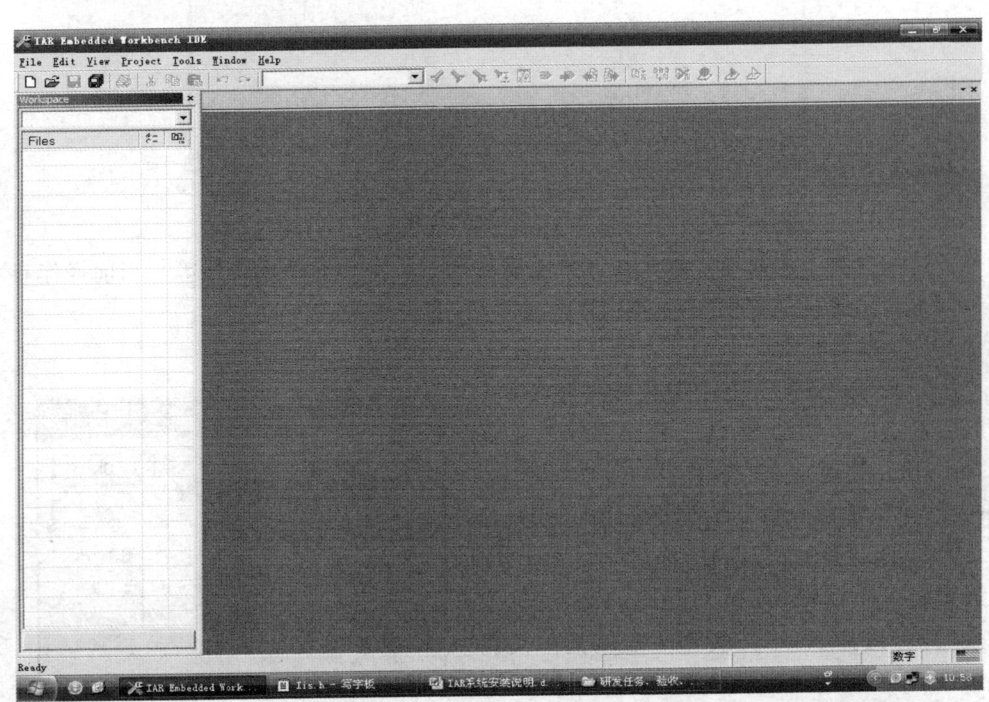


**图 4.16　工作平台的创建**

**(2) 新建工程**

创建好工作区后，点击“Project|Creat New Project”菜单命令，在弹出的“Creat New Project”对话框中选择编译工具链(Tool Chain)为 ARM，如图 4.17 所示，然后单击 OK 按钮。在接下来弹出的“另存为”对话框中设置工程的保存路径和名称，单击“保存”按钮，一个后缀为.ewp 的空工程创建完成。

**(3) 保存工作区**

单击“File|New|Save Workspace”菜单命令，输入工作区的名称，单击保存按钮保存该工作区。这时在当前的工程目录下将生成一个后缀为.eww 的工作区文件，

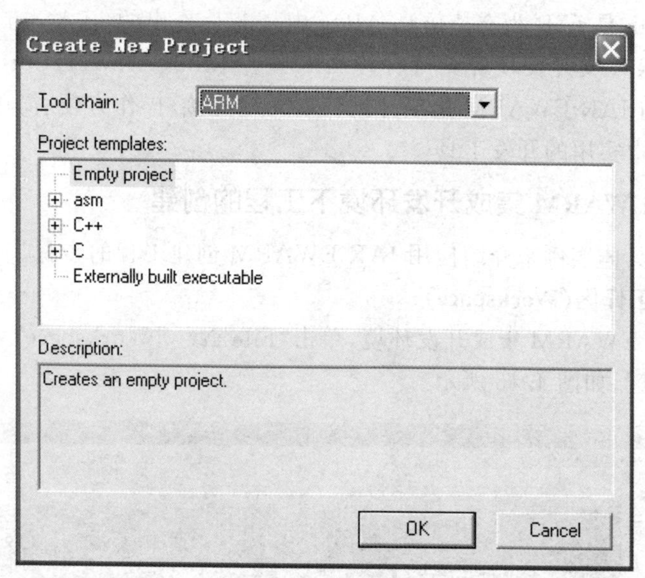


图 4.17 新建工程

该文件中保存了用户添加到工作区中的所有项目。窗口和断点位置等与当前操作有关的其他信息则被存储在自动生成的 settings 目录下。



**(4) 参数配置**

① 选择目标类型 目标类型分为 Debug 和Release两种,新建工程时系统默认选择 Debug 类型。在“Projects|Edit Configurations”菜单命令打开的对话框里可以对目标类型进行增加或删减,如图 4.18 所示。通常在调试阶段,选择 Debug 类型,调试完成后,再选择 Release 类型生成精简的发行版本。

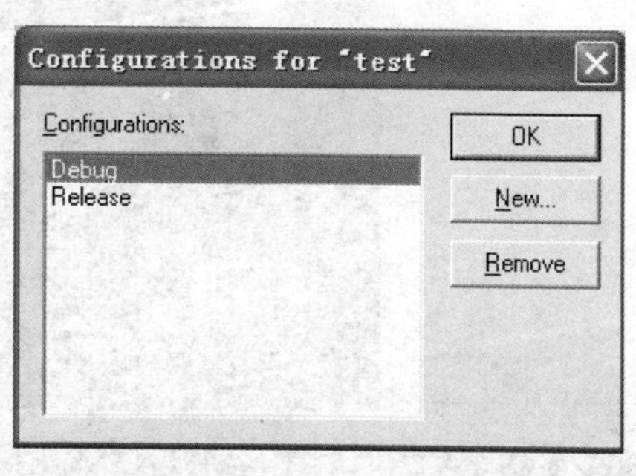


图 4.18 设置目标类型

② 配置相关参数 确定好目标类型后,需要进行相关的参数配置。执行“Project|Option”菜单命令,或者右击创建的工程名称,在弹出菜单中选择Option,则打开选项设置对话框,如图 4.19 所示。

首先在左侧的 Category 栏中选择“Genneral option”,然后选择右侧的 Target 标签,在“Processor variant”栏选中 Device 单选按钮,再通过单击右侧的按钮选择适合的 CPU,如图 4.20 所示选择的是三星公司的 S3C2410A。

接着在左侧的 Category 栏中选择“C/C++ Compiler”,然后选择右侧的 Code 标签,选择处理器模式为 Arm,如图 4.21 所示。

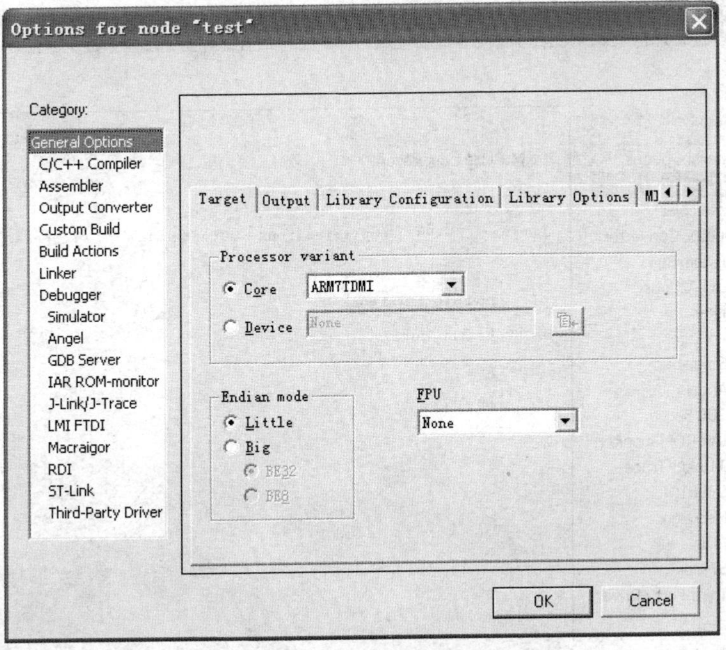


图 4.19　Option 对话框

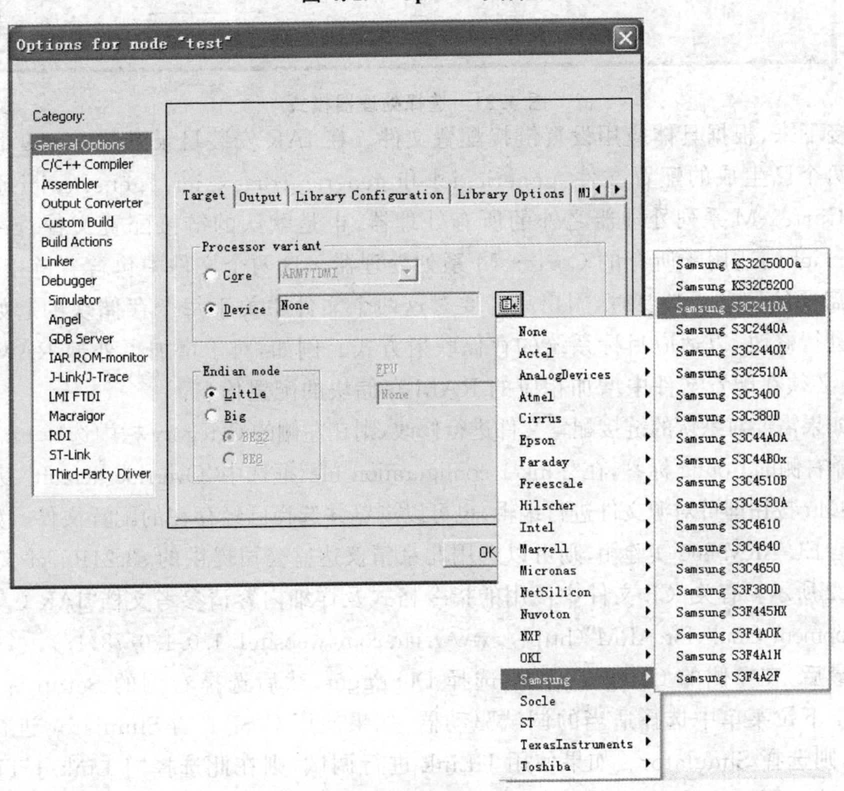


图 4.20　选择 CPU

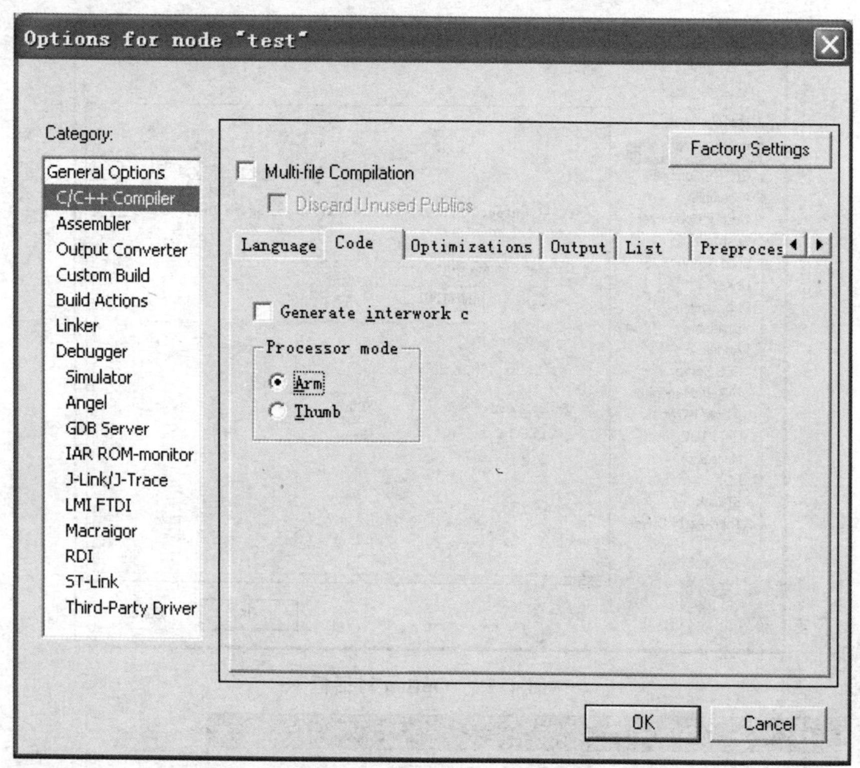


图4.21　选择处理器模式

接下来，根据具体应用设置链接配置文件。在IAR安装目录下的config目录中包含两个已生成的配置文件：generic.icf和generic_cortex.icf。generic.icf适用于从除Cortex-M系列处理器之外的所有处理器，也是默认的链接配置文件；generic_cortex.icf则适用于所有的Cortex-M系列处理器。这两个文件中包含着链接器ILINK需要的信息。必要时，用户只需要对这两个文件中关于每个存储块的起始地址部分进行修改，以适应目标系统的存储映射方式。例如，对于增加了外部RAM的系统，则必须在配置文件中增加相应的RAM存储块的配置信息。

如果需要对默认的链接配置文件进行修改，则在左侧的Category栏中选择Linker，然后选择右侧的Config标签，在“Linker configuration file”框选中“Override default”复选框，单击Edit按钮即可对源文件进行编辑，也可以浏览并选择已经存在的配置文件。如果使用的是EL-ARM-860实验箱，则可以选用北京精仪达盛公司提供的s3c2410.icf文件，如图4.22所示。有关ICF文件中使用的指令格式及详细内容请参考文档“IAR C/C++ Development Guide for ARM”(http://www.iar.com/website1/1.0.1.0/78/1/)。

最后，在左侧的Category栏中选择Debugger，然后选择右侧的Setup标签，在Driver下拉菜单中选择适当的调试驱动器，如果使用C-SPY的Simulator进行模拟调试，则选择Simulator。如果使用J-Link进行调试，则在此选择“J-Link/J-Trace”，如图4.23所示。单击OK按钮，完成参数配置。

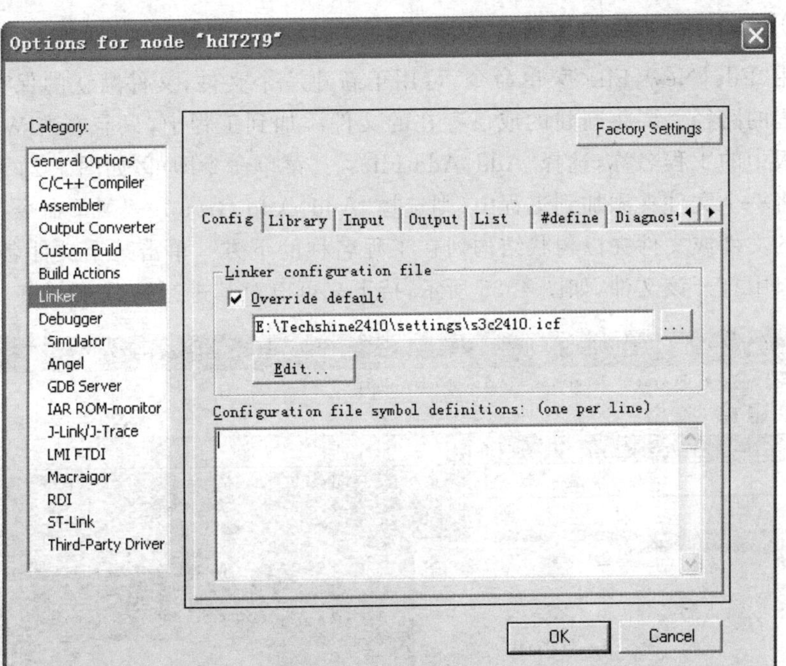


图 4.22　配置 Linker



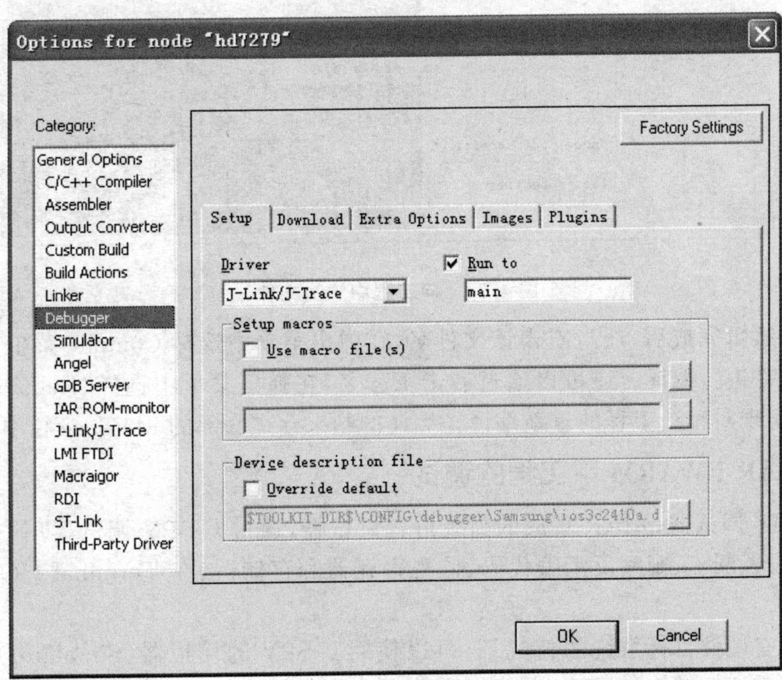


图 4.23　配置 Debugger

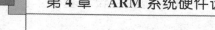

### (5) 向工程中添加文件

使用“File|New|File”菜单命令,可用于新建一个文件,文件默认的保存路径为当前工程的路径。要将新建的或已存在的文件添加到工程中,只需右击 Workspace 浮动面板中的工程名称,选择“Add|Add Files…”菜单命令即可,如图 4.24 所示。如果希望将一个文件夹添加到工程中,则选择“Add|Add Group…”菜单命令。添加到工程中的文件或文件夹以树状结构列在工程名称的下方。单击某个文件名,则可在右侧窗口中打开该文件,如图 4.25 所示,接下来可以对其进行编辑、修改。



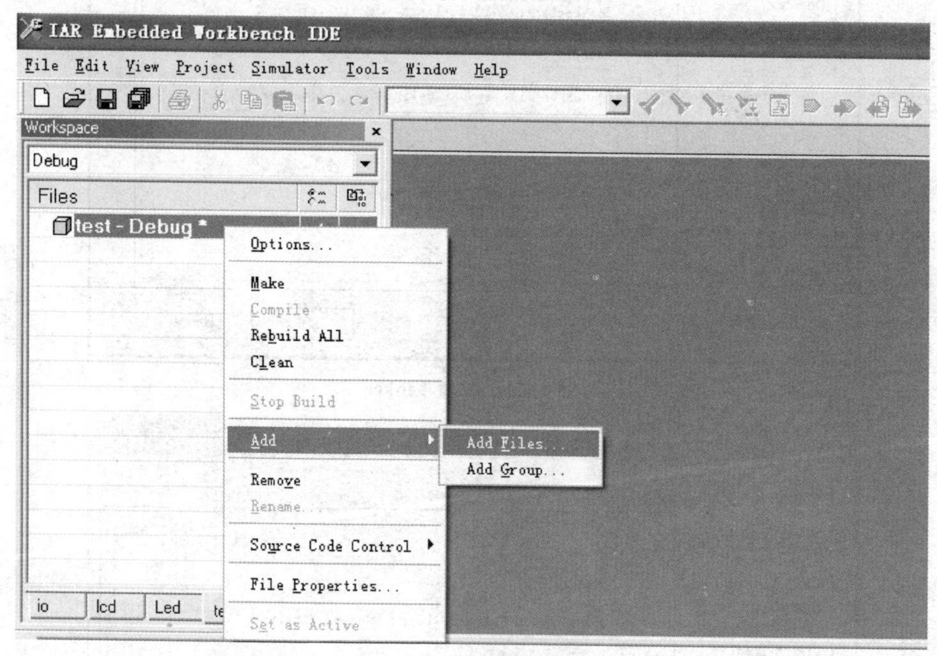


图 4.24　向工程中添加文件

文件编辑完成后,通过右击该文件名,在弹出菜单中选择 Compile 菜单命令,可以对该文件进行编译。还可以通过右击工程名,在弹出菜单中选择“Rebuild all”菜单命令,实现对整个工程的重新编译。编译的结果会在底部的 Message 栏中输出。

## 2. IAR EWARM 下工程的调试

C-SPY 调试器是 IAR 集成的高级语言调试器,通过 C-SPY 调试器用户可以查看变量、设置断点、观察反汇编代码、监视寄存器和存储器、在 Terminal I/O 窗口打印输出等。

在没有硬件目标系统的情况下,可以使用 C-SPY 的模拟器(Simulator)对应用程序进行模拟调试。如果希望直接在硬件目标系统上进行调试,则需要备有 IAR 的 JTAG 仿真器 J-Link。在进行调试之前,需要先正确配置调试器。在 IAR EWARM 集成开发环境下,选择菜单命令“Project|Option”,然后在打开的选项设置对话框中

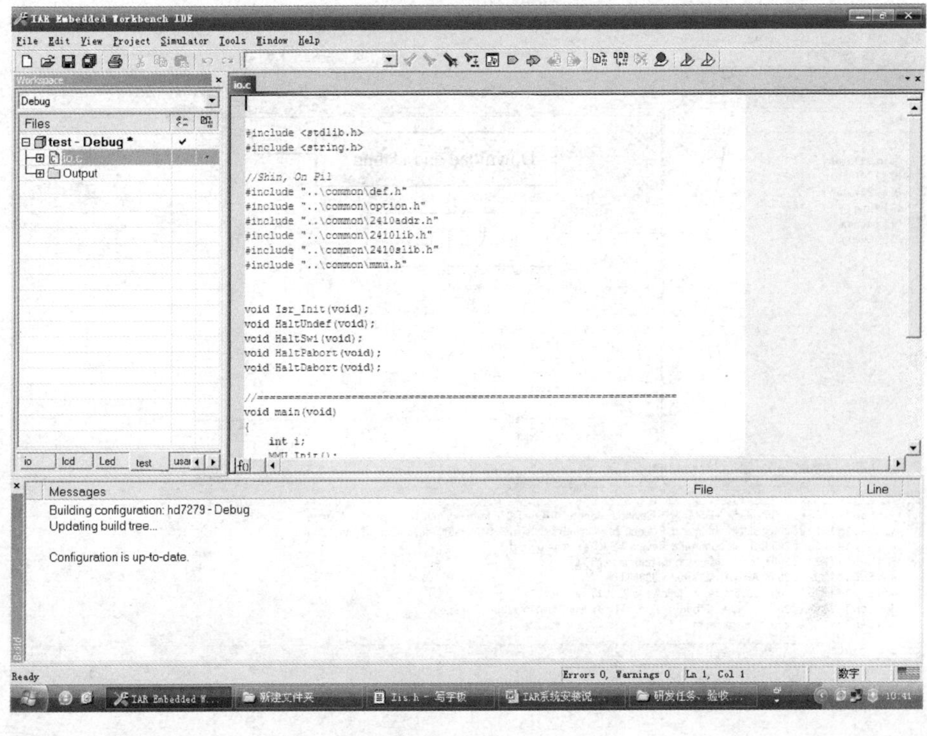

图 4.25　打开文件



选择 Category 中的 Debugger,在 Setup 标签页,根据采用的调试方式选择合适的驱动器。如果要进行模拟调试,则在 Driver 下拉菜单中选择 Simulator;如果在目标板上借助 J-Link 进行调试,则在 Driver 下拉菜单中选择"J-Link/J-Trace",最后单击 OK 按钮。

下面以使用 J-Link 调试为例,介绍在 IAR EWARM 集成开发环境下进行调试的基本方法,这里使用的目标硬件系统是北京达盛科技有限公司提供的 EL-ARM-860 实验箱。

在对程序进行调试之前,应确保已经将烧写好启动代码的 CPU 板正确安装在 EL-ARM-860 试验箱上,并连接好了 J-Link 仿真器,然后给目标系统上电。

首先,使用"File|Open|Workspace"菜单命令打开要调试的工作区,如果工作区中只包含一个工程文件,则会同时打开该工程文件,否则选中要调试的工程文件。然后执行"Project|Debug"菜单命令或者单击工具栏右侧的"Download and Debug"按钮,则进入调试界面,如图 4.26 所示。通过单击调试工具栏上的按钮,即可实现单步执行、运行到光标处、运行到断点、进入函数、跳出函数等操作,同时也可通过 View 菜单打开相应的窗口来查看内存、变量、寄存器等。

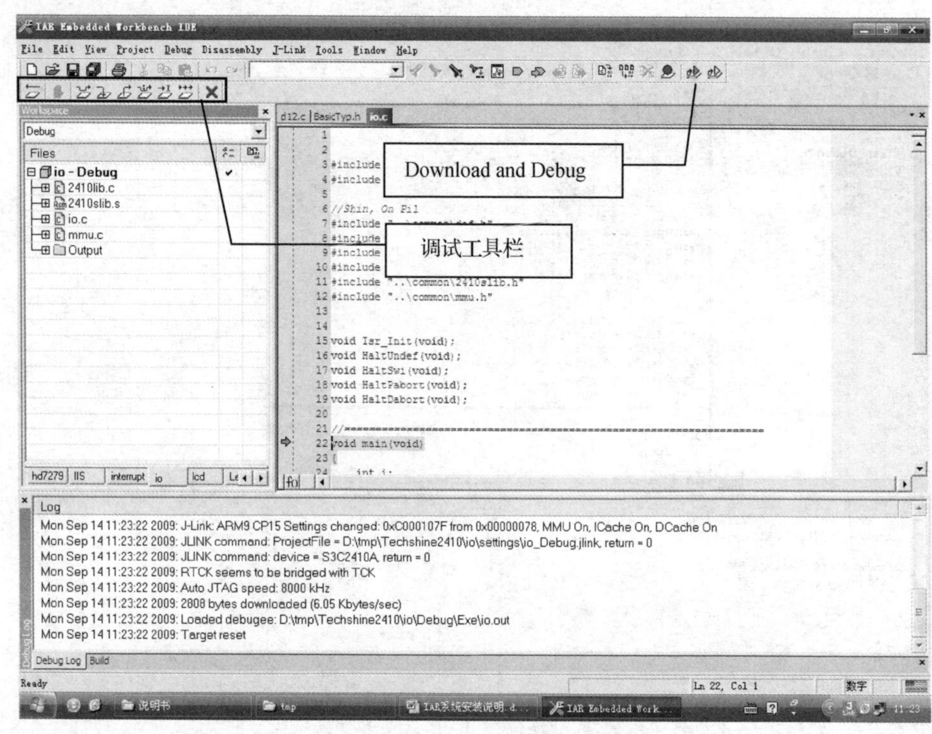




**图 4.26 IAR EWARM 的调试界面**

## 4.2 基于 ARM 的汇编语言程序设计

### 4.2.1 ARM 汇编器支持的伪指令

在 ARM 汇编语言程序里,有一些特殊指令助记符,这些助记符与指令系统的助记符不同,没有相对应的操作码,通常称这些特殊指令助记符为伪指令,它们所完成的操作称为伪操作。伪指令在源程序中的作用是为完成汇编程序做各种准备工作,它们仅在汇编过程中起作用,一旦汇编结束,伪指令的使命就完成了。

ARM 汇编器支持的伪指令包括:符号定义伪指令、数据定义伪指令、汇编控制伪指令、宏指令以及其他伪指令。常见的伪指令见表 4.1。

表4.1 ARM汇编器支持的常见伪指令

| 分类 | 指令 | 功能 | 举例 |
|---|---|---|---|
| 符号定义伪指令 | GBLA/GBLL/GBLS | 分别用于定义全局的数值变量、逻辑变量和字符串变量 | GBLA Test1<br>;定义一个名为Test1的全局数值字<br>;变量 |
| | LCLA/LCLL/LCLS | 分别用于定义局部的数字变量、逻辑变量和字符串变量 | LCLL Test2<br>;定义一个名为Test2的局部逻辑变量 |
| | SETA/SETL/SETS | 分别用于给数值、逻辑、字符串变量赋值 | Test1 SETA 0xaa<br>;将数值变量Test1赋值为0xaa |
| | RLIST | 为一个通用寄存器列表起别名，该别名可在ARM指令LDM/STM中使用 | RegList RLIST {R0-R3,R8}<br>;为寄存器列表{R0-R3,R8}起一个别名<br>;RegList |
| 数据定义伪指令 | DCB/DCW/DCD | 分别用于分配连续的字节/半字/字存储单元并初始化 | str DCB "This is a test"<br>;分配起始地址为str的一段连续字节存<br>;储单元存放字符串 |
| | DCFD/DCFS | 分别用于为双/单精度浮点数分配连续的字存储单元并初始化 | Fdata DCFD 2E11,-5E7<br>;分配两个连续的双精度存储空间存放<br>;2E11和-5E7 |
| | DCQ | 用于分配以8字节为单位的连续存储单元并初始化 | DataD DCQ 10<br>;分配8字节连续的存储单元存放10 |
| | SPACE | 用于分配一段连续的存储单元并初始化为0 | DataSpace SPACE 10<br>;分配10字节的存储单元并初始化为0 |
| | MAP | 用于定义一个结构化的内存表首地址 | MAP 0x100,R0<br>;定义结构化内存表首地址为0x100+R0 |
| | FIELD | 用于定义一个结构化的内存表的数据域 | A FIELD 10;定义A的长度为10字节<br>B FIELD 20;定义B的长度为20字节 |
| 汇编控制伪指令 | IF/ELSE/ENDIF | 根据条件成立与否决定执行不同分支的指令序列 | IF Test=TRUE ;如果条件成立<br>指令序列1 ;执行指令序列1<br>ELSE ;否则执行指令序列2<br>指令序列2<br>ENDIF |
| | WHILE/WEND | 根据条件成立与否决定是否循环执行某个指令序列 | WHILE Test<10 ;当Test小于10成立<br>指令序列 ;时循环执行指令序列<br>WEND |
| 宏指令 | MACRO/MEND | 将一段代码定义为一个整体，称为宏指令，便于以后通过宏指令多次调用该代码段 | MACRO Seg<br>指令序列<br>MEND<br>;定义一个名为Seg的宏指令 |
| | MEXIT | 从宏指令中跳出 | MEXIT |

续表 4.1

| 分类 | 指令 | 功能 | 举例 |
|---|---|---|---|
| 其他伪指令 | AREA | 定义一个代码段或数据段,段属性的取值为:CODE(代码段)、DATA(数据段)、READONLY(只读)、READWRITE(可读可写)等 | AREA Init,CODE,READONLY,ALIGN=3<br>;定义了一个代码段,段名为 Init,属性为只读,<br>;并指定其后的指令为 8($2^3$)字节对齐 |
| | ALIGN | 指定当前位置的对齐方式,可取值为2的幂 | |
| | CODE16/CODE32 | 通知编译器,其后的指令为16位的 Thumb 指令/32位的ARM指令 | — |
| | ENTRY | 指定汇编程序的入口点 | — |
| | END | 指定汇编程序的结尾 | — |
| | EQU | 为常量或符号起别名 | Test EQU 50<br>;定义标号 Test 的值为 50 |
| | EXPORT/GLOBAL | 声明一个全局标号 | EXPORT FLAG<br>;声明一个全局标号 FLAG |
| | IMPORT/EXTERN | 通知编译器要使用的标号在其他源文件中定义 | IMPORT main ;通知编译器标号 main<br>;在其他源文件中定义 |
| | GET/INCLUDE | 将一个源文件包含到当前的源文件中 | GET Init.s<br>;通知编译器当前源文件包含源文件 Init.s |
| | INCBIN | 将一个目标文件或数据文件包含到当前的源文件中 | INCBIN a1.dat<br>;通知编译器当前源文件包含文件 a1.dat |

## 4.2.2 基于ARM的汇编语言语句格式

ARM 汇编语言的语句格式包括以下3部分:

[标号][指令或伪指令][;注释]

这3部分都是可选的。在ARM汇编语言中,标号是代表地址的符号,在汇编时计算出标号代表的具体地址。所有标号必须在一行的顶格书写,其后不能添加冒号":",而所有指令均不能顶格书写。ARM汇编语言对标识符的大小写敏感,书写标号及指令时字母大小写要一致。在ARM汇编语言中,ARM指令、伪指令和寄存器名等可以全部大写或者全部小写,但不能大小写混合使用。为了使源文件易读,可以将一条长的指令通过使用反斜杠字符"\"分成几行书写,但需要特别注意的是反斜杠后面不能加任何字符,反斜杠字符被汇编器以空格字符看待。每行从第一个分号开始到本行结束为注释内容,所有的注释内容均被汇编器忽略。

## 4.2.3 ARM汇编语言程序的基本结构

在ARM汇编语言程序中,以程序段为单位来组织代码。段是相对独立的指令或数据序列,具有特定的名称。段可以分为代码段和数据段,代码段的内容为执行代码,数据段存放代码运行时所需的数据。一个汇编程序至少应该有一个代码段,当程序较长时,可以分割为多个代码段和数据段,多个段在程序编译链接时最终形成一个可执行映像文件。可执行映像文件通常由以下几部分构成:

- 一个或多个代码段,代码段为只读属性。
- 零个或多个包含初始化数据的数据段,数据段的属性为可读/写。
- 零个或多个不包含初始化数据的数据段,数据段的属性为可读/写。

链接器根据系统默认或用户设定的规则,将各个段安排在存储器中的相应位置。源程序中段之间的相邻关系与可执行映像文件中的段之间的相邻关系不一定相同。

在ARM汇编语言中,子程序的调用是通过B或BL指令实现的,其格式为:

```
B    子程序名
BL   子程序名
```

B或BL指令引起处理器转移到"子程序名"处开始执行。两者的不同之处在于BL指令在转移到子程序执行之前,将其下一条指令的地址拷贝到R14(LR,链接寄存器)。由于BL指令保存了下一条指令的地址,因此使用指令"MOV PC,LR"即可实现子程序的返回。而B指令则无法实现子程序的返回,只实现单纯的跳转。用户在编程时,可根据具体应用选用合适的子程序调用语句。



下面的例子是一个含有子程序调用的代码段:

```
         AREA     Init,CODE,READONLY
         ENTRY
         LDR      R0, = 0x3FF5000
         LDR      R1, 0x0f
         STR      R1, [R0]
         LDR      R0, = 0x3F50008
         LDR      R1, 0x1
         STR      R1, [R0]
         BL       PROC               ;子程序调用
         ⋮
PROC                                 ;子程序开始
         ⋮
         MOV      PC,LR              ;从子程序返回
         ⋮
         END
```

在汇编程序中,用AREA指令定义一个段,并说明定义段的相关属性。本例中定义了一个名为Init的代码段,属性为只读。ENTRY伪指令标识程序的入口,程序的末尾为END指令,该伪指令告诉编译器源文件结束,每一个汇编文件都要以END结束。

下面是一个数据段的例子:

```
AREA DataArea, DATA, NOINIT, ALIGN= 2
```

```
DISPBUF         SPACE       200
RCVBUF          SPACE       200
 ⋮
```

其中 DATA 为数据段的标识。

### 4.2.4　基于 ARM 的汇编语言程序举例

本小节给出了一个连续发送 128 个 ASCII 字符的汇编语言的例子,请读者仔细分析。

在"B　UART"指令前的部分为系统的初始化部分,这里省略掉了,具体请参阅"4.3　基于 ARM 的硬件启动程序设计"一节。UART 后的程序为核心功能代码,其中涉及了对 UART 相关寄存器的设置,请读者参阅"5.5 UART"一节。

```
 ⋮
;调用子程序 UART
    B UART
UART                            ;子程序开始
    LDR R0, = GPHCON            ;设置 GPIO(RxD0,TxD0 引脚)
    LDR R1, = 0x2afaaa
    STR R1, [r0]
    LDR R0, = GPHUP
    LDR R1, = 0x7ff
    STR R1, [r0]                ;GPH[10∶0]禁止上拉
    LDR R0, = UFCON0            ;禁用 FIFO
    LDR R1, = 0x0
    STR R1, [r0]
    LDR R0, = UMCON0            ;禁用 AFC
    LDR R1, = 0x0
    STR R1, [r0]
    LDR R0, = ULCON0            ;设置行控制线寄存器
    LDR R1, = 0x3               ;正常模式,无奇偶校验,1 个停止位,8 个数据位
    STR R1, [r0]
    LDR R0, = UCON0             ;设置 UART0 控制器
    LDR R1, = 0x245             ;RX 边沿触发,TX 电平触发,禁用延时中断,使用 RX 错误中断,
                                ;正常操作模式,中断请求或表决模式
    STR R1, [r0]
    LDR R0, = UBRDIV0           ;设置波特率为 115 200
    LDR R1, = 0x1a              ;int(50700000 / 16 / 115200) - 1 = 26
    STR R1, [r0]
    MOV R1, #100
DELAY
    SUB R1, R1, #0x1
    BNE DELAY
    ;开中断
    LDR R0, = INTMSK
    LDR R1, [R0]
```

```
    and r1, r1, #0xeffffff
    str r1, [r0]
    MOV R5, #127            ;设置要打印的字符的个数
    MOV R1, #0x0            ;设置要打印的字符
LOOP
   LDR R3, = UTRSTAT0
   LDR R2, [R3]
   TST R2,#0x04             ;判断发送缓冲区是否为空
   BEQ LOOP                 ;为空则执行下边的语句,不为空则跳转到 LOOP
   LDR R0, = UTXH0
   STR R1,[R0]              ;向数据缓冲区放置要发送的数据
   ADD R1,R1,#1
   SUB R5,R5,#0x01          ;计数器减 1
   CMP R5,#0x0
   BNE LOOP
LOOP2
   B   LOOP2
```

## 4.3 基于 ARM 的硬件启动程序设计

基于 ARM 芯片的应用系统,多数为复杂的片上系统。在该复杂系统中,多数硬件模块都是可配置的,配置工作需要由软件预先完成。因此在用户的应用程序运行之前,需要专门的一段代码来完成对系统基本的初始化工作。由于此类代码直接面对处理器内核和硬件控制器进行编程,所以一般都使用汇编语言实现,这里我们称之为硬件启动程序。硬件启动程序的工作一般包括:

① 分配中断向量表;
② 初始化存储器系统;
③ 初始化各工作模式下的堆栈;
④ 初始化有特殊要求的硬件模块;
⑤ 初始化用户程序的执行环境;
⑥ 切换处理器的工作模式;
⑦ 调用主应用程序。

### 4.3.1 分配中断向量表

ARM 要求中断向量表必须放置在从 0x0 地址开始的连续 32 字节的空间内,ARM720T、ARM9/10 及以后的 ARM 处理器也支持从 0xFFFF0000 开始的高地址放置向量表。以从 0x0 地址放置的中断向量表为例,其各个中断向量在向量表中的位置如表 4.2 所列。

表 4.2 中断向量表

| 中断 | 地址 | 中断 | 地址 |
|---|---|---|---|
| 复位 | 0x00 | 数据中止 | 0x10 |
| 未定义 | 0x04 | 保留 | 0x14 |
| 软件中断 | 0x08 | IRQ | 0x18 |
| 预取中止 | 0x0C | FIQ | 0x1C |

当一个中断发生后,ARM处理器便强制把PC指针指向中断向量表中对应中断类型的地址处。因为每个中断只占据向量表中4字节的存储空间,只能放置一条ARM指令,所以通常放一条跳转指令使程序跳转到存储器的相应中断服务程序去执行中断处理。

中断向量表的程序通常如下所示:

```
AREA Init,CODE, READONLY
ENTRY
B    ResetHandler
B    UndefHandler
B    SWIHandler
B    PreAbortHandler
B    DataAbortHandler
B    .
B    IRQHandler
B    FIQHandler
```

其中关键字ENTRY确保编译器保留这段代码,避免其作为冗余代码被优化。同时程序被链接时这段代码被链接在整个程序的入口地址。当ARM启动时,PC指针会自动寻找该关键字并从该关键字处开始执行,该关键字的地址应是4字节对齐的地址。

## 4.3.2 初始化存储系统

对存储系统的初始化操作包括对存储器类型、存储器容量、时序以及总线宽度等的配置。通常Flash和SRAM同属于静态存储器类型,可以合用同一个存储器端口;而DRAM因为有动态刷新和地址线复用等特性,通常配有专用的存储器端口。除了存储器外,与网络芯片相关的存储器配置以及外接大容量存储卡的配置也在这里进行。

存储器端口的接口时序优化是非常重要的,会影响到整个系统的性能。因为一般系统运行的速度瓶颈都来源于存储器访问,所以存储器访问时序应尽可能快;同时还要考虑到由此带来的稳定性问题。

## 4.3.3 初始化堆栈

ARM有7种运行状态,每一种状态的堆栈指针寄存器(SP)都是独立的。因此对于程序中需要用到的每一种模式都要给SP定义一个堆栈地址。定义的方法是,

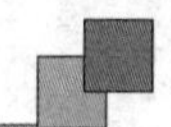





改变状态寄存器内的状态位,使处理器切换到不同的状态,然后给 SP 赋值。注意:不要切换到 User 模式进行 User 模式的堆栈设置,因为进入 User 模式后就不能再操作 CPSR 返回到其他模式了,从而可能会影响后面程序的执行。

以下是堆栈初始化的核心代码示例:

```
;预定义处理器模式常量
USERMODE        EQU         0x10
FIQMODE         EQU         0x11
IRQMODE         EQU         0x12
SVCMODE         EQU         0x13
ABORTMODE       EQU         0x17
UNDEFMODE       EQU         0x1b
SYSMODE         EQU         0x1f
NOINT           EQU         0xc0     ;屏蔽中断位
InitStacks
    MRS     R0,CPSR
    BIC     R0,R0,#MODEMASK
    ORR     R1,R0,#UNDEFMODE|NOINT
    SMR     CPSR_CXSF,R1                    ;未定义模式堆栈
    LDR     SP,= UNDEFSTACK
    ORR     R1,R0,#ABORTMODE|NOINT
    MSR     CPSR_CXSF,R1                    ;中止模式堆栈
    LDR     SP,= ABORTSTACK
    ORR     R1,R0,#IRQMODE|NOINT
    MSR     CPSR_CXSF,R1                    ;中断模式堆栈
    LDR     SP,= IRQSTACK
    ORR     R1,R0,#FIQMODE|NOINT
    MSR     CPSR_CXSF,R1                    ;快速中断模式堆栈
    LDR     SP,= FIQSTACK
    BIC     R0,R0,#MODEMASK|NOINT
    ORR     R1,R0,#SVCMODE
    MSR     CPSR_CXSF,R1                    ;管理模式堆栈
    LDR     SP,= SVCSTACK
    MOV     PC,LR
LTORG
```

### 4.3.4 初始化有特殊要求的硬件模块

这一部分的设置工作根据具体的系统和用户需求而定。一般外设初始化可以在系统初始化之后进行。比较典型的硬件模块有 LED、时钟模块和看门狗模块等。

### 4.3.5 初始化应用程序执行环境

一个典型的可执行程序的映像结构通常如表 4.3 所列。

表 4.3 可执行程序映像的结构

| 分 区 | 说 明 |
|---|---|
| ZI(初始化为0的可读/写数据) | 只定义了变量名的全局变量 |
| RW(可读/写数据) | 定义时带初始值的全局变量 |
| RO(代码和只读数据) | 编译结果 |

映像一开始总是存储在ROM/Flash中的,其RO部分既可以在ROM/Flash中执行,也可以转移到速度更快的RAM中执行;而RW和ZI这两部分必须转移到可写的RAM中。所谓应用程序执行环境的初始化,就是完成必要的从ROM到RAM的数据传输和内容清零。

下面是在ADS集成开发环境中,一种常用存储器模型的直接实现。

```
    LDR     r0,= |Image$ $ RO$ $ Limit|     ;得到 RW 数据源在 ROM 中的的起始地址
    LDR     r1,= |Image$ $ RW$ $ Base|      ;RW 区在 RAM 中的起始地址
    LDR     r3,= |Image$ $ ZI$ $ Base|      ;ZI 区在 RAM 中的起始地址
    CMP     r0,r1                           ;比较它们是否相等
    BEQ     %F1
0           CMP     r1,r3
    LDRCC   r2,[r0],#4
    STRCC   r2,[r1],#4
    BCC     %B0
1           LDR     r1,= |Image$ $ ZI$ $ Limit|
    MOV     r2,#0
2           CMP     r3,r1
    STRCC   r2,[r3],#4
    BCC     %B2
```



程序实现了RW数据的复制和ZI区域的清零。其中引用到的4个符号是由链接器定义的。

- |Image$$RO$$Limit|:表示RO区末地址后面的地址,即RW数据源的起始地址。
- |Image$$RW$$Base|:RW区在RAM里的执行区起始地址,也就是编译器选项RW_Base指定的地址;程序中是RW数据复制的目标地址。
- |Image$$ZI$$Base|:ZI区在RAM中的起始地址。
- |Image$$ZI$$Limit|:ZI区在RAM中的结束地址后面的一个地址。

程序先把ROM中|Image$$RO$$Limit|地址开始的RW初始数据复制到RAM中|Image$$RW$$Base|开始的地址,当RAM这边的目标地址到达|Image$$ZI$$Base|后,就表示RW区的结束和ZI区的开始,然后就对这片ZI区进行清零操作,直到遇到结束地址|Image$$ZI$$Limit|。

## 4.3.6 改变处理器模式

ARM处理器有7种执行模式,除了用户模式外,其他6种模式都是特权模式。

在初始化过程中,许多操作需要在特权模式下才能进行(比如对 CPSR 的修改),所以要特别注意不能过早的进入用户模式。一般地,在初始化过程中模式变化过程为:管理模式→各种特权模式(堆栈初始化阶段)→用户模式。需要注意的是,在最后阶段才能把模式转换到最终应用程序运行所需的模式,一般是用户模式。

内核级的中断使能也可以考虑在这一步进行。如果系统中另外存在一个专门的中断控制器,比如三星公司的 S3C2410,这么做总是安全的;否则就需要考虑过早打开中断可能带来的问题,若在系统初始化之前就触发了有效中断,会导致系统的死机。

### 4.3.7　调用主应用程序

当所有的系统初始化工作完成之后,就需要把程序流程转入主应用程序。最简单的一种情况是:

```
IMPORT   Main
B        Main
```

直接从启动代码跳转到应用程序的主函数入口,当然主函数名字可以由用户自己定义。

在 ARM ADS 环境中,还另外提供了一套系统级的调用机制。

```
IMPORT _main
B      _main
```

_main()是编译系统提供的一个函数,负责完成库函数的初始化和初始化应用程序执行环境,最后自动跳转到 main()函数,此时要求用户主函数的名字必须是 main。

用户可以根据需要选择是否使用_main()。如果希望系统自动完成系统调用(如库函数)的初始化过程,可以直接使用_main();如果所有的初始化步骤都是由用户自己显式地完成,则可以直接使用 main()。

## 4.4　基于 ARM 的 C 语言与汇编语言混合编程

在应用系统的程序设计中,如果所有的编程工作都由汇编语言来完成,其工作量巨大,并且不容易移植。由于 ARM 处理器的运算速度高,存储器的存取速度和存储量也很高,因此大部分编程工作可以使用 C 语言来实现。C 语言的使用使得应用程序的开发周期大大缩短,代码的移植性增强,程序的可重用性提高,可读性增强,对程序的管理也更加容易。由此可见,C 语言在 ARM 编程中具有非常重要的地位。

### 4.4.1　C 语言与汇编语言混合编程应遵守的规则

在 ARM 程序的开发过程中,通常采用汇编语言和 C 语言混合编程的方式。对于需要大量读/写硬件寄存器并且对时间要求紧迫的代码(比如ARM的启动代码和操作系统的移植代码等),一般使用汇编语言来编写。除此之外,绝大多数代码可以使用C语言来完成。

ARM编程中使用的C语言是标准C语言,ARM的开发环境实际上就是嵌入了一个C语言的集成开发环境,只不过这个开发环境与ARM的硬件紧密相关。

在使用C语言时,要用到和汇编语言的混合编程。若汇编代码较为简洁,则可使用直接内嵌汇编的方法;否则要将汇编程序以文件的形式加入到项目中,按照ATPCS(ARM/Thumb过程调用标准,ARM/Thumb Procedure Call Standard)的规定与C程序相互调用与访问。

在C程序和ARM汇编程序之间相互调用时必须遵守ATPCS规则。ATPCS规定了一些子程序间调用的基本规则,如寄存器的使用规则,堆栈的使用规则和参数的传递规则等。

### 1. 寄存器的使用规则

① 子程序之间通过寄存器r0～r3来传递参数,当参数个数多于4个时,使用堆栈来传递参数。此时r0～r3可记作A1～A4。

② 在子程序中,使用寄存器r4～r11保存局部变量。因此当进行子程序调用时要注意对这些寄存器的保存和恢复。此时r4～r11可记作V1～V8。

③ 寄存器r12用于保存堆栈指针SP,当子程序返回时使用该寄存器出栈,记作IP。

④ 寄存器r13用作堆栈指针,记作SP。

⑤ 寄存器r14称为链接寄存器,记作LR。该寄存器用于保存子程序的返回地址。

⑥ 寄存器r15称为程序计数器,记作PC。

### 2. 堆栈的使用规则

ATPCS规定堆栈采用满递减类型(FD,Full Descending),即堆栈通过减小存储器地址而向下增长,堆栈指针指向内含有效数据项的最低地址。

### 3. 参数的传递规则

① 整数参数的前4个使用r0～r3传递,其他参数使用堆栈传递;浮点参数使用编号最小且能够满足需要的一组连续的FP寄存器传递参数。

② 子程序的返回结果为一个32位整数时,通过r0返回;返回结果为一个64位整数时,通过r0和r1返回;依此类推。结果为浮点数时,通过浮点运算部件的寄存器F0、D0或者S0返回。

有关ATPCS规则的详细内容,请参阅文档ADPCS. pdf,该文档可从http://www. soe. uoguelph. ca/webfiles/rmuresan/ATPCS. pdf网址下载。

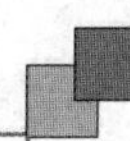



## 4.4.2 汇编程序调用 C 程序的方法

汇编程序的书写要遵循 ATPCS 规则,以保证程序调用时参数正确传递。在汇编程序中调用 C 程序的方法为:首先在汇编程序中使用 IMPORT 伪指令事先声明将要调用的 C 语言函数;然后通过 BL 指令来调用 C 函数。

下面通过一个简单的例子来说明汇编程序调用 C 程序的方法。

例如在一个 C 源文件中定义了如下求和函数:

```
int add(int x,int y){
  return(x+y);
}
```

调用 add()函数的汇编程序结构如下:

```
IMPORT add     ;声明要调用的 C 函数
…
MOV   r0,1
MOV   r1,2
BL    add     ;调用 C 函数 add
…
```

当进行函数调用时,使用 r0 和 r1 实现参数传递,返回结果由 r0 带回。函数调用结束后,r0 的值变成 3。



## 4.4.3 C 程序调用汇编程序的方法

C 程序调用汇编程序时,汇编程序的书写也要遵循 ATPCS 规则,以保证程序调用时参数正确传递。在 C 程序中调用汇编子程序的方法为:首先在汇编程序中使用 EXPORT 伪指令声明被调用的子程序,表示该子程序将在其他文件中被调用;然后在 C 程序中使用 extern 关键字声明要调用的汇编子程序为外部函数。

下面通过一个简单的例子来说明 C 程序调用汇编子程序的方法。

例如在一个汇编源文件中定义了如下求和函数:

```
    EXPORT add          ;声明 add 子程序将被外部函数调用
    …
add                     ;求和子程序 add
    ADD   r0,r0,r1
    MOV   pc,lr
    …
```

在一个 C 程序的 main()函数中对 add 汇编子程序进行了调用:

```
extern int add(int x,int y);          //声明 add 为外部函数
void  main(){
    int a=1,b=2,c;
    c=add(a,b);                       //调用 add 子程序
    …
```

```
}
```

当 main()函数调用 add 汇编子程序时,变量 a、b 的值传给了 r0 和 r1,返回结果由 r0 带回,并赋给变量 c。函数调用结束后,变量 c 的值变成 3。

### 4.4.4　C 程序中内嵌汇编语句

在 C 语言中内嵌汇编语句可以实现一些高级语言不能实现或者不容易实现的功能。对于时间紧迫的功能也可以通过在 C 语言中内嵌汇编语句来实现。内嵌的汇编器支持大部分 ARM 指令和 Thumb 指令,但是不支持诸如直接修改 PC 实现跳转的底层功能,也不能直接引用 C 语言中的变量。

嵌入式汇编语句在形式上表现为独立定义的函数体,其语法格式为:

```
_ _asm
{
  指令[;指令]
  …
  [指令]
}
```

其中“_ _asm”为内嵌汇编语句的关键字,需要特别注意的是前面有两个下划线。指令之间用分号分隔,如果一条指令占据多行,除最后一行外都要使用连字符“\”。

### 4.4.5　基于 ARM 的 C 语言与汇编语言混合编程举例

下面给出了一个向串口不断发送 0x55 的例子,请读者仔细分析。

该工程的启动代码使用汇编语言编写,向串口发送数据使用 C 语言实现,下面是启动代码的整体框架,有关启动代码的详细内容请参阅“4.3 基于 ARM 的硬件启动程序设计”一节。

```
…
IMPORT  Main
AREA    Init ,CODE, READONLY;
ENTRY
…
BL      Main                    ;跳转到 Main()函数处的 C/C++ 程序
…
END                             ;标识汇编程序结束
```

下面是使用 C 语言编写的主函数。

```
#include "..\inc\config.h"              //将有关硬件定义的头文件包含进来
unsigned char data;                     //定义全局变量

void Main(void){
    Target_Init();                      //对目标板的硬件初始化
    Delay(10);                          //延时
    data = 0x55;                        //给全局变量赋值
```

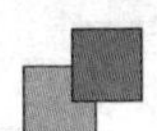



```
    while(1)      {
        Uart_Printf("%x",data);          //向串口送数
        Delay(10);
    }
}
```

## 4.5 印制电路板制作简介

印制电路板简称印制板，又称 PCB(Printed Circuit Board)，指在绝缘材料上按预定设计制成的印制线路、印制元件或两者组合而成的导电图形。

在当今电子行业中，印制电路板几乎无处不在，小到电子手表、计算器，大到计算机、通信电子设备、航空、航天、军用武器系统，只要有集成电路等电子元器件，它们之间的电气互联就离不开印制电路板。用印制电路板制造的电子产品具有可靠性高、一致性好、机械强度高、重量轻、体积小、易于标准化等优点。在电子产品的研制过程中，影响电子产品成功的最基本因素之一是该产品的印制板的设计和制造。

印制电路板在电子设备中具有如下功能：

- 提供集成电路等各种电子元器件固定、装配的机械支撑，实现电子元器件之间的布线和电气连接或电绝缘，提供所要求的电气特性。
- 为自动焊接提供阻焊图形，为元件插装、检查、维修提供识别字符和图形。
- 电子设备采用印制板后，由于同类印制板的一致性，避免了人工接线的差错，并可实现电子元器件自动插装或贴装、自动焊锡、自动检测，保证了电子产品的质量，提高了劳动生产率，降低了成本，并且便于维修。



### 4.5.1 印制电路板设计软件——Protel

Protel 是流行的 PCB 设计工具之一，大多数 PCB 生产厂家都接受 Protel 设计格式的 PCB 文件。Protel 基本上包括以下 5 大功能：

#### 1. 原理图设计

原理图设计功能提供原理图和层次原理图的设计。原理图设计是电路设计的开始，图形主要由电子器件和线路组成。设计者可以将整个电路系统分成几个小系统，小系统可分成几个功能模块，功能模块又可细分为几个基本模块，然后设计者进行各个基本模块的设计，最后再按照层次关系将基本模块组织起来，实现整个电路系统的设计。相反，设计者也可以从基本模块的设计入手，实现自底向上的设计。在进行原理图设计时，系统提供强大的编辑功能、电气检查功能、丰富的元件库以及报表生成功能，为设计者进行原理图的设计和管理提供了完善的手段。

#### 2. PCB 设计

PCB 设计的主要功能是设计出印制电路板。在进行 PCB 设计时，系统也提供了强大的编辑功能，另外它与自动布线功能相结合，有助于设计者摆脱繁重的手动布线工作，在最大程度上避免设计者的失误。

**3. 自动布线**

自动布线功能是为PCB设计服务的，用于实现电路板布线的自动化。自动布线功能能够对PCB板进行优化设计。高级自动布线器采用拆线重试的多层迷宫布线算法，可同时处理所有信号层的自动布线，并可对布线进行优化。虽然自动布线给我们带来了很大的方便，但通常无法完全依靠自动布线实现电路设计，而是采用自动布线和手动布线相结合的方式。首先将一些必须手动布局的元件进行手动布线，并锁定其位置；然后对可灵活布局的元件进行自动布线。

**4. 可编程逻辑器件(PLD)设计**

设计者可以在原理图设计中使用专用的PLD库进行器件的设计，也可以使用CUPL语言来编写PLD的功能描述文件。然后对设计好的器件进行编译，生成熔丝文件，用于制作具有特定功能的元器件。

**5. 电路仿真器件设计**

设计者可以在原理图设计中使用仿真元件库进行电路设计，然后使用仿真组件对设计的电路进行仿真，并根据输出信号的状态调整电路的设计。显然，该功能为电路设计工作带来了很大的方便，有助于减少设计者工作中的失误。

## 4.5.2　单面板与多层板

在电子技术发展的早期，电路由电源、导线、开关和元器件构成。元器件都是用导线连接的，而元件的固定是在空间中立体进行的。随着电子技术的发展，电子产品的功能、结构变得很复杂，元件布局、互连布线都受到很大的空间限制，如果用空间布线方式，就会使电子产品变得眼花缭乱。因此要求对元件和布线进行规划。用一块板子作为基础，在板上规划元件的布局，确定元件的接点，使用接线柱做接点，用导线把接点按电路要求，在板的一面布线，另一面装元件。由于在这种电路板上导线只出现在其中一面，所以我们把这种PCB叫作单面板。单面板在设计线路上有许多严格的限制，布线间不能交叉而必须绕独自的路径，因此只适用于简单的电路设计。

随着电子技术的发展和印制板技术的进步，出现了双面板，即在电路板的两面都有布线。为了使用两面的导线，必须要在两面间有适当的电路连接才行。这种电路间的桥梁叫做过孔。过孔是在PCB上，充满或涂上金属的小洞，它可以与两面的导线相连接。使用双面板的好处，一是可布线面积比单面板大了一倍，二是布线可以互相交错(交错的部分绕到另一面)，因此它适合用于比单面板更复杂的电路上。

随着电子产品生产技术的发展，人们开始在双面电路板的基础上发展夹层，即多层电路板。多层板使用数片双面板，并在每层板间放进一层绝缘层后压合。板子的

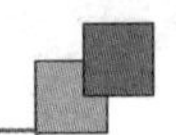

层数就代表了有几层独立的布线层。在多层板 PCB 中，除了布置信号线的信号层外，有的层整层都直接连接地线或电源，我们称之为地线层或电源层。多层板的层数选择主要考虑成本和厚度问题，层数越多成本越高也越厚。一般的生产厂家都希望以尽可能低的成本获取尽可能高的性能。

应用在双面板上的过孔需要打穿整个板子，然而在多层板当中，如果只想连接其中一些线路，那么过孔可能会浪费其他层的线路空间。因此，在多层板中通常采用埋孔和盲孔技术。埋孔指只连接内部的 PCB，从表面是看不出来的。盲孔指将几层内部 PCB 与表面 PCB 连接，不须穿透整个板子。

## 4.5.3　印制电路板设计的注意事项

通常不同的电路对印制电路板上的走线有着不同的设计要求，比如电源、地线要求走线较宽，逻辑电路的走线可以较窄等等。印制电路板的设计和走线是否合理，直接影响到布线的质量和成功率。S3C2410 处理器的工作频率最高为 202 MHz，在使用该处理器设计硬件系统时必须考虑高频电路设计的基本原则，以增强抗干扰能力，保证系统稳定工作。通常在设计印制电路板时，需要遵循以下设计原则。

### 1. 减少电源带来的噪声

电源在向系统提供能源的同时，也将其噪声加到所供电的系统上。电路中微控制器的复位线、中断线以及其他一些控制线很容易受外界噪声的干扰。电网上的强干扰通过电源进入电路，即使电池供电的系统，电池本身也有高频噪声。为了消除电源噪声，可以在电源进入印刷电路板的位置和靠近各器件的电源引脚处加上滤波器，通常的方法是加上几十到几百微法的电容。

### 2. 元器件布置要合理分区

元器件在印刷线路板上排列的位置要充分考虑抗电磁干扰问题，原则之一是各部件之间的引线要尽量短。在布局上，要把仿真信号部分、高速数字电路部分和噪声源部分（如继电器，大电流开关等）合理地分开，使相互间的信号耦合为最小。对噪声和干扰非常敏感的电路或高频噪声特别严重的电路应该用金属罩屏蔽起来。另外要处理好接地线和电源线。对于双面板，电源线和接地线应尽可能的粗，以降低直流电阻，从而有效地降低噪声，提高系统的稳定性；对于多层板，一般使用电源层和接地层的方式为系统提供电源和地线，由于电源层和接地层遍及整个电路板，所以直流电阻很小，能够有效地降低噪声。

### 3. 元器件布局及走线方向尽可能合理

因为生产过程中通常需要在焊接面进行各种参数的检测，因此元器件的排列方位尽可能保持与原理图相一致，布线方向最好与电路图走线方向一致，以便于生产中的检查、调试及检修。各元件排列、分布要合理和均匀，力求整齐、美观、结构严谨。

在保证电路性能满足要求的前提下，应力求走线合理，少用跳线，少拐弯，力求线条简单明了。

### 4. 注意印刷线路板与元器件的高频特性

高频电路往往集成度较高，布线密度大，印刷线路板上的引线、过孔、电阻、电容以及接插件的分布电感与电容不可忽略。因此，对于高频电路的设计需要遵循以下原则。

(1) 采用多层板，这既是布线所必须的，也是降低干扰的有效手段。

(2) 高速电路器件引脚间的引线弯折越少越好。高频电路布线的引线最好采用全直线，需要转折时可用 45°折线或圆弧转折。这种要求在低频电路中仅仅用于提高钢箔的固着强度，而在高频电路中，满足这一要求却可以减少高频信号对外的发射和相互间的耦合。

(3) 高频电路器件引脚间的引线越短越好。

(4) 高频电路器件引脚间的引线层间交替越少越好。所谓"引线的层间交替越少越好"是指元件连接过程中所用的过孔越少越好。据测，一个过孔可带来约 0.5 pF 的分布电容，减少过孔数能显著提高速度。

(5) 高频电路布线要注意信号线近距离平行走线所引入的"交叉干扰"。若无法避免平行分布，可在平行信号线的反面布置大面积"地"来大幅度减少干扰。同一层内的平行走线几乎无法避免，但是在相邻的两个层，走线的方向务必取为相互垂直。

(6) 对特别重要的信号线或局部单元实施地线包围的措施。例如，对时钟等单元局部进行包地处理对高速系统非常有益。

(7) 各类信号走线不能形成环路，地线也不能形成电流环路。

## 4.6 习 题

1. 基于 ARM 的硬件启动程序应该包含哪些工作?
2. 简述 C 语言与汇编语言混合编程时应遵循的参数传递规则。
3. 写出 C 程序中内嵌 ARM 汇编语句的格式。

# 第 5 章

# 基于 S3C2410 的系统硬件设计

## 5.1 S3C2410 简介

S3C2410 是 Samsung 公司推出的 16/32 位 RISC 处理器，主要面向手持设备以及高性价比、低功耗的应用。S3C2410 有两个型号：S3C2410X 和 S3C2410A，A 型是 X 型的改进型，相对来说具有更好的性能和更低的功耗。本书使用的 EL-ARM-860 实验箱采用的就是 S3C2410A 处理器，因此本章主要对 S3C2410A 进行详细介绍。

为了降低整个系统的成本，S3C2410A 在片上集成了以下丰富的组件：分开的 16 KB 指令 Cache 和 16 KB 数据 Cache、用于虚拟存储器管理的 MMU、LCD 控制器（支持 STN 和 TFT）、NAND Flash 启动装载器、系统管理器（片选逻辑和 SDRAM 控制器）、3 通道 UART、4 通道 DMA、4 通道 PWM 定时器、I/O 口、RTC、8 通道 10 位 ADC 和触摸屏接口、$I^2C$ 总线接口、$I^2S$ 总线接口、USB 主设备、USB 从设备、SD 主卡和 MMC（MultiMedia Card，多媒体卡）卡接口、2 通道的 SPI（Serial Peripheral Interface，串行外围设备接口）以及 PLL 时钟发生器。同时它还采用了 AMBA（Advanced Microcontroller Bus Architecture，先进的微控制器总线体系结构）新型总线结构。

S3C2410A 的 CPU 内核采用的是 ARM 公司设计的 16/32 位 ARM920T RISC 处理器。ARM920T 实现了 MMU、AMBA 总线和 Harvard 高速缓存体系结构，该结构具有独立的 16 KB 指令 Cache 和 16 KB 数据 Cache，每个 Cache 都是由 8 字长的行组成的。

S3C2410A 提供一组完整的系统外围设备，从而大大减少了整个系统的成本，省去了为系统配置额外器件的开销。S3C2410A 集成的主要片上功能包括：

- 1.8 V/2.0 V 内核供电，3.3 V 存储器供电，3.3 V 外部 I/O 供电；
- 具有 16 KB 的 ICache 和 16 KB 的 DCache 以及 MMU；
- 外部存储器控制器（SDRAM 控制和片选逻辑）；
- LCD 控制器（最大支持 4K 色 STN 和 256K 色 TFT）提供 1 通道 LCD 专用 DMA；
- 4 通道 DMA 并有外部请求引脚；
- 3 通道 UART（IrDA1.0、16 字节 Tx FIFO 和 16 字节 Rx FIFO）和 2 通

道 SPI；

- 1 通道多主机 I²C 总线和 1 通道 I²S 总线控制器；
- SD 主接口版本 1.0 和 MMC 卡协议 2.11 兼容版；
- 2 个 USB 主设备接口，1 个 USB 从设备接口(版本 1.1)；
- 4 通道 PWM 定时器和 1 通道内部定时器；
- 看门狗定时器；
- 117 位通用 I/O 口和 24 通道外部中断源；
- 电源控制模式包括正常、慢速、空闲和掉电 4 种模式；
- 8 通道 10 位 ADC 和触摸屏接口；
- 具有日历功能的 RTC；
- 使用 PLL 的片上时钟发生器。

图 5.1 为 S3C2410A 的结构框图。

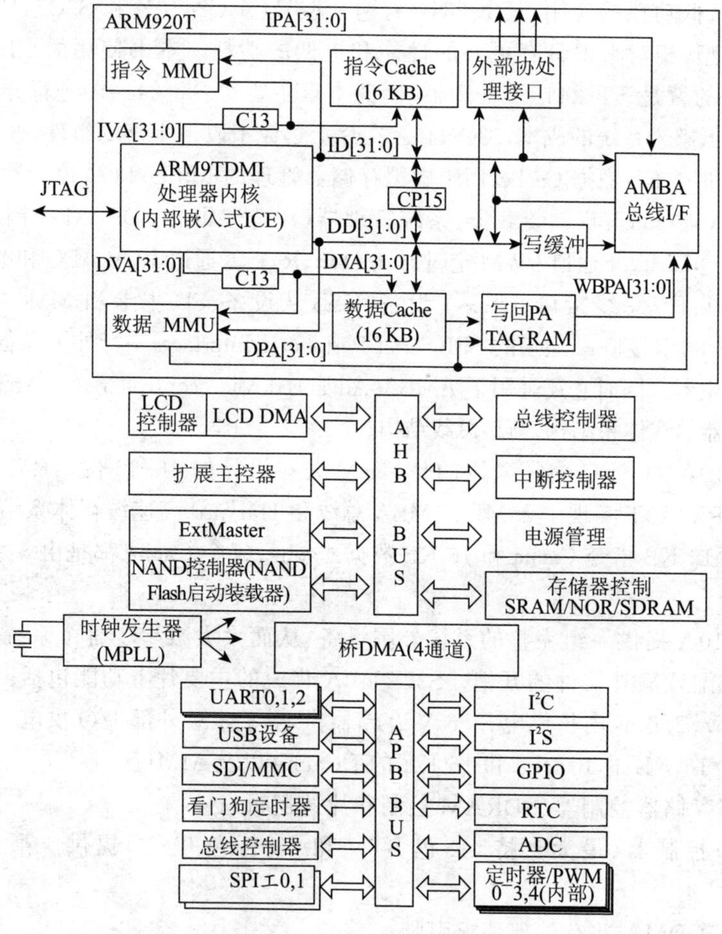


**图 5.1　S3C2410 结构框图**

### 5.1.1 S3C2410A 的特点

#### 1. 体系结构

- 为手持设备和通用嵌入式应用提供片上集成系统解决方案；
- 采用 ARM920T CPU 内核，具有 16/32 位 RISC 体系结构和强大的指令集；
- 增强的 ARM 体系结构 MMU，支持 WinCE、EPOC 32 和 Linux；
- 指令 Cache、数据 Cache、写缓冲器和物理地址 TAG RAM 的使用降低了主存带宽和延时对性能的影响；
- ARM920T CPU 内核支持 ARM 调试体系结构；
- 内部采用先进的微控制总线体系结构(AMBA)(AMBA2.0，AHB/APB)。

#### 2. 系统管理器

- 支持小/大端方式。
- 寻址空间：每 bank 128 MB(总共 1 GB)。
- 每个 bank 支持可编程的 8/16/32 位数据总线带宽。
- bank0～bank6 都采用固定的 bank 起始地址。
- bank7 具有可编程的 bank 起始地址和大小。
- 8 个存储器 bank：
  — 6 个用于 ROM、SRAM 及其他；
  — 2 个用于 ROM、SRAM 和同步 DRAM。
- 所有的存储器 bank 都具有可编程的访问周期。
- 支持使用外部等待信号来填充总线周期。
- 支持掉电时的 SDRAM 自刷新模式。
- 支持各种类型的 ROM 启动，包括 NOR/NAND Flash 和 EEPROM 等。

#### 3. NAND Flash 启动装载器

- 支持从 NAND Flash 存储器的启动。
- 采用 4 KB 内部缓冲器用于启动引导。
- 支持启动之后 NAND 存储器仍然作为外部存储器使用。

#### 4. Cache 存储器

- ICache(16 KB)和 DCache(16 KB)为 64 路组相联 Cache。
- 每行 8 字长度，其中每行带有一个有效位和两个脏位。
- 采用伪随机数或轮转替换算法。
- 采用写直达或写回 Cache 操作来更新主存储器。
- 写缓冲器可以保存 16 个字的数据值和 4 个地址值。

### 5. 时钟和电源管理

- 片上 MPLL 和 UPLL：
  - UPLL 产生操作 USB 主机/设备的时钟；
  - MPLL 产生操作 MCU 的时钟，在 2.0 V 内核电压下时钟频率最高可达 266 MHz。
- 通过软件可以有选择地为每个功能模块提供时钟。
- 电源模式包括正常、慢速、空闲和掉电模式：
  - 正常模式　正常运行模式；
  - 慢速模式　不加 PLL 的低时钟频率模式；
  - 空闲模式　只停止 CPU 的时钟；
  - 掉电模式　所有外设和内核的电源都切断了。
- 可以通过 EINT[15：0]或 RTC 报警中断从掉电模式中唤醒处理器。

### 6. 中断控制器

- 55 个中断源(1 个看门狗定时器、5 个定时器、9 个 UART、24 个外部中断、4 个 DMA、2 个 RTC、2 个 ADC、1 个 $I^2C$、2 个 SPI、1 个 SDI、2 个 USB、1 个 LCD 和 1 个电池故障)；
- 电平/边沿触发模式的外部中断源；
- 可编程的电平/边沿触发极性；
- 支持为紧急中断请求提供快速中断服务(FIQ)。

### 7. 具有脉冲带宽调制(PWM)的定时器

- 4 通道 16 位具有 PWM 功能的定时器，1 通道 16 位可基于 DMA 或中断工作的内部定时器；
- 可编程的占空比周期、频率和极性；
- 能产生死区；
- 支持外部时钟源。

### 8. RTC(实时时钟)

- 完整的时钟特性：秒、分、时、日期、星期、月和年；
- 32.768 kHz 工作频率；
- 具有报警中断；
- 具有时钟滴答中断。

### 9. 通用 I/O 口

- 24 个外部中断口；
- 多路复用的 I/O 口。

### 10. UART

• 3 通道 UART,可以基于 DMA 模式或中断模式工作;

• 支持 5 位、6 位、7 位或者 8 位串行数据发送/接收(Tx/Rx);

• 支持外部时钟作为 UART 的运行时钟(UEXTCLK);

• 可编程的波特率;

• 支持 IrDA 1.0;

• 支持回环(Loopback)测试模式;

• 每个通道都具有内部 16 字节的发送 FIFO 和 16 字节的接收 FIFO。

### 11. DMA 控制器

• 4 通道的 DMA 控制器;

• 支持存储器到存储器、I/O 到存储器、存储器到 I/O 和 I/O 到 I/O 的传送;

• 采用突发传送模式来加快传送速率。

### 12. A/D 转换和触摸屏接口

• 8 通道多路复用 ADC;

• 转换速率最大为 500 KSPS(Kilo Samples Per Second,千采样点每秒),10 位分辨率。

### 13. LCD 控制器 STN LCD 显示特性

• 支持 3 种类型的 STN LCD 显示屏:4 位双扫描、4 位单扫描和 8 位单扫描显示类型;

• STN LCD 支持单色模式、4 级灰度、16 级灰度、256 色和 4 096 色;

• 支持多种屏幕尺寸,典型的屏幕尺寸有:640×480,320×240,160×160;

• 最大虚拟屏幕大小是 4 MB;

• 256 色模式下支持的最大虚拟屏幕尺寸是:4 096×1 024,2 048×2 048,1 024×4 096。

### 14. TFT(Thin Film Transistor,薄膜场效应晶体管)彩色显示特性

• 彩色 TFT 支持 1、2、4 或 8 bpp(bit per pixel,每像素所占位数)调色显示;

• 支持 16 bpp 无调色真彩显示;

• 在 24 bpp 模式下支持最大 16M 色 TFT;

• 支持多种屏幕尺寸,典型的屏幕尺寸有:640×480,320×320,160×160;

• 最大虚拟屏大小是 4 MB;

• 64 色彩模式下支持的最大虚拟屏幕尺寸是:2 048×1 024。

### 15. 看门狗定时器

• 16 位看门狗定时器;

• 定时器溢出时发生中断请求或系统复位。

### 16. I²C 总线接口

• 1 通道多主机 I²C 总线;
• 串行、8 位、双向数据传送,在标准模式下数据传送速率可达 100 kb/s,在快速模式下可达 400 kb/s。

### 17. I²S 总线接口

• 1 通道音频 I²S 总线接口,可基于 DMA 方式工作;
• 串行,每通道 8/16 位数据传输;
• 发送和接收具备 128 字节(64 字节发送 FIFO+64 字节接收 FIFO)FIFO;
• 支持 I²S 格式和 MSB-justified 数据格式。

### 18. USB 主设备

• 2 个 USB 主设备接口;
• 遵从 OHCI Rev1.0 标准;
• 兼容 USB Ver1.1 标准。

### 19. USB 从设备

• 1 个 USB 从设备接口;
• 具备 5 个端口(Endpoint,指 USB 的传输通道);
• 兼容 USB Ver1.1 标准。

### 20. SD 主机接口

• 兼容 SD 存储卡协议 1.0 版;
• 兼容 SDIO 卡协议 1.0 版;
• 发送和接收采用字节 FIFO;
• 基于 DMA 或中断模式工作;
• 兼容 MMC 卡协议 2.11 版。

### 21. SPI 接口

• 兼容 2 通道 SPI 协议 2.11 版;
• 发送和接收采用 2 字节的移位寄存器;
• 基于 DMA 或中断模式工作。

### 22. 工作电压

• 内核:1.8 V,最高工作频率 200 MHz(S3C2410A-20)(本书使用的实验系统采用的是 S3C2410A-20)2.0 V,最高工作频率 266 MHz(S3C2410A-26)。

• 存储器和 I/O：3.3 V。

### 23. 封　装

• 272-FBGA 封装。

## 5.1.2　存储器控制器

S3C2410A 的存储器控制器提供访问外部存储器所需要的存储器控制信号，具有以下特性。

• 支持小/大端(通过软件选择)。
• 地址空间：每个 bank 有 128 MB(总共有 8 个 bank，共 1 GB)。
• 除 bank0(只能是 16/32 位宽)之外，其他 bank 都具有可编程的访问大小(可以是 8/16/32 位宽)。
• 总共有 8 个存储器 bank(bank0～bank7)：
— 其中 6 个用于 ROM，SRAM 等；
— 剩下 2 个用于 ROM，SRAM，SDRAM 等。
• 7 个固定的存储器 bank(bank0～bank6)起始地址。
• 最后一个 bank(bank7)的起始地址是可调整的。
• 最后两个 bank(bank6 和 bank7)的大小是可编程的。
• 所有存储器 bank 的访问周期都是可编程的。
• 总线访问周期可以通过插入外部等待来延长。
• 支持 SDRAM 的自刷新和掉电模式。

S3C2410A 复位后，存储器的映射情况如图 5.2 所示，bank6 和 bank7 对应不同大小存储器时的地址范围参见表 5.1。

**表 5.1　bank 6 和 bank 7 地址**

| 地　址 | 2 MB | 4 MB | 8 MB | 16 MB | 32 MB | 64 MB | 128 MB |
|---|---|---|---|---|---|---|---|
| bank 6 | | | | | | | |
| 起始地址 | 0×30000000 | 0×30000000 | 0×30000000 | 0×30000000 | 0×30000000 | 0×30000000 | 0×30000000 |
| 终止地址 | 0×301FFFFF | 0×303FFFFF | 0×307FFFFF | 0×30FFFFFF | 0×31FFFFFF | 0×33FFFFFF | 0×37FFFFFF |
| bank 7 | | | | | | | |
| 起始地址 | 0×30200000 | 0×30400000 | 0×30800000 | 0×31000000 | 0×32000000 | 0×34000000 | 0×38000000 |
| 终止地址 | 0×303FFFFF | 0×307FFFFF | 0×30FFFFFF | 0×31FFFFFF | 0×33FFFFFF | 0×37FFFFFF | 0×3FFFFFFF |

注：bank 6 和 bank 7 必须对应具有相同大小的存储器。

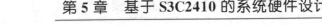

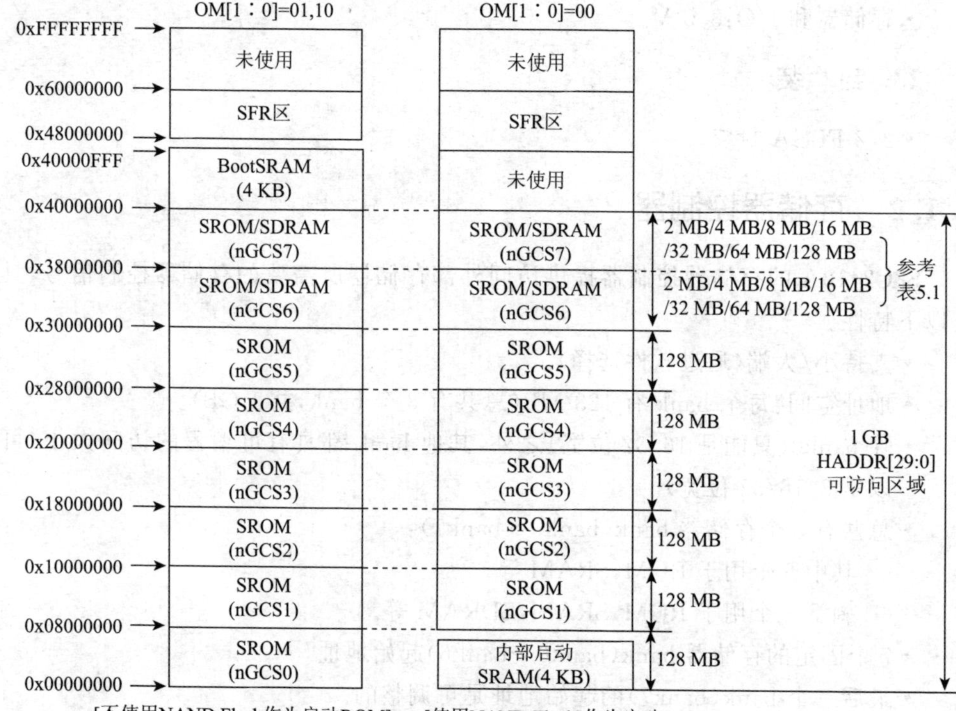


**图 5.2　S3C2410A 复位后的存储器映射**

## 5.1.3　NAND Flash 控制器

NOR Flash 存储器具有速度快、数据不易失等特点，在嵌入式系统中可作为存储并执行启动代码和应用程序的存储器。但是由于 NOR Flash 存储器的价格比较昂贵，而 SDRAM 和 NAND Flash 存储器的价格相对来说比较适中，这样就激发一些用户产生了在不易失存储器 NAND Flash 中执行启动代码，在速度较快的 SDRAM 中执行主程序代码的想法。

S3C2410A 能够实现这一想法，它可以在一个外部 NAND Flash 存储器上执行启动代码。为了支持 NAND Flash 的启动装载，S3C2410A 配置了一个叫做 Steppingstone 的内部 SRAM 缓冲器。当系统启动时，NAND Flash 存储器的前 4 KB 将被自动加载到 Steppingstone 中，然后系统自动执行这些载入的启动代码。

一般情况下，这 4 KB 的启动代码需要将 NAND Flash 中的内容复制到 SDRAM 中。使用 S3C2410A 内部硬件 ECC 功能可以对 NAND Flash 的数据进行有效性的检查。复制完成后，将在 SDRAM 中执行主程序。

NAND Flash 控制器具有以下特性。

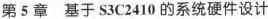

- NAND Flash 模式:支持读/擦除/编程 NAND Flash 存储器。
- 自动启动模式:复位后,启动代码被传送到 Steppingstone 中。传送完毕后,启动代码在 Steppingstone 中执行。
- 具备硬件 ECC(校验码,Error Correction Code)生成模块(硬件生成校验码,通过软件校验)。
- NAND Flash 启动以后,4 KB 的内部 SRAM 缓冲器 Steppingstone 可以作为其他用途使用。
- NAND Flash 控制器不能通过 DMA 访问,可以使用 LDM/STM 指令来代替 DMA 操作。

图 5.3 显示了 NAND Flash 控制器的结构框图。图 5.4 显示了 NAND Flash 的工作方式。

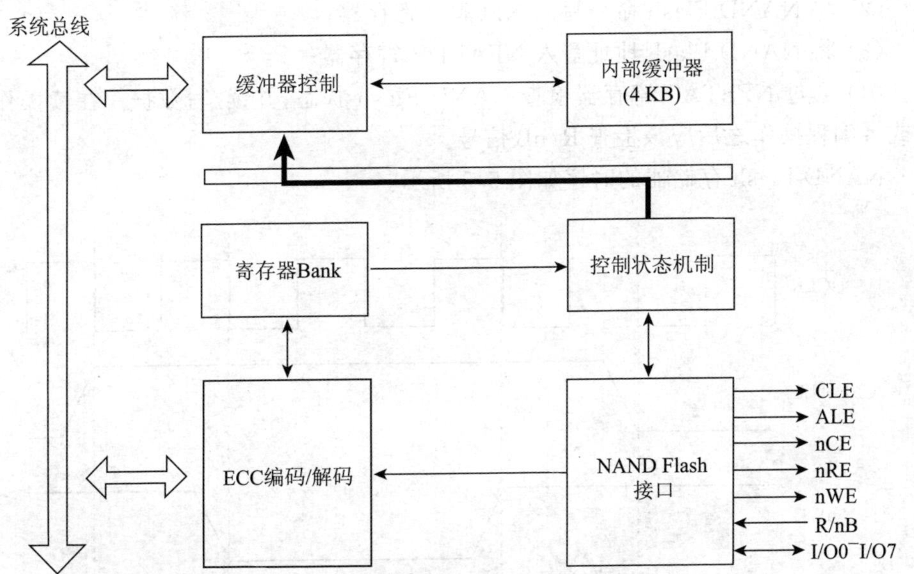


**图 5.3　NAND Flash 控制器结构图**

自动启动模式的执行步骤如下:

(1) 完成复位;

(2) 如果自动启动模式使能,NAND Flash 存储器的前 4 KB 自动复制到 Steppingstone 内部缓冲器中;

(3) Steppingstone 映射到 nGCS0;

(4) CPU 在 Steppingstone 的 4 KB 内部缓冲器中开始执行启动代码。

注意:在自动启动模式下,不进行 ECC 检测。因此,应确保 NAND Flash 的前 4 KB 不能有位错误(一般 NAND Flash 厂家都能确保)。

NAND Flash 模式需要进行以下配置:

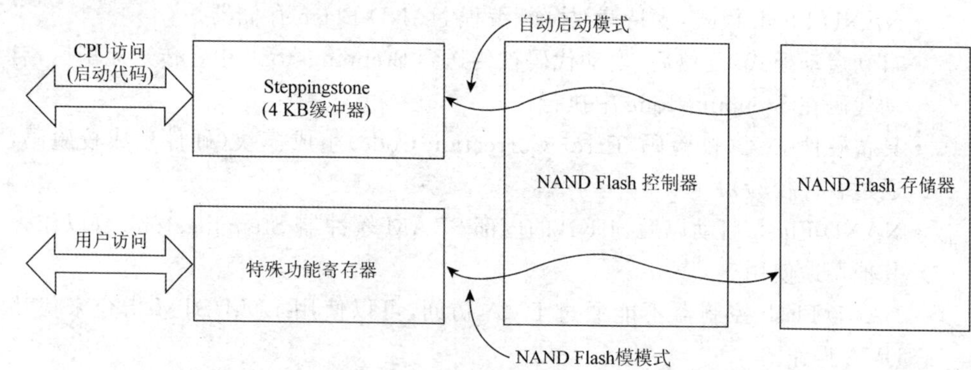


图 5.4　NAND Flash 的工作方式

（1）通过 NFCONF 寄存器设置 NAND Flash 配置；

（2）将 NAND Flash 命令写入 NFCMD 寄存器；

（3）将 NAND Flash 地址写入 NFADDR 寄存器；

（4）通过 NFSTAT 寄存器检查 NAND Flash 状态，并读/写数据。在读操作之前或者编程操作之后应该检查 R/nB 信号。

NAND Flash 存储器的时序如图 5.5 所示。

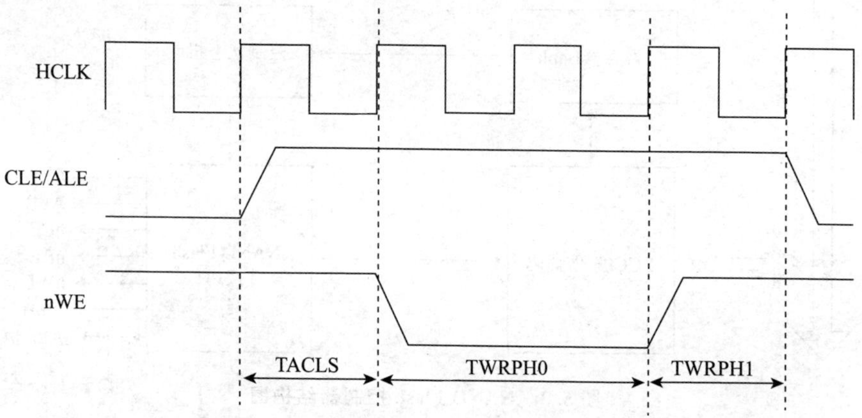


图 5.5　TACLS＝0，TWRPH0＝1，TWRPH1＝0

NAND Flash 控制器使用的引脚及配置情况如表 5.2 所列。

系统启动和 NAND Flash 所需的配置如下。

（1）OM[1：0]＝00b：使能 NAND Flash 控制器为自动启动模式；

（2）NAND Flash 存储器的页面大小应该为 512 字节；

（3）NCON：NAND Flash 存储器寻址步数选择。0 为 3 步寻址；1 为 4 步寻址。

表 5.3 列出了 512-字节 ECC 奇偶校验码的分配情况。

表 5.2　NAND Flash 控制器的引脚配置

| 引　脚 | 配　置 |
| --- | --- |
| D[7:0] | 数据/命令/地址的输入/输出口(与数据总线共享) |
| CLE | 命令锁存使能(输出) |
| ALE | 地址锁存使能(输出) |
| nFCE | NAND Flash 片选使能(输出) |
| nFRE | NAND Flash 读使能(输出) |
| nFWE | NAND Flash 写使能(输出) |
| R/nB | NAND Flash 就绪/忙(输入) |

表 5.3　512-字节 ECC 奇偶校验码分配表

| | DATA7 | DATA6 | DATA5 | DATA4 | DATA3 | DATA2 | DATA1 | DATA0 |
| --- | --- | --- | --- | --- | --- | --- | --- | --- |
| ECC0 | P64 | P64′ | P32 | P32′ | P16 | P16′ | P8 | P8′ |
| ECC1 | P1024 | P1024′ | P512 | P512′ | P256 | P256′ | P128 | P128′ |
| ECC2 | P4 | P4′ | P2 | P2′ | P1 | P1′ | P2048 | P2048′ |

S3C2410A 在写/读操作期间，自动生成 512-字节的 ECC 奇偶校验码。每 512 字节数据产生 3 字节的 ECC 奇偶校验码。

24 位 ECC 奇偶校验码＝18 位行奇偶＋6 位列奇偶

ECC 生成模块执行以下步骤：

(1) 当 MCU 写数据到 NAND 时，ECC 生成模块生成 ECC 代码。

(2) 当 MCU 从 NAND 读数据时，ECC 生成模块生成 ECC 代码，同时用户程序将它与先前写入时产生的 ECC 代码进行比较。

### 5.1.4　时钟和电源管理

时钟和电源管理模块包括 3 部分：时钟控制、USB 控制和电源控制。

S3C2410A 中的时钟控制逻辑能够产生 CPU 所需的 FCLK 时钟信号、AHB 总线外围设备所需的 HCLK 时钟信号，以及 APB 总线外围设备所需的 PCLK 时钟信号。S3C2410A 有两个锁相环(PLL，Phase Locked Loops)：一个用于 FCLK、HCLK 和 PCLK，另一个专门用于 USB 模块(48 MHz)。时钟控制逻辑可以在不需要 PLL 的情况下产生慢速时钟，并且可以通过软件来控制时钟与每个外围模块是连接还是断开，从而降低功耗。

对于电源控制逻辑，S3C2410A 具有多种电源管理方案，从而使每个给定的任务都具有最优的功耗。S3C2410A 中的电源管理模块可以激活 4 种模式：正常模式、慢速模式、空闲模式和掉电模式。

(1) 正常模式:在这种模式下,电源管理模块为CPU和S3C2410A中的所有外围设备都提供时钟。由于所有外围设备都处于打开状态,因此功耗达到最大。用户可以通过软件来控制外围设备的操作。例如,如果不需要定时器,那么用户可以断开定时器的时钟以降低功耗。

(2) 慢速模式:又称无PLL模式。与正常模式不同的是,在慢速模式下,使用外部时钟(XTlpll或EXTCLK)直接作为S3C2410A中的FCLK,而不使用PLL。在这种模式下,功耗大小仅依赖于外部时钟的频率,与PLL功耗无关。

(3) 空闲模式:在这种模式下,电源管理模块只断开CPU内核的时钟(FCLK),但仍为所有其他外围设备提供时钟。空闲模式降低了CPU内核产生的功耗。任何中断请求可以在空闲模式下唤醒CPU。

(4) 掉电模式:在这种模式下,电源管理模块断开内部电源。因此,CPU和唤醒逻辑以外的内部逻辑都不会产生功耗。激活掉电模式需要两个独立的电源,一个电源为唤醒逻辑供电;另一个为包括CPU在内的其他内部逻辑供电,并且这个电源开/关可以控制。在掉电模式下,为CPU和内部逻辑供电的第二个电源将关闭。通过EINT[15:0]或RTC报警中断可以实现从掉电模式唤醒。

## 5.2 I/O口



### 5.2.1 S3C2410A的I/O口工作原理

S3C2410A共有117个多功能复用输入/输出口(I/O口),分为8组,即PORT A～PORT H。8组I/O口按照其位数的不同,可分为:

- 1个23位输出口(PORT A);
- 2个11位I/O口(PORT B和PORT H);
- 4个16位I/O口(PORT C、PORT D、PORT E和PORT G);
- 1个8位I/O口(PORT F)。

为了满足不同系统设计的需求,可以很容易地通过软件对这些I/O口进行配置。每个引脚的功能必须在启动主程序之前进行定义。如果一个引脚没有复用功能,那么它可以配置为I/O口。PORT A除了用作功能口,只作为输出口使用;其余的PORT B～PORT H都可以作为I/O口使用。

S3C2410A的I/O口配置情况如表5.4所列。

**表 5.4　S3C2410A 的 I/O 口配置**

| 引　脚 | | 可选的引脚功能 | | |
|---|---|---|---|---|
| PORT A | GPA22 | 仅输出 | nFCE | — |
| | GPA21 | | nRSTOUT | — |
| | GPA20 | | nFRE | — |
| | GPA19 | | nFWE | — |
| | GPA18 | | ALE | — |
| | GPA17 | | CLE | — |
| | GPA16～GPA12 | | nGCS5～nGCS1 | — |
| | GPA11～GPA1 | | ADDR26～ADDR16 | — |
| | GPA0 | | ADDR0 | — |
| PORT B | GPB10 | 输入/输出 | nXDREQ0 | — |
| | GPB9 | | nXDACK0 | — |
| | GPB8 | | nXDREQ1 | — |
| | GPB7 | | nXDACK1 | — |
| | GPB6 | | nXBREQ | — |
| | GPB5 | | nXBACK | — |
| | GPB4 | | TCLK0 | — |
| | GPB3～GPB0 | | TOUT3～TOUT0 | — |
| PORT C | GPC15～GPC8 | 输入/输出 | VD7～VD0 | — |
| | GPC7～GPC5 | | LCDVF2～LCDVF0 | — |
| | GPC4 | | VM | — |
| | GPC3 | | VFRAME | — |
| | GPC2 | | VLINE | — |
| | GPC1 | | VCLK | — |
| | GPC0 | | LEND | — |
| PORT D | GPD15～GPD14 | 输入/输出 | VD23～VD22 | nSS0～nSS1 |
| | GPD13～GPD0 | | VD21～VD8 | — |
| PORT E | GPE15 | 输入/输出 | I2CSDA | — |
| | GPE14 | | IICSCL | — |
| | GPE13 | | SPICLK0 | — |
| | GPE12 | | SPIMOSI0 | — |
| | GPE11 | | SPIMISO0 | — |
| | GPE10～GPE7 | | SDDAT3～SDDAT0 | — |
| | GPE6 | | SDCMD | — |
| | GPE5 | | SDCLK | — |
| | GPE4 | | I2SSDO | I2SSDI |
| | GPE3 | | I2SSDI | nSS0 |
| | GPE2 | | CDCLK | — |
| | GPE1 | | I2SSCLK | — |
| | GPE0 | | I2SLRCK | — |
| PORT F | GPF7～GPF0 | 输入/输出 | EINT7～EINT0 | — |

续表 5.4

| 引　脚 | | 可选的引脚功能 | | |
|---|---|---|---|---|
| PORT G | GPG15 | 输入/输出 | EINT23 | nYPON |
| | GPG14 | | EINT22 | YMON |
| | GPG13 | | EINT21 | nXPON |
| | GPG12 | | EINT20 | XMON |
| | GPG11 | | EINT19 | TCLK1 |
| | GPG10～GPG8 | | EINT18～EINT16 | — |
| | GPG7 | | EINT15 | SPICLK1 |
| | GPG6 | | EINT14 | SPIMOSI1 |
| | GPG5 | | EINT13 | SPIMISO1 |
| | GPG4 | | EINT12 | LCD_PWREN |
| | GPG3 | | EINT11 | nSS1 |
| | GPG2 | | EINT10 | nSS0 |
| | GPG1～GPG0 | | EINT9～EINT8 | — |
| PORT H | GPH10 | 输入/输出 | CLKOUT1 | — |
| | GPH9 | | CLKOUT0 | — |
| | GPH8 | | UEXTCLK | — |
| | GPH7 | | RXD2 | nCTS1 |
| | GPH6 | | TXD2 | nRTS1 |
| | GPH5 | | RXD1 | — |
| | GPH4 | | TXD1 | — |
| | GPH3 | | RXD0 | — |
| | GPH2 | | TXD0 | — |
| | GPH1 | | nRTS0 | — |
| | GPH0 | | nCTS0 | — |

在 S3C2410A 中,大部分引脚都是复用的,所以需要对每一个引脚定义其功能。为了使用 I/O 口,首先也要定义引脚的功能。配置这些端口,是通过设置一系列寄存器来实现的。与配置 I/O 口相关的寄存器包括:端口控制寄存器(GPACON～GPHCON)、端口数据寄存器(GPADAT～GPHDAT)、端口上拉寄存器(GPBUP～GPHUP)、杂项控制寄存器以及外部中断控制寄存器(EXTINTN)等。所有 GPIO 寄存器的值在掉电模式下都会被保存。外部中断屏蔽寄存器 EINTMASK 不能阻止从掉电模式唤醒,但是如果 EINTMASK 正在屏蔽的是 EINT[15:4]中的某位,则可以实现唤醒,不过中断源挂起寄存器 SRCPND 的位 EINT4_7 和 EINT8_23 在刚刚唤醒后不置 1。

端口控制寄存器用于定义每个引脚的功能。如果 GPF0～GPF7 和 GPG0～GPG7 用作掉电模式下的唤醒信号,那么这些端口必须在中断模式下配置。

如果将端口配置为输出口,数据可以写入到端口数据寄存器的相应位中;如果将端口配置为输入口,则可以从端口数据寄存器的相应位中读出数据。

端口上拉寄存器用于控制每组端口的上拉电阻为禁止还是使能。如果相应位设置为0,则表示该引脚的上拉电阻使能;为1,则表示上拉电阻禁止。如果使能了端口上拉寄存器,则不论引脚配置为哪种功能,上拉电阻都会起作用。

杂项控制寄存器用于控制数据端口的上拉电阻、高阻状态、USB Pad 和 CLK-OUT 的选择。

24个外部中断通过不同的信号被请求。EXTINTn 寄存器用于配置这些信号对于外部中断请求采用的是低电平触发、高电平触发、下降沿触发、上升沿触发还是双边沿触发。

下面对相关寄存器的设置分别进行描述。

### 1. PORT A 控制寄存器(参见表5.5)

表5.5 PORT A 控制寄存器

| 相关寄存器 | 地 址 | 读/写 | 描 述 | 复位值 |
|---|---|---|---|---|
| GPACON | 0x5600 0000 | 读/写 | 配置A口的引脚,使用位[22:0]。<br>0:输出引脚<br>1:功能引脚 | 0x7F FFFF |
| GPADAT | 0x5600 0004 | 读/写 | A口的数据寄存器,使用位[22:0] | 未定义 |
| 保留 | 0x5600 0008 | — | 保留 | 未定义 |
| 保留 | 0x5600 000C | — | 保留 | 未定义 |

### 2. PORT B 控制寄存器(参见表5.6)

表5.6 PORT B 控制寄存器

| 相关寄存器 | 地 址 | 读/写 | 描 述 | 复位值 |
|---|---|---|---|---|
| GPBCON | 0x5600 0010 | 读/写 | 配置B口的引脚,使用位[21:0]分别对B口的相应11个位进行配置。<br>00:输入 01:输出<br>10:功能引脚 11:保留 | 0x0 |
| GPBDAT | 0x5600 0014 | 读/写 | B口的数据寄存器,使用位[10:0] | 未定义 |
| GPBUP | 0x5600 0018 | 读/写 | B口的上拉电阻禁止寄存器,使用位[10:0]。<br>1表示禁止,0表示使能 | 0x0 |
| 保留 | 0x5600 001C | — | 保留 | 未定义 |

### 3. PORT C 控制寄存器(参见表5.7)

表5.7　PORT C控制寄存器

| 相关寄存器 | 地　址 | 读/写 | 描　述 | 复位值 |
|---|---|---|---|---|
| GPCCON | 0x5600 0020 | 读/写 | 配置C口的引脚，使用位[31：0]分别对C口的相应16个位进行配置。<br>00：输入　01：输出<br>10：功能引脚　11：保留 | 0x0 |
| GPCDAT | 0x5600 0024 | 读/写 | C口的数据寄存器，使用位[15：0] | 未定义 |
| GPCUP | 0x5600 0028 | 读/写 | C口的上拉电阻禁止寄存器，使用位[15：0]。<br>1表示禁止，0表示使能 | 0x0 |
| 保留 | 0x5600 002C | — | 保留 | 未定义 |

## 4. PORT D控制寄存器(参见表5.8)

表5.8　PORT D控制寄存器

| 相关寄存器 | 地　址 | 读/写 | 描　述 | 复位值 |
|---|---|---|---|---|
| GPDCON | 0x5600 0030 | 读/写 | 配置D口的引脚，使用位[31：0]分别对D口的相应16个位进行配置。<br>00：输入　10：功能引脚<br>01：输出　11：保留/另一功能引脚 | 0x0 |
| GPDDAT | 0x5600 0034 | 读/写 | D口的数据寄存器，使用位[15：0] | 未定义 |
| GPDUP | 0x5600 0038 | 读/写 | D口的上拉电阻禁止寄存器，使用位[15：0]。<br>1表示禁止，0表示使能 | 0xF000 |
| 保留 | 0x5600 003C | — | 保留 | 未定义 |

## 5. PORT E控制寄存器(参见表5.9)

表5.9　PORT E控制寄存器

| 相关寄存器 | 地　址 | 读/写 | 描　述 | 复位值 |
|---|---|---|---|---|
| GPECON | 0x5600 0040 | 读/写 | 配置E口的引脚，使用位[31：0]分别对E口的相应16个位进行配置。<br>00：输入　10：功能引脚<br>01：输出　11：保留/另一功能引脚 | 0x0 |
| GPEDAT | 0x5600 0044 | 读/写 | E口的数据寄存器，使用位[15：0] | 未定义 |
| GPEUP | 0x5600 0048 | 读/写 | E口的上拉电阻禁止寄存器，使用位[15：0]。<br>1表示禁止，0表示使能 | 0x0 |
| 保留 | 0x5600 004C | — | 保留 | 未定义 |

## 6. PORT F 控制寄存器(参见表 5.10)

表 5.10　PORT F 控制寄存器

| 相关寄存器 | 地　址 | 读/写 | 描　述 | 复位值 |
| --- | --- | --- | --- | --- |
| GPFCON | 0x5600 0050 | 读/写 | 配置 F 口的引脚,使用位[15:0]分别对 F 口的相应 8 个位进行配置。<br>00:输入　01:输出<br>10:功能引脚　11:保留 | 0x0 |
| GPFDAT | 0x5600 0054 | 读/写 | F 口的数据寄存器,使用位[7:0] | 未定义 |
| GPFUP | 0x5600 0058 | 读/写 | F 口的上拉电阻禁止寄存器,使用位[7:0]。<br>1 表示禁止,0 表示使能 | 0x0 |
| 保留 | 0x5600 005C | — | 保留 | 未定义 |

## 7. PORT G 控制寄存器(参见表 5.11)

表 5.11　PORT G 控制寄存器

| 相关寄存器 | 地　址 | 读/写 | 描　述 | 复位值 |
| --- | --- | --- | --- | --- |
| GPGCON | 0x5600 0060 | 读/写 | 配置 G 口的引脚,使用位[31:0]分别对 G 口的相应 16 个位进行配置。<br>00:输入　10:功能引脚<br>01:输出　11:保留/另一功能引脚 | 0x0 |
| GPGDAT | 0x5600 0064 | 读/写 | G 口的数据寄存器,使用位[15:0] | 未定义 |
| GPGUP | 0x5600 0068 | 读/写 | G 口的上拉电阻禁止寄存器,使用位[15:0]。<br>1 表示禁止,0 表示使能 | 0xF800 |
| 保留 | 0x5600 006C | — | 保留 | 未定义 |

## 8. PORT H 控制寄存器(参见表 5.12)

表 5.12　PORT H 控制寄存器

| 相关寄存器 | 地　址 | 读/写 | 描　述 | 复位值 |
| --- | --- | --- | --- | --- |
| GPHCON | 0x5600 0070 | 读/写 | 配置 H 口的引脚,使用位[21:0]分别对 H 口的相应 11 个位进行配置。<br>00:输入　10:功能引脚<br>01:输出　11:保留/另一功能引脚 | 0x0 |
| GPHDAT | 0x5600 0074 | 读/写 | H 口的数据寄存器,使用位[10:0] | 未定义 |
| GPHUP | 0x5600 0078 | 读/写 | H 口的上拉电阻禁止寄存器,使用位[10:0]。<br>1 表示禁止,0 表示使能 | 0x0 |
| 保留 | 0x5600 007C | — | 保留 | 未定义 |

### 9. 杂项控制寄存器(参见表5.13)

表5.13 杂项控制寄存器

| 相关寄存器 | 地 址 | 读/写 | 描 述 | 复位值 |
|---|---|---|---|---|
| MISCCR | 0x5600 0080 | 读/写 | 控制数据端口的上拉电阻、高阻状态、USB Pad和CLKOUT的选择 | 0x1 0330 |

### 10. DCLK控制寄存器(参见表5.14)

表5.14 DCLK控制寄存器

| 相关寄存器 | 地 址 | 读/写 | 描 述 | 复位值 |
|---|---|---|---|---|
| DCLKCON | 0x5600 0084 | 读/写 | DCLK0/1控制寄存器，位[27 : 16]控制DCLK1,位[11 : 0]控制DCLK0 | 0x0 |

### 11. 外部中断控制寄存器,参见表5.15

表5.15 外部中断控制寄存器

| 相关寄存器 | 地 址 | 读/写 | 描 述 | 复位值 |
|---|---|---|---|---|
| EXTINT0 | 0x5600 0088 | 读/写 | 使用位[4n+2 : 4n]分别对EINTn进行信号配置,n的取值范围是7～0。<br>000:低电平 001:高电平<br>01x:下降沿触发 10x:上升沿触发<br>11x:双边沿触发 | 0x0 |
| EXTINT1 | 0x5600 008C | 读/写 | 使用位[4n+2 : 4n]分别对EINT(n+8)进行信号配置,n的取值范围是7～0。位的取值情况同上 | 0x0 |
| EXTINT2 | 0x5600 0090 | 读/写 | 使用位[4n+2 : 4n]分别对EINT(n+16)进行信号配置,n的取值范围是7～0。位的取值情况同上。<br>使用位[4n+3]分别对EINT(n+16)进行滤波使能设置,n的取值范围是7～0:0表示禁止,1表示使能 | 0x0 |

### 12. 外部中断滤波寄存器(参见表5.16)

表5.16 外部中断滤波寄存器

| 相关寄存器 | 地 址 | 读/写 | 描 述 | 复位值 |
|---|---|---|---|---|
| EINTFLT0 | 0x5600 0094 | 读/写 | 保留 | — |
| EINTFLT1 | 0x5600 0098 | 读/写 | 保留 | — |
| EINTFLT2 | 0x5600 009C | 读/写 | 控制EINT19～EINT16的滤波时钟和滤波宽度 | 0x0 |
| EINTFLT3 | 0x5600 00A0 | 读/写 | 控制EINT23～EINT20的滤波时钟和滤波宽度 | 0x0 |

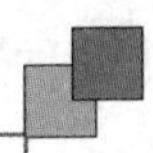





### 13. 外部中断屏蔽寄存器(参见表5.17)

表5.17 外部中断屏蔽寄存器

| 相关寄存器 | 地 址 | 读/写 | 描 述 | 复位值 |
| --- | --- | --- | --- | --- |
| EINTMASK | 0x5600 00A4 | 读/写 | 使用位[23:4]分别对EINT23～EINT4设置是否屏蔽相应中断。<br>0:使能中断 1:屏蔽中断 | 0x0 |

### 14. 外部中断挂起寄存器(参见表5.18)

表5.18 外部中断挂起寄存器

| 相关寄存器 | 地 址 | 读/写 | 描 述 | 复位值 |
| --- | --- | --- | --- | --- |
| EINTPEND | 0x5600 00A8 | 读/写 | 使用位[23:4]分别对EINT23～EINT4设置是否请求中断挂起。<br>0:不请求挂起 1:请求挂起 | 0x0 |

### 15. 通用状态寄存器(参见表5.19)

表5.19 通用状态寄存器

| 相关寄存器 | 地 址 | 读/写 | 描 述 | 复位值 |
| --- | --- | --- | --- | --- |
| GSTATUS0 | 0x5600 00AC | 只读 | 外部引脚状态 | 未定义 |
| GSTATUS1 | 0x5600 00B0 | 只读 | 芯片ID | 0x3241 0000 |
| GSTATUS2 | 0x5600 00B4 | 读/写 | 复位状态 | 0x1 |
| GSTATUS3 | 0x5600 00B8 | 读/写 | 通知(Inform)寄存器。可被复位信号nRESET或看门狗定时器清零 | 0x0 |
| GSTATUS4 | 0x5600 00BC | 读/写 | 通知寄存器。可被复位信号nRESET或看门狗定时器清零 | 0x0 |

## 5.2.2 I/O口编程实例

本小节通过一个对G口的操作实例控制CPU板左下角的LED1和LED2实现轮流闪烁。

对I/O口的操作是通过对相关各个寄存器的读/写实现的。要对寄存器进行读/写操作，首先要对寄存器进行定义。有关I/O相关寄存器的宏定义代码如下：

```
#define rGPACON   (* (volatile unsigned * )0x56000000) //Port A 控制寄存器
#define rGPADAT   (* (volatile unsigned * )0x56000004) //Port A 数据寄存器
#define rGPBCON   (* (volatile unsigned * )0x56000010) //Port B 控制寄存器
#define rGPBDAT   (* (volatile unsigned * )0x56000014) //Port B 数据寄存器
```

```
#define rGPBUP    (* (volatile unsigned * )0x56000018) //Port B上拉电阻禁
                                                       //止寄存器
#define rGPCCON   (* (volatile unsigned * )0x56000020) //Port C控制寄存器
#define rGPCDAT   (* (volatile unsigned * )0x56000024) //Port C数据寄存器
#define rGPCUP    (* (volatile unsigned * )0x56000028) //Port C上拉电阻禁
                                                       //止寄存器
#define rGPDCON   (* (volatile unsigned * )0x56000030) //Port D控制寄存器
#define rGPDDAT   (* (volatile unsigned * )0x56000034) //Port D数据寄存器
#define rGPDUP    (* (volatile unsigned * )0x56000038) //Port D上拉电阻禁
                                                       //止寄存器
#define rGPECON   (* (volatile unsigned * )0x56000040) //Port E控制寄存器
#define rGPEDAT   (* (volatile unsigned * )0x56000044) //Port E数据寄存器
#define rGPEUP    (* (volatile unsigned * )0x56000048) //Port E上拉电阻禁
                                                       //止寄存器
#define rGPFCON   (* (volatile unsigned * )0x56000050) //Port F控制寄存器
#define rGPFDAT   (* (volatile unsigned * )0x56000054) //Port F数据寄存器
#define rGPFUP    (* (volatile unsigned * )0x56000058) //Port F上拉电阻禁
                                                       //止寄存器
#define rGPGCON   (* (volatile unsigned * )0x56000060) //Port G控制寄存器
#define rGPGDAT   (* (volatile unsigned * )0x56000064) //Port G数据寄存器
#define rGPGUP    (* (volatile unsigned * )0x56000068) //Port G上拉电阻禁
                                                       //止寄存器
#define rGPHCON   (* (volatile unsigned * )0x56000070) //Port H控制寄存器
#define rGPHDAT   (* (volatile unsigned * )0x56000074) //Port H数据寄存器
#define rGPHUP    (* (volatile unsigned * )0x56000078) //Port H上拉电阻禁
                                                       //止寄存器
```



要想实现对G口的配置,只要在地址0x5600 0060中给32位的每一位赋值就可以了。如果G口的某个引脚被配置为输出引脚,在GPGDAT对应的地址位写入1时该引脚输出高电平;写入0时该引脚输出低电平。如果该引脚被配置为功能引脚,则该引脚作为相应的功能引脚使用。

下面是实现LED1和LED2轮流闪烁的程序代码。

```
void Main(void){
    int flag, i;
    Target_Init();  //进行硬件初始化操作,包括对I/O口的初始化操作
    for(;;){
        if(flag== 0){
            for(i= 0;i< 1000000;i++ );                //延时
            rGPGCON = rGPGCON & 0xfff0ffff | 0x00050000;
                                                      //配置第8、第9位为输出引脚
            rGPGDAT = rGPGDAT & 0xeff | 0x200;        //第8位输出为低电平
                                                      //第9位输出高电平
            for(i= 0;i< 10000000;i++ );               //延时
            flag = 1;
        }
        else {
            for(i= 0;i< 1000000;i++ );                //延时
            rGPGCON = rGPGCON & 0xfff0ffff | 0x00050000;
                                                      //配置第8、第9位为输出引脚
```

```
            rGPGDAT =  rGPGDAT & 0xdff | 0x100;        //第 8 位输出为高电平
                                                       //第 9 位输出低电平
            for(i= 0;i< 1000000;i++ );                 //延时
            flag =  0;
        }
    }
}
```

# 5.3 中 断

## 5.3.1 ARM 的中断原理

CPU 与外设的数据传输方式通常有以下 3 种：查询方式、中断方式和 DMA 方式。DMA 方式将在"5.4 DMA"一节中进行介绍。所谓查询方式是指，CPU 不断查询外设的状态，如果外设准备就绪则开始进行数据传输；如果外设还没有准备好，CPU 将进入循环等待状态。很显然这样浪费了大量 CPU 时间，降低了 CPU 的利用率。所谓中断方式是指，当外设准备好与 CPU 进行数据传输时，外设首先向 CPU 发出中断请求，CPU 接收到中断请求并在一定条件下，暂时停止原来的程序并执行中断服务处理程序，执行完毕以后再返回原来的程序继续执行。由此可见，采用中断方式避免了 CPU 把大量时间花费在查询外设状态的操作上，从而大大提高了 CPU 的执行效率。

ARM 系统包括两类中断：一类是 IRQ 中断，另一类是 FIQ 中断。IRQ 是普通中断，FIQ 是快速中断，在进行大批量的复制、数据传输等工作时，常使用 FIQ 中断。FIQ 的优先级高于 IRQ。

在 ARM 系统中，支持 7 类异常，包括：复位、未定义指令、软中断、预取中止、数据中止、IRQ 和 FIQ，每种异常对应于不同的处理器模式。一旦发生异常，首先要进行模式切换，然后程序将转到该异常对应的固定存储器地址执行。这个固定的地址称为异常向量。异常向量中保存的通常为异常处理程序的地址。ARM 的异常向量如表 5.20 所列。

**表 5.20 ARM 异常向量**

| 异 常 | 模 式 | 正常地址 | 高向量地址 |
|---|---|---|---|
| 复位 | 管理 | 0x0000 0000 | 0xFFFF 0000 |
| 未定义指令 | 未定义 | 0x0000 0004 | 0xFFFF 0004 |
| 软中断 | 管理 | 0x0000 0008 | 0xFFFF 0008 |
| 预取中止 | 中止 | 0x0000 000C | 0xFFFF 000C |
| 数据中止 | 中止 | 0x0000 0010 | 0xFFFF 0010 |
| IRQ | IRQ | 0x0000 0018 | 0xFFFF 0018 |
| FIQ | FIQ | 0x0000 001C | 0xFFFF 001C |

由此可见,IRQ 中断和 FIQ 中断都属于 ARM 的异常模式。在 ARM 系统中,一旦有中断发生,不管是外部中断,还是内部中断,正在执行的程序都会停下来。接下来通常会按照如下步骤处理中断:

(1) 保存现场。保存当前的 PC 值到 R14,保存当前的程序运行状态到 SPSR。

(2) 模式切换。根据发生的中断类型,进入 IRQ 模式或 FIQ 模式。

(3) 获取中断源。以异常向量表保存在低地址处为例,若是 IRQ 中断,则 PC 指针跳到 0x18 处;若是 FIQ 中断,则跳到 0x1C 处。IRQ 或 FIQ 的异常向量地址处一般保存的是中断服务子程序的地址,所以接下来 PC 指针跳入中断服务子程序处理中断。

(4) 中断处理。由于生产 ARM 处理器的各厂家都集成了很多中断请求源,比如串口中断、AD 中断、外部中断、定时器中断及 DMA 中断等,所以可能出现多个中断源同时请求中断的情况。为了更好地区分各个中断源,以便更准确地完成任务,通常的做法是为这些中断定义不同的优先级别,并为每一个中断设置一个中断标志位。当发生中断时,通过判断中断优先级以及访问中断标志位的状态来识别哪一个中断发生了。进而调用相应的函数进行中断处理。

(5) 中断返回,恢复现场。当完成中断服务子程序后,将 SPSR 中保存的程序运行状态恢复到 CPSR 中,R14 中保存的被中断程序的地址恢复到 PC 中,继续执行被中断的程序。



### 5.3.2　S3C2410A 的中断控制器

ARM920T CPU 的中断可分为 FIQ 和 IRQ。为了使 CPU 能够响应中断,必须首先对程序状态寄存器(PSR)中的 F 位和 I 位进行正确设置。如果 PSR 的 F 位为 1,则 CPU 不会响应来自中断控制器的 FIQ 中断;如果 PSR 的 I 位为 1,则 CPU 不会响应来自中断控制器的 IRQ 中断。因此,为了使中断控制器能够接收中断请求,必须在启动代码中将 PSR 的 F 位或 I 位设置为 0,同时还需要将中断屏蔽寄存器(INTMSK)中的相应位设置为 0。

中断屏蔽寄存器用于指示中断是否禁止。如果中断屏蔽寄存器中的相应屏蔽位设置为 1,表示相应中断禁止;如果设置为 0,表示中断发生时将正常执行中断服务。如果发生中断时相应的屏蔽位正好为 1,则中断挂起寄存器中的相应中断源挂起位将置 1。

S3C2410A 有 2 个中断挂起寄存器:中断源挂起寄存器(SRCPND)和中断挂起寄存器(INTPND)。这两个挂起寄存器用于指示某个中断请求是否处于挂起状态。当多个中断源请求中断服务时,SRCPND 寄存器中的相应位置为 1,仲裁过程结束后 INTPND 寄存器中只有 1 位被自动置为 1。

S3C2410A 中的中断控制器能够接收来自 56 个中断源的请求。这些中断源来自 DMA 控制器、UART、$I^2C$ 及外部中断引脚等,如表 5.21 所列。由于中断请求引

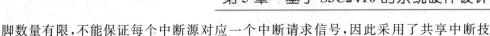

脚数量有限,不能保证每个中断源对应一个中断请求信号,因此采用了共享中断技术。INT_UART0、INT_UART1、INT_UART2、EINT8_23 和 EINT4_7 为多个中断源共享使用的中断请求信号。

**表 5.21　56 个中断源**

| 中断源 | 描　述 | 仲裁器分组 |
| --- | --- | --- |
| INT_ADC | ADC、EOC 和触摸中断 | ARB5 |
| INT_RTC | RTC 报警中断 | ARB5 |
| INT_SPI1 | SPI1 中断 | ARB5 |
| INT_UART0 | UART0 中断(故障、接收和发送) | ARB5 |
| INT_IIC | $I^2C$ 中断 | ARB4 |
| VINT_USBH | USB 主设备中断 | ARB4 |
| INT_USBD | USB 从设备中断 | ARB4 |
| 保留 | 保留 | ARB4 |
| INT_UART1 | UART1 中断(故障、接收和发送) | ARB4 |
| INT_SPI0 | SPI0 中断 | ARB4 |
| INT_SDI | SDI 中断 | ARB3 |
| INT_DMA3 | DMA 通道 3 中断 | ARB3 |
| INT_DMA2 | DMA 通道 2 中断 | ARB3 |
| INT_DMA1 | DMA 通道 1 中断 | ARB3 |
| INT_DMA0 | DMA 通道 0 中断 | ARB3 |
| INT_LCD | LCD 中断 | ARB3 |
| INT_UART2 | UART2 中断(故障、接收和发送) | ARB2 |
| INT_TIMER4 | 定时器 4 中断 | ARB2 |
| INT_TIMER3 | 定时器 3 中断 | ARB2 |
| INT_TIMER2 | 定时器 2 中断 | ARB2 |
| INT_TIMER1 | 定时器 1 中断 | ARB2 |
| INT_TIMER0 | 定时器 0 中断 | ARB2 |
| INT_WDT | 看门狗定时器中断 | ARB1 |
| INT_TICK | RTC 时钟滴答中断 | ARB1 |
| nBATT_FLT | 电源故障中断 | ARB1 |
| 保留 | 保留 | ARB1 |
| EINT8_23 | 外部中断 8～23 | ARB1 |
| EINT4_7 | 外部中断 4～7 | ARB1 |
| EINT3 | 外部中断 3 | ARB0 |
| EINT2 | 外部中断 2 | ARB0 |
| EINT1 | 外部中断 1 | ARB0 |
| EINT0 | 外部中断 0 | ARB0 |

从表 5.21 可以看出,S3C2410A 共有 32 个中断请求信号。中断请求的优先级逻辑是由 7 个仲裁器组成的,其中包括 6 个一级仲裁器和 1 个二级仲裁器,如图 5.6 所示。每个仲裁器是否使能由寄存器 PRIORITY[6：0]决定。每个仲裁器可以处

理 4～6 个中断源,从中选出优先级最高的。优先级顺序由寄存器 PRIORITY[20：7]的相应位决定。

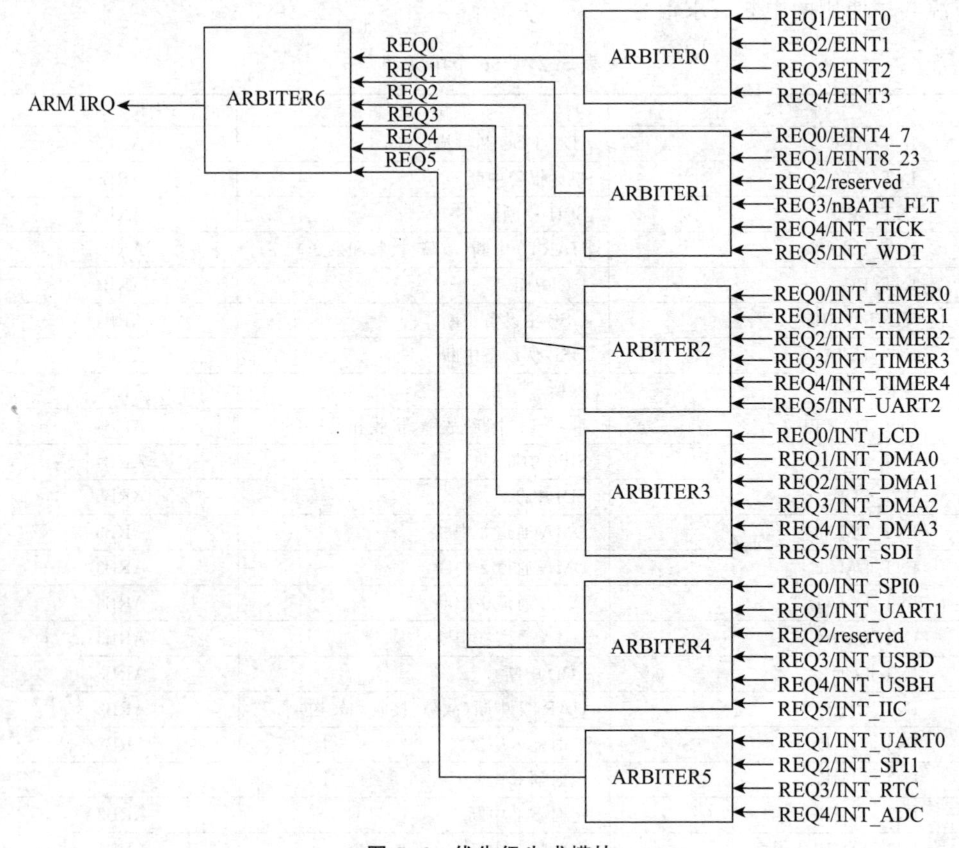


**图 5.6　优先级生成模块**

要想使用 S3C2410A 的中断控制器,必须对表 5.22 所列的寄存器进行正确设置。以下寄存器中每一位的含义请读者参阅 S3C2410 数据手册。

**表 5.22　中断控制器的特殊寄存器**

| 寄存器 | 地　址 | 读/写 | 描　述 | 复位值 |
|---|---|---|---|---|
| SRCPND | 0x4A00 0000 | 读/写 | 中断源挂起寄存器,当中断产生后,相应位置 1 | 0x0 |
| INTMOD | 0x4A00 0004 | 读/写 | 中断模式寄存器：0=IRQ 模式,1=FIQ 模式 | 0x0 |
| INTMSK | 0x4A00 0008 | 读/写 | 中断屏蔽寄存器：0=中断允许,1=中断屏蔽 | 0xFFFF FFFF |
| PRIORITY | 0x4A00 000C | 读/写 | 中断优先级控制寄存器,设置中断优先级 | 0x7F |
| INTPND | 0x4A00 0010 | 读/写 | 中断挂起寄存器,指示中断请求的状态。<br>0=该中断没有请求,1=该中断源发出中断请求 | 0x0 |
| INTOFFSET | 0x4A00 0014 | 只读 | 中断偏移寄存器,指示 IRQ 中断源 | 0x0 |
| SUBSRCPND | 0x4A00 0018 | 读/写 | 子中断源挂起寄存器,指示中断请求的状态。<br>0=该中断没有请求,1=该中断源发出中断请求 | 0x0 |
| INTSUBMSK | 0x4A00 001C | 读/写 | 定义哪个中断源屏蔽。<br>0=中断服务允许,1=中断服务屏蔽 | 0x7FF |

所有来自中断源的中断请求首先被登记到中断源挂起寄存器中。在中断模式寄存器,中断请求分成两类:FIQ和IRQ。多个IRQ中断的仲裁过程在优先级寄存器进行。

中断源挂起寄存器可以看作各种中断有无请求的状态标志寄存器。相应位置1,说明存在该中断请求;相应位为0,说明无该中断请求产生。

中断模式寄存器主要用于配置该中断是IRQ型中断,还是FIQ型中断。

中断屏蔽寄存器的主要功能是屏蔽相应中断的请求,即使中断挂起寄存器的相应位已经置1,也就是说已经有相应的中断请求发生了;但是如果此时中断屏蔽寄存器的相应位置1,则中断控制器将屏蔽该中断请求,CPU不会响应该中断。

中断挂起寄存器为向量IRQ中断服务挂起状态寄存器。当多个IRQ中断发生时,该寄存器内只有一位置1,即只有当前要服务的中断标志位置1。通过读它的值,就能判断哪个中断发生了。通过向中断挂起寄存器的相应位写入数据,能够清除中断挂起寄存器中的中断请求标志位,从而使CPU不再响应中断。实际上CPU是否响应中断,主要看中断挂起寄存器中的请求标志位是否置1。如果置1,且屏蔽位为0,同时PSR的F或I位也打开,那么CPU就响应中断;否则,若有一个条件不成立,CPU就无法响应中断。

### 5.3.3 中断编程实例

本小节介绍一个通过定时器1中断控制CPU板左下角的LED1和LED2实现轮流闪烁的实例,需要完成的主要工作如下。

(1) 对定时器1初始化,并设定定时器的中断时间为1 s,具体代码参见Timer1_init()函数。

```
void Timer1_init(void){
    rGPGCON = rGPGCON & 0xfff0ffff | 0x00050000; //配置 GPG 口为输出口
    rGPGDAT = rGPGDAT | 0x300;
    rTCFG0  = 255;
    rTCFG1  = 0<<4;
    rTCNTB1 = 48828; //在 pclk= 50 MHz 下,1 s 的记数值 rTCNTB1 = 50000000/4/256
= 48828;
    rTCMPB1 = 0x00;
    rTCON   = (1<<11) | (1<<9) | (0<<8); //禁用定时器 1,手动加载
    rTCON   = (1<<11) | (0<<9) | (1<<8); //启动定时器 1,自动装载
}
```

(2) 为了使CPU响应中断,在中断服务子程序执行之前,必须打开ARM920T的CPSR中的I位,以及相应的中断屏蔽寄存器中的位。打开相应的中断屏蔽寄存器中的位,是在Timer1INT_Init()函数中实现的,具体代码如下。

```
void Timer1INT_Init(void){ //定时器接口使能
    if ((rINTPND & BIT_TIMER1)){
        rSRCPND |=  BIT_TIMER1;
```

```
    }
    pISR_TIMER1 =  (int)Timer1_ISR;  //写入定时器 1 中断服务子程序的入口地址
    rINTMSK  &= ~(BIT_TIMER1);       //开中断;
}
```

(3) 等待定时器中断,通过一个死循环如"while(1);"实现等待过程。

(4) 根据设置的定时时间,产生定时器中断。中断发生后,首先进行现场保护,然后转入中断的入口代码处执行。该部分代码通常使用汇编语言编写。在执行中断服务程序之前,要确保 HandleIRQ 地址处保存中断分发程序 IsrIRQ 的入口地址,代码如下。

```
    ldr    r0,= HandleIRQ
    ldr    r1,= IsrIRQ
    str    r1,[r0]
```

接下来将执行 IsrIRQ 中断分发程序,具体代码如下。

```
IsrIRQ
    sub      sp,sp,#4                ;为保存 PC 预留堆栈空间
    stmfd    sp!,{r8-r9}
    ldr      r9,= INTOFFSET
    ldr      r9,[r9]                 ;加载 INTOFFSET 寄存器值到 r9
    ldr      r8,= HandleEINT0        ;加载中断向量表的基地址到 r8
    add      r8,r8,r9,lsl #2         ;获得中断向量
    ldr      r8,[r8]                 ;加载中断服务程序的入口地址到 r8
    str      r8,[sp,#8]              ;保存 sp,将其作为新的 pc 值
    ldmfd    sp!,{r8-r9,pc}      ;跳转到新的 pc 处执行,即跳转到中断服务子程序执行
```



(5) 执行中断服务子程序,该子程序实现将 LED1 和 LED2 灯熄灭或点亮。从现象中看到 LED1 和 LED2 灯闪烁一次,就说明定时器发生了一次中断。具体实现见函数 Timer1_ISR()。

```
int flag;
void __irq Timer1_ISR( void ){
    if (flag == 0) {
        rGPGDAT =  rGPGDAT & 0xeff | 0x200;
        flag =  1;
    }
    else{
        rGPGDAT =  rGPGDAT & 0xdff | 0x100;
        flag =  0;
    }
      rSRCPND |=  BIT_TIMER1;
      rINTPND |=  BIT_TIMER1;
}
```

(6) 从中断返回,恢复现场,跳转到被中断的主程序继续执行,等待下一次中断

的到来。

## 5.4　DMA

### 5.4.1　DMA 工作原理

5.3 节的一开始就提到了 CPU 与外设的数据传输方式通常有 3 种:查询方式、中断方式和 DMA 方式。通过学习,我们已经知道中断方式是在 CPU 的控制下进行的,中断方式尽管可以实时的响应外部中断源的请求,但额外的开销时间以及中断处理服务时间,使得中断响应频率受到限制。当高速外设与计算机系统进行信息交换时,若采用中断方式,CPU 将会频繁的出现中断而不能完成主要任务,或者根本来不及响应中断而造成数据的丢失,因而传输速率受 CPU 运行指令速度的限制。

所谓 DMA 方式,即直接存储器存取(Direct Memory Acess),是指存储器与外设在 DMA 控制器的控制下,直接传送数据而不通过 CPU,传输速率主要取决于存储器存取速度。这里,"直接"的含义是指在 DMA 传输过程中,DMA 控制器负责管理整个操作,CPU 不参与管理。DMA 方式为高速 I/O 设备和存储器之间的批量数据交换提供了直接的传输通道。

在进行 DMA 数据传送之前,DMA 控制器会向 CPU 申请总线控制权,CPU 如果允许,则将控制权交出。因此,在数据交换时,总线控制权由 DMA 控制器掌握,在传输结束后,DMA 控制器将总线控制权交还给 CPU。采用 DMA 方式进行数据传输的具体过程如下。

(1) 外设向 DMA 控制器发出 DMA 请求。

(2) DMA 控制器向 CPU 发出总线请求信号。

(3) CPU 执行完现行的总线周期后,向 DMA 控制器发出响应请求的回答信号。

(4) CPU 将控制总线、地址总线及数据总线让出,由 DMA 控制器进行控制。

(5) DMA 控制器向外部设备发出 DMA 请求回答信号。

(6) 进行 DMA 传送。

(7) 数据传送完毕,DMA 控制器通过中断请求线发出中断信号。CPU 在接收到中断信号后,转入中断处理程序进行后续处理。

(8) 中断处理结束后,CPU 返回到被中断的程序继续执行。CPU 重新获得总线控制权。

DMA 方式最明显的特点是,它不是使用软件而是采用一个专门的控制器来控制内存与外设之间的数据交流,并且无须 CPU 介入,从而大大提高了 CPU 的工作效率;还排除了 CPU 因并行设备过多而来不及处理以及因速度不匹配而造成数据丢失等现象。在 DMA 方式中,由于 I/O 设备直接同内存发生成块的数据交换,因此

I/O效率比较高。由于DMA技术可以提高I/O效率,因此现在大部分计算机系统均采用DMA技术。许多输入/输出设备的控制器,特别是块设备的控制器,也都支持DMA方式。

## 5.4.2 S3C2410A的DMA控制器

S3C2410A支持位于系统总线和外围总线之间的具有4个通道的DMA控制器。DMA控制器的每个通道可以处理以下4种情况:

(1) 源和目的都在系统总线上;

(2) 源在系统总线上,目的在外围总线上;

(3) 源在外围总线上,目的在系统总线上;

(4) 源和目的都在外围总线上。

如果DCON寄存器选择采用硬件(H/W)DMA请求模式,那么DMA控制器的每个通道可以从对应通道的DMA请求源中选择一个。如果DCON寄存器选择采用软件(S/W)DMA请求模式,那么这些DMA请求源将没有任何意义。表5.23列出了每个通道的DMA请求源。

**表5.23 每个通道的DMA请求源**

| 通　道 | 请求源0 | 请求源1 | 请求源2 | 请求源3 | 请求源4 |
|---|---|---|---|---|---|
| 通道0 | nXDREQ0 | UART0 | SDI | 定时器 | USB设备EP1 |
| 通道1 | nXDREQ1 | UART1 | I2SSDI | SPI0 | USB设备EP2 |
| 通道2 | I2SSDO | I2SSDI | SDI | 定时器 | USB设备EP3 |
| 通道3 | UART2 | SDI | SPI1 | 定时器 | USB设备EP4 |

下面通过包含3种状态的FSM(有限状态机,Finite State Machine)来描述DMA的操作过程,具体步骤如下。

- 状态1:作为初始状态,DMA等待一个DMA请求。如果出现DMA请求,进入状态2。在这种状态下,DMA ACK和INT REQ为0。
- 状态2:在这种状态下,DMA ACK变为1,并且从DCON[19:0]寄存器向计数器(CURR_TC)加载计数值。注意,此时DMA ACK一直是1直到以后清零。
- 状态3:在这种状态下,子FSM处理DMA的原子操作被初始化。子FSM从源地址读取数据,并将其写入目标地址。这一操作重复执行,直到在整体服务模式下计数器(CURR_TC)变为0;这一操作在单个服务模式下则只执行一次。子FSM每完成一次原子操作,主FSM将CURR_TC进行一次向下计数。另外,当CURR_TC变为0时,主FSM将INT REQ信号置1,并将DCON寄存器的中断设置位[29]置1。除此以外,如果发生以下情况,则对DMA ACK清零。

　— 在整体服务模式下CURR_TC变为0;

— 在单个复位模式下完成原子操作。

从以上步骤可以看出：在单个服务模式下，主 FSM 的 3 种状态执行完后就停止，并等待下一个 DMA 请求。如果又产生了 DMA 请求，则所有 3 个状态都将被重复。因此，对于每一个原子传送操作，DMA ACK 先后置 1 和清零。相反，在整体服务模式下，主 FSM 一直在状态 3 等待直到 CURR_TC 变为 0，因此 DMA ACK 在整个传送过程中都置 1，当 TC 为 0 时则清零。

然而，只有 CURR_TC 变为 0 时，INT REQ 才置 1，与是单个服务还是整体服务模式无关。

要进行 DMA 操作，首先要对 S3C2410A 的相关寄存器进行正确配置。每个 DMA 通道有 9 个控制寄存器，因此对于 4 通道的 DMA 控制器来说总共有 36 个寄存器。其中每个 DMA 通道的 9 个控制寄存器中有 6 个用于控制 DMA 传输，另外 3 个用于监控 DMA 控制器的状态。

下面对相关寄存器进行详细介绍。

(1) DMA 初始源寄存器(DISRC)，如表 5.24 所列。该寄存器用于存放要传输的源数据的起始地址。

**表 5.24 DMA 初始源寄存器**

| 寄存器 | 地 址 | 读/写 | 描 述 | 复位值 |
|---|---|---|---|---|
| DISRC0 | 0x4B00 0000 | 读/写 | DMA0 初始源寄存器 | 0x0000 0000 |
| DISRC1 | 0x4B00 0040 | | DMA1 初始源寄存器 | |
| DISRC2 | 0x4B00 0080 | | DMA2 初始源寄存器 | |
| DISRC3 | 0x4B00 00C0 | | DMA3 初始源寄存器 | |

(2) DMA 初始源控制寄存器(DISRCC)，如表 5.25 所列。该寄存器用于控制源数据在 AHB 总线还是 APB 总线上并控制地址增长方式。

**表 5.25 DMA 初始源控制寄存器**

| 寄存器 | 地 址 | 读/写 | 描 述 | 复位值 |
|---|---|---|---|---|
| DISRCC0 | 0x4B00 0004 | 读/写 | DMAn 初始源控制寄存器。<br>位[1]：<br>0—源数据在 AHB 总线上<br>1—源数据在 APB 总线上<br>位[0]：<br>0—传送数据后，源地址增加<br>1—地址固定不变 | 0x0000 0000 |
| DISRCC1 | 0x4B00 0044 | | | |
| DISRCC2 | 0x4B00 0084 | | | |
| DISRCC3 | 0x4B00 00C4 | | | |

(3) DMA 初始目标地址寄存器(DIDST)，如表 5.26 所列。该寄存器用于存放传输目标的起始地址。

表5.26　DMA初始目标地址寄存器

| 寄存器 | 地　址 | 读/写 | 描　述 | 复位值 |
|---|---|---|---|---|
| DIDST0 | 0x4B00 0008 | 读/写 | DMA0初始目标地址寄存器 | 0x0000 0000 |
| DIDST1 | 0x4B00 0048 | | DMA1初始目标地址寄存器 | |
| DIDST2 | 0x4B00 0088 | | DMA2初始目标地址寄存器 | |
| DIDST3 | 0x4B00 00C8 | | DMA3初始目标地址寄存器 | |

(4) DMA初始目标控制寄存器(DIDSTC),如表5.27所列。该寄存器用于控制目标位于AHB总线还是APB总线上并控制地址增长方式。

表5.27　DMA初始目标控制寄存器

| 寄存器 | 地　址 | 读/写 | 描　述 | 复位值 |
|---|---|---|---|---|
| DIDSTC0 | 0x4B00 000C | 读/写 | DMAn初始目标控制寄存器。<br>位[1]:<br>0—目标在AHB总线上 1—目标在APB总线上<br>位[0]:<br>0—传送数据后,目标地址增加<br>1—地址固定不变 | 0x0000 0000 |
| DIDSTC1 | 0x4B00 004C | | | |
| DIDSTC2 | 0x4B00 008C | | | |
| DIDSTC3 | 0x4B00 00CC | | | |

(5) DMA控制寄存器(DCON),如表5.28所列。该寄存器中每一位的含义参见表5.29。



表5.28　DMA控制寄存器

| 寄存器 | 地　址 | 读/写 | 描　述 | 复位值 |
|---|---|---|---|---|
| DCON0 | 0x4B00 0010 | 读/写 | DMA0控制寄存器 | 0x0000 0000 |
| DCON1 | 0x4B00 0050 | | DMA1控制寄存器 | |
| DCON2 | 0x4B00 0090 | | DMA2控制寄存器 | |
| DCON3 | 0x4B00 00D0 | | DMA3控制寄存器 | |

表5.29　DMA控制寄存器的位描述

| DCONn | 位 | 描　述 |
|---|---|---|
| DMD_HS | [31] | 选择请求模式或握手模式。<br>0:请求模式　1:握手模式 |
| SYNC | [30] | 选择同步模式。<br>0:DREQ和DACK与APB时钟同步<br>1:DREQ和DACK与AHB时钟同步 |
| INT | [29] | 当计数器到达0时是否使能中断。<br>0:禁止中断　1:使能中断 |

续表 5.29

| DCONn | 位 | 描　述 |
|---|---|---|
| TSZ | [28] | 选择传输单位的大小。<br>0:单位传输　1:长度为4的猝发式传输 |
| SERVMODE | [27] | 选择服务模式。<br>0:单个服务模式　1:整体服务模式 |
| HWSRCSEL | [26 : 24] | 为DMA设置DMA请求源。<br>DCON0:000－nXDREQ0　001－UART0　010－SDI　011－定时器<br>100－USB设备EP1<br>DCON1:000－nXDREQ1　001－UART1　010－I2SSDI　011－SPI<br>100－USB设备EP2<br>DCON2:000－I2SSDO　001－I2SSDI　010－SDI　011－定时器<br>100－USB设备EP3<br>DCON3:000－UART2　001－SDI　010－SPI　011－定时器<br>100－USB设备EP4 |
| SWHW_SEL | [23] | 在DMA软件请求源和硬件请求源之间选择。<br>0:软件请求模式,DMA通过设置DMASKTRIG寄存器SW_TRIG位触发<br>1:硬件请求模式,DMA通过设置该寄存器的HWSRCSEL位触发 |
| RELOAD | [22] | 当前计数器值等于零以后是否重新加载。<br>0:自动加载　1:DMA通道关闭,不重新加载 |
| DSZ | [21 : 20] | 传输数据的大小。<br>00:字节　01:半字　10:字　11:保留 |
| TC | [19 : 0] | 初始化计数器,在这里设置计数器的值 |

(6) DMA状态寄存器(DSTAT),如表5.30所列。

**表5.30　DMA状态寄存器**

| 寄存器 | 地　址 | 读/写 | 描　述 | 复位值 |
|---|---|---|---|---|
| DSTAT0 | 0x4B00 0014 | 只读 | DMAn计数寄存器。<br>位[21 : 20]:0－DMA控制器就绪<br>1－DMA控制器忙<br>位[19 : 0]:传输计数的当前值 | 0x0000 0000 |
| DSTAT1 | 0x4B00 0054 | | | |
| DSTAT2 | 0x4B00 0094 | | | |
| DSTAT3 | 0x4B00 00D4 | | | |

(7) DMA当前源寄存器(DCSRC),如表5.31所列。该寄存器用于保存DMAn的当前源地址。

**表5.31　DMA当前源寄存器**

| 寄存器 | 地　址 | 读/写 | 描　述 | 复位值 |
|---|---|---|---|---|
| DCSRC0 | 0x4B00 0018 | 只读 | DMA0当前源寄存器 | 0x0000 0000 |
| DCSRC1 | 0x4B00 0058 | | DMA1当前源寄存器 | |
| DCSRC2 | 0x4B00 0098 | | DMA2当前源寄存器 | |
| DCSRC3 | 0x4B00 00D8 | | DMA3当前源寄存器 | |

(8) DMA 当前目标寄存器(DCDST),如表 5.32 所列。该寄存器用于保存 DMAn 的当前目标地址。

**表 5.32 DMA 当前目标寄存器**

| 寄存器 | 地 址 | 读/写 | 描 述 | 复位值 |
|---|---|---|---|---|
| DCDST0 | 0x4B00 001C | 只读 | DMA0 当前目标寄存器 | 0x0000 0000 |
| DCDST1 | 0x4B00 005C | | DMA1 当前目标寄存器 | |
| DCDST2 | 0x4B00 009C | | DMA2 当前目标寄存器 | |
| DCDST3 | 0x4B00 00DC | | DMA3 当前目标寄存器 | |

(9) DMA 屏蔽触发寄存器(DMASKTRIG),如表 5.33 所列。

**表 5.33 DMA 屏蔽触发寄存器**

| 寄存器 | 地 址 | 读/写 | 描 述 | 复位值 |
|---|---|---|---|---|
| DMASKTRIG0 | 0x4B00 0020 | 读/写 | DMAn 屏蔽触发寄存器。<br>• 位[2]:STOP 位,停止 DMA 操作<br>1:当前原子传输操作结束后 DMA 停止。如果当前没有原子传输操作,DMA 立即停止,CURR_TC 将取值为 0。<br>• 位[1]:ON_OFF 位,DMA 通道开关位<br>0:通道关闭,忽略 DMA 请求。<br>1:通道打开。<br>• 位[0]:SW_TRIG 位,DMA 通道通过软件请求模式触发<br>1:对这个 DMA 控制器请求一次 DMA 操作。注:这个位只有在 DCONn[23]置 1 并且 ON_OFF 位也置 1 时才能生效。当 DMA 操作开始后,本位自动清 0 | 0x0000 0000 |
| DMASKTRIG1 | 0x4B00 0060 | | | |
| DMASKTRIG2 | 0x4B00 00A0 | | | |
| DMASKTRIG3 | 0x4B00 00E0 | | | |

## 5.4.3 DMA 编程实例

本小节给出一个使用 DMA 方式实现从存储器发送数据到串口 0 的实例。以下是主程序代码。

```
#include <string.h>
#include "..\INC\config.h"
#define  SEND_DATA    (* (volatile unsigned char * ) 0x30200000)
#define  SEND_ADDR   ((volatile unsigned char * ) 0x30200000)   //待发送数据的
起始地址
void Main(void){
    volatile unsigned char* p =  SEND_ADDR;
    int i;
    Target_Init();
    Delay(1000);
    //初始化要发送的数据
```

```
    SEND_DATA = 0x41;
    for (i =0; i <128; i++ ){
        * p++ = 0x41 +i;
    }
    //Uart 设置成 DMA 形式
    rUCON0 = rUCON0 & 0xff3 | 0x8;
    //DMA0 初始化
    rDISRC0 = (U32)(SEND_ADDR);
    rDISRCC0 = (0<<1)|(0<<0);    //源= AHB,传送后地址增加
    rDIDST0 = (U32)UTXH0;        //发送 FIFO 缓冲区地址
    rDIDSTC0 = (1<<1)|(1<<0);    //目标= APB,地址固定
    //设置 DMA0 控制寄存器:握手模式,与 APB 同步,使能中断,单位传输,单个模式,目标
= UART0,
    //硬件请求模式,不自动加载,半字,计数器初值=50
    rDCON0= (0<<31)|(0<<30)|(1<<29)|(0<<28)|(0<<27)|(1<<24)|(1<<23)|(1<<22)|
            (0<<20)|(50);
    rDMASKTRIG0 = (1<<1);     //打开 DMA 通道 0
    while(1);
}
```

在主程序 Main 函数中的"rDMASKTRIG0 = (1≪1);"处设置断点,全速运行映像文件到该处。下一步单步运行,在串口助手的接收栏中,将接收 50 个字符,在串口助手的最下栏可以看到接收的字符数。由于是单步运行,此时 CPU 已经停止,但是串口仍然在发送数据。这些数据的传送就是通过 DMA 控制器发送的,这说明 DMA 的直接存储器访问功能得以实现。



## 5.5　UART

### 5.5.1　UART 的工作原理

UART(Universal Asynchronous Receiver and Transmitter,通用异步收发器)是广泛使用的串行数据传输方式。串行通信可分为同步方式(Synchronous)及异步方式(Asynchronous)两种,现在一般采用异步方式,因为采用异步通信使用 9 个引脚就足够了,而采用同步方式需要 25 个引脚。通用的串行数据传输接口有许多种,最常见的是美国电子工业协会推荐的一种标准,即 RS-232C。该标准在 25 针的插接件(DB25)上定义了串行通信的有关信号。在实际的异步串行通信中,通常不需要使用全部的 25 个引脚,如在 PC 系列机中大量采用 9 针接插件(DB9)。在本书使用的 ARM 系统中,采用的也是 9 针插接件设计。图 5.7 和图 5.8 分别给出了 DB25 和 DB9 的引脚定义。

下面对 RS-232C 常用的 DB9 各引脚进行简单的解释。

- CD:载波检测。主要用于 Modem 通知计算机其处于在线状态,即 Modem 检测到拨号音。

- RXD:接收数据线。用于接收外部设备送来的数据。
- TXD:发送数据线。用于将计算机的数据发送给外部设备。
- DTR:数据终端就绪。当此引脚高电平时,通知 Modem 可以进行数据传输,计算机已经准备好。

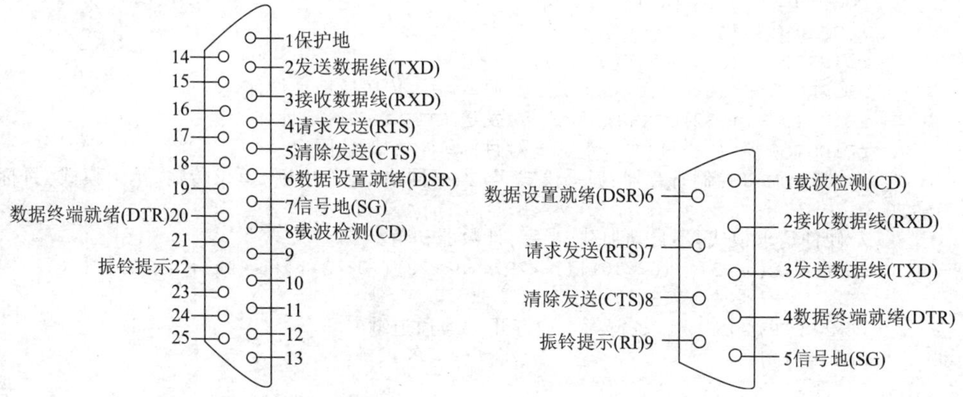


图 5.7　RS-232C 的 DB25 引脚定义　　　　图 5.8　RS-232C 的 DB9 引脚定义

- SG:信号地。
- DSR:数据设备就绪。此引脚为高电平时,通知计算机 Modem 已经准备好,可以进行数据通信。
- RTS:请求发送。此引脚由计算机来控制,用以通知 Modem 马上传送数据至计算机;否则,Modem 将收到的数据暂时放入缓冲区中。
- CTS:清除发送。此引脚由 Modem 控制,用以通知计算机将要传送的数据送至 Modem。
- RI:振铃提示。Modem 通知计算机有呼叫进来,是否接听呼叫由计算机决定。



当串口之间通过 Modem 连接以进行长距离数据传输时,通常需要正确连接各个引脚。当计算机之间通过直接连接串口而进行短距离数据传输时,通常不需要连接所有引脚。一般情况下,计算机利用 RS-232C 接口进行串口通信的基本连接方式有两种:简单连接和完全连接。简单连接又称三线连接,即只连接发送数据线、接收数据线和信号地,如图 5.9 所示。如果应用中还需要使用 RS-232C 的控制信号,则采用完全连接方式,如图 5.10 所示。在波特率不高于 9 600 bps 的情况下进行串口通信时,通信线路的长度通常要求小于 15 米,否则可能出现数据丢失现象。

UART 的主要功能是将数据以字符为单位,按照先低位后高位的顺序进行逐位传输。因此发送方在数据发送之前需要将字符分割成位,而接收方则需要将接收到的位数据再重新组合成字符。为了保证数据传输的正常进行,发送方和接收方必须协调工作,协调的方法就是使用时钟来进行控制。根据发送方和接收方是否使用同一个时钟,可以将通信方式分成同步和异步两种。所谓异步串行方式,是指发送方和接收方使用不同的时钟信号,而且允许时钟频率有一定的误差,因此实现起来比较容易。采用串口通信，由于传输的数据可以采用逐位分时传输，故对于单向传输只需要一根数据线就可以了，成本较低，相应的传输效率也较低。

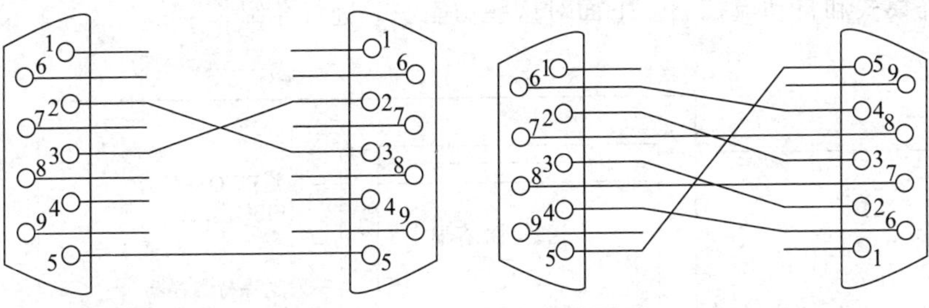

图5.9 简单连接　　　　图5.10 完全连接

UART主要由数据线接口、控制逻辑、配置寄存器、波特率发生器、发送部分和接收部分组成。UART以字符为单位进行数据传输，每个字符的传输格式如图5.11所示，包括线路空闲状态（高电平）、起始位（低电平）、5～8位数据位、校验位（可选）和停止位（位数可以是1、1.5或2位）。这种格式通过起始位和停止位来实现字符的同步。UART内部一般具有配置寄存器，通过该寄存器可以配置数据位数（5～8位）、是否有校验位和校验的类型以及停止位的位数（1位、1.5位或2位）等。

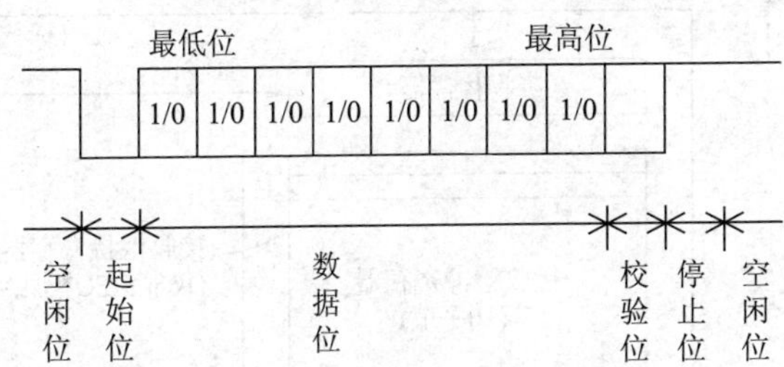


图5.11 串行通信的字符传输格式

## 5.5.2 S3C2410A的UART

S3C2410A的UART提供3个独立的异步串行I/O口(SIO)，它们都可以运行于中断模式或DMA模式。也就是说，UART可以产生中断请求或DMA请求，以便在CPU和UART之间传输数据。UART在使用系统时钟的情况下可以支持最高230.4 Kbit/s的传输速率。如果使用外部设备通过UEXTCLK为UART提供时钟，那么UART的工作频率可以更高。每个UART通道包含两个用于接收和发送数据的16字节的FIFO缓冲寄存器。

S3C2410A的每个UART由波特率发生器、发送器、接收器以及控制单元组成，如图5.12所示。波特率发生器可以由PCLK或UEXTCLK提供时钟。发送器和接收器包含16字节的FIFO和数据移位器。数据被写入FIFO，然后在发送之前拷贝到发送移位器中。接下来数据通过发送数据引脚（TxDn）被移出。同时，接收到的数据从接收数据引脚（RxDn）移入，然后从移位器拷贝到 FIFO 中。

与 UART 相关的操作包括：数据发送、数据接收、中断产生、波特率发生、回送模式、红外模式和自动流控制。下面对这些功能一一进行介绍。

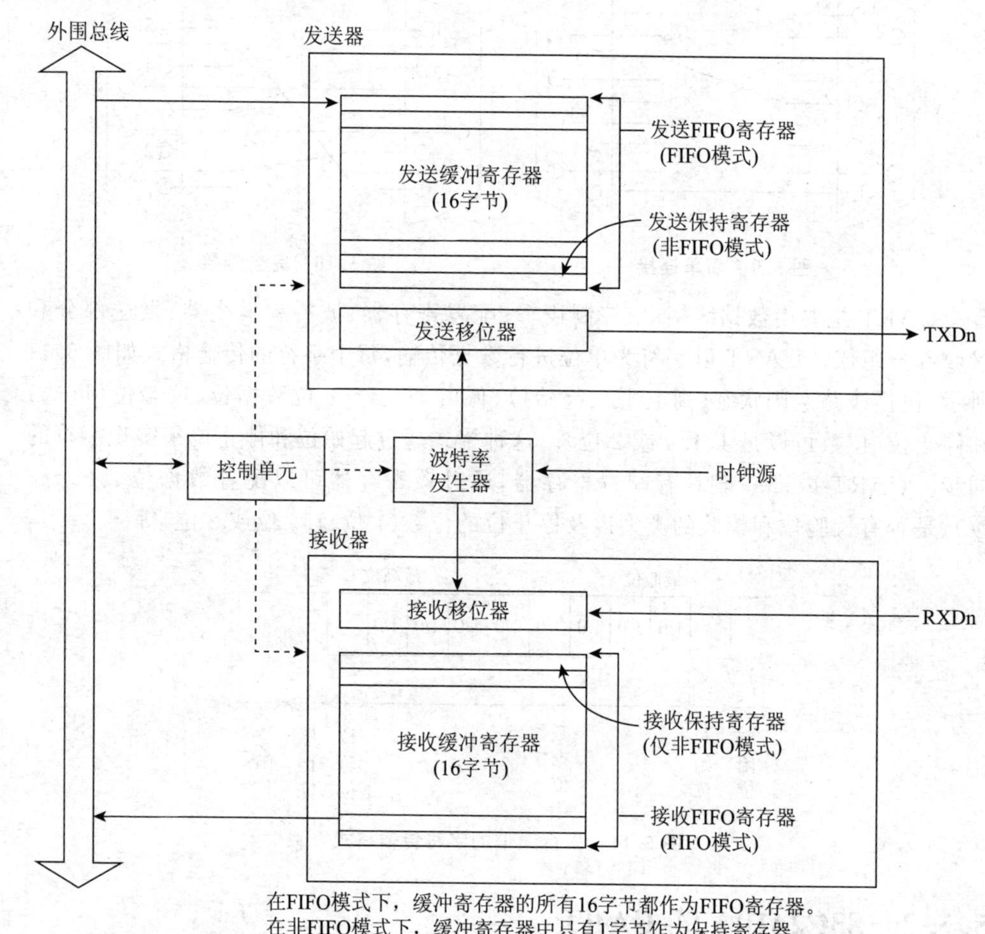


**图 5.12　UART 框图(具有 FIFO)**

## 1. 数据发送

发送的数据帧是可编程的。它包括 1 个起始位、5～8 个数据位、1 个可选的奇偶校验位和 1～2 个停止位，具体设置由行控制寄存器（ULCONn）指定。发送器还可以产生暂停条件，使得在帧发送期间迫使串口输出 0。暂停信号在当前发送的字完全发送完成之后发出。暂停信号发出之后，继续向 Tx FIFO（非 FIFO 模式下的 Tx 保持寄存器）发送数据。

### 2. 数据接收

与数据发送类似,接收的数据帧也是可编程的。它包括 1 个起始位、5～8 个数据位、1 个可选的奇偶校验位和 1～2 个停止位,具体设置由行控制寄存器(ULCONn)指定。接收器可以检测溢出错误和帧错误。溢出错误指新数据在旧数据还没有被读出之前将其覆盖了。帧错误指接收的数据没有有效的停止位。

### 3. 自动流控制(Auro Flow Control,AFC)

S3C2410A 的 UART0 和 UART1 使用 nRTS 和 nCTS 信号支持自动流控制,如图 5.13 所示。在这种情况下,它可以连接到外部的 UART。如果用户希望将 UART 连接到 Modem,则需要通过软件来禁止 UMCONn 寄存器中的自动流控制位并控制 nRTS 信号。

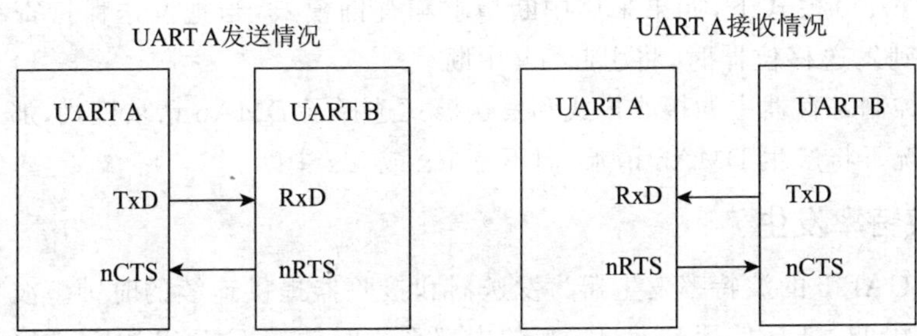


图 5.13　UART AFC 接口

在 AFC 时,nRTS 根据接收器的状态和 nCTS 信号控制发送器的操作。只有当 nCTS 信号被激活以后(在 AFC 时,nCTS 指示其他 UART 的 FIFO 已经准备好接收数据了),UART 的发送器才发送 FIFO 中的数据。UART 接收数据之前,当其接收 FIFO 具有多余 2 字节的空闲空间时,必须激活 nRTS;如果其接收 FIFO 的空闲空间少于 1 字节,则不能激活 nRTS(在 AFC 时,nRTS 指示它自己的接收 FIFO 已经准备好接收数据了)。

### 4. RS-232 接口

如果用户希望将 UART 连接到 Modem 接口,则需要使用 nRTS、nCTS、nDSR、nDTR、nDCD 和 nRI 信号。此时,用户可以通过软件来控制这些信号,因为 AFC 不支持 RS-232C 接口。

### 5. 中断 DMA 请求发生

S3C2410A 的每个 UART 有 5 个状态(Tx/Rx/Error)信号:溢出错误、帧错误、接收缓冲数据准备好、发送缓冲空和发送移位器空。这些状态通过相关的状态寄存器(UTRSTATn/UERSTATn)指示。

溢出错误和帧错误属于接收数据时发生的错误状态。如果控制寄存器 UCONn

中的接收错误状态中断使能位置1,那么它们可能引起接收错误状态中断请求。当检测到接收错误状态中断请求发生时,引起请求的信号可以通过读UERSTSTn的值来获取。

如果控制寄存器(UCONn)中的接收模式置为1(中断请求模式或查询模式),那么在FIFO模式下,当接收器将接收移位器中的数据传送到接收FIFO寄存器中并且接收的数据量达到Rx FIFO的触发水平时,则产生Rx中断。在非FIFO模式下,如果采用中断请求和查询模式,当把接收移位器中的数据传送到接收保持寄存器中时,将引起Rx中断。

如果控制寄存器(UCONn)中的发送模式置为1(中断请求模式或查询模式),那么在FIFO模式下,当发送器将发送FIFO寄存器中的数据传送到发送移位器中并且发送FIFO中剩余的发送数据量达到Tx FIFO的触发水平时,则产生Tx中断。在非FIFO模式下,如果采用中断请求和查询模式,当把发送保持寄存器中的数据传送到发送移位器时,将引起Tx中断。

如果控制寄存器中的接收模式和发送模式选择了DMAn请求模式,那么在上面提到的情况下将产生DMAn请求,而不是Rx或Tx中断。

### 6. 波特率发生

每个UART的波特率发生器为发送器和接收器提供连续的时钟。波特率发生器的时钟源可以选择使用S3C2410A的内部系统时钟或UEXTCLK。换句话说,通过设置UCONn的时钟选择位可以选择不同的被除数值。波特率时钟通过把源时钟除以16再除以一个16位因子得到,该16位因子可以在UART波特率因子寄存器(UBRDIVn)中指定。UBRDIVn的值可以通过如下表达式确定:

$$\text{UBRDIVn} = (\text{int})(\text{PCLK}/(\text{bps} \times 16)) - 1$$

这里,得到的因子值在$1 \sim 2^{16}-1$之间。

对于精确的UART操作,S3C2410A还支持使用UEXTCLK作为被除数。如果S3C2410A使用UEXTCLK,该信号由外部的UART设备或系统提供,那么UART的连续时钟将严格与UEXTCLK同步。因此,用户可以得到更精确的UART操作。此时的UBRDIVn可以通过如下表达式确定:

$$\text{UBRDIVn} = (\text{int})(\text{UEXTCLK}/(\text{bps} \times 16)) - 1$$

这里,得到的因子值在$1 \sim 2^{16}-1$之间,并且UEXTCLK应该小于PCLK。

例如,如果波特率是115 200,并且PCLK或UEXTCLK是40 MHz,那么UBRDIVn的值为:

$$\text{UBRDIVn} = (\text{int})(4000\,0000/(115200 \times 16)) - 1 = (\text{int})(21.7) - 1 = 21 - 1 = 20$$

## 7. 回送模式

S3C2410A UART 提供一种测试模式，即回送模式，用于发现通信连接中的孤立错误。这种模式在结构上使 UART 的 RXD 与 TXD 连接起来。因此，发送的数据通过 RXD 被接收器接收。这一特性使得处理器能够验证每个 SIO 通道内部发送和接收数据的正确性。该模式通过设置 UART 控制寄存器(UCONn)的回送位来进行选择。

## 8. 红外模式

S3C2410A UART 模块支持红外发送和接收，该模式可以通过设置 UART 行控制寄存器(ULCONn)中的红外模式位被选择。

要使用 UART 进行串口通信，需要设置以下与 UART 相关的寄存器。

(1) UART 行控制寄存器(ULCONn)，其功能及位描述如表 5.34 和表 5.35 所列，推荐使用值为 0x3。

**表 5.34　UART 行控制寄存器**

| 寄存器 | 地　址 | 读/写 | 描　述 | 复位值 |
|---|---|---|---|---|
| ULCON0 | 0x5000 0000 | 读/写 | UART 通道 0 行控制寄存器 | 0x00 |
| ULCON1 | 0x5000 4000 | 读/写 | UART 通道 1 行控制寄存器 | 0x00 |
| ULCON2 | 0x5000 8000 | 读/写 | UART 通道 2 行控制寄存器 | 0x00 |

**表 5.35　UART 行控制寄存器(ULCONn)位描述**

| 位 | 描　述 |
|---|---|
| [7] | 保留 |
| [6] | 红外/正常模式选择。0:正常模式，1:红外模式 |
| [5:3] | 奇偶校验模式选择。<br>0xx:无奇偶校验;100:奇校验;101:偶校验<br>110:强制校验/校验 1;111:强制校验/校验 0 |
| [2] | 停止位选择。<br>0:1 个停止位;1:2 个停止位 |
| [1:0] | 字长。<br>00:5 位;01:6 位;10:7 位;11:8 位 |

(2) UART 控制寄存器(UCONn)，其功能及位描述如表 5.36 和表 5.37 所列，推荐使用值为 0x245。

**表 5.36　UART 控制寄存器**

| 寄存器 | 地　址 | 读/写 | 描　述 | 复位值 |
|---|---|---|---|---|
| UCON0 | 0x5000 0004 | 读/写 | UART 通道 0 控制寄存器 | 0x00 |
| UCON1 | 0x5000 4004 | 读/写 | UART 通道 1 控制寄存器 | 0x00 |
| UCON2 | 0x5000 8004 | 读/写 | UART 通道 2 控制寄存器 | 0x00 |

表5.37 UART控制寄存器(UCONn)位描述

| 位 | 描述 |
| --- | --- |
| [10] | 选择使用的时钟。0:使用PCLK;1:使用UEXTCLK |
| [9] | 发送中断请求类型。0:脉冲;1:电平 |
| [8] | 接收中断请求类型。0:脉冲;1:电平 |
| [7] | 使能/禁止Rx超时中断。0:禁止;1:使能 |
| [6] | 使能/禁止UART错误中断。0:禁止;1:使能 |
| [5] | 回送模式选择。0:正常模式;1:回送模式 |
| [4] | 保留 |
| [3:2] | 确定将Tx数据写入发送缓冲寄存器的模式。<br>00:禁止,01:中断请求或查询模式<br>10:DMA0请求(仅UART0),DMA3请求(仅UART2)<br>11:DMA1请求(仅UART1) |
| [1:0] | 确定从UART接收缓冲寄存器读数据的模式。<br>00:禁止,01:中断请求或查询模式<br>10:DMA0请求(仅UART0),DMA3请求(仅UART2)<br>11:DMA1请求(仅UART1) |

(3) UART FIFO控制寄存器(UFCONn),其功能及位描述如表5.38和表5.39所列,推荐使用值为0x0。



表5.38 UART FIFO控制寄存器

| 寄存器 | 地址 | 读/写 | 描述 | 复位值 |
| --- | --- | --- | --- | --- |
| UFCON0 | 0x5000 0008 | 读/写 | UART通道0 FIFO控制寄存器 | 0x0 |
| UFCON1 | 0x5000 4008 | 读/写 | UART通道1 FIFO控制寄存器 | 0x0 |
| UFCON2 | 0x5000 8008 | 读/写 | UART通道2 FIFO控制寄存器 | 0x0 |

表5.39 UART FIFO控制寄存器(UFCONn)位描述

| 位 | 描述 |
| --- | --- |
| [7:6] | 确定发送FIFO的触发条件。<br>00:空;01:4字节;10:8字节;11:12字节 |
| [5:4] | 确定接收FIFO的触发条件。<br>00:4字节;01:8字节;10:12字节;11:16字节 |
| [3] | 保留 |
| [2] | Tx FIFO复位位,该位在FIFO复位后自动清除。<br>0:正常;1:Tx FIFO复位 |
| [1] | Rx FIFO复位位,该位在FIFO复位后自动清除。<br>0:正常;1:Rx FIFO复位 |
| [0] | FIFO使能位。0:禁止;1:使能 |

(4) UART Modem控制寄存器(UMCONn),其功能及位描述如表5.40和表5.41所列,推荐使用值为0x0。

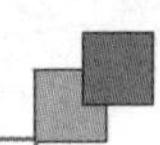





表 5.40　UART Modem 控制寄存器

| 寄存器 | 地　址 | 读/写 | 描　述 | 复位值 |
|---|---|---|---|---|
| UMCON0 | 0x5000 000C | 读/写 | UART 通道 0 Modem 控制寄存器 | 0x0 |
| UMCON1 | 0x5000 400C | 读/写 | UART 通道 1 Modem 控制寄存器 | 0x0 |
| 保留 | 0x5000 800C | — | 保留 | 未定义 |

表 5.41　UART Modem 控制寄存器(UMCONn)位描述

| 位 | 描　述 |
|---|---|
| [7∶5] | 保留,这些位必须是 0 |
| [4] | AFC 使能位。<br>0:禁止;1:使能 |
| [3∶1] | 保留,这些位必须是 0 |
| [0] | 如果 AFC 使能位为 1,则忽略该位,此时 S3C2310A 将自动控制 nRTS;如果 AFC 使能位为 0,nRTS 必须由软件控制。<br>0:高电平(禁止 nRTS);1:低电平(激活 nRTS) |

以上是需要在程序中配置的有关 UART 的寄存器,除此以外还有一些与 UART 相关的状态寄存器,如 UART TX/RX 状态寄存器(UTRSTATn)、UART 错误状态寄存器(UERSTATn)、UART FIFO 状态寄存器(UFSTATn)和 UART MODEM 状态寄存器(UMSTATn),另外还有用于发送和接收数据的 UART 发送缓冲寄存器(UTXHn)和 UART 接收缓冲寄存器(URXHn),以及用于设置分频因子的 UART 波特率因子寄存器(UBRDIVn)。

## 5.5.3　UART 编程实例

本实例实现从 UART0 接收数据,然后分别从 UART0 和 UART1 发送出去。在进行本实验之前,首先需要使用串口线连接 PC 机串口 1 和实验箱 CPU 板的串口,使用直连线连接底板串口 2 和 PC 机上的串口 2。打开超级终端 0 和超级终端 1,进行设置(115 200,8 位数据,1 位停止位,无奇偶校验)。然后全速运行镜像文件,接下来激活超级终端 0 并敲击键盘输入字符,可以发现所敲字符在两个超级终端上都显示出来。本实验的功能就是把键盘敲击的字符通过 PC 机的串口发送给实验箱上的 UART0;ARM 的 UART0 接收到字符后,再通过 UART0 和 UART1 送给 PC 机。这样就完成了串口间的收发数据。要实现以上数据的收发功能,需要编写的主要代码如下。

### 1. 定义与 UART 相关的寄存器

以 UART0 为例,需要定义的寄存器如下:

```
#define rULCON0 (* (volatile unsigned * )0x50000000) //UART0 行控制寄存器
#define rUCON0  (* (volatile unsigned * )0x50000004) //UART0 控制寄存器
#define rUFCON0 (* (volatile unsigned * )0x50000008) //UART0 FIFO 控制
                                                     //寄存器
```

```
#define rUMCON0 (*(volatile unsigned *)0x5000000c) //UART0 Modem 控制寄存器
#define rUTRSTAT0(*(volatile unsigned *)0x50000010) //UART0 Tx/Rx 状态寄存器
#define rUERSTAT0(*(volatile unsigned *)0x50000014) //UART0 Rx 错误状态寄存器
#define rUFSTAT0(*(volatile unsigned *)0x50000018) //UART0 FIFO 状态寄存器
#define rUMSTAT0(*(volatile unsigned *)0x5000001c) //UART0 Modem 状态寄存器
#define rUBRDIV0(*(volatile unsigned *)0x50000028) //UART0 波特率因子寄存器
#ifdef __BIG_ENDIAN//大端模式
#define rUTXH0  (*(volatile unsigned char *)0x50000023)//UART0 发送缓冲
                                                        //寄存器
#define rURXH0  (*(volatile unsigned char *)0x50000027) //UART0 接收缓冲
                                                         //寄存器
#define WrUTXH0(ch)(*(volatile unsigned char *)0x50000023)=(unsigned char)(ch)
#define RdURXH0()(*(volatile unsigned char *)0x50000027)
#define UTXH0       (0x50000020+3)  //DMA 使用的字节访问地址
#define URXH0       (0x50000024+3)
#else //小端模式
# define rUTXH0  (*(volatile unsigned char *)0x50000020) //UART 0
Transmission Hold
# define rURXH0  (*(volatile unsigned char *)0x50000024) //UART 0
Receive buffer
#define WrUTXH0(ch)     (*(volatile unsigned char *)0x50000020)=(unsigned char)(ch)
#define RdURXH0()(*(volatile unsigned char *)0x50000024)
#define UTXH0  (0x50000020)    //DMA 使用的字节访问地址
#define URXH0  (0x50000024)
#endif
```



## 2. 对串口进行初始化操作

参数 pclk 为时钟源的时钟频率,band 为数据传输的波特率,初始化函数 Uart_Init()的实现如下:

```
void Uart_Init(int pclk,int baud){
    int i;
    if(pclk == 0)
    pclk     = PCLK;
    rUFCON0  = 0x0;   //UART0 FIFO 控制寄存器,FIFO 禁止
    rUFCON1  = 0x0;   //UART1 FIFO 控制寄存器,FIFO 禁止
    rUFCON2  = 0x0;   //UART2 FIFO 控制寄存器,FIFO 禁止
    rUMCON0  = 0x0;   //UART0 MODEM 控制寄存器,AFC 禁止
    rUMCON1  = 0x0;   //UART1  MODEM 控制寄存器,AFC 禁止
    //UART0
    rULCON0  = 0x3;  //行控制寄存器:正常模式,无奇偶校验,1 位停止位,8 位数据位
    rUCON0   = 0x245;                                       //控制寄存器
    rUBRDIV0 = ((int)(pclk/16./baud+ 0.5)-1);         //波特率因子寄存器
    //UART1
    rULCON1  = 0x3;
    rUCON1   = 0x245;
    rUBRDIV1 = ((int)(pclk/16./baud)-1);
    //UART2
    rULCON2  = 0x3;
    rUCON2   = 0x245;
```

```
    rUBRDIV2 = ( (int)(pclk/16./baud) -1 );
    for(i= 0;i< 100;i++ );
}
```

### 3. 使用串口发送数据

其中 whichUart 为全局变量，指示当前选择的 UART 通道，使用串口发送一个字节的代码如下：

```
void Uart_SendByte(int data){
    if(whichUart==0){
        if(data== '\n'){
            while(!(rUTRSTAT0 & 0x2));
            Delay(10);                    //延时，因为超级终端速度较慢
            WrUTXH0('\r');
        }
        while(!(rUTRSTAT0 & 0x2));   //等待直到发送状态就绪
        Delay(10);
        WrUTXH0(data);
    }
    else if(whichUart==1){
        if(data== '\n'){
            while(!(rUTRSTAT1 & 0x2));
            Delay(10);                    //延时，因为超级终端速度较慢
            rUTXH1 ='\r';
        }
        while(!(rUTRSTAT1 & 0x2));   //等待直到发送状态就绪
        Delay(10);
        rUTXH1 =data;
    }
    else if(whichUart==2){
        if(data== '\n'){
            while(!(rUTRSTAT2 & 0x2));
            Delay(10);                    //延时，因为超级终端速度较慢
            rUTXH2 ='\r';
        }
        while(!(rUTRSTAT2 & 0x2));   //等待直到发送状态就绪
        Delay(10);
        rUTXH2 =data;
    }
}
```

### 4. 使用串口接收数据

如果没有接收到字符则返回 0。使用串口接收一个字符的代码如下：

```
char Uart_GetKey(void){
    if(whichUart==0){
        if(rUTRSTAT0 & 0x1)     //UART0 接收到数据
            return RdURXH0();
        else
```

```
            return 0;
    }
    else if(whichUart==1){
        if(rUTRSTAT1 & 0x1)     //UART1 接收到数据
            return RdURXH1();
        else
            return 0;
    }
    else if(whichUart==2){
        if(rUTRSTAT2 & 0x1)     //UART2 接收到数据
            return RdURXH2();
        else
            return 0;
    }else
        return 0;
}
```

### 5. 书写主函数

实现的功能为从 UART0 接收字符，然后将接收到的字符再分别从 UART0 和 UART1 发送出去，其中 Uart_Select(n)用于选择使用的传输通道为 UARTn。代码如下：

```
#include <string.h>
#include "..\INC\config.h"

void Main(void){
    char data;
    Target_Init();
    while(1){
        data =Uart_GetKey();                        //接收字符
        if (data! =0x0){
            Uart_Select(0);                         //从 UART0 发送出去
            Uart_Printf("key = %c\n", data);
            Uart_Select(1);                         //从 UART1 发送出去
            Uart_Printf("key = %c\n", data);
            Uart_Select(0);
        }
    }
}
```

# 5.6 A/D 接口

## 5.6.1 A/D 接口原理

A/D 转换器是模拟信号和 CPU 之间联系的接口，它将连续变化的模拟信号转换为数字信号，以供计算机和数字系统进行分析、处理、存储、控制和显示。在工业控

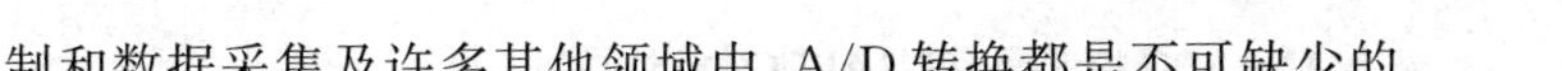





制和数据采集及许多其他领域中,A/D转换都是不可缺少的。

按照转换速度、精度、功能以及接口等因素,常用的A/D转换器有以下两种:

### 1. 双积分型A/D转换器

双积分型也称为二重积分式,其实质是测量和比较两个积分的时间。这两个时间,一个是对模拟信号电压的积分时间$T$,此时间通常是固定的;另一个是以充电后的电压为初值,对参考电源$V_n$反向积分,积分电容被放电至0时所需的时间$T_i$。模拟输入电压$V_i$与参考电压$V_{ref}$之比,等于上述两个时间之比。由于$V_{ref}$、$T$时间固定,而放电时间$T_i$可以测出,因而可以计算出模拟输入电压的大小。

### 2. 逐次逼近型A/D转换器

逐次逼近型也称为逐位比较式,它的应用比积分型更为广泛,通常主要由逐次逼近寄存器SAR、D/A转换器、比较器以及时序和逻辑控制等部分组成。逐次把设定的SAR寄存器中的数字量经D/A转换后得到电压的$V_c$与待转换模拟电压$V_0$进行比较。比较时,先从SAR的最高位开始,逐次确定各位的数码应为"1"还是"0",从而得到最终的转换值。其工作原理为:转换前,先将SAR寄存器各位清零,转换开始时,控制逻辑电路先设定SAR寄存器的最高位为"1",其余各位为"0",此值经D/A转换器转换成电压$V_c$,然后将$V_c$与输入模拟电压$V_x$进行比较。如果$V_x$大于等于$V_c$,说明输入的模拟电压高于比较的电压,SAR最高位的"1"应保留;如果$V_x$小于$V_c$,说明SAR的最高位应清除。然后在SAR的次高位置"1",依上述方法进行D/A转换和比较。如此反复上述过程,直至确定出SAR寄存器的最低位为止。此过程结束后,状态线改变状态,表明已完成一次转换。最后,逐次逼近寄存器SAR中的数值就是输入模拟电压的对应数字量。位数越多,越能准确逼近模拟量,但转换所需的时间也越长。

## 5.6.2　S3C2410A的A/D转换器

S3C2410A的A/D转换器包含一个8通道的模拟输入转换器,可以将模拟输入信号转换成10位数字编码。在A/D转换时钟频率为2.5 MHz时,其最大转换率为500 KSPS,输入电压范围是0～3.3 V。A/D转换器支持片上操作、采样保持功能和掉电模式。

要使用S3C2410A的A/D转换器进行模拟信号到数字信号的转换,需要配置以下相关的寄存器。

### 1. ADC控制寄存器(ADCCON)

该寄存器是一个可读/写的寄存器,地址为0x5800 0000,复位后的初始值为0x3FC4。有关ADCCON每一位的功能描述如表5.42所列。

表 5.42 ADC控制寄存器(ADCCON)位描述

| ADCCON 位名 | 位 | 描 述 | 初始状态 |
|---|---|---|---|
| ECFLG | [15] | A/D转换状态标志(只读)。<br>0:A/D转换中;1:A/D转换结束 | 0 |
| PRSCEN | [14] | A/D转换器预分频因子使能。<br>0:禁止;1:使能 | 0 |
| PRSCVL | [13:6] | A/D转换器预分频因子值设置。<br>数据取值范围:1~255<br>注意:当预分频因子值为$N$时,除数因子值为$N+1$。 | 0xFF |
| SEL_MUX | [5:3] | 模拟输入通道选择。<br>000:AIN0;001:AIN1;010:AIN2;011:AIN3<br>100:AIN4;101:AIN5;110:AIN6;111:AIN7 | 0 |
| STDBM | [2] | 旁路(Standby)模式选择。<br>0:正常模式;1:旁路模式 | 1 |
| READ_START | [1] | A/D转换通过读来启动。<br>0:通过读操作关闭;1:通过读操作启动 | 0 |
| ENABLE_START | [0] | A/D转换通过将该位置1来启动,如果READ_START位为1,则该位无效。<br>0:关闭;1:A/D转换开始,之后该位自动清除 | 0 |

## 2. ADC触摸屏控制寄存器(ADCTSC)

该寄存器是一个可读写的寄存器,地址为0x5800 0004,复位后的初始值为0x058。有关ADCTSC每一位的功能描述如表5.43所列。在普通A/D转换时,AUTO_PST和XY_PST都置成0即可,其他各位与触摸屏有关,参见“5.9 触摸屏”一节,这里不做考虑,不需要进行设置。

表 5.43 ADC控制寄存器(ADCTSC)位描述

| ADCTSC 位名 | 位 | 描 述 | 初始状态 |
|---|---|---|---|
| 保留 | [8] | — | 0 |
| YM_SEN | [7] | 选择YMON的输出值。<br>0:YMON输出0(YM=高阻)<br>1:YMON输出1(YM=GND) | 0 |
| YP_SEN | [6] | 选择nYPON的输出值。<br>0:nYPON输出0(YP=外部电压)<br>1:nYPON输出1(YP连接AIN[5]) | 1 |
| XM_SEN | [5] | 选择XMON的输出值。<br>0:XMON输出0(XM=高阻)<br>1:XMON输出1(XM=GND) | 0 |
| XP_SEN | [4] | 选择nXPON的输出值。<br>0:nXPON输出0(XP=外部电压)<br>1:nXPON输出1(XP连接AIN[7]) | 1 |

续表 5.43

| ADCTSC 位名 | 位 | 描　述 | 初始状态 |
|---|---|---|---|
| PULL_UP | [3] | 上拉开关使能。<br>0:XP上拉使能;1:XP上拉禁止 | 1 |
| AUTO_PST | [2] | X位置和Y位置自动顺序转换。<br>0:正常ADC转换<br>1:自动顺序X/Y位置转换模式 | 0 |
| XY_PST | [1:0] | X位置或Y位置的手动测量。<br>00:无操作模式;01:X位置测量<br>10:Y位置测量;11:等待中断模式 | 0 |

### 3. ADC启动延时寄存器(ADCDLY)

该寄存器是一个可读/写的寄存器,地址为0x5800 0008,复位后的初始值为0x00FF。有关ADC启动延时寄存器的位描述如表5.44所列。

表5.44　ADC启动延时寄存器(ADCDLY)位描述

| ADCDLY 位名 | 位 | 描　述 |
|---|---|---|
| DELAY | [15:0] | (1) 在正常转换模式、X/Y位置分别转换模式和X/Y位置自动(顺序)转换模式:X/Y位置转换延时值。<br>(2) 在等待中断模式:当在此模式按下触笔时,这个寄存器在几ms时间间隔内产生用于进行X/Y方向自动转换的中断信号(INT_TC)。<br>注意:不能使用值0x0000 |

### 4. ADC转换数据寄存器(ADCDATn)

S3C2410A包含两个ADC转换数据寄存器:ADCDAT0和ADCDAT1。这两个寄存器为只读寄存器,地址分别为0x58 000C和0x5800 0010。在触摸屏应用中,分别使用ADCDAT0和ADCDAT1保存X位置和Y位置的转换数据。对于普通的A/D转换,使用ADCDAT0来保存转换后的数据。表5.45列出了ADCDAT0每一位的功能描述,ADCDAT1除了位[9:0]为Y位置的转换数据值以外,其他与ADCDAT0类似。通过读取该寄存器的位[9:0],可以获得转换后的数字量。

表5.45　ADC转换数据寄存器(ADCDATn)位描述

| ADCDAT0 位名 | 位 | 描　述 |
|---|---|---|
| UPDOWN | [15] | 在等待中断模式,触笔的状态为上还是下。<br>0:触笔为下;1:触笔为上 |
| AUTO_PST | [14] | X位置和Y位置自动顺序转换。<br>0:正常A/D转换;1:X/Y位置自动(顺序)转换模式 |

续表 5.45

| ADCDAT0 位名 | 位 | 描 述 |
|---|---|---|
| XY_PST | [13:12] | X 位置或 Y 位置的手动测量。<br>00:无操作模式;01:X 位置测量<br>10:Y 位置测量;11:等待中断模式 |
| 保留 | [11:10] | 保留 |
| XPDATA(正常 ADC) | [9:0] | X 位置的转换数据值,也是正常 A/D 转换的数据值。<br>取值范围:0～3FF |

## 5.6.3 A/D 接口编程实例

本实例实现从 A/D 转换器的通道 0 获取模拟数据,并将转换后的数字量以波形的形式在 LCD 上显示。模拟输入数据来自实验箱底板上的 SQUARE 信号或 SINE 信号,也可是外部信号,但是接外部电压信号时,必须要共地,并且信号的电压范围必须是 0～2.5 V。要实现以上 A/D 转换功能,需要编写的主要代码如下。

### 1. 定义与 A/D 转换相关的寄存器

定义方法如下:

```
#define rADCCON   (* (volatile unsigned * )0x58000000) //ADC 控制寄存器
#define rADCTSC   (* (volatile unsigned * )0x58000004) //ADC 触摸屏控制寄存器
#define rADCDLY   (* (volatile unsigned * )0x58000008) //ADC 启动或间隔延时寄存器
#define rADCDAT0    (* (volatile unsigned * )0x5800000c) //ADC 转换数据寄存器 0
#define rADCDAT1    (* (volatile unsigned * )0x58000010) //ADC 转换数据寄存器 1
```

### 2. 对 A/D 转换器进行初始化

这里的参数 ch 表示选择的通道号,代码如下:

```
void AD_Init(unsigned char ch){
    rADCDLY=100;  //ADC 启动或间隔延时
    rADCTSC=0;    //选择 ADC 模式
    rADCCON=(1<< 14)|(49<< 6)|(ch<< 3)|(0<< 2)|(0<< 1)|(0);//设置 ADC 控制寄存器
}
```

### 3. 获取 A/D 的转换值

参数 ch 为选用的通道号,代码如下:

```
int Get_AD(unsigned char ch){
    int i;
    int val=0;
    if(ch>7)  return 0;                         //通道不能大于 7
    for(i=0;i<16;i++ ){                         //为转换准确,转换 16 次
        rADCCON |=0x1;                          //启动 A/D 转换
```

```
        rADCCON = rADCCON & 0xffc7 | (ch<<3);
        while (rADCCON & 0x1);                           //避免第一个标志出错
        while (! (rADCCON & 0x8000));                    //避免第二个标志出错
        val += (rADCDAT0 & 0x03ff);
        Delay(10);
    }
    return (val>> 4);                                    //为转换准确,除以 16 取均值
}
```

## 4. 主函数

实现将转换后的数据在 LCD 上以波形的方式显示,代码如下:

```
void Main(void){
    int i, p =0;
    unsigned short buffer[Length];                       //显示缓冲区
    Target_Init();
    GUI_Init();                                          //图形界面初始化
    Set_Color(GUI_BLUE);                                 //画显示背景界面
    Fill_Rect(0,0,639,479);
    Set_Color(GUI_RED);
    Draw_Line(0, 250, 639, 250);
    Set_Font(&GUI_Font8x16);                             //设定字体类型 API
    Set_Color(GUI_WHITE);
    Set_BkColor(GUI_BLUE);                               //设定背景颜色 API
    Fill_Rect(0,0,639,3);
    Fill_Rect(0,0,3,479);
    Fill_Rect(636,0,639,479);
    Fill_Rect(0,476,639,479);
    Disp_String ("ADC DEMO",(640 - 8*8) / 2, 50);
    for (i =0; i<Length; i++ )
        buffer[i] = 0;
    while (1){
        p =0;
        for (i= 0; i<Length; i++){
            buffer[p] =Get_AD(0);                        //从通道 0 获取转换后的数据
            p++ ;
        }
        p =0;
        for (i =0; i<Length; i++){
            Uart_Printf("%d\n", buffer[p]);
            p++ ;
        }
        p = 0;
        for (i =0; i<Length; i++){
            buffer[p] =AD2Y(buffer[p]);
            p++ ;
        }
        p =0;
        for (i =0; i <Length; i++){
```

```
            Uart_Printf("量化后:%d\n", buffer[p]);
            p++ ;
        }
        ShowWavebuffer(buffer);                    //在 LCD 上显示 A/D 转换后的波形
        Disp_String("ADC DEM0".(640- 8* 8)/2,50);
        Delay(1000);
    }
}
```

# 5.7 键盘和LED控制

## 5.7.1 键盘和LED的接口原理

本书使用的EL-ARM-860实验箱中对于键盘和LED数码管的控制是通过控制芯片HD7279A来完成的。HD7279A是一片具有串行接口并可同时驱动8位共阴式数码管或64只独立LED的智能显示驱动芯片。该芯片同时可连接多达64键的键盘矩阵,一片即可完成LED显示及键盘接口的全部功能。HD7279A的主要特点如下。

- 带有串行接口,无需外围元件便可直接驱动LED;
- 内部含有译码器可直接接受BCD码或十六进制码;
- 各位可独立控制译码/不译码、消隐和闪烁等属性;
- 具有(循环)左移/(循环)右移指令;
- 具有段寻址指令,可方便地用来控制独立的LED显示管;
- 64键键盘控制器内含去抖动电路;
- 具有片选信号可方便地实现多于8位的显示或多于64键的键盘接口。

HD7279A一共有28个引脚,如图5.14所示。各引脚的主要功能如下。

- RESET:复位端。当该端由低电平变成高电平,并保持25 ms后,复位过程结束。通常,该端接+5 V电源。
- DIG0~DIG7:8个LED管的位驱动输出端。
- SA~SG:LED数码管的A段~G段的输出端。
- DP:小数点的驱动输出端。
- RC:外接振荡元件连接端,其中电阻的典型值为1.5 kΩ,电容的典型值为15 pF。
- HD7279A与微处理器仅需4条接口线:
  — CS:片选信号(低电平有效)。
  — DATA:串行数据端。当向HD7279A发送数据时,DATA为输入端;当HD7279A输

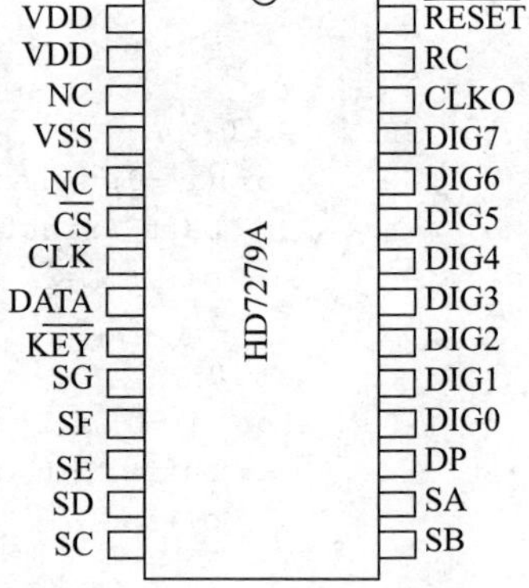


图5.14 HD7279A芯片引脚

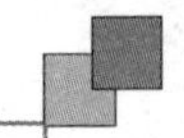





出键盘代码时，DATA为输出端。

— CLK：数据串行传送的同步时钟输入端，时钟的上升沿表示数据有效。

— KEY：按键信号输出端。该端在无键按下时为高电平；而在有键按下时变为低电平，并一直保持到按键释放为止。

HD7279A在与S3C2410A的接口中使用了4根接口线，分别是片选信号CS(低电平有效)、时钟信号CLK、数据收发信号DATA和中断信号KEY(低电平送出)。而对应的S3C2410A一端使用的是三个通用I/O口和一个外部中断，实现与HD7279A的连接。S3C2410A的外部中断5接HD7279A的中断信号KEY，3个I/O口分别与HD7279A的其他控制、数据信号线相连。HD7279A的其他引脚分别接4×4键盘矩阵和8位数码管。由于HD7279A芯片的接口电压是5 V的，而S3C2410A的接口电压是3.3 V，所以HD7279A的信号线、控制线需要经过CPLD把电压转换到3.3 V，然后送入CPU中。HD7279A与S3C2410A的连接原理如图5.15所示。

## 5.7.2　键盘和LED控制的编程实例

本实例通过按键来控制LED的显示。本实例的工作原理是：当程序运行时，按下按键，平时为高电平的HD7279A的KEY就会产生一个低电平，送给S3C2410A的外部中断5请求脚；在CPU中断请求位打开的状态下，CPU会立即响应外部中断5的请求，PC指针就跳入中断异常向量地址处，进而跳入中断服务子程序中；由于外部中断4/5/6/7使用同一个中断控制器，所以还必须判断一个状态寄存器，判断是否是外部中断5的中断请求。若判断出是外部中断5的中断请求，则程序继续执行；这时CPU通过发送CS片选信号选中HD7279A，再发送时钟CLK信号，并通过DATA线发送控制指令信号给HD7279A，HD7279A得到CPU发送的命令后，识别出该命令，扫描按键，把得到的键值回送给CPU，同时在8位数码管上显示相关的指令内容。对于特定的应用程序，CPU在得到按键后，有时需要通过得到的键值再进行相应的程序处理。对于HD7279A能够识别的各种指令，请参阅HD7279A的相关手册。

本实例中对于不同的按键，其含义如下："0"键表示数码管测试，8个数码管闪烁；"4"键表示数码管复位；"1"键表示数码管右移8位；"2"键表示数码管循环右移；"9"键表示数码管左移8位；"A"键表示数码管循环左移；其他按键在最右两个数码管上显示键值。

要完成以上描述的实例功能，除了进行必要的硬件初始化操作以外，还需要完成以下程序模块。

### 1. 键盘中断的初始化

代码如下：

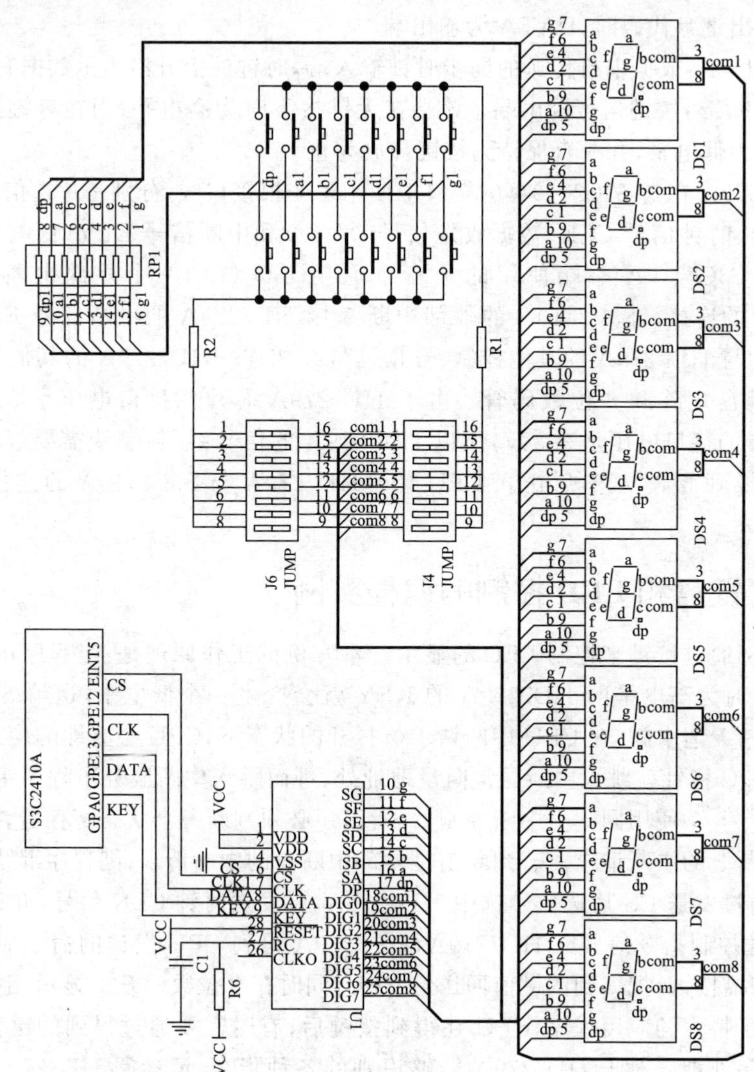


图 5.15 HD7279A 与 S3C2410A 的连接原理图

```
void KeyINT_Init(void){
    rGPFCON=(rGPFCON&0xF3FF)|(2<<10);
    rGPECON=(rGPECON&0xF3FFFFFF)|(0x01<<26);
                                          //设置 GPE13 为输出位,模拟时钟输出
    rEXTINT0 &= 0xff8fffff;               //外部中断 5 低电平有效
    if (rEINTPEND & 0x20)                 //清除外部中断 5 的中断挂起位
        rEINTPEND |= 0x20;
    if ((rINTPND & BIT_EINT4_7)){
        rSRCPND |= BIT_EINT4_7;
        rINTPND |= BIT_EINT4_7;
    }
    rINTMSK &= ~(BIT_EINT4_7);            //使用外部中断 4~7
    rEINTMASK &= 0xffffdf;                //外部中断 5 使能
```

```
    pISR_EINT4_7 =(int)Key_ISR;
}
```

## 2. 中断服务子程序

代码如下：

```
void __irq Key_ISR( void ){
    int j;
    rINTMSK |=BIT_ALLMSK;    // 关中断
    if (rEINTPEND & 0x20){
          key_number =read7279(cmd_read);//读键盘指令程序
          rINTMSK &= ~(BIT_EINT4_7);
          switch(key_number){
            case 0x04 :    key_number =0x08;  break;
            case 0x05 :    key_number =0x09;  break;
            case 0x06 :    key_number =0x0A;  break;
            case 0x07 :    key_number =0x0B;  break;
            case 0x08 :    key_number =0x04;  break;
            case 0x09 :    key_number =0x05;  break;
            case 0x0A :    key_number =0x06;  break;
            case 0x0b :    key_number =0x07;  break;
            default:       break;
            }
        Uart_Printf("key is %x \n", key_number);
      }
    rEINTPEND |=0x20;
    rSRCPND |=BIT_EINT4_7;
    rINTPND |=BIT_EINT4_7;
}
```



## 3. 主程序

主程序的主要功能是根据按键键值，向 HD7279A 发送不同的处理命令，程序结构如下所示。通过分析主程序的功能，请读者尝试自行将其补充完整。

```
void Main(){
    char p;
    Target_Init();                                    //目标初始化
    while(1){
          switch(key_number){
             case 0:  send_byte(cmd_test);            //测试键
                 break;
             case 1:
                 for(p=0;p<8;p++ ){                   //右移 8 位
                    send_byte(0xA0);
                    send_byte(0xC8+7);
                    send_byte(p);
                    long_delay();
                    Delay(7000);
                 }
```

```
            break;
        case 2:                                      //循环右移代码
        //case 3 到 case14
        case 15:                                     //最右两个数码管上显示 15
            write7279(decode1+5,key_number/16*8);
            write7279(decode1+4,key_number & 0x0f);
             break;
         default:
             break;
      }
    key_number =0xff;
    Delay(50);
  }
}
```

# 5.8　LCD

## 5.8.1　LCD 显示原理

LCD(Liquid Crystal Display)即液晶显示器。液晶是一种呈液体状的化学物质,像磁场中的金属一样,当受到外界电场影响时,其分子会产生精确的有序排列。如果对分子的排列加以适当的控制,液晶分子会允许光线穿越。



目前市面上的 LCD 液晶显示器主要有两类:STN(Super Twisted Nematic,超扭曲向列型)和 TFT(Thin Film Transistor,薄膜晶体管型)。下面分别介绍这两类 LCD 的工作原理。

对于 STN-LCD,首先将向列型液晶夹在两片玻璃中间,这种玻璃的表面上镀有一层透明而且导电的薄膜以作电极;然后在有薄膜的玻璃上镀表面配向剂,以使液晶随着一个特定且平行于玻璃表面的方向扭曲。液晶的自然状态具有 90°的扭曲,利用电场可使液晶旋转,液晶的折射系数随液晶方向的改变而改变,造成的结果是光经过 STN 型液晶后偏极性发生变化,只要选择适当的厚度使光的偏极性旋转到 180～270°,就可利用两个平行偏光片使得光完全不能通过。而足够大的电压又可以使得液晶方向与电场方向平行,这样光的偏极性就不会改变,光就可以通过第二个偏光片。于是,就可以控制光的明暗了。STN 液晶之所以可以显示彩色,是因为它在 STN 液晶显示器上加了一个彩色滤光片,并将单色显示距阵中的每一个像素分成 3 个子像素,分别通过彩色滤光片显示红、绿、蓝三原色,进而显示出色彩。STN 型液晶属于反射式 LCD 器件,其好处是功耗小,但在比较暗的环境中清晰度很差,不得不配备外部照明光源。

对于 TFT-LCD,液晶显示技术采用了"主动式距阵"的方式来驱动。方法是利用薄膜技术所做成的电晶体电极,使用扫描的方法"主动"地控制任意一个显示点的开与关。光源照射时先通过下偏光板向上透出,借助液晶分子传导光线。电极通过时,液晶分子也通过折光和透光来达到显示的目的,与 STN 原理差不多。但不同的是,由于 TFT 晶体管具有电容效应,能够保持电位状态,已经透光的液晶分子会一直保持这种状态,直到 TFT 电极下一次再加电改变其排列方式为止;而 STN 型液晶就没有这个特性,液晶分子一旦没有加以电场,立刻就返回原来的状态,这是 TFT 液晶和 STN 液晶显示原理的最大不同。TFT 液晶为每个像素都设有一个半导体开关,其加工工艺类似于大规模集成电路。由于每个像素都可以通过点脉冲直接控制,因而每个节点都相对独立,并可以进行连续控制。这样的设计不仅提高了显示屏的反应速度,还可以精确控制显示灰度;因此,TFT 液晶的色彩更逼真,更平滑细腻,层次感更强。

STN 与 TFT 的主要区别在于:从工作原理上看,STN 主要是增大液晶分子的扭曲角,而 TFT 为每个像素点设置一个开关电路,做到完全独立地控制每个像素点。从品质上看,STN 的亮度较暗,画面的质量较差,颜色不够丰富,播放动画时有拖尾现象,耗电量小,价格便宜;而 TFT 亮度高,画面质量高,颜色丰富,播放动画时清晰,耗电量大,价格高。S3C2410A 的 LCD 控制器同时支持 STN 和 TFT 显示器。

常用的 LCD 显示模块有两种:一种是带有驱动电路的 LCD 显示模块,一种是不带驱动电路的 LCD 显示屏。大部分 ARM 处理器中都集成了 LCD 控制器,所以对于采用 ARM 处理器的系统,一般使用不带驱动电路的 LCD 显示屏。

## 5.8.2　S3C2410A 的 LCD 控制器

S3C2410A 中具有内置的 LCD 控制器,它具有将显示缓存(在 SDRAM 存储器中)中的 LCD 图像数据传输到外部的 LCD 驱动电路上的逻辑功能。S3C2410A 中的 LCD 控制器可支持 STN 和 TFT 两种液晶显示屏,具体特性如下。

**(1) STN 屏**

- 支持 3 种扫描方式:4 位单扫描、4 位双扫描和 8 位单扫描。
- 支持单色、4 级灰度和 16 级灰度屏。
- 支持 256 色和 4096 色彩色 STN 屏(CSTN)。
- 支持分辨率为 640×480、320×240、160×160 以及其他规格的多种 LCD。

**(2) TFT 屏**

- 支持单色、4 级灰度、256 色的调色板显示模式。
- 支持 64K 和 16M 色非调色板显示模式。
- 支持分辨率为 640×480、320×240 及其他多种规格的 LCD。

LCD 上每个像素的颜色由 3 部分组成:红(red)、绿(green)、蓝(blue),它们被称为三原色,这三者混合构成了人眼可见的所有颜色。如果将每种颜色用 8 位二进制来表示,则可将三原色都分成 256(0～255)个等级,总共的颜色可以达到:$2^{24}=16M$ 色。如果分别采用:5 位二进制表示红色,6 位表示绿色,5 位表示蓝色,即 565 格式,则总共的颜色可以达到 $2^{16}=64K$ 色。

本书配套的 EL-ARM-860 实验箱中采用的是 640×480 的 TFT 显示屏，因此下面主要介绍与 TFT 显示屏相关的接口信号和编程方法。

S3C2410A 中内置的 LCD 控制器提供以下常用的与 TFT-LCD 相关的外部接口信号：

- VSYNC：垂直同步信号，使 LCD 行指针跳到显示器的最顶端。
- HSYNC：水平同步信号，使 LCD 列指针跳到显示器的最左端。
- VCLK：LCD 控制器和 LCD 驱动器之间的像素时钟信号，LCD 控制器在 VCLK 的上升沿发送数据，LCD 驱动器在 VCLK 的下降沿采样数据。
- VDEN：数据使能信号。
- LEND：行结束信号。
- LCD_PWREN：LCD 面板电源使能控制信号。
- VD[23：0]：LCD 像素数据输出端口。

LCD 控制器由 REGBANK、LCDCDMA、VIDPRCS、TIMEGEN 和 LPC3600 组成，其结构如图 5.16 所示。REGBANK 具有 17 个可编程寄存器，用于配置 LCD 控制器。LCDCDMA 为专用的 DMA，它可以自动地将显示数据从帧内存传送到 LCD 驱动器中。通过专用 DMA，可以实现在不需要 CPU 介入的情况下显示数据。VIDPRCS 从 LCDCDMA 接收数据，将相应格式（比如 4/8 位单扫描和 4 位双扫描显示模式）的数据通过 VD[23：0]发送到 LCD 的驱动器上。TIMEGEN 包含可编程的逻辑，以支持常见的 LCD 驱动器所需要的不同接口时序和速率的要求。TIMEGEN 模块产生 VFRAME/VSYNC、VLINE/HSYNC、VCLK 及 VM/VDEN 等信号。LPC3600 是用于 TFT 液晶屏 LTS350Q1-PD1 或 LTS350Q1-PD2 的时序控制逻辑单元。

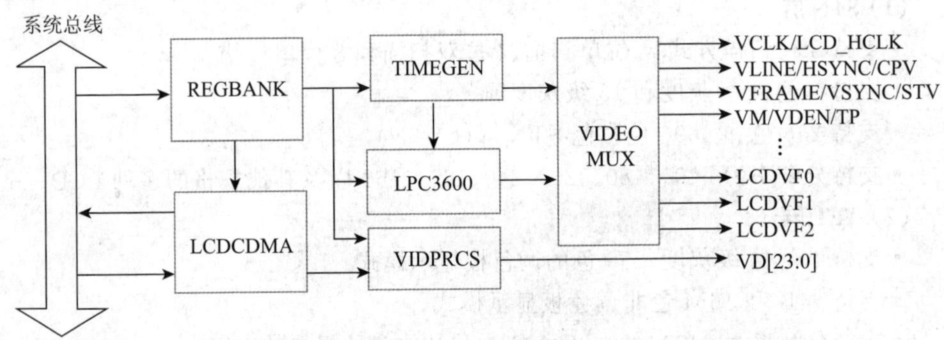


**图 5.16　LCD 控制器的结构框图**

下面针对 TFT 屏，介绍 LCD 控制器的一些基本操作。

TIMEGEN 产生 LCD 驱动器的控制信号，如 VSYNC、HSYNC、VCLK、VDEN 和 LEND 等。这些控制信号与 REGBANK 寄存器组中的 LCDCON1/2/3/4/5 寄存器的配置关系相当密切，基于 LCD 控制寄存器中的这些可编程配置，TIMEGEN 产生支持不同类型LCD驱动器的可编程控制信号。

VSYNC和HSYNC脉冲的产生依赖于LCDCON2/3寄存器的HOZVAL域和LINEVAL域的配置。HOZVAL和LINEVAL的值由LCD屏的尺寸决定,公式如下:

HOZVAL=水平显示尺寸-1

LINEVAL=垂直显示尺寸-1

VCLK信号的频率取决于LCDCON1寄存器中的CLKVAL域。VCLK和CLKVAL的关系如下,其中CLKVAL的最小值是0。

VCLK(Hz)=HCLK/[(CLKVAL+1)×2]

帧频率是VSYNC信号的频率,它与LCDCON1和LCDCON2/3/4寄存器的VSYNC、VBPD、VFPD、LINEVAL、HSYNC、HBPD、HFPD、HOZVAL和CLKVAL都有关系。大多数LCD驱动器都需要与其自身显示器相匹配的帧频率,帧频率计算公式如下:

帧频率=1/{[(VSPW+1)+(VBPD+1)+(LINEVAL+1)+(VFPD+1)]×
[(HSPW+1)+(HBPD+1)+(HFPD+1)+(HOZVAL+1)]×
[2×(CLKVAL+1)/(HCLK)]}

针对不同的LCD显示屏,图像数据在LCD的显示缓存中具有不同的存储结构。对于16bpp(bits per pixel)的LCD显示屏,S3C2410A的LCD控制器支持5:6:5(R:G:B)和5:5:5:1(R:G:B:I)两种格式,如图5.17所示。所谓5:6:5格式,即R、G、B三种颜色分量分别占5位、6位和5位;而5:5:5:1格式指R、G、B三种颜色分量各占5位,另外1位存储亮度值。对于含640×480个像素、每个像素占16位的64K色LCD屏,显示一屏所需的显示缓存为640×480×16位,即614400字节。要显示彩色图像,首先要设置一个显示缓存区,其首地址要在4字节对齐的边界上,而且要在SDRAM的4 MB空间之内。它是通过配置相应的寄存器来实现的。以显示缓存首地址开始的连续614400字节,就是显示缓存区,这里的数据会直接显示到LCD屏上去。显示屏上图像的变化是由于该显示缓存区内数据的变化而产生的。



| 位 | 15 | 14 | 13 | 12 | 11 | 10 | 9 | 8 | 7 | 6 | 5 | 4 | 3 | 2 | 1 | 0 |
|---|---|---|---|---|---|---|---|---|---|---|---|---|---|---|---|---|
| 5:6:5 格式 | R[4:0] | | | | | G[5:0] | | | | | | B[4:0] | | | | |
| 5:5:5:1 格式 | R[4:0] | | | | | G[4:0] | | | | | B[4:0] | | | | | I |

**图5.17 16位色的显示数据格式**

在了解了16位彩色LCD显示原理之后,通过正确配置S3C2410A LCD控制器的相关寄存器,就能正确启动LCD的显示了。需要配置的相关寄存器如下。

### 1. LCD控制寄存器1(LCDCON1)

LCD控制寄存器1是一个可读/写的寄存器,地址为0x4D00 0000,复位后的初始值为0x0000 0000。有关LCDCON1寄存器的位功能描述如表5.46所列。

表 5.46 LCD 控制寄存器 1(LCDCON1)位描述

| LCDCON1 位名 | 位 | 描 述 |
|---|---|---|
| LINECNT(只读) | [27:18] | 提供行计数器的状态。从 LINEVAL 向下计数到 0 |
| CLKVAL | [17:8] | 确定 VCLK 的频率。<br>STN:VCLK = HCLK / (CLKVAL× 2) ( CLKVAL≥2 )<br>TFT:VCLK = HCLK / [(CLKVAL + 1) ×2] ( CLKVAL≥0) |
| MMODE | [7] | 确定 VM 的启动速率。<br>0:每一帧;1:由 MVAL 定义 |
| PNRMODE | [6:5] | 选择显示模式。<br>00:4 位双扫描显示模式(STN) 01:4 位单扫描显示模式(STN)<br>10:8 位单扫描显示模式(STN) 11:TFT 显示器 |
| BPPMODE | [4:1] | 选择 bpp(bits per pixel)模式。<br>0000:STN1 位单色模式 0001:STN2 位 4 级灰度模式<br>0010:STN4 位 16 级灰度模式 0011:STN8 位彩色模式<br>0100:STN12 位彩色模式 1000:TFT1 位<br>1001:TFT2 位 1010:TFT4 位<br>1011:TFT8 位 1100:TFT16 位<br>1101:TFT24 位 |
| ENVID | [0] | LCD 视频输出和逻辑的使能/禁止。<br>0:禁止视频输出和 LCD 控制信号<br>1:使能视频输出和 LCD 控制信号 |



### 2. LCD 控制寄存器 2(LCDCON2)

LCD 控制寄存器 2 是一个可读/写的寄存器,地址为 0x4D00 0004,复位后的初始值为 0x0000 0000。根据采用 TFT LCD 还是 STN LCD,该寄存器各位具有不同的功能,如表 5.47 所列。

表 5.47 LCD 控制寄存器 2(LCDCON2)位描述

| LCDCON2 位名 | 位 | 描 述 |
|---|---|---|
| VBPD | [31:24] | TFT:垂直后沿行,决定垂直同步周期之后,新帧开始时的无效行数;<br>STN:这些位应该是 0 |
| LINEVAL | [23:14] | TFT/STN:确定 LCD 屏的垂直尺寸 |
| VFPD | [13:6] | TFT: 垂直前沿行,决定旧帧结束时,垂直同步之前的无效行数;<br>STN: 这些位应该是 0 |
| VSPW | [5:0] | TFT: 垂直同步脉冲宽度,决定垂直同步信号(VSYNC)脉冲高电平宽度(通过计算无效行数得到)。<br>STN: 这些位应该是 0 |

### 3. LCD 控制寄存器 3(LCDCON3)

LCD 控制寄存器 3 是一个可读/写的寄存器,地址为 0x4D00 0008,复位后的初始值为 0x0000 0000。根据采用 TFT LCD 还是 STN LCD,该寄存器各位具有不同的功能,如表 5.48 所列。

**表 5.48　LCD 控制寄存器 3(LCDCON3)位描述**

| LCDCON3 位名 | 位 | 描　述 |
|---|---|---|
| HBPD(TFT) | [25∶19] | TFT：水平后沿行,决定 HSYNC(水平同步信号)下降沿与有效数据开始之间的 VCLK(LCD 时钟信号)时钟周期数 |
| WDLY(STN) | | STN:使用位[20∶19]确定 VLINE 和 VCLK 之间的延时。00:16HCLK,01:32HCLK,10:48HCLK,11:64HCLK |
| HOZVAL | [18∶8] | TFT/STN:确定 LCD 屏的水平尺寸,HOZVAL 值的确定必须满足一行总的字节数是 4 的倍数。如单色模式下 LCD 的水平尺寸为 120 个像素点,但是 x=120 不能被支持,因为一行包含 15 个字节(不是 4 的倍数)。而单色模式下 x=128 可以被支持,因为 1 行包含 16 个字节(是 4 的倍数)。LCD 驱动器将丢弃额外的 8 个像素点 |
| HFPD(TFT) | [7∶0] | TFT：水平前沿行,决定有效数据结束和 HSYNC 上升沿之间的 VCLK 时钟周期数 |
| LINEBLANK(STN) | | STN:确定行扫描的空闲时间,能够很好的调整 VLINE 的速率。LINEBLANK 的单位是 HCLK×8。例如:如果 LINEBLANK 为 10,则在 80 个 HCLK 期间向 VCLK 中插入空闲时间 |



### 4. LCD 控制寄存器 4(LCDCON4)

LCD 控制寄存器 4 是一个可读/写的寄存器,地址为 0x4D00 000C,复位后的初始值为 0x0000 0000。根据采用 TFT LCD 还是 STN LCD,该寄存器各位具有不同的功能,如表 5.49 所列。

**表 5.49　LCD 控制寄存器 4(LCDCON4)位描述**

| LCDCON4 位名 | 位 | 描　述 |
|---|---|---|
| MVAL | [15∶8] | STN:如果位 MMODE=1,该位定义 VM 信号的启动速率。VM 速率 = VLINE 速率/(2×MVAL) |
| HSPW(TFT) | [7∶0] | TFT：水平同步脉冲宽度,决定水平同步信号(HSYNC)脉冲高电平宽度(通过计算 VCLK 时钟数得到) |
| WLH(STN) | | STN:位[1∶0]确定 VLINE 高电平的宽度,位[7∶2]保留。00:16HCLK,01:32HCLK,10:48HCLK,11:64HCLK |

### 5. LCD 控制寄存器 5(LCDCON5)

LCD 控制寄存器 5 是一个可读/写的寄存器,地址为 0x4D00 0010,复位后的初始值为 0x0000 0000。该寄存器的位功能描述如表 5.50 所列。

表5.50 LCD控制寄存器5(LCDCON5)位描述

| LCDCON5位名 | 位 | 描述 |
|---|---|---|
| 保留 | [31:17] | 保留,这些位应该是0 |
| VSTATUS | [16:15] | TFT:记录垂直扫描状态,只读 |
| HSTATUS | [14:13] | TFT:记录水平扫描状态,只读 |
| BPP24BL | [12] | TFT:决定24bpp图像数据在32位空间所处的位置,0表示32位中低24位有效,1表示32位中高24位有效 |
| FRM565 | [11] | TFT:决定16bpp图像数据格式,0表示5:5:5:1,1表示5:6:5 |
| INVVCLK | [10] | STN/TFT:设置VCLK活动边沿的极性。<br>0:在VCLK下降沿视频数据被取走<br>1:在VCLK上升沿视频数据被取走 |
| INVVLINE | [9] | STN/TFT:设置行脉冲的极性。<br>0:正常,1:翻转 |
| INVVFRAME | [8] | STN/TFT:设置VFRAME脉冲的极性。<br>0:正常,1:翻转 |
| INVVD | [7] | STN/TFT:设置VD(视频数据)脉冲的极性。<br>0:正常,1:翻转 |
| INVVDEN | [6] | TFT:设置VDEN信号的极性。<br>0:正常,1:翻转 |
| INVPWREN | [5] | STN/TFT:设置PWREN信号的极性。<br>0:正常,1:翻转 |
| INVLEND | [4] | TFT:设置LEND信号的极性。<br>0:正常,1:翻转 |
| PWREN | [3] | STN/TFT:LCD_PWREN输出信号使能/禁止。<br>0:禁止PWREN信号,1:使能PWREN信号 |
| ENLEND | [2] | TFT:设置LEND输出信号的使能/禁止。<br>0:使能 1:禁止 |
| BSWP | [1] | STN/TFT:字节交换控制位。<br>0:交换禁止,1:交换使能 |
| HWSWP | [0] | STN/TFT:半字交换控制位。<br>0:交换禁止,1:交换使能 |

### 6. 帧缓冲起始地址寄存器1(LCDSADDR1)

帧缓冲起始地址寄存器1是一个可读/写的寄存器,地址为0x4D00 0014,复位后的初始值为0x0000 0000。

该寄存器的位[29：21]称为LCDBANK,用于指示视频缓冲区在系统存储器中的段地址A[30：22]。LCDBANK在视点移动时也不能变化。LCD帧缓冲区应当与4 M区域对齐,因此在使用内存分配函数malloc()时应当特别注意。

该寄存器的位[20：0]称为LCDBASEU,用于在单扫描LCD中指示LCD帧缓冲区起始地址A[21：1];或者在双扫描LCD中,指示在高帧存储区使用的高地址计数器的起始地址A[21：1]。

**7. 帧缓冲起始地址寄存器2(LCDSADDR2)**

帧缓冲起始地址寄存器2是一个可读/写的寄存器,地址为0x4D00 0018,复位后的初始值为0x0000 0000。

该寄存器的位[20：0]称为LCDBASEL,用于在使用双扫描LCD时,指示低帧存储区使用的低地址计数器的起始地址A[21：1];或者在使用单扫描LCD时,用于指示LCD帧缓冲区结束地址A[21：1]。计算LCDBASEL的公式如下:

LCDBASEL =(帧结束地址>>1)+1
= LCDBASEU + (PAGEWIDTH + OFFSIZE) × (LINEVAL +1)

需要注意的是,用户可以在LCD控制器打开的状态下通过改变LCDBASEU和LCDBASEL的值来滚动屏幕。但是,在帧结束时,用户不能根据LCDCON1寄存器中LINECNT字段的值来改变LCDBASEU和LCDBASEL寄存器,因为LCD FIFO预取下一帧数据的操作先于改变帧数据。如果这时改变帧数据,预取的FIFO数据将无效,并且将出现显示错误。为了检查LINECNT,必须将中断屏蔽;否则如果在读LINECNT之后,刚好某个中断被执行,那么读取的LINECNT值可能是过期的。



**8. 帧缓冲起始地址寄存器3(LCDSADDR3)**

帧缓冲起始地址寄存器3是一个可读/写的寄存器,地址为0x4D00 001C,复位后的初始值为0x0000 0000,用于设置虚拟屏地址。

该寄存器的位[21：11]称为OFFSIZE,用于设置虚拟屏偏移量(即半字的数量)。该值定义了前一个LCD行上的最后半字与新的LCD行上的第一个半字之间的距离。

该寄存器的位[10：0]称为PAGEWIDTH,用于设置虚拟屏的页宽度(即半字的数量)。该值定义了帧的可视区宽度。

需要注意的是,PAGEWIDTH和OFFSIZE必须在位ENVID为0时发生变化。

## 5.8.3 LCD显示的编程实例

本实例实现在LCD上绘制一些简单的图形。要实现以上功能,需要完成的主要工作如下。

**1. 定义与LCD相关的寄存器**

代码如下:

```
# define M5D(n)          ((n) & 0x1fffff)
# define MVAL            (13)
# define MVAL_USED       (0)
# define MODE_TFT_1BIT_640480      (0x4201)
# define MODE_TFT_8BIT_640480      (0x4202)
# define MODE_TFT_16BIT_640480     (0x4204)
# define MODE_TFT_24BIT_640480     (0x4208)
# define LCD_XSIZE_TFT_640480    (640)
# define LCD_YSIZE_TFT_640480    (480)
# define SCR_XSIZE_TFT_640480     (LCD_XSIZE_TFT_640480* 2)  //虚拟屏幕大小
# define SCR_YSIZE_TFT_640480     (LCD_YSIZE_TFT_640480* 2)
# define HOZVAL_TFT_640480     (639)
# define LINEVAL_TFT_640480    (479)
# define VBPD_640480         ((33- 1)&0xff)
# define VFPD_640480         ((10- 1)&0xff)
# define VSPW_640480         ((2- 1) &0x3f)
# define HBPD_640480         ((48- 1)&0x7f)
# define HFPD_640480         ((16- 1)&0xff)
# define HSPW_640480         ((96- 1)&0xff)
# define CLKVAL_TFT_640480     (8)
   //53.5Hz @ 90MHz
   //VSYNC,HSYNC 信号应该被翻转
   //HBPD= 47VCLK,HFPD= 15VCLK,HSPW= 95VCLK
   //VBPD= 32HSYNC,VFPD= 9HSYNC,VSPW= 1HSYNC
# define LCDFRAMEBUFFER 0x33800000        //帧缓冲区起始地址
```



## 2. 初始化LCD,即对相关寄存器进行赋初值

这里使用函数LCD_Init()实现,其中参数type用于传递显示器的类型,如STN8位彩色、TFT16位彩色等。具体代码如下:

```
unsigned long  Lcd_Init(int type)
{
switch(type){
  case MODE_TFT_16BIT_640480:
      rLCDCON1= (CLKVAL_TFT_640480<< 8)|(MVAL_USED<< 7)|(3<< 5)|(12<< 1)|0;
          // TFT LCD 屏,16bpp TFT,ENVID= 关闭
      rLCDCON2= (VBPD_640480<< 24)|(LINEVAL_TFT_640480<< 14)|(VFPD_640480<
< 6)|(VSPW_640480);
      rLCDCON3= (HBPD_640480<< 19)|(HOZVAL_TFT_640480<< 8)|(HFPD_640480);
      rLCDCON4= (MVAL<< 8)|(HSPW_640480);
      rLCDCON5= (1<< 11)|(1<< 9)|(1<< 8)|(1); //FRM5:6:5,HSYNC 和 VSYNC 被翻转
      rLCDSADDR1= ((LCDFRAMEBUFFER>> 22)<< 21)|M5D(LCDFRAMEBUFFER>> 1);
      rLCDSADDR2= M5D( ((U8)LCDFRAMEBUFFER+ (640* 480* 2))>> 1 );
      rLCDSADDR3= 0x0;
      rLCDINTMSK|= (3);      // 屏蔽 LCD FIFO 中断
      rLPCSEL&= (~ 7);       // 禁止 LPC3600
      rTPAL= 0;              // 禁止临时调色板
      break;
  default:   break;
```

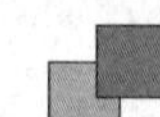





```
    }
    return 0;
}
```

### 3. 常用的绘图函数

将 LCD 控制器配置为 TFT16 位 64K 色显示屏之后，就可在 LCD 上显示数据了。要在 LCD 上显示数据，只需要修改帧缓冲的相应内容就可以了。下面的函数 SetPixel()实现了在 LCD 的(x,y)处打点的功能，与该函数有关的其他代码也一并列出。

```
# define    XY2OFF(x,y)    (tOff)((tOff)y* (tOff)640 + (x))
typedef unsigned long    tOff;
# define    WRITE_MEM(Off, Data)   LCD_WRITE_MEM(Off, Data)
void LCD_WRITE_MEM( U32 off,U16 Data)
{
    (* ((U16* )LCDFRAMEBUFFER + (off)) ) = Data;
}
static void SetPixel(U16 x, U16 y, U16 c)
{   tOff Off = XY2OFF(x,y);
    WRITE_MEM(Off, c);
}
```

其他图形显示功能，如画线、画圆、画矩形等等，只需要按照一定规则在 LCD 上打点就可以了。EL－ARM－860 系统为用户提供了一系列绘图的 API 函数，主要有：

```
U32  GUI_Init(void);                                  //GUI 初始化
void Draw_Point(U16 x, U16 y);                        //绘制点 API
U32  Get_Point(U16 x, U16 y);                         //得到点 API
void Draw_HLine(U16 y0, U16 x0, U16 x1);              //绘制水平线 API
void Draw_VLine(U16 x0, U16 y0, U16 y1);              //绘制竖直线 API
void Draw_Line(I32 x1,I32 y1,I32 x2,I32 y2);          //绘制线 API
void Draw_Circle(U32 x0, U32 y0, U32 r);              //绘制圆 API
void Fill_Circle(U16 x0, U16 y0, U16 r);              //填充圆 API
void Fill_Rect(U16 x0, U16 y0, U16 x1, U16 y1);       //填充区域 API
void Set_Color(U32 color);                            //设定前景颜色 API
void Set_BkColor(U32 color);                          //设定背景颜色 API
void Set_Font(GUI_FONT* pFont);                       //设定字体类型 API
void Disp_String(const I8* s, I16 x, I16 y);          //显示字体 API
```

### 4. 主函数

通过调用初始化函数及绘图 API 函数，实现在 LCD 绘制一些简单的图形。具体代码如下：

```
void Main(void){
    int Count = 3000;
```

```
    Target_Init();                            //硬件初始化
    GUI_Init();                            //图形用户接口初始化,包括对 LCD 的初始化
    While(1){
      Set_Color(GUI_GREEN);
      Fill_Rect(0,0,639,479);                 //绘制矩形
      Delay(Count);
      … …
      Set_Color(GUI_RED);
      Draw_Circle(300,150,100);               //绘制圆
      Delay(Count);
      … …
      Draw_Point(100, 200);                   //绘制点
      Delay(Count);
      Draw_HLine(300, 0, 639);                //绘制水平线
      Delay(Count);
      Draw_VLine(50, 50, 479);                //绘制竖直线
      Delay(Count);
      … …
    }
}
```

## 5.9　触摸屏



### 5.9.1　触摸屏工作原理

触摸屏附着在显示器的表面,与显示器配合使用,如果能测量出触摸点在屏幕上的坐标位置,就可根据显示屏上对应坐标点的显示内容或图符获知触摸者的意图。

根据采用技术原理的不同,触摸屏可分为以下 5 类:矢量压力传感式、电阻式、电容式、红外线式和表面声波式。其中电阻式触摸屏在嵌入式系统中用的较多。电阻触摸屏是一块 4 层的透明复合薄膜屏,最下面是玻璃或有机玻璃构成的基层;最上面是一层外表面经过硬化处理从而光滑防刮的塑料层;中间是两层金属导电层,分别位于基层之上和塑料层的内表面,在两导电层之间有许多细小的透明隔离点把它们隔开。当手指触摸屏幕时,两个导电层在触摸点处接触,如图 5.18 所示。

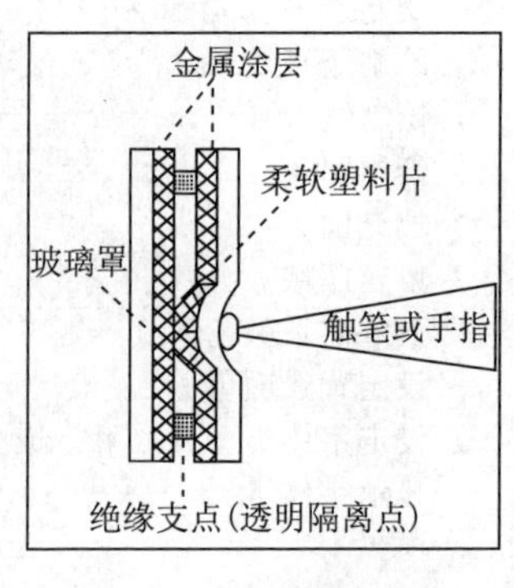


**图 5.18　触摸屏结构**

触摸屏的两个金属导电层是触摸屏的两个工作面,在每个工作面的两端各涂有一条银胶,称为该工作面的一对电极。若给一个工作面的电极对施加电压,则在该工作面上就会形成均匀连续的平行电压分布。当给 X 方向的电极对施加一确定的电压,而 Y 方向电极对不加电压时,在 X 平行电压场中,触点处的电压值可以在 Y+(或 Y-)电极上反映出

来，通过测量Y+电极对地的电压大小，通过A/D转换，便可得知触点的X坐标值。同理，当给Y电极对施加电压，而X电极对不加电压时，通过测量X+电极的电压，通过A/D转换便可得知触点的Y坐标。

电阻式触摸屏有四线式和五线式两种。四线式触摸屏的X工作面和Y工作面分别加在两个导电层上，共有4根引出线：X+、X-、Y+、Y-分别连到触摸屏的X电极对和Y电极对上。五线式触摸屏把X工作面和Y工作面都加在玻璃基层的导电涂层上，但工作时，仍是分时加电压的，即让两个方向的电压场分时工作在同一工作面上，而外导电层则仅仅用来充当导体和电压测量电极。因此，五线式触摸屏需要引出5根线。

## 5.9.2　S3C2410A的触摸屏接口

S3C2410A支持触摸屏接口，它由1个触摸屏面板、4个外部晶体管、1个外部电压源、信号AIN[7]和信号AIN[5]组成，如图5.19所示。触摸屏接口包含1个外部晶体管控制逻辑和1个带有中断产生逻辑的ADC接口逻辑，它使用控制信号nYPON、YMON、nXPON和XMON控制并选择触摸屏面板，使用模拟信号AIN[7]和AIN[5]分别连接X方向和Y方向的外部晶体管。

图5.20是触摸屏与CPU连接的一个实例。

在图5.20中，XP与CPU的A[7]口相连，YP与CPU的A[5]口相连。需要注意的是，外部电压源应当是3.3 V，外部晶体管的内部电阻应该小于5 Ω。当S3C2410A的nYPON、YMON、nXPON和XMON输出不同的电平时，外部晶体管的导通状况如表5.51所列。

**表5.51　外部晶体管的导通状况**

| YMON、nYPON、XMON和nXPON | 结　果 |
| --- | --- |
| 0110 | 与XP和XM相连的晶体管导通，X的位置通过A[7]输入 |
| 1001 | 与YP和YM相连的晶体管导通，Y的位置通过A[5]输入 |

要在系统中使用触摸屏，建议按照以下过程进行配置：

(1) 使用外部晶体管将触摸屏引脚连接到S3C2410A上；

(2) 选择X/Y位置分别转换模式或者X/Y位置自动(顺序)转换模式，来获取X/Y位置；

(3) 设置触摸屏接口为等待中断模式；

(4) 如果中断发生，将激活相应的转换过程(X/Y位置分别转换模式或者X/Y位置自动(顺序)转换模式)；

(5) 得到X/Y位置的正确值以后，返回等待中断模式。

触摸屏共有5种接口模式。

第1种模式是普通的A/D转换模式(AUTO_PST=0，XY_PST=0)。

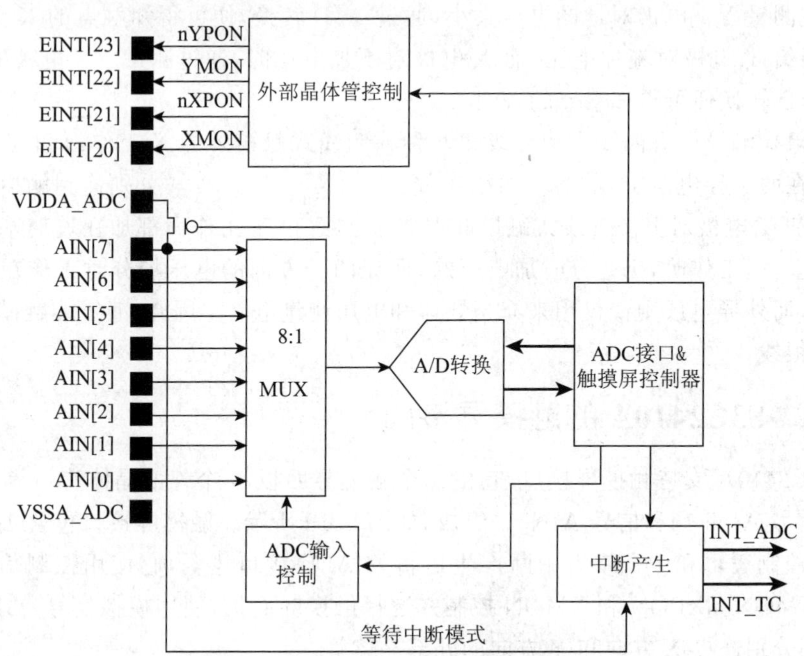


图 5.19 ADC 和触摸屏接口框图

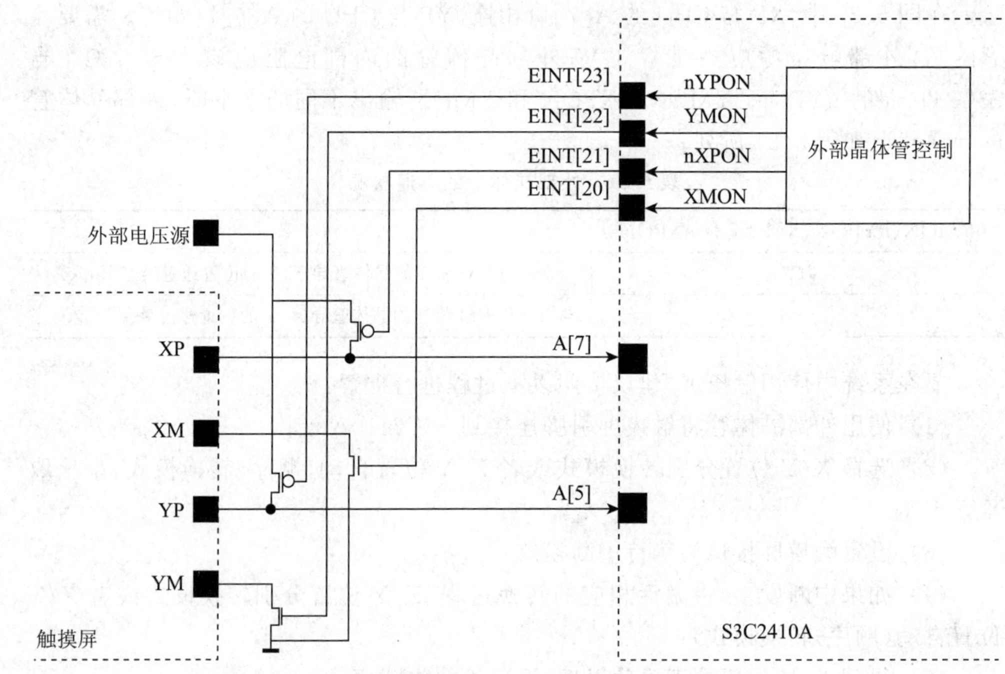


图 5.20 CPU 与触摸屏连接图

第 2 种模式是 X/Y 位置分别转换模式。这种模式由两种转换模式组成:X 位置转换模式和 Y 位置转换模式。X/Y 位置分别转换模式下的转换条件如表 5.52 所列。当 ADCTSC 寄存器的 AUTO_PST = 0 和 XY_PST = 1 时进入 X 位置转换模式,这种模式将 X 的位置写入 ADCDAT0 寄存器的 XPDATA 位;当 ADCTSC 寄存器的 AUTO_PST = 0 和 XY_PST = 2 时,进入 Y 位置转换模式,这种模式将 Y 的位置写入 ADCDAT1 寄存器的 YPDATA 位。

当 CPU 的外部晶体管控制引脚输出下列信号时,CPU 进行相应的转换。

**表 5.52　X/Y 位置分别转换模式下的转换条件**

| 位置转换模式 | XP | XM | YP | YM |
|---|---|---|---|---|
| X 位置转换 | 外部电压 | GND | AIN[5] | 高阻 |
| Y 位置转换 | AIN[7] | 高阻 | 外部电压 | GND |

第 3 种模式是 X/Y 位置自动(顺序)转换模式。当 ADCTSC 寄存器的 AUTO_PST = 1 和 XY_PST = 0 时进入这种模式。转换条件与第 2 种模式相同。

第 4 种模式是等待中断模式。当 ADCTSC 寄存器的 XY_PST = 3 时进入这种模式。进入这种模式后,它等待触笔单击。当触笔点下后,它将产生 INT_TC 中断。进入这种模式的条件如表 5.53 所列。

**表 5.53　等待中断模式下的转换条件**

| 模　式 | XP | XM | YP | YM |
|---|---|---|---|---|
| 等待中断模式 | 上拉 | 高阻 | AIN[5] | GND |



第 5 种模式是旁路模式(Standby Mode)。当进入这种模式后,A/D 转换停止,ADCDAT0 和 ADCDAT1 的 XPDATA 和 YPDATA 保持上次转换的值。

触摸屏通过触笔单击引发中断的原理如下:当 nYPON、YMON、nXPON 和 XMON 输出等待中断状态电平时,外部晶体管控制器输出低电平,与 VDDA_ADC 相连的晶体管导通,中断线路处于上拉状态。当触笔单击触摸屏时,与 AIN[7]相连的 XP 出现低电平,于是 AIN[7]是低电平,内部中断线路出现低电平,进而引发内部中断。触摸屏 XP 口需要接一个上拉电阻。

与 ADC 和触摸屏相关的需要设置的寄存器有 3 个:ADCCON、ADCTSC 和 ADCDLY,另外还有 2 个只读的寄存器:ADCDAT0 和 ADCDAT1。有关这些寄存器的位描述请参阅“5.6.2　S3C2410A 的 A/D 转换器”一节。

## 5.9.3　触摸屏编程实例

本实例实现的主要功能是在触摸屏上按下的位置画一个点。要实现通过使用触摸屏在 LCD 上画点,主要代码如下。

### 1. 对与触摸屏相关的寄存器进行初始化

代码如下:

```
void Touch_Init(void){
    rADCDLY    =  (0x5000);                                    //ADC 启动或间隔延时
    rADCTSC    =  (0<<8)|(1<<7)|(1<<6)|(0<<5)|(1<<4)|(0<<3)|(0<<2)|(3);
                                                               //设置成为等待中断模式:1101
    rADCCON    =  (1<<14)|(49<<6)|(7<<3)|(0<<2)|(1<<1)|(0);
                                                               //设置 ADC 控制寄存器
}
```

### 2. 对触摸屏中断进行初始化

代码如下:

```
void TouchINT_Init(void){
    if ((rSRCPND & BIT_ADC))                                   //清除中断挂起位
        rSRCPND |=  BIT_ADC;
    if ((rINTPND & BIT_ADC))
        rINTPND |=  BIT_ADC;
    if ((rSUBSRCPND & BIT_SUB_TC))
        rSUBSRCPND |=  BIT_SUB_TC;
    if ((rSUBSRCPND & BIT_SUB_ADC))
        rSUBSRCPND |=  BIT_SUB_ADC;
    rINTMSK &=  ~(BIT_ADC);                                    //相关中断屏蔽位置 0,使能中断
    rINTSUBMSK &=  ~(BIT_SUB_TC);
    pISR_ADC =  (unsigned)Touch_ISR;                           //设置中断向量
}
```



### 3. 书写触摸屏中断服务程序

当有触笔按下时,转到中断服务程序执行,代码如下:

```
void __irq  Touch_ISR(void){
    int AD_XY,yPhys,xPhys;
    //关中断
    rINTMSK |=  (BIT_ADC);
    rINTSUBMSK |=  (BIT_SUB_ADC | BIT_SUB_TC);                 //关闭子中断(ADC 和 TC)
    //获取位置
    AD_XY =  GetTouch_XY_AD();
    yPhys =  (AD_XY) & 0xffff;                                 //获取 Y 的 AD 值
    xPhys =  (AD_XY>>16) & 0xffff;                             //获取 X 的 AD 值
    TOUCH_X =  AD2X(xPhys);
    TOUCH_Y =  AD2Y(yPhys);
    Touch_Show(TOUCH_X,TOUCH_Y);                               //实现在触摸点位置画点
    //开中断,清空挂起位
    rSUBSRCPND |=  BIT_SUB_TC;
    ClearPending(BIT_ADC);
    rINTMSK    &= ~(BIT_ADC);
    rINTSUBMSK &= ~(BIT_SUB_ADC);
    rINTSUBMSK &= ~(BIT_SUB_TC);
}
```

### 4. 通过 A/D 转换获得触摸点的坐标值

中断服务程序 Touch_ISR()中函数 GetTouch_XY_AD()的功能是通过 A/D 转换得到触摸点的 X、Y 值,具体代码如下:

```
unsigned int GetTouch_XY_AD(void){
    int Dat0, i;
    int Count = 5;                              //转换次数
    unsigned int x, y;                          //存放转换结果
    unsigned int AD_XY = 0;                     //存放最终 XY 的转换结果
    Dat0 = 0;                                   //初始化累加变量
    while ((rADCDAT0 & 0x8000) | (rADCDAT1 & 0x8000));
                                     //测试 rADCDAT 的 bit15 是否等于 0(触笔按下状态)
    //下面的代码是 X 和 Y 分别转换模式
    rGPGUP = 0xffff;                            //设置 GPIO,禁止 GPG 上拉
    rADCTSC= (0<<8)|(0<<7)|(1<<6)|(1<<5)|(0<<4)|(1<<3)|(0<<2)|(1);
                                                //设置转换 X 的位置
    for(i= 0; i<Count; i++ ){                   //开始转换 Y,共 Count 次
        rADCCON = (1<<14)|(49<<6)|(7<<3)|(0<<2)|(0<<1)|(1);
                                                //设置控制寄存器
        while(rADCCON & 0x1);                   //测试转换开始位
        while(!(0x8000 & rADCCON));             //测试 ECFLG 位,转换是否结束
        Delay(200);
        Dat0 += (rADCDAT0) & 0x3ff;             //转换结果累加,最后取平均
    }
    if (Dat0!= 0){                              //如果 X 有效,继续转换 Y
        x = Dat0 / Count;
        Dat0 = 0;
        rADCTSC= (0<<8)|(1<<7)|(0<<6)|(0<<5)|(1<<4)|(1<<3)|(0<<2)|(2);
                                                //设置转换 Y 的位置
        for (i = 0; i < Count; i++ ){           //开始转换 Y,共 Count 次
            rADCCON = (1<<14)|(49<<6)|(5<<3)|(0<<2)|(0<<1)|(1);
                                                //设置控制寄存器
            while(rADCCON & 0x1);               //测试转换开始位
            while(!(0x8000 & rADCCON));         // 测试 ECFLG 位,转换是否结束
            Delay(200);
            Dat0+= (rADCDAT1) & 0x3ff;          //转换结果累加,最后取平均
        }
        y = Dat0 / Count;
    }
    rGPGUP = 0x00;                              //设置 GPIO,使能 GPG 上拉
    AD_XY = (x<<16) | y;                        //高 16 位存放 X,低 16 位存放 Y
    //恢复等待中断模式
    Touch_Init();
    Delay(1000);
    while (!((rADCDAT0 & 0x8000) & (rADCDAT1 & 0x8000)));
      //测试 rADCDAT 的 bit15 是否等于 1(触笔抬起状态),如果是 1,则可以开中断
    return AD_XY;
}
```

### 5. 主程序

首先对硬件及图形用户界面进行初始化,接下来通过一个 while 循环语句等待触摸屏中断的发生。一旦有触摸屏中断发生,则转到触摸屏中断服务程序执行。

```
void Main(void){
    Target_Init();      //初始化硬件
    GUI_Init();         //初始化图形用户界面
    while (1){};        //等待触摸屏中断
}
```

# 5.10　音频录放

## 5.10.1　音频录放的实现原理

声波是在时间上和幅度上都连续的模拟信号,称之为模拟音频信号。而计算机的内部是一个二进制的世界,二进制是计算机唯一能够识别的语言。为了让计算机能够对音频信号进行存储和处理,必须将模拟音频信号进行数字化。数字化的过程涉及到采样、量化和编码等步骤,把数字化后的音频信号称之为数字音频信号。

所谓采样是指在某些特定的时刻对模拟信号进行测量,由这些特定时刻采样得到的信号称为离散时间信号。一般都是每隔相等的一小段时间采样一次,其时间间隔称为取样周期,它的倒数称为采样频率。采样频率不应低于声音信号最高频率的两倍。

采样得到的幅值是无穷多个实数值中的一个,因此幅度还是连续的。如果把信号幅度取值的数目加以限定,这种由有限个数值组成的信号就称为离散幅度信号。将连续幅度转换成离散幅度信号的过程称为量化。例如,假设输入电压的范围是 0.0～0.7 V,并假设其取值只限定在 0,0.1,0.2,…,0.7 共 8 个值。如果采样得到的幅度值是 0.123 V,其取值就应算作 0.1 V,如果采样得到的幅度值是 0.26 V,其取值就算作 0.3 V,这种数值就称为离散数值。把时间和幅度都用离散的数字表示的信号称为数字信号。

所谓编码指离散数值的二进制表示。

图 5.21 显示了将连续的音频信号进行数字化的过程。假设音频信号采用如图所示的 4 位二进制编码来表示,采样点的取值采用四舍五入的方式,则图中所示的连续音频信号在计算机中的数字表示为:0000 0001 0010 0011 0101 0101 0101 0100 0000 1010 1100 1101 1110 1110 1110 1110 1100 1011 0000。

通常所说的录音过程,实际上就是把模拟音频转换成数字音频的过程,通常通过 A/D 转换器(ADC)实现。通常所说的放音过程,实际上就是把数字音频转换成模拟音频的过程。该过程与 A/D 转换过程相反,通常通过 D/A 转换器(DAC)实现。

本书使用的 ELM-ARM-860 实验箱中音频的录放功能是通过音频总线接口(IIS,

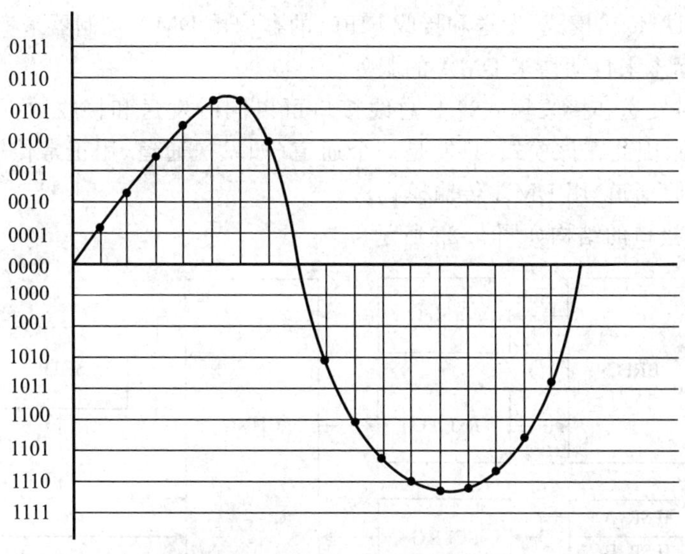


图5.21 音频信号的采样和量化

Inter-IC Sound)和UDA1341TS控制芯片实现的。该芯片为音频编解码器(CODEC),它作为音源的控制器,把采集到的音频模拟信号通过配置其寄存器,转换成I$^2$S格式的数字信号送给S3C2410的I$^2$S控制器,然后CPU使用DMA控制器把得到的数字信号存放到一块内存空间上。当存完之后,DMA控制器把已存的数字数据通过I$^2$S格式发送给UDA1341TS控制芯片,由该芯片转换成音频模拟信号送出。该DMA控制器能实现循环播放,也能实现实时播放。



关于DMA的使用配置方法请参阅“5.4.2 S3C2410A的DMA控制器”一节,这里主要介绍I$^2$S音频接口的使用。

## 5.10.2 S3C2410A的I$^2$S总线接口

I$^2$S总线是近年出现的一种面向多媒体计算机的音频总线,该总线专门用于音频设备之间的数据传输。I$^2$S总线接口是为连接标准编解码器(CODEC)提供的外部接口。

S3C2410A IIS(Inter-IC Sound)接口能用来连接一个外部8/16位立体声音频CODEC,既支持I$^2$S总线数据格式,也支持MSB-justified数据格式。该接口对FIFO的访问采用DMA传输模式,而没有使用中断模式。它可以同时发送数据和接收数据也可以只发送或只接收数据。

对于只发送和只接收模式,又可以分为正常传输模式和DMA传输模式。

- 在正常传输模式,I$^2$S控制寄存器有一个FIFO准备好标志位。当发送数据时,如果发送FIFO不空,该标志为1,FIFO准备好发送数据;如果发送FIFO为空,该标志为0。当接收数据时,如果接收FIFO不满,该标志为1,指示可以接收数据;若FIFO满,则该标志为0。通过该标志位,可以确定CPU读/写FIFO的时间。

- 在DMA传输模式,发送和接收FIFO的存取由DMA控制器来实现,由FIFO就绪标志来自动请求DMA的服务。

对于同时发送和接收模式,$I^2S$总线接口可以同时发送和接收数据。因为只有一个DMA源,因此在该模式,只能是一个通道(如发送通道)用正常传输模式,另一个通道(如接收通道)用DMA传输模式。

$I^2S$总线接口的结构如图5.22所示。

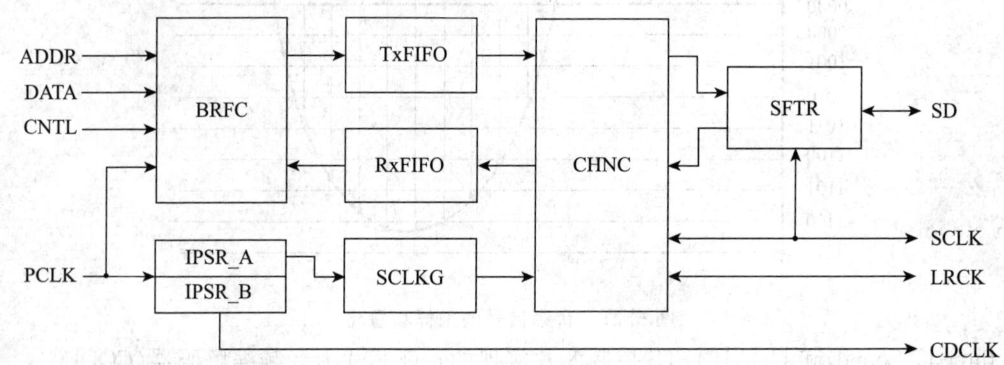


图5.22 $I^2S$总线接口的结构图

图5.22中各部分的功能描述如下。

- BRFC:指总线接口、寄存器区和状态机。总线接口逻辑和FIFO访问由该状态机控制。
- IPSR:指两个5位预分频器IPSR_A和IPSR_B,一个预分频器作为$I^2S$总线接口的主时钟发生器,另一个预分频器作为外部CODEC的时钟发生器。
- TxFIFO和RxFIFO:指两个64字节的FIFO。在发送数据时,数据写入TxFIFO;在接收数据时,数据从RxFIFO读取。
- SCLKG:指主IISCLK发生器。在主模式下,由主时钟产生串行位时钟。
- CHNC:指通道发生器和状态机。通道状态机用于产生并控制IISCLK和IISLRCK。
- SFTR:指16位移位寄存器。在发送模式,并行数据移入SFTR并转换成串行数据输出;在接收模式,串行数据移入SFTR并转换成并行数据输出。

$I^2S$总线接口支持的音频串行接口格式包括:$I^2S$总线格式和MSB-justified格式。

### 1. $I^2S$总线格式

$I^2S$总线包含4条线:串行数据输入(IISDI)、串行数据输出(IISDO)、左/右通道选择(IISLRCK)和串行位时钟(IISCLK),产生IISLRCK和IISCLK信号的为主设备。串行数据以2的补数发送,首先发送最高位。最高位首先发送是因为发送方和接收方可以有不同的字长度。发送方不必知道接收方能处理的位数,同样接收方也不必知道发送方正发来多少位的数据。

当系统字长度大于发送器的字长度时，字被切断(最低数据位设置为0)发送。如果接收器接收到比它的字长更多的数据位，则多的位忽略。另一方面，如果接收器收到的数据位数比它的字长小，则不足的位内部设置为0。因此，高位有固定的位置，而低位的位置依赖于字长度。发送器总是在IISLRCK变化的下一个时钟周期发送下一个字的高位。

发送器对串行数据的发送可以在时钟信号的上升沿或下降沿同步。然而，串行数据必须在串行时钟信号的上升沿锁存进接收器，所以发送数据时使用上升沿进行同步有一些限制。

LR通道选择线指示当前正发送的通道。IISLRCK既可以在串行时钟的上升沿变化，也可以在下降沿变化，不需要同步。在从模式下，这个信号在串行时钟的上升沿锁存。IISLRCK在最高位发送的前一个时钟周期内发生变化，这样从发送器可以同步发送串行数据。另外，允许接收器存储先前的字，并清除输入以接收下一个字。

### 2. MSB-justified格式

MSB-justified总线格式在体系结构上与$I^2S$总线格式相同。与$I^2S$总线格式唯一不同的是，IISLRCK一旦有变化，MSB-justified格式要求发送器总是发送下一个字的最高位。

要使用$I^2S$音频接口实现音频录放，需要对如下$I^2S$相关寄存器进行正确配置和使用。

## 1. $I^2S$控制寄存器(IISCON)

该寄存器是一个可读/写的寄存器。对于小端/半字、小端/字或大端/字系统，该寄存器地址为0x5500 0000；对于大端/半字系统，该寄存器地址为0x5500 0002。复位后的初始值为0x100。有关IISCON寄存器的位功能描述如表5.54所列。

表5.54　$I^2S$控制寄存器(IISCON)位描述

| IISCON位名 | 位 | 描　述 |
|---|---|---|
| 左/右通道索引(只读) | [8] | 0:左通道；1:右通道 |
| 发送FIFO就绪标志(只读) | [7] | 0:发送FIFO未就绪(空)；1:发送FIFO就绪(不空) |
| 接收FIFO就绪标志(只读) | [6] | 0:接收FIFO未就绪(满)；1:接收FIFO就绪(不满) |
| 发送DMA服务请求 | [5] | 0:禁止；1:使能 |
| 接收DMA服务请求 | [4] | 0:禁止；1:使能 |
| 发送通道空闲命令 | [3] | 在空闲状态，IISLRCK无效(暂停发送)。<br>0:不空闲；1:空闲 |
| 接收通道空闲命令 | [2] | 在空闲状态，IISLRCK无效(暂停接收)。<br>0:不空闲；1:空闲 |
| $I^2S$预分频器 | [1] | 0:禁止；1:使能 |
| $I^2S$接口 | [0] | 0:禁止(停止)；1:使能(启动) |

## 2. I²S 模式寄存器(IISMOD)

该寄存器是一个可读/写的寄存器。对于小端/半字、小端/字或大端/字系统，该寄存器地址为 0x5500 0004；对于大端/半字系统，该寄存器地址为 0x5500 0006。复位后的初始值为 0x0。有关 IISMOD 寄存器的位功能描述如表 5.55 所列。

表 5.55　I²S 模式寄存器(IISMOD)位描述

| IISMOD 位名 | 位 | 描　述 |
|---|---|---|
| 主/从模式选择 | [8] | 0：主模式(IISLRCK 和 IISCLK 为输出模式)<br>1：从模式(IISLRCK 和 IISCLK 为输入模式) |
| 发送/接收模式选择 | [7：6] | 00：不传输；01：接收模式<br>10：发送模式；11：发送和接收模式 |
| 左/右通道的激活电平 | [5] | 0：左通道为低(右通道为高)；1：左通道为高(右通道为低) |
| 串口格式 | [4] | 0：I²S 格式；1：MSB-justified 格式 |
| 每个通道的串行数据位 | [3] | 0：8 位；1：16 位 |
| 主时钟频率选择 | [2] | 0：$256f_s$；1：$384f_s$($f_s$：采样频率) |
| 串行位时钟频率选择 | [1：0] | 00：$16f_s$；01：$32f_s$；10：$48f_s$；11：N/A |

## 3. I²S 预分频寄存器(IISPSR)

该寄存器是一个可读/写的寄存器。对于小端/半字、小端/字或大端/字系统，该寄存器地址为 0x5500 0008；对于大端/半字系统，该寄存器地址为 0x5500 000A。复位后的初始值为 0x0。有关 IISPSR 寄存器的位功能描述如表 5.56 所列。



表 5.56　I²S 预分频寄存器(IISPSR)位描述

| IISPSR 位名 | 位 | 描　述 |
|---|---|---|
| 预分频控制 A | [9：5] | 数据值($N$)：0～31<br>注：预分频器 A 使主时钟用于内部模块，并且除数因子为 $N$+1 |
| 预分频控制 B | [4：0] | 数据值($N$)：0～31<br>注：预分频器 B 使主时钟用于外部模块，并且除数因子为 $N$+1 |

## 4. IIS FIFO 控制寄存器(IISFCON)

该寄存器是一个可读/写的寄存器。对于小端/半字、小端/字或大端/字系统，该寄存器地址为 0x5500 000C；对于大端/半字系统，该寄存器地址为 0x5500 000E。复位后的初始值为 0x0。有关 IISFCON 寄存器的位功能描述如表 5.57 所列。

表 5.57　IIS FIFO 控制寄存器(IISFCON)位描述

| IISPSR 位名 | 位 | 描　述 |
|---|---|---|
| 发送 FIFO 访问模式选择 | [15] | 0：正常模式；1：DMA 模式 |
| 接收 FIFO 访问模式选择 | [14] | 0：正常模式；1：DMA 模式 |
| 发送 FIFO 使能位 | [13] | 0：禁止；1：使能 |
| 接收 FIFO 使能位 | [12] | 0：禁止；1：使能 |
| 发送 FIFO 数据计数值(只读) | [11：6] | 数据计数值：0～32 |
| 接收 FIFO 数据计数值(只读) | [5：0] | 数据计数值：0～32 |

**5. IIS FIFO 寄存器(IISFIFO)**

该寄存器是一个可读/写的寄存器。对于小端/半字系统,该寄存器地址为 0x5500 0010;对于大端/半字系统,该寄存器地址为 0x5500 0012。复位后的初始值为 0x0。该寄存器是 IIS FIFO 的数据入口寄存器,它负责把 FIFO 得到的数据发送出去,同时也负责把接收的数据送入 FIFO。

为了启动 $I^2S$ 操作,需要执行如下过程:

(1) 允许 IISFCON 寄存器的 FIFO;

(2) 允许 IISFCON 寄存器的 DMA 请求;

(3) 允许 IISFCON 寄存器的启动。

为了结束 $I^2S$ 操作,需要执行如下过程:

(1) 禁止 IISFCON 寄存器的 FIFO,如果还想发送 FIFO 的剩余数据,跳过这一步;

(2) 禁止 IISFCON 寄存器的 DMA 请求;

(3) 禁止 IISFCON 寄存器的启动。

以上介绍了使用 $I^2S$ 接口需要配置的相关 $I^2S$ 寄存器,再加上"5.4.2 S3C2410A 的 DMA 控制器"一节讲的 DMA 控制器,两者结合起来,就可以实现声音的录放了。

## 5.10.3 音频录放的编程实例

本实例实现了对语音的实时录制和实时播放功能。该功能主要是通过函数 Iis_RxTx(void)来实现的,具体代码如下:

```
void Iis_RxTx(void){
    unsigned int i;
    unsigned short * rxdata;
    Rx_Done = 0;
    Tx_Done = 0;
    //由于使用 DMA 方式进行语音录放,因此这里需要注册 DMA 中断
    pISR_DMA2 = (unsigned)TX_Done;
    pISR_DMA1 = (unsigned)RX_Done;
    rINTMSK & = ~(BIT_DMA1);
    rINTMSK & = ~(BIT_DMA2);
    rxdata =  (unsigned short * )malloc(0x80000); //384 KB
    for(i= 0;i< 0xffff0;i++ )
        *(rxdata+ i)= 0;
    while(1) {
        //录音过程,DMA1 用于音频输入
        rDMASKTRIG1 =  (1<<2)|(0<<1);
        //初始化 DMA 通道 1
        rDISRC1     =  (U32)IISFIFO;                    //接收 FIFO 地址
        rDISRCC1    =  (1<<1)|(1<<0);                   //源= APB,地址固定
```

```
    rDIDST1     =  (U32)(rxdata);
    rDIDSTC1    =  (0<<1)|(0<<0);                      //目标= AHB,地址增加
    rDCON1= (0<<31)|(0<<30)|(1<<29)|(0<<28)|(0<<27)|(2<<24)|(1<<23)|(1<<
          22)|(1<<20)|(0xffff0);
           //握手模式,与 APB 同步,中断使能,单元发送,单个服务模式,目标
           = I2SSDI
           //硬件请求模式,不自动重加载,半字
    rDMASKTRIG1 =  (1<<1);                             //DMA1 通道打开
    //初始化 I²S,用于接收
    rIISCON= (0<<5)|(1<<4)|(1<<1);
          //发送 DMA 请求禁止,接收 DMA 请求使能,I²S 预分频器使能
    rIISMOD= (0<<8)|(1<<6)|(0<<5)|(0<<4)|(1<<3)|(0<<2)|(1<<0);
          //主模式,接收模式,I²S 格式,16 位,256fs,32fs
    rIISPSR  =  (8<<5)|(8<<0);                         //50.7 / 9 =  5.6448
    rIISFCON =  (0<<15)|(1<<14)|(0<<13)|(1<<12);
          //发送 FIFO= 正常,接收 FIFO= DMA,发送 FIFO 禁止,接收 FIFO 使能
    rIISCON|=  (1<<0);                                 //IIS 使能
    while(!Rx_Done);
    Rx_Done =0;
    //IIS 停止
    Delay(10);                                         //用于结束半字/字接收
    rIISCON      =  0x0;                               //IIS 停止
    rDMASKTRIG1 =  (1<<2);                             //DMA1 停止
    rIISFCON     =  0x0;                               //发送/接收 FIFO 禁止
    //放音过程,DMA2 用于音频输出
    rDMASKTRIG2 =  (1<<2)|(0<<1);
    //初始化 DMA 通道 2
    rDISRC2   = (U32)(rxdata);
    rDISRCC2  = (0<<1)|(0<<0);                         //源= AHB,地址增加
    rDIDST2   = (U32)IISFIFO;                          //发送 FIFO 地址
    rDIDSTC2  = (1<<1)|(1<<0);                         //目标= APB,地址固定
    rDCON2    = (0<<31)|(0<<30)|(1<<29)|(0<<28)|(0<<27)|(0<<24)|(1<<23)|
                (1<<22)|(1<<20)|(0xffff0);
        //握手模式,与 APB 同步,中断使能,单元发送,单个服务模式,目标= I2SSDO
       //硬件请求模式,不自动重加载,半字
    rDMASKTRIG2 =  (1<<1);                         //DMA2 通道打开
    //初始化 IIS,用于发送
    rIISCON= (1<<5)|(0<<4)|(1<<1);
                     //发送 DMA 请求使能,接收 DMA 请求禁止,IIS 预分频器使能
    rIISMOD= (0<<8)|(2<<6)|(0<<4)|(1<<3)|(0<<2)|(1<<0);
                     //主模式,发送模式,IIS 格式,16 位,256fs,32fs
    rIISPSR= (8<<5)|(8<<0);  //预分频值 A= 45 MHz/8,预分频值 B= 45 MHz/2
    rIISFCON= (1<<15)|(0<<14)|(1<<13)|(0<<12);
             //发送 FIFO= DMA,接收 FIFO= 正常,发送 FIFO 使能,接收 FIFO 禁止
    rIISCON|= (1<<0);
    while(! Tx_Done);
    Tx_Done= 0;
    rIISCON      = 0x0;                            //IIS 停止
    rDMASKTRIG2  =  (1<<2);                        //DMA2 停止
    rIISFCON     = 0x0;                            //发送/接收 FIFO 禁止
}
```

```
    free(rxdata);
    rINTMSK |=  (BIT_DMA2);
    rINTMSK |=  (BIT_DMA1);
    ChangeClockDivider(1,1);                    // 1:2:4
    ChangeMPllValue(0xa1,0x3,0x1);              // FCLK= 202.8 MHz
}
```

# 5.11　USB设备的数据收发

## 5.11.1　USB接口及编程简介

USB(Universal Serial Bus)即通用串行总线，是现在非常流行的一种快速、双向、廉价、可以进行热插拨的接口，在PC机上可以很容易找到USB接口。USB接口在遵循USB1.1规范的基础上最高传输速度可达12 Mb/s；而在最新的USB2.0规范下可以达到480 Mb/s。USB接口可以连接127个USB设备，连接方式十分灵活，既可以使用串行连接，也可以使用集线器(Hub)把多个设备连接在一起，再与PC机的USB接口相连。此外USB接口还可以从系统中直接汲取电流，无需单独的供电系统。USB的这些特点使它获得了广泛的应用。

在设计开发一个USB外设时，主要编写3部分的程序：① 固件程序；② USB驱动程序；③ 客户应用程序。

固件(Fireware)实际上是程序文件，其编写语言可以采用C语言或是汇编语言。它的操作方式与硬件联系紧密，包括USB设备连接协议、中断处理等。固件不是单纯的软件，而是软件和硬件的结合。它需要编写人员对端口、中断和硬件结构都非常熟悉。固件程序一般放入MPU中，当把设备连接到主机上(USB连接线插入插孔)时，上位机能够发现新设备，然后建立连接。因此，编写固件程序的一个最主要的目的就是让操作系统可以检测和识别设备。USB的驱动程序和客户的应用程序属于中、上层程序。

EL-ARM-860实验箱上的USB设备接口使用的控制器是PDIUSBD12。PDIUSBD12是一款性价比很高的USB器件，完全符合USB1.1版的规范。PDIUSBD12具有的低挂起功耗，连同LazyClock输出，可以满足使用ACPI、OnNOW和USB电源管理的要求。低的操作功耗使得它可以应用于使用总线供电的外设中。此外，PDIUSBD12还集成了许多特性，如SoftConnet™、GoodLink™、可编程时钟输出、低频晶振和集成的终端电阻器。所有这些特性都为系统显著节约了成本，同时使USB功能在外设上的应用变得更加容易。有关PDIUSBD12的详细介绍请参考相关的数据手册。

USB固件程序由3部分组成：① 初始化S3C2410A相关接口电路(包括PDIUSBD12)；② 主循环部分，其任务是可以中断的；③ 中断服务程序，其任务对时间敏感，必须马上执行。根据USB协议,任何传输都是由主机(Host)开始的。S3C2410A继续其前台工作,等待中断。主机首先要发令牌包给USB设备(这里是PDIUSBD12),PDIUSBD12接收到令牌包后就给S3C2410A发中断。S3C2410A进入中断服务程序,首先读PDIUSBD12的中断寄存器,判断USB令牌包的类型,然后执行相应的操作。在USB程序中,要完成对各种令牌包的响应,其中比较难处理的是SETUP包,主要是端口0的编程。

S3C2410A与PDIUSBD12的通信主要是靠S3C2410A给PDIUSBD12发命令和数据来实现的。PDIUSBD12的命令字分为3种:初始化命令字、数据流命令字和通用命令字。PDIUSBD12数据手册给出了各种命令的代码和地址。S3C2410A先给PDIUSBD12的命令地址发送命令,根据不同命令的要求再发送或读出不同的数据。因此,可以将每种命令做成函数,用函数实现各个命令,以后直接调用相应函数即可。

## 5.11.2　S3C2410A的USB设备控制器

USB设备控制器连同DMA接口提供了一种高性能的全速控制器解决方案。USB设备控制器支持使用DMA的批量传输、中断传输和控制传输。

USB设备控制器具有以下特点。

- 是全速USB设备控制器(12 Mb/s),兼容USB规范1.1。
- 具有用于批量传输的DMA接口。
- 具有集成的USB收发器。
- 具有带FIFO的5个端口:
  — 1个带16字节FIFO的双向控制端口(EP0);
  — 4个带64字节FIFO的双向大端口(EP1、EP2、EP3和EP4)。
- 支持DMA接口在大端口上的接收和发送(EP1、EP2、EP3和EP4)。
- 独立的64字节接收和发送FIFO使吞吐量达到最大化。
- 支持挂起和远程唤醒功能。

## 5.11.3　USB设备收发数据编程实例

本实例主要介绍固件程序的编写。当目标板上的USB设备初始化完成后,在PC机运行应用程序usbhidio.exe,与目标板的USB设备进行数据的收发。固件程序需要完成的主要操作如下。

(1) 通过函数Target_Init()实现对S3C2410A硬件的初始化。

(2) 初始化USB设备控制器PDIUSBD12,代码如下:

```
void InitD12 (){
    int i = 0;
    SETADDR   = 0xD0;
```

```
    SETDATA   =  0x80;
    SETADDR   =  0xF3;
    SETDATA   =  0x06;
    SETDATA   =  0x03;
    for (i= 0; i< 200000; i++ );
    SETADDR   =  0xF3;
    SETDATA   =  0x16;
}
```

(3) 初始化 USB 中断,代码如下:

```
void USBINT_Int(void){
    if (rSRCPND & BIT_EINT4_7){
        rEINTPEND |=  0x10;
        ClearPending(BIT_EINT4_7);
    }
    rINTMSK        = ~(BIT_EINT4_7);
    rEINTMASK      = 0xffffe0;
    pISR_EINT4_7  = (int)USB_ISR;
}
```

(4) 在主程序中,通过"while(1);"语句实现循环等待,等待 USB 中断的发生。

(5) 编写中断服务子程序 USB_ISR(),中断服务子程序通过读 PDIUSBD12 的中断寄存器,判断 USB 令牌包的类型,然后执行相应的操作。中断服务子程序的主体结构如下:



```
#define  SETDATA   *(volatile unsigned char*)0x200000f8 //设定数据发送地址
#define  SETADDR   *(volatile unsigned char*)0x200000f9 //设定命令发送地址
void __irq USB_ISR(void){
      char iIrqUsb;
      unsigned char tmp;
      int i;
      rINTMSK = ~(BIT_EINT4_7);
      rEINTMASK|= 1<<4;
      while (1){
        if (bIsOrig)
           XmtBuff.pNum =  16;
      SETADDR =  0xF4;                    //读 IRQ 寄存器
      iIrqUsb =  SETDATA;
      tmp =  SETDATA;
      if (iIrqUsb & 0x01){                //EP0 输出
          XmtBuff.out =  0;
          XmtBuff.in =  1;
          SETADDR =  0x40;
          tmp =  SETDATA;
          if (tmp & 0x20)
               tx_0 ();
          else {
```

```
                    SETADDR =  0x00;    //选择端口 0(指针指向 0 位置)
                    SETADDR =  0xF0;    //读标准控制码
                    tmp =  SETDATA;
                    tmp =  SETDATA;
                    for (i =  0; i <  8; i++ )
                        XmtBuff.b[i] =  SETDATA;
                    if (bSetReport){
                        for (i =  0; i <  8; i++ )
                            HIDData[i] =  XmtBuff.b[i];
                        bSetReport =  0;
                    }
                    SETADDR =  0xF1;
                              //应答 SETUP 包,使能(清 OUT 缓冲区、使能 IN 缓冲区)命令
                    SETADDR =  0xF2;    //清 OUT 缓冲区
                    SETADDR =  0x01;    //选择端口 1(指针指向 0 位置)
                    SETADDR =  0xF1;
                              //应答 SETUP 包,使能(清 OUT 缓冲区、使能 IN 缓冲区)命令
                }
            }
            else if (iIrqUsb & 0x02){        //EP0 输入
              XmtBuff.in =  1;
              SETADDR =  0x41;               //读 IN 最后状态
              tmp =  SETDATA;
              rx_0 ();
            }
            else if (iIrqUsb & 0x04){        //EP1 输出
                XmtBuff.out =  2;
                XmtBuff.in =  3;
                SETADDR =  0x42;             //读 OUT 最后状态
                tmp =  SETDATA;
                tx_1 ();
            }
            else if (iIrqUsb & 0x08){        //EP1 输入
                XmtBuff.in =  3;
                SETADDR =  0x43;             //读 IN 最后状态
                tmp =  SETDATA;
                XmtBuff.b[0] =  5;
                XmtBuff.wrLength =  8;
                XmtBuff.p =  HIDData;
                rx_0 ();
            }
            //… 判断是否是 EP2～EP4,并进行相应的处理,请用户自己补充完整
            rINTMSK = ~(BIT_EINT4_7);
            rEINTPEND |=  0x10;
            ClearPending(BIT_EINT4_7);
        }
    }
```



本实例在运行时,需要借助PC机端的usbhidio.exe应用程序一起调试并观察实验结果,该应用程序可以在EL-ARM-860实验箱的配套光盘里找到。具体的实验

步骤如下：

首先，将本实例加载到 ADS1.2 开发环境中，编译通过后，进入 ADS1.2 调试界面，加载生成的后缀为 .axf 的映像文件，并在 ADS 调试环境下全速运行该映像文件。

然后，把两头均为扁平的 USB 电缆，一头接 PC 机端，一头插入实验箱底板的 USB 单元接口处。观察 D3 指示灯的变化，若是第一次实验，则在 PC 机上会出现自动安装 USB 设备的过程；安装完成后，D3 灯不停地闪烁。在 PC 机上依次打开"控制面板|系统|硬件|设备管理器"，可发现在"设备管理器"窗口中自动添加了一个名为"人体学输入设备"的 USB 设备，如图 5.23所示。

**图 5.23　在"设备管理器"窗口观察新添加的 USB 设备**

然后在 PC 机端运行应用程序 usbhidio.exe，其运行界面如图 5.24 所示。在 Bytes to Send 选项区域中选择要发送的数据，然后单击 Write Report 按钮，在 Send and Receive Data 选项区域中选择 Once 或 Continuous，选择 Once 实现发送一次接收一次，而 Continuous 实现连续发送和连续接收。接收到的数据将在 Bytes Receive 框中显示。

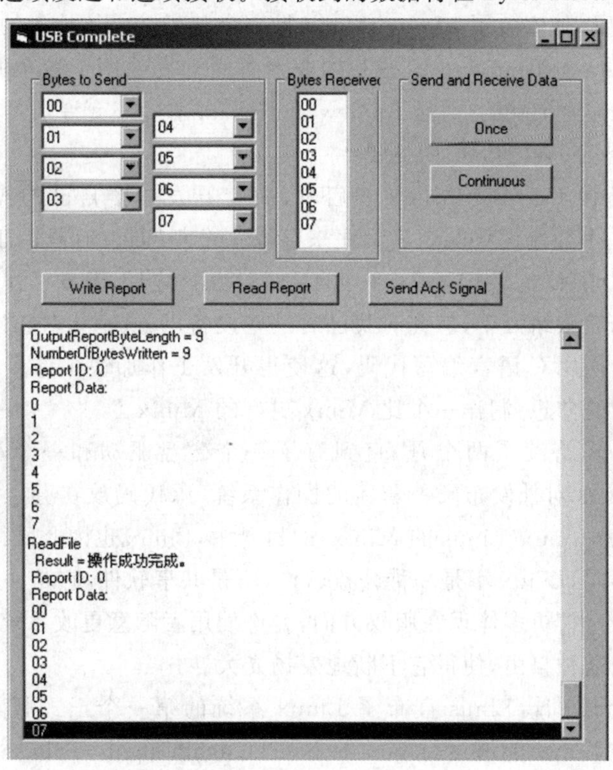


**图 5.24　usbhidio.exe 的运行界面**

# 第6章

# Linux 操作系统基础

## 6.1 Linux 操作系统概述

### 6.1.1 Linux 操作系统的产生及发展

在 Linux 的发展历程中,Unix 和 Minix 扮演着十分重要的角色。1990 年,芬兰人 Linus Torvalds 在赫尔辛基大学接触到 Unix;但是当时上机学习要排队等候很长时间,所以 Linus 购买了自己的 PC 机,希望安装一个类似的操作系统。由于 Unix 的内核代码不容易得到,所以他安装了 Minix。Minix 是一个基于微内核技术的类似于 Unix 的操作系统,是 Andrew Tanebaum 教授利用业余时间开发的用于教学的操作系统。当时,Minix 并不是完全免费的,而且 Andrew Tanebaum 教授不允许别人为 Minix 再加入其他东西,目的是为了教学的简明扼要。

在使用过程中,Linus 受 Minix 的启发,决定开发一个自己的操作系统。1991 年,Linus 需要一个简单的终端仿真程序来存取一个新闻组的内容,于是自己编写了一个程序来实现此目的。用 Linus 自己的话说:"在这之后,开发工作可谓一帆风顺,尽管程序代码仍然头绪万千,但此时我已有一些设备,调试也相对较以前容易了。在这一阶段我开始使用 C 语言编写代码,这使得开发工作加快了许多。与此同时,我产生了一个大胆的梦想:制作一个比 Minix 更好的 Minix。"

基本开发工作持续了两个月,直到有了一个磁盘驱动和一个小的文件系统。1991 年 8 月,Linus 对外发布了一套新的操作系统,源代码放在芬兰最大的 FTP 网站上,并放在名为 Linux(Linus 的 Minix)的目录中,Linux 也因此而得名。

与 Minix 不同,Linux 不是一种公益软件,不是共享软件,它是一种自由、免费的软件!这里的"自由"更多体现在版权方面,允许使用者随意更改系统,为系统加入任何功能。也正是这种自由,使得它不断地发扬光大。

1991 年 10 月 5 日,Linus 宣布了 Linux 系统的第一个正式版本,其版本号为 0.02。此版本的 Linux 能够运行 gun 的 bourne again shell——bash shell 以及 gun 的编译器——gcc,但应用程序还不多。

Linus是一个完全的理想主义者,他希望Linux是一个完全免费的操作系统。1993年,Linux的第一个“产品”版Linux 1.0问世时,是按完全自由扩散版权进行扩散的。它要求所有的源码必须公开,而且任何人均不得从Linux交易中获利。同时,Linux给了用户充分的自由,它从一开始就连同源代码一起提供给用户,允许用户进行任何更改,增加任何功能。Linus采用了一个比GPL还要严格的版权许可证以确保Linux内核是自由的。但是,半年之后,他渐渐地发现这种纯粹自由软件的发行方式实际上限制了Linux的发行,因为它限制了Linux以磁盘或CDROM等进行发行的方式。而实际上,这是大多数软件的发行方式。于是,Linus转向了GNU的GPL版权。也正是由于采用了GPL版权,Linux今天才有如此多的发行版。

要使Linux成为一个理想的操作系统,是一项十分巨大的工程。Linus认识到单靠一个人的力量是不行的,它需要来自世界各地的编程专家共同努力。因此,任何人想往内核中加入新的特性,只要被认为是有用的、合理的,Linus就允许加入。就这样,Linux在来自世界各地的人们的共同协作下发展了起来。

下面是Linux发展过程中的重要里程碑。

- 1990年,Linus Torvalds首次接触Minix;
- 1991年,Linus Torvalds开始在Minix上编写各种驱动程序等操作系统内核组件;
- 1991年,Linus Torvalds公开了Linux内核;
- 1993年,Linux 1.0版发行,Linux转向GPL版权协议;
- 1994年,Linux的第一个商业发行版Slackware问世;
- 1996年,美国国家标准技术局的计算机系统实验室确认Linux版本1.2.13符合POSIX标准;
- 1999年,Linux的简体中文发行版相继问世;
- 2001年,Linux 2.4版内核发布;
- 2003年,Linux 2.6版内核发布。

### 6.1.2 Linux操作系统的特点

Linux作为一种流行的操作系统,在市场上占有越来越大的份额,很多人特别是程序员纷纷转向Linux,Linux逐渐成为Microsoft的一个强劲对手。Linux是类Unix的实现,具有强大的功能,很好地支持了各种现代编程技术,具有以下主要特点。

#### 1. 自由开放软件

Linux是一款免费的操作系统,用户可以通过网络或其他途径免费获得,并可以任意修改其源代码,这是其他的操作系统所做不到的。正是由于这一点,来自全世界的无数程序员参与了Linux的修改、编写工作,程序员可以根据自己的兴趣和灵感对其进行改变。这让Linux吸收了无数程序员的精华,不断壮大。它开放源码并对外免费提供,爱好者可以按照自己的需要自由修改、复制和发布程序的源码,并公布在Internet上。

## 2. 真正的多任务多用户

Linux充分利用了x86 CPU的任务切换机制,实现了真正多任务、多用户环境,允许多个用户同时执行不同的程序,并且可以给紧急任务以较高的优先级。多任务是现代计算机最主要的一个特点,它指计算机同时执行多个程序,而且各个程序的运行互相独立。Linux系统调度每一个进程平等地使用CPU。由于CPU的处理速度非常快,各个被启动执行的程序看起来好像在并行运行。事实上,从CPU执行一个程序中的一组指令到Linux调度CPU再次运行这个程序之间有很短的时间延迟,但用户是感觉不到的。

## 3. UNIX的完整实现

从发展的背景看,Linux与其他操作系统有着明显的区别。Linux是从一个比较成熟的操作系统Unix发展而来的,Unix上绝大多数命令都可以在Linux里找到并有所加强。可以认为它是Unix系统的一个变种,因而Unix的优良特点(如可靠性、稳定性、强大的网络功能、强大的数据库支持能力以及良好的开放性等)都在Linux上一一体现出来。同时在Linux的发展过程中,Linux的用户能够直接使用与Unix相关的支持和帮助。



## 4. 完全符合POSIX标准

POSIX是基于Unix的第一个操作系统簇国际标准。Linux遵循这一标准,使得Unix下许多应用程序可以很容易地移植到Linux下,相反也是如此。

Linux完全兼容POSIX 1.0标准,可以在Linux下通过相应的模拟器运行常见的DOS、Windows程序。这为用户从Windows转到Linux奠定了基础。

## 5. 良好的用户界面

Linux向用户提供了两种界面:用户界面和系统调用。Linux的传统用户界面是基于命令行的界面,即Unix系统的Shell界面,它既可以联机实时逐条输入执行,也可以存入文件后提交系统批量自动执行。Shell有很强的程序设计能力,用户可以方便地用它编制程序,从而为用户自己扩充系统功能提供更高级的手段。可编程Shell是指将多条命令组合在一起,形成一个Shell程序。这个程序可以单独运行,也可以与其他程序同时运行。Linux的系统调用界面是供用户编程时使用的,用户可以在编程时直接使用系统提供的系统调用命令。

另外,Linux通过使用鼠标、菜单、窗口和滚动条还为用户提供了一个直观、易操作及交互性强的图形化界面。

### 6. 强大的网络功能

互联网是在 Unix 的基础上繁荣起来的，Linux 的网络功能当然不会逊色。Linux 的网络功能和其内核紧密相连，在这方面 Linux 要优于其他操作系统。在 Linux 中，用户可以轻松实现网页浏览、文件传输、远程登录等网络工作。

Linux 强大的网络功能首先体现在对 Internet 使用的支持。Linux 免费提供了大量支持 Internet 的软件。用户能用 Linux 与世界上其他人通过 Internet 进行通信。Linux 强大的网络功能还体现在文件传输能力上。用户能通过一些 Linux 命令完成内部信息或文件的传输。远程访问也是 Linux 系统提供的重要网络功能，Linux 不仅允许通过网络进行文件和程序的传输，还为系统管理员和技术人员提供了通过网络访问其他系统的窗口。借助这种远程访问的能力，无论系统在地理上位于何处，技术人员都能够有效地为多个远程系统服务。

Linux 不仅能够作为网络工作站使用，还可以作为服务器提供 WWW、FTP、E-Mail 等服务。

### 7. 良好的可移植性

可移植性是指将操作系统从一种计算机硬件平台转移到另一种计算机硬件平台后，仍然能够按其自身方式运行的能力。Linux 是一种可移植的操作系统，能够在从微型计算机到大型计算机的任何环境和任何平台上运行。可移植性为运行 Linux 系统的计算机平台与其他 计算机进行准确而有效的通信提供了手段，而不需要另外增加特殊而昂贵的通信接口。Linux 可以运行在多种硬件平台上，如具有 x86、680x0、SPARC、Alpha 等处理器的平台。同时 Linux 还支持多处理器技术，多个处理器同时工作，从而使系统性能大大提高。此外，Linux 还是一种嵌入式操作系统，可以运行在掌上电脑、机顶盒或游戏机上。2001 年 1 月发布的 Linux 2.4 版内核已经能够完全支持 Intel 64 位芯片架构。

### 8. 设备独立性

设备独立性是指操作系统把所有外部设备统一当作文件来看待，只要安装了它们的驱动程序，任何用户都可以像使用文件一样操纵、使用这些设备，而不必知道它们的具体存在形式。设备独立性的关键在于内核的适应能力。其他操作系统只允许一定数量或一定种类的外部设备连接。而具有设备独立性的操作系统能够容纳任意种类及任意数量的设备，因为每一个设备都是通过与内核的专用连接独立进行访问。

Linux 是具有设备独立性的操作系统，它的内核具有高度适应能力。随着更多的程序员加入 Linux 编程，会有更多硬件设备加入到各种 Linux 内核和发行版本中。另外，由于用户可以免费得到 Linux 的内核源代码，因此用户可以修改内核源代码，以便适应新增加的外部设备。

## 6.2　Linux内核的结构

操作系统内核的结构模式可分为两种:整体式的单内核模式和层次式的微内核模式。

### 1. 单内核

单内核也叫集中式操作系统。整个系统是一个大模块,可以被分为若干逻辑模块,即处理器管理、存储器管理、设备管理和文件管理,其模块间的交互是通过直接调用其他模块中的函数实现的。

单内核模型以提高系统执行效率为设计理念,因为整个系统是一个统一的内核,所以其内部调用效率很高。单内核的缺点也正是由于其源代码是一个整体而造成的:通常各模块之间的界限并不特别清晰,模块间的调用比较随意,所以进行系统修改或升级时,往往"牵一发而动全身",导致工作量加大,使其难以维护。

### 2. 微内核

微内核是指把操作系统结构中的内存管理、设备管理、文件系统等高级服务功能尽可能地从内核中分离出来,变成几个独立的非内核模块,而在内核中只保留少量最基本的功能,使内核变得简洁可靠。



微内核实现的基础是操作系统理论层面的逻辑功能划分。几大功能模块在理论上是相互独立的,形成比较明显的界限,其优点如下:

- 充分的模块化设计,可独立更换任一模块而不会影响其他模块,从而方便第三方开发、设计模块。
- 未被使用的模块功能不必运行,因而能大幅度减少系统的内存需求。
- 具有很高的可移植性,理论上讲只需要单独对各微内核部分进行移植修改即可。由于微内核的体积通常很小,而且互不影响,因此工作量很小。

微内核的明显缺点是系统运行效率较低,因为各个模块与微内核之间是通过通信机制进行交互的。

Linux采用的是单内核模式,主要因为单内核结构紧凑,执行速度快。采用单内核结构模式的操作系统提供服务的流程是:应用主程序使用指定的参数执行系统调用指令,使CPU从用户态切换到核心态,然后系统根据参数值调用特定的系统服务程序,而这些服务程序则根据需要调用底层的支持函数以完成特定的功能。在完成了应用程序要求的服务后,操作系统又从核心态切换回用户态,回到应用程序中继续执行后续指令。

Linux内核主要由5个子系统组成:进程调度、内存管理、虚拟文件系统、网络接口和进程间通信。

进程调度控制进程对CPU的访问,采用适当的调度策略使各进程能够合理的使用 CPU。内存管理(MM)允许多个进程安全的共享主内存区域。Linux 的内存管理支持虚拟内存,即在计算机中运行的程序,其代码、数据和堆栈的总量可以超过实际内存的大小,操作系统只是把当前使用的程序块保留在内存中,其余的程序块则保留在磁盘中。必要时,操作系统负责在磁盘和内存间交换程序块。虚拟文件系统(Virtual File System,VFS)隐藏了各种硬件的具体细节,为所有的设备提供统一的接口,从而提供并支持与其他操作系统兼容的多种文件系统格式。网络接口(NET)提供了对各种网络标准的存取和各种网络硬件的支持。进程间通信(IPC)支持进程间各种通信机制。

## 6.2.1　进程调度

进程调度控制进程对 CPU 的访问。采用适当的调度策略使各进程能够合理的使用 CPU。一般情况下,当一个进程等待硬件操作完成时,它被挂起。当硬件操作完成时,进程恢复执行。例如,当一个进程通过网络发送一条消息时,网络接口需要挂起发送进程,直到硬件成功地完成消息的发送;当消息被成功地发送出去以后,网络接口给进程返回一个代码,表示操作的成功或失败。

### 1. 进程的定义

一个进程是程序的一次执行过程。程序是静态的,它是一些保存在磁盘上的可执行的代码和数据集合。进程是一个动态的概念,它是 Linux 系统的基本调度单位。一个进程由如下元素组成:

- 进程读取的上下文,它表示进程读取执行的状态;
- 进程当前执行目录;
- 进程服务的文件和目录;
- 进程的访问权限;
- 内存和其他分配给进程的系统资源。

Linux 进程中最知名的属性就是它的进程号(Process Idenity Number,PID)以及父进程号(Parent Process ID,PPID)。PID、PPID 都是非零正整数。一个 PID 唯一地标识一个进程。一个进程创建新进程称为创建了子进程(Child Process),创建子进程的进程称为父进程。所有进程追溯其祖先最终都会落到进程号为 1 的进程身上,这个进程叫做 init 进程,是内核自举后第一个启动的进程,也是其他所有进程的父进程。因为 init 进程永远不会被终止,所以系统总是确信它的存在,并在必要时以它为参照。如果某个进程在它衍生出来的全部子进程结束之前被终止,就会出现必须以 init 为参照的情况。此时那些失去了父进程的子进程就都会以 init 作为其父进程。通过执行 ps -af 命令,可以列出许多父进程 ID 为 1 的进程。Linux 提供了一条 pstree 命令,允许用户查看系统内正在运行的各个进程之间的继承关系。

## 2. Linux 进程的状态

Linux 进程主要有以下几种状态。

(1) TASK_RUNNING(运行态):进程正在被 CPU 执行,或已经准备就绪,随时可以调度执行,即可分为就绪态和执行态。两者靠当前是否占有 CPU 资源来区分。

(2) TASK_INTERRUPTIBLE(可中断等待态):这种状态的进程都在等待某个事件或某个资源,系统不会对其进行调度,当系统产生一个中断或者释放了进程等待的资源,或者进程接收到一个信号,都可以唤醒此进程转换到就绪状态。

(3) TASK_UNINTERRUPTIBLE(不可中断等待态):与可中断等待态类似,除了不会因为接收到信号而唤醒。

(4) TASK_ZOMBIE(僵死态):进程已经被中止但它的状态还没被父进程获取。

(5) TASK_STOPPED(暂停态):处于暂停状态的进程,一般都是由运行状态转换而来,等待某种特殊处理。比如处于调试跟踪的程序,每执行到一个断点,就转入暂停状态,等待新的输入信号。

几种状态的转换如图 6.1 所示。

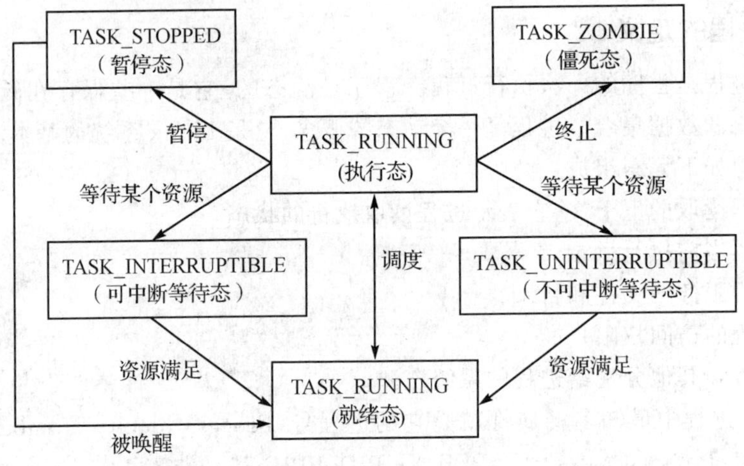


图 6.1　进程转换图

## 3. Linux 进程的结构

Linux 中一个进程在内存中有 3 部分数据,分别是数据段、堆栈段和代码段。代码段用来存放程序代码,假如机器中有数个进程运行相同的一个程序,那么它们就可以使用同一个代码段。数据段用来存放程序的全局变量、常数以及动态数据分配的数据空间。堆栈段用来存放子程序的返回地址、子程序的参数以及程序的局部变量。堆栈段中包括进程控制块 PCB(Process Control Block)。PCB 处于进程核心堆栈的底部,不需要额外分配空间。

#### 4. Linux进程的种类

Linux操作系统包括3种不同类型的进程,每种进程的特点和属性如下。

(1) 交互进程:由一个shell启动的进程,既可以在前台运行,也可以在后台运行。

(2) 批处理进程:不与特定的终端相关联,提交到等待队列中顺序执行进程。

(3) 守护进程:在Linux启动时初始化,需要时运行于后台的一些服务进程。

#### 5. Linux进程的创建

在Linux下创建进程的系统函数是fork()函数,这个函数名是"分叉"的意思。fock函数的语法格式为:

```
#include <sys/types.h>  /*  提供类型 pid_t 的定义 */
#include <unistd.h>      /*  提供函数的定义 */
pid_t fork();
```

调用fork函数之后,操作系统会复制一个与父进程完全相同的子进程。虽说是父子关系,但是在操作系统看来,它们更像兄弟关系。这两个进程共享代码空间,但是数据空间是互相独立的,子进程数据空间中的内容是父进程的完整复制,指令指针也完全相同。两者唯一不同的是:如果fork成功,子进程中fork的返回值是0,父进程中fork的返回值是子进程的进程号;如果fork不成功,父进程会返回错误。



#### 6. Linux进程控制块task_struct的结构描述

Linux在内核空间专门开辟了一个指针数组task,用来有效地管理所有进程控制块task_struct结构的指针。Task数组大小限制了系统并发执行的进程总数。task_struct结构包含的信息如下。

(1) 进程当前的状态。

(2) 调度信息:进程的类别、调度策略、优先级等调度属性在此保存。

(3) 进程标识:进程标识号PID、组标识号GID和用户标识号UID等。

(4) 进程通信信息:Linux支持多种进程通信机制,task_struct结构中存储了与进程通信有关的信息。

(5) 进程的家族关系:有许多进程指针,分别指向祖先进程(初始化进程)、父进程、子进程及新、老兄弟进程的task_struct结构。

(6) 时间和定时信息:用于追踪和记录进程在整个生存期内使用CPU的时间。

(7) 文件系统信息:保存了进程与文件系统相关的信息。

(8) 存储管理信息:存储了进程虚拟内存空间信息及其与物理存储有关的信息。

(9) CPU现场保留信息:CPU寄存器、堆栈等环境。

进程所有操作都要依赖task_struct结构,task_struct结构是进程实体的核心,是进程存在的唯一标志。

### 6.2.2　内存管理

内存管理(MM)允许多个进程安全的共享主内存区域。Linux 的内存管理支持虚拟内存,即在计算机中运行的程序,其代码、数据和堆栈的总量可以超过实际内存的大小,操作系统只是把当前使用的程序块保留在内存中,其余的程序块则保留在磁盘中。必要时,操作系统负责在磁盘和内存间交换程序块。使用者感觉到程序可以使用非常大的内存空间,从而在写程序时不用考虑计算机中物理内存的实际容量。

为了支持虚拟存储管理器的管理,Linux 系统采用分页的方式来载入进程。所谓分页就是把实际的存储器分割为相同大小的页面。

虚拟存储技术需要存储器管理机制及一个大容量快速硬盘存储器的支持,其实现基于局部性原理。程序在运行之前,没有必要全部装入内存,而是仅将那些当前要运行的部分页面装入内存运行,其余暂时留在硬盘上。程序运行时,如果它所要访问的页已存在,则程序继续运行;如果发现不存在的页,操作系统将产生一个页错误,这个错误导致操作系统把需要运行的部分加载到内存中。必要时操作系统还可以把不需要的内存页交换到磁盘上。

标准 Linux 是针对有内存管理单元(MMU)的处理器设计的。在这种处理器上,虚拟地址被送到内存管理单元映射为物理地址。计算机的存储管理单元一般通过一组寄存器来标识当前运行进程的转换表。在当前进程将 CPU 移交给另一个进程时(一次上下文切换),内核通过指向新进程地址转换表的指针加载这些寄存器。MMU 寄存器只能在内核态才能访问,这就保证了一个进程只能访问自己用户空间内的地址,而不会访问和修改其他进程的空间。当可执行文件被加载时,加载器根据缺省的 ld 文件,把程序加载到虚拟内存的一个空间,因此实际上很多程序的虚拟地址空间是相同的;但是由于转换函数不同,所以实际所处的内存区域也不同。而对于多进程管理,当处理器进行进程切换并执行一个新任务时,一个重要部分就是为新任务切换任务转换表。

Linux 虚拟内存的实现需要 6 种机制的支持:地址映射机制、内存分配回收机制、缓存和刷新机制、请求页机制、交换机制和内存共享机制。

内存管理程序通过映射机制把用户程序的逻辑地址映射到物理地址。当用户程序运行时,如果发现程序中要用的虚拟地址没有对应的物理内存,就发出请求页要求。如果有空闲的内存可供分配,就请求分配内存(于是用到了内存的分配和回收),并把正在使用的物理页记录在缓存中(使用了缓存机制)。如果没有足够的内存可供分配,那么就调用交换机制,腾出一部分内存。另外,在地址映射中要通过 TLB(变换后援缓冲器)来寻找物理页,交换机制中要用到交换缓存,并且把物理页内容交换到交换文件中,也要修改页表来映射文件地址。Linux 虚拟内存实现原理如图 6.2 所示。

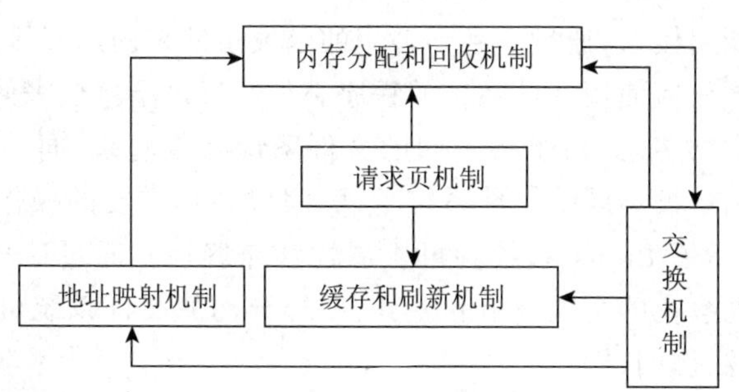


图 6.2 Linux 虚拟内存实现原理

虚拟内存技术不仅让我们可以使用更多的内存,它还提供了下面这些功能:

### 1. 巨大的寻址空间

操作系统让系统看上去有比实际内存大得多的内存空间。虚拟内存可以是系统中实际物理空间的许多倍。每个进程运行在其独立的虚拟地址空间中,这些虚拟空间相互之间都完全隔离,所以进程间不会互相影响。同时,硬件虚拟内存机构可以将内存的某些区域设置成不可写,这样可以保护代码与数据不会受恶意程序的干扰。

### 2. 公平的物理内存分配

内存管理子系统允许系统中每个运行的进程公平地共享系统中的物理内存。



### 3. 共享虚拟内存

尽管虚拟内存允许进程有其独立的虚拟地址空间,但有时也需要在进程之间共享内存。共享内存可用来作为进程间通信的手段,多个进程通过共享内存来交换信息。

### 4. 进程保护

系统中的每一个进程都有自己的虚拟地址空间。这些虚拟地址空间是完全分开的,这样一个进程的运行不会影响其他进程,并且硬件上的虚拟内存机制是被保护的,内存不能被写入。

## 6.2.3 虚拟文件系统

Linux 之所以能支持多种文件系统,其实是由于 Linux 提供了一个虚拟文件系统 VFS,VFS 作为实际文件系统的上层软件,掩盖了实际文件系统底层的具体结构差异,为系统访问位于不同文件系统的文件提供了一个统一的接口。

Linux 的文件系统由两层结构组成。第一层是虚拟文件系统(VFS),第二层是各种不同的具体文件系统。

VFS 就是把各种具体文件系统的公共部分抽取出来,形成一个抽象层。它位于用户程序和具体的文件系统之间,属于系统内核的一部分。VFS 为用户程序提供了标准的文件系统调用接口，通过一系列公用的函数指针来调用具体的文件系统函数，完成不同的操作。任何使用文件系统的程序必须经过这层接口来使用它。这种想法类似于面向对象中的多态：系统将不同的文件系统封装起来，向用户提供统一的接口。相同的功能函数被不同的文件系统重载，完成各自需要的操作。添加新的文件系统也很容易，提高了 Linux 系统的可扩展性和兼容性。通过这种方式，VFS 对用户屏蔽了底层文件系统的实现细节和差异，使得异构的文件系统可以在统一的形式下，以标准化的方法访问、操作。

VFS 的实现，主要是引入了一个通用的文件模型（Common File Model），这个模型的核心是 4 个对象类型，即超级块对象（Super Block Object）、索引节点对象（Inode Object）、文件对象（File Object）和目录项对象（Dentry Object）。它们都是内核空间中的数据结构，是 VFS 的核心，不管各种文件系统的具体格式是什么样的，其数据结构在内存中的映像都要和 VFS 的通用文件模型打交道。

图 6.3 给出 Linux 系统中 VFS 文件系统和具体文件系统的层次示意图。

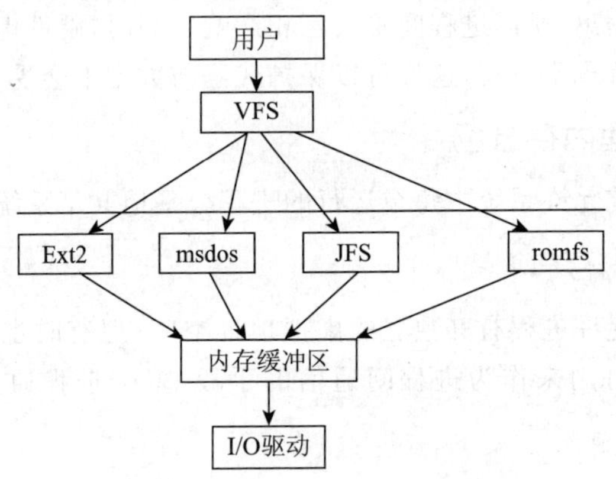


**图 6.3 Linux 的虚拟文件系统**

## 6.2.4 进程间通信

### 1. 信号机制

信号是在软件层次上对中断机制的一种模拟。从原理上看，进程收到信号与处理器收到中断请求可以说是一样的。信号是异步的，进程不必通过任何操作来等待信号的到达，进程也不知道信号到底什么时候到达。信号是进程间通信机制中唯一的异步通信机制，可以看作是异步通知，通知接收信号的进程有哪些事情发生了。信号机制经过 POSIX 实时扩展后，功能更加强大，除了基本通知功能外，还可以传递附加信息。信号事件的发生有两个来源：硬件来源（比如按下键盘或者其他硬件故障）和软件来源（比如一些非法运算）。

进程可以通过 3 种方式来响应信号：① 忽略信号，即对信号不做任何处理，但是有两个信号不能忽略,即 SIGKILL 和 SIGSTOP;② 捕捉信号,定义信号处理函数,当信号发生时,执行相应的处理函数;③ 执行缺省操作,Linux 对每种信号都规定了默认操作。Linux 究竟采用上述 3 种方式的哪一个来响应信号,取决于传递给相应 API 函数的参数。

用于发送信号的主要系统函数有:kill()、raise()、sigqueue()、alarm()、setitimer()以及 abort()。

**(1) kill()函数**

调用格式:int kill(pid_t pid,int signo);

函数说明:常用于向进程号大于 0 的进程发送信号。

参数说明:

- pid 的值用于说明信号的接收进程,具体含义如下。
  - pid>0　进程 ID 为 pid 的进程;
  - pid=0　同一个进程组的进程;
  - pid<0 且 pid!=-1　进程组 ID 为-pid 的进程;
  - pid=-1　除发送进程自身外,所有进程 ID 大于 1 的进程。
- signo 表示信号值,当为 0 时(即空信号),不发送任何信号,但照常进行错误检查。因此,可用于检查目标进程是否存在,以及当前进程是否具有向目标发送信号的权限(root 权限的进程可以向任何进程发送信号;非 root 权限的进程只能向属于同一个 session 或者同一个用户的进程发送信号)。

返回值:调用成功返回 0;否则返回-1。

**(2) raise()函数**

调用格式:int raise(int signo);

函数说明:向进程本身发送信号。

参数说明:signo 表示即将发送的信号值。

返回值:调用成功返回 0;否则返回-1。

**(3) sigqueue()函数**

调用格式:int sigqueue (pid_t pid,int sig,const union sigval val);

函数说明:比较新的发送信号系统函数,主要是针对实时信号提出的,支持带有参数信号,与函数 sigaction()配合使用。

参数说明:pid 表示接收信号的进程 ID;sig 表示即将发送的信号;val 是一个联合数据结构 union sigval,用于指定信号传递的参数,即通常所说的 4 字节值。

```
Typedef union sigval{
 int sival_int;
 void *sival_ptr;
}sigval_t;
```

返回值:调用成功返回 0;否则返回-1。

sigqueue 系统调用支持发送带参数信号,能够比 kill()传递更多的附加信息,系统调用功能更加灵活和强大。但 sigqueue()只能向一个进程发送信号,而不能发送信号给一个进程组。如果 signo=0,将会执行错误检查;但实际上不发送任何信号,0 值信号可用于检查 pid 的有效性以及当前进程是否有权限向目标进程发送信号。

**(4) alarm()函数**

调用格式:unsigned int alarm(unsigned int seconds);

函数说明:专门为 SIGALRM 信号而设,在指定的时间 seconds 秒后,向进程本身发送 SIGALRM 信号。进程调用 alarm 后,任何以前的 alarm()调用都将无效。

参数说明:seconds 表示时间间隔,又称为闹钟时间。如果参数 seconds 为 0,表示进程内不包含任何闹钟时间。

返回值:如果调用 alarm()前,进程中已经设置了闹钟时间,则返回上一个闹钟时间的剩余时间;否则返回 0。

**(5) setitimer()函数**

调用格式:int setitimer(int which,const struct itimerval * value,struct itimerval * ovalue);

函数说明:用于设置定时器,比 alarm()功能强大,支持 3 种类型的定时器。

- ITIMER_REAL:设定绝对时间,经过指定的时间后,内核将发送 SIGALRM 信号给本进程。
- ITIMER_VIRTUAL:设定程序执行时间,经过指定的时间后,内核将发送 SIGVTALRM 信号给本进程。
- ITIMER_PROF:设定进程执行以及内核因本进程而消耗的时间和,经过指定的时间后,内核将发送 ITIMER_VIRTUAL 信号给本进程。

参数说明:which 指定定时器类型(上面 3 种之一);value 是结构体 itimerval 的一个实例。第三个参数可不做处理。

返回值:调用成功返回 0;否则返回-1。

**(6) abort()函数**

调用格式:void abort(void);

函数说明:向进程发送 SIGABORT 信号,默认情况下进程会异常退出,也可以定义自己的信号处理函数。即使 SIGABORT 被进程设置为阻塞信号,调用 abort()后,SIGABORT 仍然能被进程接收。

### 2. 管 道

管道是利用有公共祖先的进程之间的共享文件描述符进行的一种通信方式,是所有 Unix 系统和 Linux 都支持的一种进程间通信机制,具有以下特点。

- 管道是半双工的,数据只能向一个方向流动。
- 如果两个进程需要互相通信,必须建立两个管道。

- 只能用于父子进程或者兄弟进程之间(具有亲缘关系的进程)。
- 单独构成一种独立的文件系统:管道对于两端的进程而言,就是一个文件;但它不是普通的文件,不属于某种文件系统,而是单独构成的一种文件系统,并且只存在于内存中。
- 数据的读出和写入:一个进程向管道中写的内容被管道另一端的进程读出。写入的内容每次都添加在管道缓冲区的末尾,并且每次都是从缓冲区的头部读出数据。

**(1) 管道的创建**

```
#include < unistd.h>
int pipe(int filedes[2]);
```

该函数创建的管道的读/写两端只能处于同一个进程,在实际应用中没有太大意义。因此,一个进程在用 pipe()创建管道后,一般再创建一个子进程,然后通过管道实现父子进程间的通信。

一个管道拥有两个文件描述符用来通信,它们指向管道的索引节点,该调用将这两个文件描述符放在参数 filedes 中返回。文件描述符 filedes[0]用来读数据,filedes[1]用来写数据。调用成功时,返回值为 0;错误时,返回-1,并设置错误代码 errno。

- EMFILE:进程使用了过多的文件描述符。
- ENFILE:系统文件表满。
- EFAULT:参数 filedes 无效。



**(2) 管道的读/写**

写入管道的数据按到达次序排列。如果管道已满,则对管道的写被阻塞,直到管道的数据被读操作读取。对于写操作,如果一次写操作的数据量小于管道容量,则写操作必须一次完成,即如果管道所剩余的容量不够,写操作被阻塞直到管道的剩余容量可以一次写完为止。如果写操作的数据量大于管道容量,则写操作分多次完成。如果用 fcntl()函数设置管道写端口为非阻塞方式,则管道满不会阻塞写,而只是对写返回 0。

读操作按数据到达的顺序读取数据。已经被读取的数据在管道内不存在,这意味着数据在管道中不能重复利用。如果管道为空,且管道的写端口是打开状态,则读操作被阻塞直到有数据写入为止。一次读操作调用,如果管道中的数据量不够读操作指定的数量,则按实际的数量读取,并对读操作返回实际数量值。如果读端口使用 fcntl()函数设置了非阻塞方式,则当管道为空时,读操作调用返回 0。

管道两端可分别用描述字 fd[0]和 fd[1]来描述。一端只能用于读,由描述字 fd[0]表示,称其为管道读端;另一端则只能用于写,由描述字 fd[1]来表示,称其为管道写端。如果试图从管道写端读取数据,或者向管道读端写入数据都将导致错误发生。一般文件的 I/O 函数都可以用于管道操作,如 close()、read()、write()等等。

如果管道的写端不存在,则认为已经读到了数据的末尾,读函数返回的读出字节数为0。当管道的写端存在时,如果请求的字节数目大于PIPE_BUF,则返回管道中现有的数据字节数;如果请求的字节数目不大于PIPE_BUF,则返回管道中现有数据字节数(此时,管道中数据量小于请求的数据量);或者返回请求的字节数(此时,管道中数据量不小于请求的数据量)。

### 3. 命名管道

管道应用的一个重大限制是它没有名字,因此只能用于具有亲缘关系的进程间通信。在命名管道(Namedpipe或FIFO)提出后,这个限制得到了克服。FIFO不同于管道之处在于它提供一个路径名与之关联,以FIFO的文件形式存在于文件系统中。这样,即使与FIFO的创建进程不存在亲缘关系的进程,只要可以访问该路径,就能够通过FIFO相互通信,不相关的进程也能交换数据。FIFO严格遵循先进先出原则,对FIFO的读操作总是从开始处返回数据,对它的写操作则是把数据添加到末尾。它不支持诸如lseek()等文件定位操作。

#### (1) 命名管道的创建

```
#include < sys/types.h>
#include < sys/stat.h>
int mkfifo(const char *pathname,mode_t mode);
```

该函数的第一个参数是路径名,也就是创建后FIFO的名字;第二个参数mode是给FIFO文件设定的权限。如果mkfifo的第一个参数是一个已经存在的路径名时,会返回EEXIST错误,所以一般典型的调用代码首先会检查是否返回该错误。如果确实返回该错误,那么只要调用打开FIFO的函数即可。一般文件的I/O函数都可以用于FIFO,如close()、read()、write()等等。

#### (2) 命名管道的打开

命名管道的打开操作必须要两个进程(读数据进程和写数据进程)相互配合才能成功。在写数据进程打开命名管道之前,Linux必须让读进程先打开此FIFO管道;任何读数据进程从命名管道中读取数据之前必须有写数据进程已经向其写入数据。

打开命名管道通常使用open()函数,要注意阻塞标志的设置。

如果同时用读/写方式(O_RDWR)打开,不会引起阻塞;如果用只读方式(O_RDONLY)打开,则open()函数会阻塞直到有写进程打开管道,除非指定O_NONBLOCK来保证打开成功;同样,以写方式(O_WRONLY)打开也会阻塞,直到有读进程打开管道,不同的是如果O_NONBLOCK被指定,open()会以失败告终。

#### (3) 命名管道的读/写

命名管道的读取和写入必须同时进行:打开一个FIFO进行读取通常会阻塞,直到其他进程打开同样的FIFO进行写入,相反亦如此。一旦一个FIFO文件打开了,它就如同一个普通的管道。也就是说,它仅是另一个文件描述符。

如果一个进程阻塞的打开FIFO,那么该进程内的读操作称为设置了阻塞标志

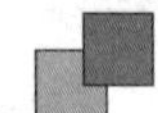





的读操作。

如果一个进程打开 FIFO 后，当前 FIFO 内没有数据，那么对于设置了阻塞标志的读操作来说，将一直阻塞。对于没有设置阻塞标志的读操作来说则返回－1。

对于设置了阻塞标志的读操作，造成阻塞的原因有两种：一是当前 FIFO 内有数据，但有其他进程在读这些数据；另外就是 FIFO 内没有数据。

读操作的阻塞标志只对本进程第一个读操作起作用。如果本进程内有多个读操作，则在第一个读操作被唤醒并完成读操作后，其他将要执行的读操作不再阻塞，即使在执行读操作时 FIFO 中没有数据也一样不会发生阻塞(此时读操作返回 0)。

如果一个进程阻塞的打开 FIFO，那么该进程内的写操作称为设置了阻塞标志的写操作。

对于设置了阻塞标志的写操作，当要写入的数据量不大于 PIPE_BUF 时，Linux 将保证写入的原子性。如果此时管道空闲缓冲区不足以容纳要写入的字节数，则进入睡眠状态，直到缓冲区能够容纳要写入的字节数时，才开始进行一次性写操作。当要写入的数据量大于PIPE_BUF时，Linux 将不再保证写入的原子性。FIFO 缓冲区一有空闲区域，写进程就会试图向管道写入数据，写操作在写完所有的数据后返回。

对于没有设置阻塞标志的写操作，当要写入的数据量大于 PIPE_BUF 时，Linux 将不再保证写入的原子性。在写满所有 FIFO 空闲缓冲区后，写操作返回。当要写入的数据量不大于 PIPE_BUF 时，Linux 将保证写入的原子性。如果当前 FIFO 空闲缓冲区能够容纳请求写入的字节数，写完后成功返回；如果当前 FIFO 空闲缓冲区不能够容纳请求写入的字节数，则返回 EAGAIN 错误，提醒以后再写。

### 4. 消息队列

消息队列实际上就是一个消息的链表。每个消息队列都有一个队列头，用结构 struct msg_queue 来描述。队列头中包含了该消息队列的大量信息，包括消息队列键值、用户 ID、组 ID、消息队列中消息数目等等，甚至记录了最近对消息队列读/写进程的 ID。读者可以访问这些信息，也可以设置其中的某些信息。

消息可以被看作是一个记录，具有特定的格式以及特定的优先级。对消息队列有写权限的进程可以按照一定的规则向其中添加新消息；对消息队列有读权限的进程则可以从消息队列中读取消息。消息队列是随内核持续的。

目前主要有两种类型的消息队列：POSIX 消息队列和系统 V 消息队列。目前大量使用系统 V 消息队列。以下讨论中指的都是系统 V 消息队列。

系统 V 消息队列是随内核持续的，只有在内核重启或者显式删除一个消息队列时，该消息队列才会真正被删除。因此，系统中记录消息队列的数据结构(struct ipc_ids msg_ids)位于内核中，系统中的所有消息队列都可以在结构 msg_ids 中找到访问入口。

对消息队列的操作有下面 3 种类型。

**(1) 打开或创建消息队列**

消息队列的内核持续性要求每个消息队列都在系统范围内对应唯一的键值,所以要获得一个消息队列的描述字,只需提供该消息队列的键值即可。消息队列描述字是由在系统范围内唯一的键值生成的,而键值可以看作对应系统内的一条路径。创建或打开消息队列的函数是 msgget()。

**(2) 读/写操作**

消息读/写操作非常简单,对开发人员来说,每个消息都具有如下类似的数据结构:

```
struct msgbuf{
  long mtype;
  char mtext[1];
};
```

mtype 代表消息类型,从消息队列中读取消息的一个重要依据就是消息的类型;mtext 是消息内容,当然长度不一定为 1。对于发送消息来说,首先预置一个 msgbuf 缓冲区并写入消息的类型和内容,调用相应的发送函数即可;对读取消息来说,首先分配这样一个 msgbuf 缓冲区,然后把消息读入该缓冲区即可。对消息队列进行读写操作的函数是 msgrcv()和 msgsnd()。

**(3) 获得或设置消息队列属性**



消息队列的信息基本上都保存在消息队列头中,因此可以分配一个类似于消息队列头的结构(struct msqid_ds),来返回消息队列的属性;同样可以设置该数据结构。对消息队列属性进行操作的函数是 msgctl()。

下面分别对系统 V 消息队列的 4 个 API 函数进行介绍。

系统 V 消息队列 API 使用时需要包括以下几个头文件:

```
#include < sys/types.h>
#include < sys/ipc.h>
#include < sys/msg.h>
```

**(1) int msgget(key_t key,int msgflg);**

功能:获得消息队列描述字。如果没有消息队列与键值 key 相对应,并且 msgflg 中包含 IPC_CREAT 标志位,或者 key 参数为 IPC_PRIVATE,该调用将创建一个新的消息队列。

参数说明:key 是一个键值,由 ftok()函数获得;msgflg 是一些标志位,取值为 IPC_CREAT、IPC_EXCL、IPC_NOWAIT 或三者相“或”的结果。

返回值:若调用成功,返回与键值 key 相对应的消息队列描述字;否则返回-1。

msgget()获得描述字前,往往要调用 ftok 函数获得参数 key 的值。该函数原型为:

```
#include < sys/types.h>
```

```
#include < sys/ipc.h>
key_t ftok(const char *pathname, int proj_id);
```

**(2) int msgrcv(int msqid, struct msgbuf * msgp, int msgsz, long msgtyp, int msgflg);**

功能：从 msgid 代表的消息队列中读取一个消息，并把消息存储在 msgp 指向的 msgbuf 结构中。

参数说明：msqid 为消息队列描述字；消息返回后存储在 msgp 指向的地址；msgsz 指定 msgbuf 的 mtext 成员的长度(即消息内容的长度)；msgtyp 为请求读取的消息类型；读消息标志 msgflg 可以为以下几个常量的"或"。

- IPC_NOWAIT　需要读取的消息不存在时则阻塞，此时 errno＝ENOMSG；
- IPC_EXCEPT　与 msgtyp＞0 配合使用，返回队列中第一个类型不为 msgtyp 的消息；
- IPC_NOERROR　如果队列中满足条件的消息内容大于所请求的 msgsz 字节，则把该消息截断，截断部分将丢失。

msgrcv()解除阻塞的条件有 3 个：

- 消息队列中有了满足条件的消息；
- msqid 代表的消息队列被删除；
- 调用 msgrcv()的进程被信号中断。

返回值：若调用成功，返回读出消息的实际字节数；否则返回－1。

**(3) int msgsnd(int msqid, struct msgbuf *msgp, int msgsz, int msgflg);**

功能及参数说明：向 msgid 代表的消息队列发送一个消息，即将发送的消息存储在 msgp 指向的 msgbuf 结构中，消息的大小由 msgze 指定。

如果 msgflag 设置了 IPC_NOWAIT 标志，那么当消息队列已满(可能是消息总数达到了限制值，也可能是队列中字节总数达到了限制值)，立即出错返回；如果没有设置该标志，则阻塞。

msgsnd()解除阻塞的条件有 3 个：

- 不满足上述两个条件，即消息队列中有容纳该消息的空间；
- msqid 代表的消息队列被删除；
- 调用 msgsnd()的进程被信号中断。

返回值：若调用成功，返回 0；否则返回－1。

**(4) int msgctl(int msqid, int cmd, struct msqid_ds * buf);**

功能及参数说明：该系统调用对 msqid 标识的消息队列执行 cmd 操作，共有 3 种 cmd 操作，即 IPC_STAT、IPC_SET 和 IPC_RMID。

- IPC_STAT：该命令用来获取消息队列信息，返回的信息存储在 buf 指向的 msqid 结构中。
- IPC_SET：该命令用来设置消息队列的属性，要设置的属性存储在 buf 指向的 msqid 结构中；可设置的属性包括 msg_perm.uid、msg_perm.gid、msg_

perm.mode以及msg_qbytes,同时也影响msg_ctime成员。

• IPC_RMID:删除msqid标识的消息队列。

返回值:若调用成功,返回0;否则返回-1。

## 6.2.5 网络接口

Linux的网络接口分为4部分:网络设备接口、网络接口核心、网络协议族以及网络接口Socket层。

网络设备接口部分主要负责从物理介质接收和发送数据。实现的文件在linux/driver/net目录下。

网络接口核心部分是整个网络接口的关键部位,它为网络协议提供统一的发送接口,屏蔽各种各样的物理介质,同时又负责把来自下层的包向合适的协议配送。其主要实现文件在linux/net/core目录下,其中linux/net/core/dev.c为主要管理文件。

网络协议族是各种具体协议实现的部分。Linux支持TCP/IP、IPX、X.25、AppleTalk等协议,各种具体协议实现的源码在linux/net/目录下。

网络接口Socket层为用户提供网络服务的编程接口。主要的源码在linux/net/socket.c目录下。

### 1. TCP/IP协议栈4层模型



TCP/IP协议遵守一个4层的模型概念:网络接口层、互联层、传输层和应用层。

• 网络接口层:模型的基层是网络接口层,该层负责数据帧的发送和接收。帧是独立的网络信息传输单元。网络接口层将帧放在网上,或从网上把帧取下来。
• 互联层:互联协议将数据包封装成Internet数据包,并运行必要的路由算法。这里有4个互联协议。
  — 网际协议IP:负责在主机和网络之间寻址和路由数据包;
  — 地址解析协议ARP:获得同一物理网络中的硬件主机地址;
  — 网际控制消息协议ICMP:发送消息,并报告有关数据包的传送错误;
  — 互联组管理协议IGMP:是一种旨在防止多点传送通信在网络中泛滥的控制数据包,即只允许数据包发送到请求它的计算机。
• 传输层:传输协议在计算机之间提供通信会话。传输协议的选择根据数据传输方式而定。传输层使用的传输协议如下。
  — 传输控制协议TCP:为应用程序提供可靠的通信连接。适合于一次传输大批数据的情况,并适用于要求得到响应的应用程序。
  — 用户数据报协议UDP:提供了无连接通信,且不对传送包进行可靠保证。适合于一次传输少量数据,可靠性则由应用层来负责。
• 应用层:应用程序通过这一层访问网络。

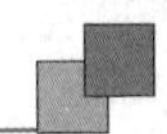





**2. Socket套接字**

作为TCP/IP核心的TCP、UDP、IP等中下层协议，向外提供的只是原始的编程界面，而不是用户直接的调用服务。TCP/IP应用程序编程接口实际上就是充当了核心协议和应用程序之间的中介。在网络程序的设计中，发送和接受消息完全是由套接字(Socket)来完成的。

Socket接口是TCP/IP网络的API，定义了许多函数或例程，程序员可以用它们来开发TCP/IP网络上的应用程序。套接字基本上有3种类型，分别是数据流套接字、数据包套接字和原始套接字。

**(1) 数据流套接字(Stream Socket)**

数据流Socket是一种面向连接的套接字，针对于面向连接的TCP服务应用。它有以下特点：

① TCP提供可靠的连接。当TCP向另外一端发送数据时，它要求对方返回一个确认回答。如果没有收到确认，则会等待一段时间后重新发送，在数次重发失败后，TCP才会放弃发送。

② TCP为发送的数据进行排序。比如发送2 048字节，TCP可能将它分成大小为1 024字节的两个段，并分别进行编号为"1"和"2"。接收端将根据编号对数据进行重新排序并判断是否为重复数据。

③ TCP提供流量控制。TCP会通知对方自己能够接收数据的容量，称为窗口，这样就确保不会发生缓冲区溢出的情况。

④ TCP的连接是双工的。给定连接上的应用进程在任何时刻既可以发送也可以接收数据。

在TCP中相当重要的一个概念就是建立TCP连接，也就是3次握手过程：

第1步，请求端(客户端)发送一个包含SYN(Synchronize，同步)标志的TCP报文，SYN同步报文会指明客户端使用的端口以及TCP连接的初始序号；

第2步，服务器在收到客户端的SYN报文后，将返回一个SYN＋ACK(Acknowledgement，确认)的报文，表示客户端的请求被接受，同时TCP序号加1。

第3步，客户端也返回一个确认报文ACK给服务器端，TCP序列号同样加1，到此一个TCP连接完成。

许多广泛应用的程序都使用数据流套接字，比如Telnet和WWW浏览器使用的Http协议等。

**(2) 数据报套接字(Datagram Socket)**

数据报Socket是一种无连接的套接字，对应于无连接的UDP服务应用，相应协议是UDP。

UDP提供无连接的服务，就是说UDP客户与服务器不必保持长期的连接关系。UDP所面临的问题就是缺乏可靠性。因为它没有例如确认、超时重传等复杂机制，不能保证数据的到达以及到达的次序。

UDP实现过程比较简单,因此在一定程度上效率较高,对于一些数据量小,无须交互的通信情况还是适用的。使用UDP的应用程序有tftp、bootp等。

**(3) 原始套接字(Raw Socket)**

除了上面两种常用的套接字类型外,还有一类原始套接字(Raw Socket),在某些网络应用中担任重要角色。比如我们平时想看一看网络是否通达,就用Ping命令测试一下。Ping命令用的是ICMP协议,因此不能通过建立一个SOCK_STREAM或SOCK_DGRAM来发送这个包,而只能自己亲自构建ICMP包来发送。另外一种情况是,许多操作系统只实现了几种常用的协议,而没有实现其他如OSPE、GGP等协议。如果用户需要编写位于其上的应用,就必须借助Raw Socket来实现,因为操作系统遇到自己不能够处理的数据包,就将这个包交给Raw Socket处理。

Raw Socket主要有以下三个方面的作用:

① 通过Raw Socket来接收和发送ICMP协议包;

② 接收发向本机的但TCP/IP栈不能够处理的IP包;

③ 用来发送一些指定了源地址的特殊作用的IP包;

④ 得到IP地址等网卡的基本信息。

## 6.2.6 各个子系统之间的依赖关系



进程调度与内存管理之间的关系:这两个子系统互相依赖。在多道程序环境下,程序要运行必须为之创建进程,而创建进程的第一件事情,就是将程序和数据装入内存。

进程间通信与内存管理的关系:进程间通信子系统要依赖内存管理支持共享内存通信机制,这种机制允许两个进程除了拥有自己的私有空间,还可以存取共同的内存区域。

虚拟文件系统与网络接口之间的关系:虚拟文件系统利用网络接口支持网络文件系统(NFS)。

内存管理与虚拟文件系统之间的关系:内存管理利用虚拟文件系统支持交换,交换进程定期由调度程序调度,这也是内存管理依赖于进程调度的唯一原因。当一个进程存取的内存映射被换出时,内存管理向文件系统发出请求,同时挂起当前正在运行的进程。虚拟文件系统也利用内存管理支持RAMDISK设备。

除了这些依赖关系外,内核中的所有子系统还要依赖于一些共同的资源。这些资源包括所有子系统都用到的过程,例如:分配和释放内存空间的过程、打印警告或错误信息的过程以及系统的调试例程等等。

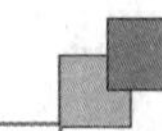





## 6.3　Linux 设备管理

CPU 并不是系统中唯一的智能设备，很多物理设备都拥有自己的控制器。例如，键盘、鼠标和串行口由一个高级 I/O 芯片统一管理，IDE 控制器控制 IDE 硬盘等等。每个硬件控制器都有各自的控制和状态寄存器(CSR)。这些 CSR 用来启动、停止、初始化设备以及对设备进行诊断。在 Linux 中管理硬件设备控制器的代码并没有放置在每个应用程序中而是由内核统一管理。处理和管理硬件控制器的软件就是设备驱动。Linux 设备管理的主要任务是控制设备完成输入/输出操作，所以又称输入/输出(I/O)子系统。设备管理把各种设备硬件物理特性的细节屏蔽起来，提供一个对各种不同设备进行统一操作的接口。

在 Linux 操作系统中有 3 种类型的设备：字符设备、块设备和网络设备。字符设备无需缓冲，发出读/写请求时，实际的硬件 I/O 操作一般就紧接着发生了；块设备利用一块系统内存作为缓冲区，以免耗费过多的 CPU 等待时间，主要针对磁盘等慢速设备；网络设备在 Linux 中做专门的处理，Linux 的网络系统主要是基于 BSD Unix 的 Socket 机制。

### 6.3.1　设备文件

Linux 将所有外部设备看成是一类特殊文件，称之为"设备文件"。设备驱动程序是 Linux 内核与设备之间的接口。设备驱动程序对应用程序屏蔽了硬件在实现上的细节，使得应用程序可以像操作普通文件一样来操作设备。Linux 系统中的每种硬件设备都使用一个特殊的设备文件来表示，例如，系统中的第一个 IDE 硬盘使用/dev/hda 表示。

对设备文件的识别使用设备类型、主设备号和次设备号。

- 设备类型：字符设备或者块设备。
- 主设备号：按照设备使用的驱动程序不同而赋予设备不同的主设备号。主设备号与驱动程序一一对应。
- 次设备号：用来区分使用同一个驱动程序的不同设备。

例如，系统中块设备 IDE 硬盘的主设备号是 3，而多个 IDE 硬盘分区分别赋予次设备号 1、2、3、……

设备文件也有文件名，设备文件名一般由两部分组成。第一部分包含 2～3 个字符，表示设备的种类，如串口设备是 cu，并口设备是 lp，IDE 普通硬盘是 hd，SCSI 硬盘是 sd，软盘是 fp 等。第二部分通常是字母或数字，用于区分同种设备中的单个设备，如 hda、hdb、hdc 分别表示第一块、第二块、第三块 IDE 硬盘；而 hda1、hda2 表示第一块硬盘中的第一、第二个磁盘分区。

### 6.3.2 设备驱动

应用程序对设备的操作,就像操作普通的数据文件一样。Linux 为所有的设备文件提供了统一的操作函数接口来管理这些设备,方法是使用数据结构 struct file_operations。这个数据结构中包括许多操作函数的指针,如 open()、close()、read()、write()和 ioctl()等。打开一个文件就是调用这个文件 file_operations 中的 open()操作。但由于外设的种类较多,操作方式各不相同,因此不同设备对于各个函数的实现也各不相同。对于不同的设备文件,最终调用各自驱动程序中的 I/O 函数进行具体设备的操作。这样,应用程序不必考虑操作的对象是设备还是普通文件,而一律当作文件处理,因此具有非常清晰统一的 I/O 接口。

### 6.3.3 控制方式

设备执行某个命令时,设备驱动可以使用轮询方式或中断方式来判断该命令是否已经完成。

#### 1. 轮询方式

轮询方式又称查询等待方式。不支持中断方式的机器只能采用这种方式来控制 I/O 过程,所以 Linux 中也配备了轮询方式。轮询方式意味着需要经常读取设备的状态,一直到设备状态表明请求已经完成为止。例如,并行接口的驱动程序采用的默认控制方式就是轮询方式。

#### 2. 中断方式

Linux 设备管理的一个重要任务就是在 CPU 接收到中断请求后,能够执行该设备驱动程序的中断服务例程。在硬件支持中断的情况下,驱动程序可以使用中断方式控制 I/O 过程。当某个设备需要服务时,就向 CPU 发出一个中断信号,CPU 接收到信号后根据中断请求号启动中断服务例程。Linux 内核需要将来自硬件设备的中断传递到相应的设备驱动,这个过程由设备驱动向内核注册其使用的中断来协助完成。

## 6.4 Linux 的使用

### 6.4.1 Linux 常用命令

Linux 命令是 Linux 系统里最重要的工具,学习 Linux 命令是学习 Linux 必不可少的一个环节,也是 Linux 入门基础。

在介绍所有的命令之前,先介绍一下 Linux 的在线帮助命令 man。在 Linux 下,当需要查找一个命令的用法时,可以通过 man,查看命令的详细说明。每个 Linux 命令都

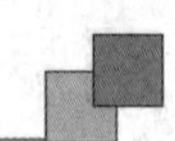

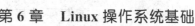

有一份man文档,这里只简单介绍一下命令的常用选项。如果想查看命令的详细说明,请自己查看man文档。

下面对Linux常用命令进行分类介绍。

### 1. 进入与退出Linux系统

#### (1) 进入Linux系统

进入Linux系统时,必须要输入用户的账号,在系统安装过程中可以创建以下两种账号。

- root:超级用户账号(系统管理员),使用这个账号可以在系统中做任何事情。
- 普通用户:这个账号供普通用户使用,可以进行有限的操作。

当用户正确输入用户名和口令后,就能合法地进入系统。屏幕显示:

```
[root@loclhost/root]#
```

这时就可以对系统做各种操作了。注意,超级用户的提示符是"#",其他用户的提示符是"$"。

#### (2) 虚拟控制台

Linux是一个真正的多用户操作系统,可以同时接受多个用户登录。Linux还允许一个用户进行多次登录,这是因为Linux和Unix一样,提供了虚拟控制台的访问方式,允许用户在同一时间从控制台进行多次登录。虚拟控制台的选择可以通过按下Alt键和一个功能键来实现,通常使用F1~F6。例如,用户登录后,按下Alt+F2键,可以看到"login:"提示符,说明用户看到了第二个虚拟控制台;然后只需按Alt+F1键,就可以回到第一个虚拟控制台。新安装的Linux系统默认用户使用Alt+F1到Alt+F6键来访问6个虚拟控制台。

#### (3) 退出系统

不论是超级用户,还是普通用户,需要退出系统时,在shell提示符下,键入shutdown命令即可。

### 2. 文件的复制、删除和移动命令

#### (1) cp命令

功能:将给出的文件或目录复制到另一文件或目录中。

语法:cp [选项]源文件或目录—目标文件或目录

说明:该命令把指定的源文件复制到目标文件或把多个源文件复制到目标目录中。

该命令可用的各选项含义如下:

- -a 该选项通常在复制目录时使用。它保留链接、文件属性,并递归地复制目录。
- -d 复制时保留链接。
- -f 删除已经存在的目标文件而不提示。

- -i 与 f 选项相反，在覆盖目标文件之前，将给出提示要求用户确认。回答“y”时目标文件将被覆盖。
- -p 此时 cp 除复制源文件的内容外，还将把其修改时间和访问权限也复制到新文件中。
- -r 若给出的源文件是一目录文件，此时 cp 将递归复制该目录下所有的子目录和文件。此时目标文件必须为一个目录名。
- -l 不作复制，只是链接文件。

需要说明的是，如用户指定的目标文件名已存在，用 cp 命令复制文件后，这个文件就会被新源文件覆盖。为防止用户在不经意的情况下用 cp 命令破坏另一个文件，建议用户在使用 cp 命令复制文件时，最好使用 i 选项。

**(2) mv 命令**

功能：为文件或目录更名或将文件由一个目录移入另一个目录中。

语法：mv [选项]源文件或目录—目标文件或目录

说明：根据 mv 命令中第二个参数类型的不同(是目标文件还是目标目录)，mv 命令可以将文件重命名或将其移至一个新的目录中。当第二个参数类型是文件时，mv 命令完成文件重命名，此时源文件只能有一个(也可以是源目录名)，它将所给的源文件或目录重命名为给定的目标文件名。当第二个参数是已存在的目录名称时，源文件或目录可以有多个，mv 命令将各参数指定的源文件均移至目标目录中。在跨文件系统移动文件时，mv 先复制，再将原有文件删除，而链至该文件的链接也将丢失。

该命令可用的各选项含义如下：

- -i 交互方式操作。如果 mv 操作将导致对已存在的目标文件的覆盖，此时系统询问是否覆盖，要求用户回答“y”或“n”，这样可以避免误覆盖文件。
- -f 禁止交互操作。在 mv 操作要覆盖某已有的目标文件时不给任何指示，指定此选项后，i 选项将不再起作用。

如果所给目标文件(不是目录)已存在，此时该文件的内容将被新文件覆盖。为防止用户用 mv 命令破坏另一个文件，使用 mv 命令移动文件时，最好使用 i 选项。

**(3) rm 命令**

功能：删除一个目录中的一个或多个文件或目录，也可以将某个目录及该目录下的所有文件及子目录均删除。对于链接文件，只是断开了链接，原文件保持不变。

语法：rm [选项]文件…

该命令可用的各选项含义如下：

- -f 忽略不存在的文件，不给出提示。
- -r 指示 rm 将参数中列出的全部目录和子目录递归地删除。如果没有使用该选项，则 rm 命令不会删除目录。
- -i 进行交互式删除。

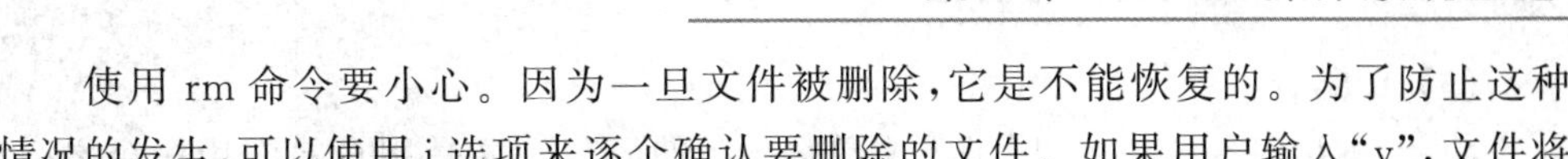

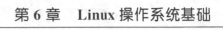

使用 rm 命令要小心。因为一旦文件被删除,它是不能恢复的。为了防止这种情况的发生,可以使用 i 选项来逐个确认要删除的文件。如果用户输入"y",文件将被删除。如果输入任何其他东西,文件则不会被删除。

### 3. 目录的创建与删除命令

#### (1) mkdir 命令

功能:创建一个目录。

语法:mkdir [选项]dirname

说明:该命令创建由 dirname 命名的目录。要求创建目录的用户在当前目录中(dirname 的父目录中)具有写权限,并且 dirname 不能是当前目录中已有的目录或文件名称。

该命令可用的各选项含义如下:

- -m 对新建目录设置存取权限。
- -p 若所要建立目录的上层目录目前尚未建立,则会一并建立上层目录。

#### (2) rmdir 命令

功能:删除空目录。

语法:rmdir [选项] dirname

说明:dirname 表示目录名。该命令从一个目录中删除一个或多个子目录项。需要特别注意的是,一个目录被删除之前必须是空的。"rm - r"命令可代替 rmdir,但是有危险性。删除某目录时必须具有对父目录的写权限。

该命令可用选项含义如下:

- -p 递归删除目录 dirname,当子目录删除后其父目录为空时,也一同被删除。如果整个路径被删除,或者由于某种原因保留部分路径,则系统在标准输出上显示相应的信息。

#### (3) cd 命令

功能:改变工作目录。

语法:cd [directory]

说明:该命令将当前目录改变至 directory 所指定的目录。若没有指定 directory,则回到用户的主目录。为了改变到指定目录,用户必须拥有对指定目录的执行和读权限。

该命令可以使用通配符。

#### (4) pwd 命令

功能:显示当前目录的完整路径名。

语法:pwd

说明:此命令显示出当前工作目录的绝对路径。

**(5) ls 命令**

功能:列出目录的内容,ls 是英文单词 list 的简写。这是用户最常用命令之一,因为用户需要不时地查看某个目录的内容。该命令类似于 DOS 下的 dir 命令。

语法:ls [选项] [目录或是文件]

对于每个目录,该命令将列出其中的所有子目录与文件。对于每个文件,ls 将输出其文件名以及所要求的其他信息。默认情况下,输出条目按字母顺序排序。当未给出目录名或是文件名时,就显示当前目录的信息。

该命令可用的各选项含义如下:

- -a 显示指定目录下所有子目录与文件,包括隐藏文件。
- -A 显示指定目录下所有子目录与文件,包括隐藏文件。但不列出"."和".."。
- -b 对文件名中的不可显示字符用八进制形式显示。
- -c 按文件的修改时间排序。
- -C 分成多列显示各项。
- -d 如果参数是目录,只显示其名称而不显示其下的各文件。往往与 l 选项一起使用,以得到目录的详细信息。
- -f 不排序。该选项将使 l t s 选项失效,并使 a U 选项有效。
- -F 在目录名后面标记"/",在可执行文件后面标记"*",在符号链接后面标记"@",在管道(或 FIFO)后面标记"|",在 socket 文件后面标记"="。
- -i 在输出的第一列显示文件的 i 节点号。
- -l 以长格式来显示文件的详细信息。这个选项最常用。

  用"ls -l"命令显示的信息中,开头是由 10 个字符构成的字符串,其中第一个字符表示文件类型,它可以是下述类型之一:

  — - 普通文件。

  — d 目录。

  — l 符号链接。

  — b 块设备文件。

  — c 字符设备文件。

  后面 9 个字符表示文件的访问权限,分为 3 组,每组 3 位。

  第一组表示文件拥有者的权限;第二组表示同组用户的权限;第三组表示其他用户的权限。每一组的 3 个字符分别表示对文件的读、写和执行权限。

  各权限如下所示:

  —r 读。

  —w 写。

  —x 执行。对于目录,表示进入权限。

—s 当文件执行时,把该文件的UID(用户ID)或GID(组ID)赋予执行进程的UID或GID。

—t 设置标志位(留在内存,不被换出)。如果该文件是目录,在该目录中的文件只能被超级用户、目录拥有者或文件拥有者删除。如果它是可执行文件,在该文件执行后,指向其正文段的指针仍留在内存。这样它再次执行时,系统就能更快地装入该文件。

- -L 若指定的名称为一个符号链接文件,则显示链接所指向的文件。
- -m 按字符流格式输出,文件跨页显示,以逗号分开。
- -n 输出格式与l选项相同,只不过输出的文件拥有者和所属组是用相应的UID号和GID号来表示,而不是实际的名称。
- -o 与l选项相同,只是不显示拥有者信息。
- -p 在目录后面加一个"/"。
- -q 将文件名中的不可显示字符用"?"代替。
- -r 按字母逆序或最早优先的顺序显示输出结果。
- -R 递归式地显示指定目录的各个子目录中的文件。
- -s 给出每个目录项所用的块数,包括间接块。
- -t 显示时按修改时间(最近优先)而不是按名字排序。若文件修改时间相同,则按字典顺序。修改时间取决于是否使用了c或u选顶。缺省的时间标记是最后一次修改时间。
- -u 显示时按文件上次存取的时间(最近优先)而不是按名字排序。即将-t的时间标记修改为最后一次访问的时间。
- -x 按行显示出各排序项的信息。

#### 4. 文本处理命令

**(1) sort 命令**

功能:逐行对文件中的内容进行排序。如果两行的首字符相同,该命令将继续比较这两行的下一字符。如果还相同,将继续进行比较。

语法:sort [选项]文件

说明:sort命令对指定文件中所有的行进行排序,并将结果显示在标准输出设备上。如果不指定输入文件或使用"-",则表示排序内容来自标准输入。

该命令可用的各选项含义如下:

- -b 忽略每行前面开始的空格字符。
- -c 检查文件是否已经按照顺序排序。
- -d 排序时,除了英文字母、数字及空格字符外,忽略其他字符。
- -f 排序时,将小写字母视为大写字母。
- -i 排序时,除了040至176之间的ASCII字符外,忽略其他字符。

- -m 将几个排序好的文件进行合并。
- -M 将前面3个字母依照月份的缩写进行排序。
- -n 依照数值的大小排序。
- -o <输出文件> 将排序后的结果存入指定的文件。
- -r 以相反的顺序来排序。
- -t<分隔字符> 指定排序时所用的栏位分隔字符。
- +<起始栏位>-<结束栏位> 以指定的栏位来排序,范围由起始栏位到结束栏位的前一栏位。

**(2) uniq 命令**

功能:删除文件中的重复行。文件经过处理后在其输出文件中可能会出现重复的行。例如,使用cat命令将两个文件合并后,再使用sort命令进行排序,就可能出现重复行。这时可以使用uniq命令将这些重复行从输出文件中删除,只留下每条记录的唯一样本。

语法:uniq [选项]文件

说明:这个命令读取输入文件,并比较相邻的行。在正常情况下,第二个及以后更多个重复行将被删去。行比较是根据所用字符集的排序序列进行的,该命令加工后的结果写到输出文件中。输入文件和输出文件必须不同。

该命令可用的各选项含义如下:



- -c 显示输出中,在每行行首加上本行在文件中出现的次数。它可取代-u和-d选项。
- -d 只显示重复行。
- -u 只显示文件中不重复的各行。
- -n 前n个字段与每个字段前的空白一起忽略。
- +n 前n个字符忽略,之前的字符跳过(字符从0开始编号)。
- -fn 与-n相同,这里n是字段数。
- -sn 与+n相同,这里n是字符数。

## 5. 备份与压缩命令

**(1) tar 命令**

功能:为文件和目录创建档案。利用tar,用户可以为某一特定文件创建档案(备份文件),也可以在档案中改变文件,或者向档案中加入新的文件。tar最初用来在磁带上创建档案,现在用户可以在任何设备上创建档案。利用tar命令,可以把一大堆的文件和目录全部打包成一个文件,这对于备份文件或将几个文件组合成为一个文件以便于网络传输是非常有用的。Linux上的tar是GNU版本的。

语法:tar [主选项+辅选项]文件或者目录

说明:使用该命令时,主选项是必须要有的,它告诉tar要做什么事情;辅选项是

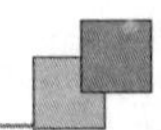





辅助使用的,可以选用。

该命令可用的主选项含义如下:

- -c 创建新的档案文件。如果用户想备份一个目录或是一些文件,就要选择这个选项。
- -r 把要存档的文件追加到档案文件的末尾。例如用户已经作好备份文件,又发现还有一个目录或是一些文件忘记备份了,这时可以使用该选项,将忘记的目录或文件追加到备份文件中。
- -t 列出档案文件的内容,查看已经备份了哪些文件。
- -u 更新文件。就是说,用新增的文件取代原备份文件,如果在备份文件中找不到要更新的文件,则把它追加到备份文件的最后。
- -x 从档案文件中释放文件。

该命令可用的辅助选项含义如下:

- -b 该选项是为磁带机设定的。其后跟一数字,用来说明区块的大小,系统预设值为 20(20×512 字节)。
- -f 使用档案文件或设备,这个选项通常是必选的。
- -k 保存已经存在的文件。例如把某个文件还原,在还原的过程中,遇到相同的文件,不会进行覆盖。
- -m 在还原文件时,把所有文件的修改时间设定为现在。
- -M 创建多卷的档案文件,以便在几个磁盘中存放。
- -v 详细报告 tar 处理的文件信息。如无此选项,tar 不报告文件信息。
- -w 每一步都要求确认。
- -z 用 gzip 来压缩/解压缩文件,加上该选项后可以将档案文件进行压缩,但还原时也一定要使用该选项进行解压缩。

**(2) gzip 命令**

功能:对文件进行压缩和解压缩。减少文件大小有两个明显的好处,一是可以减少存储空间,二是通过网络传输文件时,可以减少传输的时间。

语法:gzip [选项]压缩(解压缩)的文件名

该命令可用的各选项含义如下:

- -c 将输出写到标准输出上,并保留原有文件。
- -d 将压缩文件解压。
- -l 对每个压缩文件,显示下列字段。

  —压缩文件的大小;

  —未压缩文件的大小;

  —压缩比;

  —未压缩文件的名字。
- -r 递归地查找指定目录并压缩其中的所有文件或者是解压缩。

- -t 测试,检查压缩文件是否完整。
- -v 对每一个压缩和解压的文件,显示文件名和压缩比。
- -num用指定的数字num调整压缩的速度,-1或-fast表示最快压缩方法(低压缩比),-9或-best表示最慢压缩方法(高压缩比)。系统缺省值为6。

**(3) unzip命令**

功能:对扩展名为.zip的压缩文件进行解压缩。

语法:unzip [选项]压缩文件名.zip

该命令可用的各选项含义如下:

- -x 文件列表解压缩文件,但不包括指定的file文件。
- -v 查看压缩文件目录,但不解压缩。
- -t 测试文件有无损坏,但不解压缩。
- -d 目录把压缩文件解到指定目录下。
- -z 只显示压缩文件的注解。
- -n 不覆盖已经存在的文件。
- -o 覆盖已存在的文件且不要求用户确认。
- -j 不重建文档的目录结构,把所有文件解压到同一目录下。

### 6. 改变文件或目录的访问权限命令

Linux系统中的每个文件和目录都有访问许可权限,用于确定谁可以通过何种方式对文件和目录进行访问和操作。

文件或目录的访问权限分为只读、只写和可执行3种。以文件为例,只读权限表示只允许读其内容,而禁止对其做任何更改操作;可执行权限表示允许将该文件作为一个程序执行。文件被创建时,文件拥有者自动拥有对该文件的读、写和可执行权限,以便于对文件阅读和修改。用户也可把访问权限设置为需要的任何组合。

对文件或目录进行访问的用户有3种不同类型:文件拥有者、同组用户和其他用户。拥有者一般是文件的创建者。拥有者可以允许同组用户访问文件,还可以将文件的访问权限赋予系统中的其他用户。在这种情况下,系统中每一位用户都能访问该用户拥有的文件或目录。

前面介绍ls命令时,已经提到每个文件或目录的访问权限都有3组,每组用3位表示,分别为文件拥有者的读、写和执行权限;与拥有者同组的用户的读、写和执行权限;系统中其他用户的读、写和执行权限。当用“ls -l”命令显示文件或目录的详细信息时,最左边的一列为文件的访问权限。例如:

```
$ls -l sobsrc.tgz
-rw-r--r--  1 root root 483997 Jul 15 17:31 sobsrc.tgz
```

横线代表空许可。r代表只读,w代表写,x代表可执行。注意这里共有10个位置,第一个字符指定了文件类型。在通常意义上,目录也是一个文件。如果第一个字

符是横线,表示是一个非目录的文件。如果是 d,表示是一个目录。例如:

```
-rw-r--r--
```

是文件 sobsrc.tgz 的访问权限,表示 sobsrc.tgz 是一个普通文件;sobsrc.tgz 的拥有者有读写权限;与 sobsrc.tgz 拥有者同组的用户只有读权限;其他用户也只有读权限。

确定了一个文件的访问权限后,用户可以利用 Linux 系统提供的 chmod 命令来重新设定不同的访问权限;利用 chown 命令来更改某个文件或目录的拥有者;利用 chgrp 命令来更改某个文件或目录的用户组。

下面分别对这些命令加以介绍。

**(1) chmod 命令**

chmod 命令是非常重要的,用于改变文件或目录的访问权限。

该命令有两种用法。一种是包含字母和操作符表达式的文字设定法;另一种是包含数字的数字设定法。

① 文字设定法

语法:chmod [who] [+|-|=] [mode]文件名

命令中各选项的含义如下。

• 操作对象 who 可以是下述字母中的任一个或者它们的组合:

— u 表示“用户(user)”,即文件或目录的拥有者。

— g 表示“同组(group)用户”,即与文件拥有者有相同组 ID 的所有用户。

— o 表示“其他(others)用户”。

— a 表示“所有(all)用户”,它是系统默认值。

• 操作符号可以是:

— + 添加某个权限。

— - 取消某个权限。

— = 赋予给定权限并取消其他所有权限(如果有)。

• 设置 mode 所表示的权限可用下述字母的任意组合:

— r 可读。

— w 可写。

— x 可执行。

— X 只有目标文件对某些用户是可执行的或该目标文件是目录时才追加 x 属性。

— s 在文件执行时把进程的拥有者或组 ID 置为该文件的文件拥有者。方式“u+s”设置文件的用户 ID 位,“g+s”设置组 ID 位。

— t 保存程序的文本到交换设备上。

— u 与文件拥有者拥有一样的权限。

— g 和文件拥有者同组的用户拥有一样的权限。

— o 与其他用户拥有一样的权限。

• 文件名 以空格分开的要改变权限的文件列表,支持通配符。

在一个命令行中可给出多个权限方式,其间用逗号隔开。例如:

```
chmod g+r,o+r example
```

其含义是使同组和其他用户对文件 example 有读权限。

② 数字设定法

首先说明一下数字表示的属性含义:0 表示没有权限,1 表示可执行权限,2 表示可写权限,4 表示可读权限,然后将其相加。所以数字属性的格式应为 3 个 0~7 的八进制数,其顺序是(u)(g)(o)。

例如,如果想让某个文件的拥有者有"读/写"两种权限,需要设定为 6,即 4(可读)+2(可写)。

数字设定法的一般形式为:

```
chmod [mode]文件名
```

**(2) chgrp 命令**

功能:改变文件或目录所属的组。

语法:chgrp [选项] group 文件名



说明:该命令改变指定文件所属的用户组。其中 group 可以是用户组 ID,也可以是/etc/group 文件中用户组的组名。文件名是以空格分开的要改变所属组的文件列表,支持通配符。如果用户不是该文件的拥有者或超级用户,则不能改变该文件的组。

该命令可用的选项含义为:

• -R 递归式地改变指定目录及其下面所有子目录和文件的所属组。

**(3) chown 命令**

功能:更改某个文件或目录的拥有者和所属组。这个命令也很常用。例如,root 用户把自己的一个文件复制给用户 xu,为了让用户 xu 能够存取这个文件,root 用户应该把这个文件的拥有者设为 xu,否则用户 xu 无法存取这个文件。

语法:chown [选项]用户或组文件名

说明:chown 将指定文件的拥有者改为指定的用户或组。用户可以是用户名或用户 ID,组可以是组名或组 ID。文件名是以空格分开的要改变权限的文件列表,支持通配符。

该命令可用的各选项含义如下:

• -R 递归式地改变指定目录及其下面所有子目录和文件的拥有者。

• -v 显示 chown 命令所做的工作。

### 7. 与用户有关的命令

**(1) passwd 命令**

功能:设置和修改用户的口令。

格式:passwd [*用户名*]

说明:其中用户名为需要修改口令的用户名。只有超级用户可以使用“passwd *用户名*”命令修改其他用户的口令,普通用户只能用不带参数的 passwd 命令修改自己的口令。

使用 passwd 命令需要输入旧的密码,然后再输入两次新密码。

选取一个不易破译的口令是很重要的。选取口令应遵守如下规则:

- 口令应该至少有 6 位(最好是 8 位)字符;
- 口令应该是大小写字母、标点符号和数字混杂的。

**(2) su 命令**

功能:在不同的用户之间切换。

格式:su [*用户名*]

说明:su 命令的常见用法是切换到根用户或超级用户。使用不带用户名的 su 命令可以切换到根用户。如果登录用户已经是根用户,则可以用 su 命令切换成系统的任何用户而不需要输入口令。

例如,如果使用 user1 登录,要切换为 user2,需要输入如下命令:



```
$su user2
```

然后系统提示输入 user2 口令,输入正确的口令之后就可以切换到 user2。然后可以用 exit 命令返回到 user1 用户。

### 8. Linux 系统管理命令

**(1) ps 命令**

功能:进程查看命令。

格式:ps [options] [--help]

说明:查看当前时刻的进程,包括其自身状态、占用资源等。

该命令常用的选项含义为:

- a　　显示现行终端机下的所有程序,包括其他用户的程序。
- -A　显示所有程序。
- c　　列出程序时,显示每个程序真正的指令名称,而不包含路径、参数或常驻服务的标示。
- -e　此参数的效果和指定“A”参数相同。
- e　　列出程序时,显示每个程序所使用的环境变量。
- f　　用 ASCII 字符显示树状结构,表达程序间的相互关系。

- -H　显示树状结构,表示程序间的相互关系。
- u　以用户为主的格式来显示程序状况。
- x　显示所有程序,不以终端机来区分。

说明:最常用的方法是 ps －aux,然后再利用一个管道符号导向到 grep 去查找特定的进程,然后再对特定的进程进行操作。

**(2) kill 命令**

功能:kill 命令发送一个信号来结束正在运行的程序或者工作。

格式:kill [-s 信号][程序]

　　或 kill [-l 信号]

参数说明:

- -l　若不加"信号:选项,则－l 参数会列出全部的信号名称。
- -s　指定要送出的信息。

说明:kill 可将指定的信号送至进程。预设的信号为 SIGTERM(15),可将指定进程终止。若仍无法终止该进程,可使用 SIGKILL(9)信号尝试强制删除进程。进程的编号可利用 ps 指令或 jobs 指令查看。

**(3) top 命令**

功能:实时显示系统中各个进程的资源占用状况。

格式:top [-] [d delay] [q] [c] [s] [S]

参数说明:

- d　指定每两次屏幕信息刷新之间的时间间隔。当然用户可以使用 s 交互命令来改变之。
- q　该选项将使 top 没有任何延迟的进行刷新。如果调用程序有超级用户权限,那幺 top 将以尽可能高的优先级运行。
- S　指定累计模式。
- s　使 top 命令在安全模式中运行。这将去除交互命令所带来的潜在危险。
- i　使 top 不显示任何闲置或者僵死进程。
- c　显示整个命令行而不只是显示命令名

说明:top 是一个动态显示过程,即可以通过用户按键来不断刷新当前状态,该命令提供了实时的对系统处理器的状态监视。它将显示系统中 CPU 最"敏感"的任务列表。该命令可以按 CPU 使用、内存使用、执行时间对任务进行排序。

**(4) sync 命令**

功能:关闭 Linux 系统时,使用该命令强制把内存中的数据写回硬盘,以免数据丢失。

格式:sync

**(5) shutdown 命令**

功能:安全地关闭或重启 Linux 系统。

格式:shutdown [选项] [时间] [警告信息]

说明：使用该命令关闭系统之前，会给系统上的所有登录用户提示一条警告信息。该命令还允许用户指定一个时间参数，可以是一个精确的时间，也可以是从现在开始的一个时间段。精确时间的格式是 hh：mm，表示小时和分钟。时间段由"＋"和分钟数表示。系统执行该命令后，会自动进行数据同步的工作。需要特别说明的是，该命令只能由超级用户使用。

该命令中各选项的含义如下：

- -k　并不真正关机，而只是发出警告信息给所有用户。
- -r　关机后立即重新启动。
- -h　关机后不重新启动。
- -f　快速关机，重启动时跳过 fsck。
- -n　快速关机，不经过 init 程序。
- -c　取消一个已经运行的 shutdown。

**(6) free 命令**

功能：查看当前系统内存的使用情况，它显示系统中剩余和已用的物理内存和交换内存，以及共享内存和被内核使用的缓冲区。

格式：free [-b|-k|-m]

该命令中各选项的含义如下：

- -b　以字节为单位显示。
- -k　以 KB 为单位显示。
- -m　以 MB 为单位显示。

### 9. Linux 磁盘管理

**(1) df 命令**

功能：检查文件系统的磁盘空间占用情况。可以利用该命令来获取硬盘被占用了多少空间以及目前还剩下多少空间等信息。

语法：df [选项]

说明：df 命令可显示所有文件系统对 i 节点和磁盘块的使用情况。

该命令各个选项的含义如下：

- -a　显示所有文件系统的磁盘使用情况。
- -k　以 KB 为单位显示。
- -i　显示 i 节点信息，而不是磁盘块。
- -t　显示各指定类型的文件系统的磁盘空间使用情况。
- -x　列出不是某一指定类型文件系统的磁盘空间使用情况（与 t 选项相反）。
- -T　显示文件系统类型。

(2) **du命令**

du为disk usage的缩写,含义为显示磁盘空间的使用情况。

功能:统计目录(或文件)所占磁盘空间的大小。

语法:du [选项] [Names]

说明:该命令逐级进入指定目录的每一个子目录,并显示该目录占用文件系统数据块(1 024字节)的情况。若没有给出Names,则对当前目录进行统计。

该命令的各个选项含义如下:

- -s　对每个Names参数只给出占用的数据块总数。
- -a　递归地显示指定目录中各文件及子目录中各文件占用的数据块数。若既不指定-s,也不指定-a,则只显示Names中的每一个目录及其中的各子目录所占的磁盘块数。
- -b　以字节为单位列出磁盘空间使用情况(系统缺省以KB为单位)。
- -k　以1 024字节为单位列出磁盘空间使用情况。
- -c　最后再加上一个总计(系统缺省设置)。
- -l　计算所有的文件大小,对硬链接文件,则计算多次。
- -x　在不同文件系统上的目录不予统计。

(3) **mount命令**

功能:挂接设备。



格式:mount [-t vfstype] [-o options] device dir

该命令的各个选项含义如下:

- —tvfstype　指定文件系统的类型,通常不必指定。mount会自动选择正确的类型。常用类型如下。
  - — 光盘或光盘镜像:iso9660。
  - — DOS fat16文件系统:msdos。
  - — Windows9x fat32文件系统:vfat。
  - — WindowsNT ntfs文件系统:ntfs。
  - — Mount Windows文件网络共享:smbfs。
  - — Unix(Linux)文件网络共享:nfs。
- —looptions　主要用来描述设备或档案的挂接方式。常用的参数如下。
  - — loop:用来把一个文件当成硬盘分区挂接在系统上。
  - — ro:采用只读方式挂接设备。
  - — rw:采用读/写方式挂接设备。
  - — iocharset:指定访问文件系统所用字符集。
- device　要挂接的设备。
- dir　设备在系统上的挂接点。

下面以挂接U盘为例,介绍mount命令的用法。

对Linux系统而言,U盘是当作SCSI设备对待的。插入U盘之前,应先用fdisk l或more/proc/partitions查看系统的硬盘和硬盘分区情况。以下是查看到的硬盘分区信息的示例。

```
Disk/dev/sda:73dot4GB,73407820800bytes
255heads,63sectors/track,8924cylinders
Units=cylindersof16065*512=8225280bytes
DeviceBootStartEndBlocksIdSystem
/dev/sda11432098+deDellUtility
/dev/sda2*52554204828757HPFS/NTFS
/dev/sda325557904429738758 3Linux
/dev/sda4790589248193150fWin95Ext'd(LBA)
/dev/sda5790589248193118+82Linuxswap
```

插入U盘后的硬盘分区信息如下所示:

```
Disk/dev/sda:73dot4GB,73407820800bytes
255heads,63sectors/track,8924cylinders
Units=cylindersof16065*512=8225280bytes
DeviceBootStartEndBlocksIdSystem
/dev/sda11432098+deDellUtility
/dev/sda2*52554204828757HPFS/NTFS
/dev/sda3255579044297387583Linux
/dev/sda4790589248193150fWin95Ext'd(LBA)
/dev/sda5790589248193118+82Linuxswap
Disk/dev/sdd:131MB,131072000bytes
9heads,32sectors/track,888cylinders
Units=cylindersof288*512=147456bytes
DeviceBootStartEndBlocksIdSystem
/dev/sdd1*1889127983+bWin95FAT32
Partition1hasdifferentphysical/logicalendings:
phys=(1000,8,32)logical=(888,7,31)
```

从以上信息可以看出,系统多了一个SCSI硬盘/dev/sdd和一个磁盘分区/dev/sdd1,/dev/sdd1就是要挂接的U盘。

接下来,建立一个目录,用来作为挂接点。例如:

```
#mkdir -p /mnt/usb
```

最后,使用mount命令进行挂接。例如:

```
#mount -t vfat /dev/sdd1 /mnt/usb
```

现在可以通过/mnt/usb目录来访问U盘了。如果希望支持汉字文件名的显示,可以使用下面的命令:

```
#mount -t vfat -o iocharset=cp936 /dev/sdd1 /mnt/usb
```

**(4) umount命令**

功能:卸载已经挂接的设备。

格式：umount dir

说明：dir 表示设备在系统上的挂接点。

### 10. Linux 其他命令

#### (1) echo 命令

功能：在显示器上显示一段文字，一般起到提示的作用。

格式：echo [-n] 字符串

说明：选项 n 表示输出文字后不换行；字符串可以加引号，也可以不加引号。用 echo 命令输出加引号的字符串时，将字符串原样输出；用 echo 命令输出不加引号的字符串时，将字符串中的各个单词作为字符串输出，各字符串之间用一个空格分割。

#### (2) cal 命令

功能：显示某年某月的日历。

格式：cal [选项] [月] [年]

命令中选项的含义为：

- -j　显示出给定月中的一天是一年中的第几天(从1月1日算起)。
- -y　显示出整年的日历。

#### (3) clear 命令

功能：清除屏幕上的信息，类似于 DOS 中的 cls 命令。

格式：clear

说明：清屏后，提示符移动到屏幕左上角。



## 6.4.2 vi 编辑器的使用

vi 编辑器是所有 Unix 及 Linux 系统下标准的编辑器，它的强大不逊色于任何文本编辑器。

### 1. vi 编辑器的工作模式

vi 有 4 种基本的工作模式：正常模式(Normal mode)、插入模式(Insert mode)、命令行模式(Command-line mode)和可视模式(Visual mode)，各模式的功能区分如下：

- 正常模式(Normal mode)：缺省的模式，控制屏幕光标的移动，字符的删除，移动复制某区段，其他模式通过 ESC 键回到正常模式。
- 插入模式(Insert mode)：唯有在插入模式下，才可做文字数据输入，在正常模式下按"i""a""o"等键进入插入模式，按 Esc 可回到正常模式。
- 命令行模式(Command-line mode)：用于执行较长，较复杂的命令，按"："，"/"，"?"进入，输入的命令要按回车才算结束。
- 可视模式(Visual mode)：用于选定文本块，在正常模式下，输入"v"来按字符选定，输入"V"来按行选定，输入"ctrl+V"来按块选定。

4 种模式的转换如图 6.4 所示。本章列出的命令和操作，如果前面带有冒号'：'

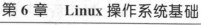

表示它是命令行模式,其它为正常模式。

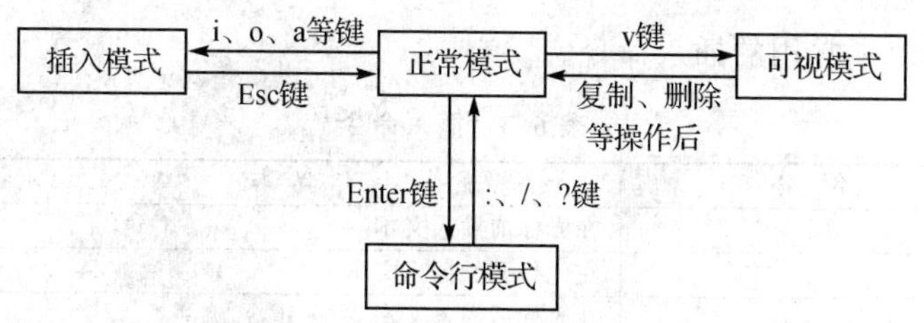


图 6.4　vi 工作模式的转换

## 2. 文件操作命令

表 6.1 列出了常用的文件操作命令。

表 6.1　文件操作命令

| 命　令 | 描　述 |
|---|---|
| vi filename | 打开或新建文件,并将光标置于第一行行首 |
| vi +n filename | 打开文件,并将光标置于第 *n* 行行首 |
| vi + filename | 打开文件,并将光标置于最后一行行首 |
| vi +/pattern filename | 打开文件,并将光标置于第一个与 pattern 匹配的串处 |
| vi -r filename | 在上次正用 vi 编辑时发生系统崩溃,恢复 filename |
| vi filename1 filename2 … | 打开多个文件,依次进行编辑 |
| :q | 退出 vi |
| :q! | 强行退出 vi,不改写文件 |
| :w | 存盘 |
| :wq | 存盘退出 |

## 3. 光标移动命令

表 6.2 列出了常用的光标移动命令。

表 6.2　光标移动命令

| 命　令 | 描　述 | 命　令 | 描　述 |
|---|---|---|---|
| h | 光标左移一个字符 | j 或 Ctrl+n | 光标下移一行 |
| l | 光标右移一个字符 | Enter | 光标下移一行 |
| space | 光标右移一个字符 | w 或 W | 光标右移一个字至字首 |
| backspace | 光标左移一个字符 | b 或 B | 光标左移一个字至字首 |
| k 或 Ctrl+p | 光标上移一行 | e 或 E | 光标右移一个字至字尾 |
| ) | 光标移至句尾 | nG | 光标移至第 *n* 行行首 |
| ( | 光标移至句首 | n+ | 光标下移 *n* 行 |
| } | 光标移至段落开头 | n− | 光标上移 *n* 行 |
| { | 光标移至段落结尾 | n$ | 光标移至第 *n* 行尾 |
| H | 光标移至屏幕顶行 | $ | 光标移至当前行尾 |
| M | 光标移至屏幕中间行 | Ctrl+u | 向文件首翻半屏 |
| L | 光标移至屏幕最后行 | Ctrl+d | 向文件尾翻半屏 |
| **0**(数字零) | 光标移至当前行 | Ctrl+f | 向文件尾翻一屏 |
| Ctrl+b | 向文件首翻一屏 | nz | 将第 *n* 行滚至屏幕顶部,不指定 *n* 时将当前行滚至屏幕顶部 |

### 4. 插入命令(注意字母大小写)

表 6.3 列出了常用的插入命令。

**表 6.3　插入命令**

| 命　令 | 描　述 |
|---|---|
| i | 在光标前插入文本 |
| I | 在此行开始插入文本 |
| a | 在光标后插入文本 |
| A | 在此行末插入文本 |
| o | 在当前行下面加一空行并进入输入方式 |
| O | 在当前行上面加一空行并进入输入方式 |

### 5. 删除、复制、移动命令

表 6.4 列出了常用的删除、复制和移动命令。

**表 6.4　删除、复制和移动命令**

| 命　令 | 描　述 |
|---|---|
| x | 删除当前字符 |
| d$ | 删除当前行中从光标往后的所有字符 |
| d0 | 删除当前行中从光标往前的所有字符 |
| dd | 删除当前行 |
| ndd | 删除光标所在位置之下的 *n* 行 |
| yy | 将当前行复制到缓冲区 |
| nyy | 将光标所在位置之下的 *n* 行文本复制到缓冲区 |
| p | 将上一次删除或复制的文本复制到光标的下方 |
| P | 将上一次删除或复制的文本复制到光标的上方 |

### 6. 查找字符或字符串

表 6.5 列出了常用的查找字符或字符串命令。

**表 6.5　查找字符或字符串命令**

| 命　令 | 描　述 |
|---|---|
| /要查找的字符串 | 查找光标位置之后的字符串 |
| ?要查找的字符串 | 查找光标位置之前的字符串 |
| n | 继续向同一方向查找匹配的字符串 |
| N | 继续进行反方向查找匹配的字符串 |
| * | 在查找的字符串中可匹配任意字符 |
| ? | 在查找的字符串中可匹配一个字符 |

### 7. 修改字符

表 6.6 列出了常用的修改字符或字符串命令。

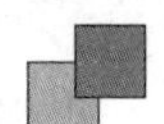

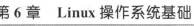

表 6.6　修改字符或字符串命令

| 命　令 | 描　述 |
|---|---|
| r | 只替换光标位置上的一个字符 |
| R | 用覆盖的方法替换原来的字符串,按<Esc>结束 |
| :[n1,n2]s/旧字符串/新字符串/g | 用新文本替换 n1～n2 行内的所有旧字符串,n1、n2 缺省时只修改当前行 |
| :g/旧文本/s//新文本/g | 用新文本替换缓冲区内找到的所有旧文本 |
| . | 重复上一次修改 |
| u | 取消上一次修改 |
| U | 将当前行恢复到修改前的状态 |

### 8. 常用功能选项的设置

表 6.7 列出了使用 set 命令设置 vi 显示环境的常用方法,set 命令在 vi 的最后一行命令状态使用。

表 6.7　set 命令

| 命　令 | 描　述 |
|---|---|
| set | 显示与缺省不同的设置 |
| set all | 显示所有设置 |
| set ai/noai | 自动/不自动缩进 |
| set nu/nonu | 显示/不显示行号 |
| set list/nolist | 显示/不显示不可打印字符 |
| set showmode/noshowmode | 显示/不显示当前操作模式 |
| set ts=4 | 设置<Tab>键为 4 个空格 |
| set ic/noic | 忽略/不忽略大小写 |

## 6.4.3　make 工具和 gcc 编译器

Richard Stallman 在 10 多年前刚开始编写 gcc 时,仅仅把它当作一个 C 语言程序的编译器,gcc 的意思也只是 GNU C Compiler 而已。经过了这么多年的发展,gcc 除了支持 C 语言,还支持 Ada 语言、C++语言、Java 语言、Pascal 语言、COBOL 语言,以及支持函数式编程和逻辑编程的 Mercury 语言等等。因而 gcc 也不再单单只是 GNU C 语言编译器的意思,而变成 GNU Compiler Collection,也即是 GNU 编译器家族的意思了。

在编译一个包含许多源文件的工程时,若只用一条 gcc 命令来完成编译是非常浪费时间的。假设项目中有 100 个源文件需要编译,并且每个源文件中都包含 10000 行代码,如果仅用一条 gcc 命令来完成编译工作,那么 gcc 需要将每个源文件都重新编译一遍,然后再全部链接起来。很显然,这样浪费的时间相当多,尤其是当用户只是修改了其中某一个文件时,完全没有必要将每个文件都重新编译一遍,因为很多已经生成的目标文件并未发生改变。要解决这个问题,关键是要灵活运用 gcc,同时还要借助像 make 这样的工具。

### 1. gcc

gcc 是可以在多种平台上编译出可执行程序的超级编译器,其执行效率与一般的编译器相比要高 20%～30%。

鉴于 gcc 的重要性,下面对常用的选项进行详细介绍。

• -c

功能:只激活预处理、编译和汇编,也就是只把程序编译成 obj 文件。

举例:gcc -c hello. c

该命令将生成 obj 文件 hello. o。

• -S

功能:只激活预处理和编译,就是指把文件编译成汇编代码。

举例:gcc -S hello. c

该命令将生成 hello. s 的汇编代码,可以用文本编辑器查看。

• -E

功能:只激活预处理,不生成文件,需要把它重定向到一个输出文件中。

举例:gcc -E hello. c>pianoapan. txt

• -o

功能:指定目标名称,缺省时 gcc 编译出来的文件是 a. out。

举例:gcc -o hello. exe hello. c

gcc -o hello. asm -S hello. c

• -pipe

功能:使用管道代替编译中临时文件,在使用非 gnu 汇编工具时,可能有些问题。

举例:gcc -pipe -o hello. exe hello. c

• -ansi

功能:关闭 gnu c 中与 ansi c 不兼容的特性,激活 ansi c 的专有特性。

• -include file

功能:包含进某个文件。功能相当于在代码中使用"#include <file>"。

举例:gcc hello. c -include /root/pianopan. h

• -i macrosfile

功能:将 file 文件的宏,扩展到 gcc/g++的输入文件,宏定义本身并不出现在输入文件中。

• -I dir

功能:指定查找文件的路径。

当使用"#include "file""时,gcc/g++会先在当前目录查找头文件。如果没有找到,回到缺省的头文件目录找;如果使用-I 指定了目录,则会先在指定的目录查找,然后再按常规的顺序去找。

对于"#include <file>",gcc/g++会到-I 指定的目录查找,如果查找不到,将到系统缺省的头文件目录查找。

- -C

功能:在预处理时,不删除注释信息,一般和 E 使用。有时分析程序,用这个很方便。

- -M

功能:生成文件关联的信息。包含目标文件所依赖的所有源代码。

- -Wa,option

功能:传递 option 给汇编程序。如果 option 中间有逗号,就将 option 分成多个选项,然后传递给汇编程序。

- -Wl,option

功能:传递 option 给链接程序。如果 option 中间有逗号,就将 option 分成多个选项,然后传递给链接程序。

- -llibrary

功能:制定编译时使用的库。

举例:gcc -lcurses hello.c

该命令使用 curses 库编译程序。

- -L dir

功能:制定编译时搜索库的路径。可以用来指定目录,否则编译器将只在标准库的目录中搜索。dir 指目录的名称。

- -O0 -O1 -O2 -O3

功能:设置编译器的优化选项。编译器的优化选项有 4 个级别,-O0 表示没有优化,-O1 为缺省值,-O3 优化级别最高。

- -g

功能:在编译时,产生调试信息。

- -g stabs

功能:以 stabs 格式生成调试信息,并且包含仅供 gdb 使用的额外调试信息。

- -g gdb

功能:尽可能的生成 gdb 可用的调试信息。

- -static

功能:禁止使用动态库,编译结果一般都很大,但是运行时不需要动态链接库支持。

- -share

功能:尽量使用动态库,所以生成文件比较小,但是运行时需要系统动态库支持。

- -traditional

功能:让编译器支持传统的 C 语言特性。

### 2. make 和 makefile

一般来说,无论是 C 还是 C++,首先要把源文件编译成中间代码文件,在 Windows 下是. obj文件,在 Unix 下是. o 文件,这个动作叫做编译。然后再把大量的中间代码文件合成执行文件,这个动作叫作链接。

编译时,编译器要求程序的语法正确,函数与变量的声明正确。因此,需要告诉编译器头文件的所在位置(头文件中应该只是声明,而定义应该放在 C/C++源文件中),只要所有的语法正确,编译器就可以编译出中间目标文件。一般来说,每个源文件都应该对应于一个中间目标文件(. o 文件或是. obj 文件)。

链接时,主要是链接函数和全局变量,所以可以使用这些中间目标文件来链接应用程序。链接器并不管函数的源文件,只管函数的中间目标文件。在大多数时候,由于源文件和编译生成的中间目标文件太多,而在链接时需要明确地指出中间目标文件名,这对于编译很不方便。因此,需要给中间目标文件打包,在 Windows 下这种包叫"库文件"(LibraryFile),也就是. lib 文件;在 Unix 下,是 ArchiveFile,也就是 . a 文件。

在开发系统时,一般是将一个系统分成几个模块,提高了系统的可维护性;但由于各个模块之间不可避免存在关联,所以当一个模块改动后,其他模块也许会有所更新。对于小系统来说,手工编译链接是没问题的;但是如果是一个大系统,存在很多个模块,那么手工编译的方法就不适用了。为此,在 Linux 系统中,专门提供了一个 make 命令来自动维护目标文件。与手工编译和链接相比,make 命令的优点在于它只更新修改过的文件(在 Linux 中,一个文件创建或更新后有一个最后修改时间,make 命令就是通过这个最后修改时间来判断此文件是否被修改),并且 make 命令不会漏掉任何已经更新的文件。



文件与文件之间或模块与模块之间有可能存在依赖关系,make 命令依据这种依赖关系进行维护。make 命令不会自己知道这些依赖关系,而需要程序员将这些依赖关系写入一个叫做 makefile 的文件中。

makefile 关系到整个工程的编译规则。一个工程中的源文件通常有很多,按其类型、功能、模块分别放在不同的目录中。makefile 定义了一系列的规则来指定哪些文件需要先编译,哪些文件需要后编译,哪些文件需要重新编译,甚至进行更复杂的功能操作。makefile 就像一个 Shell 脚本一样,在 makefile 中也可以执行操作系统的命令。

makefile 带来的好处就是"自动化编译"。一旦写好 makefile,只需要一个 make 命令,整个工程即可实现完全自动编译,从而极大地提高软件开发的效率。make 是用来解释 makefile 中指令的命令工具,大多数的 IDE 都有这个命令,比如 Delphi 的 make、Visual C++的 nmake 和 Linux 下 GNU 的 make。可见,makefile 已经成为一种在工程方面的编译方法。

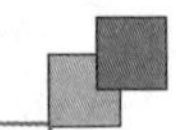



首先，通过一个例子来说明 makefile 的编写规则，这个示例来源于 GNU 的 make 使用手册。在这个示例中，工程包含 8 个 C 文件和 3 个头文件，需要写一个 makefile 来告诉 make 命令如何编译和链接这几个文件。编译规则如下：

(1) 如果这个工程没有编译过，那么所有 C 文件都要编译并链接。

(2) 如果这个工程的某几个 C 文件修改，那么只编译被修改的 C 文件，并链接目标程序。

(3) 如果这个工程的头文件改变了，那么需要编译引用了这几个头文件的 C 文件，并链接目标程序。

只要 makefile 写得足够好，所有的这一切操作只用一个 make 命令就可以完成。make 命令会自动智能地根据当前文件的修改情况来确定哪些文件需要重新编译，从而自动编译所需要的文件并链接目标程序。

假设有下面这样的一个程序：

```
/*main.c*/
#include "mytool1.h"
#include "mytool2.h"
int main(int argc,char **argv){
    mytool1_print("hello");
    mytool2_print("hello");
}
/*mytool1.h*/
#ifndef _MYTOOL_1_H
#define _MYTOOL_1_H
void mytool1_print(char *print_str);
#endif
/*mytool1.c*/
#include "mytool1.h"
void mytool1_print(char *print_str){
    printf("This is mytool1 print%s\n",print_str);
}
/*mytool2.h*/
#ifndef _MYTOOL_2_H
#define _MYTOOL_2_H
void mytool2_print(char *print_str);
#endif
/*mytool2.c*/
#include "mytool2.h"
void mytool2_print(char *print_str){
    printf("This-is-mytool2-print%s\n",print_str);
}
```

以上程序的 makefile 文件内容如下：

```
main:main.o mytool1.o mytool2.o
```

```
<tab>gcc - o main main.o mytool1.o mytool2.o
main.o:main.c mytool1.h mytool2.h
<tab>gcc -c main.c
mytool1.o:mytool1.c mytool1.h
<tab>gcc -c mytool1.c
mytool2.o:mytool2.c mytool2.h
<tab>gcc -c mytool2.c
clean:
rm -rf *.o main
```

有了这个makefile文件，不管什么时候修改了源程序当中的文件，只要执行make命令，编译器都只会去编译与修改的文件有关的文件。

下面介绍makefile文件的编写格式。

（1）makefile中以"#"开始的行是注释行。

（2）makefile中最重要的是描述文件的依赖关系的说明。一般的格式是：

```
target:components
TAB rule
```

第一行表示的是依赖关系，第二行是规则。

比如上面那个makefile文件的第二行"main:main.o mytool1.o mytool2.o"表示目标main的依赖对象是main.o、mytool1.o和mytool2.o，当依赖的对象修改后，就要去执行规则所指定的命令，如上面makefile的"gcc -o main main.o mytool1.o mytool2.o"。注意规则一行中的TAB表示那里是一个TAB键。



（3）clean：

当用户键入"make clean"命令时，系统会执行clean后面的语句。

对于上面的makefile，当用户键入"make clean"命令时，会执行"rm -rf *.o main"，从而删除*.o和main文件。

Makefile有3个非常有用的变量，分别是"＄@"、"＄^"和"＄＜"，含义分别是：

- ＄@ 目标文件
- ＄^ 所有的依赖文件
- ＄＜ 第一个依赖文件

使用上面3个变量，可以将makefile文件简化为：

```
main:main.o mytool1.o mytool2.o
gcc -o $@ $^
main.o:main.c mytool1.h mytool2.h
gcc - c $<
mytool1.o:mytool1.cmytool1.h
gcc - c $<
mytool2.o:mytool2.cmytool2.h
gcc - c $<
```

还有一个makefile的缺省规则也非常有用：

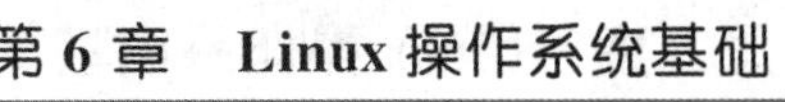



```
.c .o:
gcc -c $<
```

这个规则表示所有的.o 文件都依赖相应的.c 文件。例如 mytool.o 依赖于 mytool.c，这样 makefile 还可以变为：

```
main:main.o mytool1.o mytool2.o
gcc -o $@ $^
.c.o:
gcc -c $<
```

### 3. automake 和 autoconf

对于一个 Unix/Linux 下的 C 程序员来说，自己编写 makefile 文件是很困难的，因为自己写的 makefile 可能不能在所有 Unix/Linux 类操作系统下通用。因此，有必要了解并学会运用 autoconf 和 automake。

autoconf 是一个产生自动配置源代码包，生成 shell 脚本的工具，适应各种类 Unix 系统的需要。由 autoconf 生成的配置脚本在运行时不需要用户的手工干预，也不需要手工给出参数以确定系统的类型。相反，它们可以对软件包可能需要的各种特征进行独立的测试。

automake 是一个从文件 makefile.am 自动生成 makefile.in 的工具。makefile.am 基本上是一系列 make 的宏定义，生成的 makefile.in 服从 GNU makefile 标准。在开始使用 autoconf 和 automake 之前，首先确认系统安装有 GNU 的如下软件：

- automake
- autoconf
- m4
- perl
- 如果需要产生共享库还需要 GNU Libtool

通过 automake 和 autoconf 生成 makefile 文件的过程如图 6.5 所示。

自动生成 makefile 的步骤如下：

(1) 源文件通过 autoscan 命令生成 configure.scan 文件，然后修改 configure.scan 文件，并重命名为 configure.in。

(2) 由 aclocal 命令生成 aclocal.m4。

(3) 由 autoconf 命令生成 configure。

(4) 编辑一个 makefile.am 文件，并由 automake 命令生成 makefile.in 文件。

(5) 运行 configure 命令生成 makefile。

下面以一个例子说明如何自动生成 makefile 文件。

例子源程序的结构为：工作目录为 hello，hello 目录下有 main.c 源文件和 comm、tools、db、network、interface5 个目录。comm 目录下有 comm.c 和 comm.h

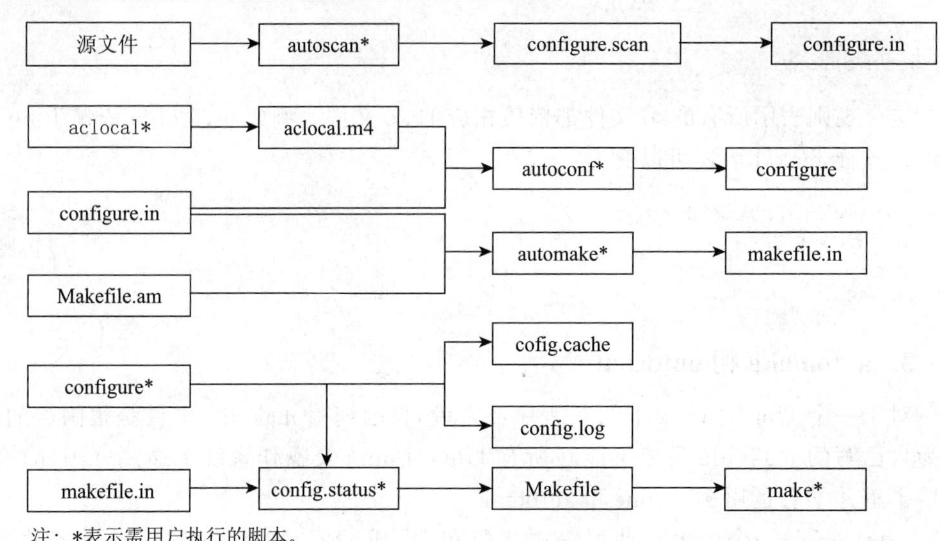


**图 6.5　makefile 文件的生成过程**

源文件及头文件；tools 目录下有 tools. c 和 tools. h；同样，其他目录分别有 db. c、db. h、network. c、network. h、interface. c、interface. h 等一些源文件。

要想自动生成 makefile 文件，需要完成的操作步骤如下。

(1) 进入 hello 目录，运行 autoscan 命令，命令如下：

```
cd hello
autoscan
```

(2) 用 ls 命令会发现目录中多了一个 configure. scan 文件。修改此文件，在 AC_INIT 宏之后加入 AM_INIT_AUTOMAKE(hello,1. 0)。这里 hello 是软件名称，1. 0 是版本号，即源程序编译将生成一个软件 hello1. 0 版。然后把 configure. scan 文件的最后一行 AC_OUTPUT 宏填写完整变成 AC_OUTPUT(makefile)，表明 autoconf 和 automake 最终将生成 makefile 文件。最后把 configure. scan 文件改名为 configure. in。最终 configure. in 文件内容如下：

```
dnl Process this file with autoconf to produce a configure script.
AC_INIT(target. c)
AM_INIT_AUTOMAKE(hello,1. 0)
dnl Checks for programs.
AC_PROG_CC
dnl Checks for libraries.
dnl Checks for header files.
dnl Checks for typedefs,structures,and compiler characteristics.
dnl Checks forlibrary functions.
AC_OUTPUT(Makefile)
```

(3) 运行 aclocal 命令，然后通过 ls 命令会发现多了一个 aclocal. m4 文件。

(4) 运行 autoconf 命令，然后通过 ls 命令会发现生成了一个可执行的 configure

文件。

(5) 编辑一个 makefile. am 文件,文件内容如下:

```
AUTOMAKE_OPTIONS= foreign
bin_PROGRAMS= hello
hello_SOURCES= main.c comm/comm.c comm/comm.h tools/tools.c tools/tools.h
db/db.c db/db.h network/network.c network/network.h interface/interface.c in-
terface/interface.h
```

(6) 运行 automake -- add - missing 命令。屏幕提示如下:

```
automake:configure.in:installing./install--sh'
automake:configure.in:installing./mkinstalldirs'
automake:configure.in:installing./missing'
```

(7) 用 configure 命令生成一个 makefile 文件,输入. /configure 命令即可。

(8) 编辑 makefile 文件,找到 $(LINK)所在的那一行,原来的文件内容如下:

```
@rm -f hello
$(LINK) $(hello_LDFLAGS) $(hello_OBJECTS) $(hello_LDADD) $(LIBS)
```

在这两行之间增加如下内容:

```
@mv -f comm.o comm
@mv -f tools.o tools
@mv -f db.o db
@mv -f network.o network
@mv -f interface.o interface
```

这是因为默认生成的 makefile 将在编译后把所有目标文件置于当前目录,而在进行链接时又会到各个子目录去找相应的目标文件。为了完整,建议在 clean 部分加上如下一些行:

```
@rm -f comm/comm.o
@rm -f tools/tools.o
@rm -f db/db.o
@rm -f network/network.o
@rm -f interface/interface.o
```

经过上述这些步骤后,现在可以编译生成可执行程序。输入一个 make all,然后就可以通过. /hello 来运行程序了。

运用 autoconf 和 automake 的最大好处是,程序以源程序方式发布后,其他人只需要依次输入如下命令,程序即可运行:

```
./configure
make
make install
```

所有符合 GNU 标准的 Unix/Linux 都不需要再修改 makefile 里的任何字符。

# 第7章

# 嵌入式 Linux 软件设计

本章内容基于北京精仪达盛公司的 EL-ARM-860 实验箱，Linux 内核版本为 2.4.18。主要内容包括 BootLoader 引导程序的原理和启动过程、vivi 的使用方法、Linux 内核移植、驱动程序以及应用程序的编写。

## 7.1 Bootloader 引导程序

在嵌入式系统中，BootLoader 的作用与 PC 机上的 BIOS 类似，通过 BootlLoader 可以完成对系统板上的主要部件(如 CPU、SDRAM、Flash、串行口等)进行初始化，也可以下载文件到系统板上，还可以对 Flash 进行擦除与编程。它会在操作系统内核运行之前运行，通过它可以分配内存空间的映射，从而使系统的软硬件环境进入一个合适的状态，以便为最终调用操作系统准备好正确的环境。

通常，BootLoader 是依赖于硬件而实现的，特别是在嵌入式系统中。因此，在嵌入式系统里建立一个通用的 BootLoader 几乎是不可能的。但是，仍然可以对 BootLoader 归纳出一些通用的概念，来进行特定的设计与实现。因此，正确进行 Linux 移植的前提条件是具备一个与 Linux 配套、易于使用的 BootLoader，它能够正确完成硬件系统的初始化和 Linux 的引导。

### 7.1.1 BootLoader 的启动过程

BootLoader 的实现依赖于 CPU 的体系结构，因此大多数 BootLoader 都分为 stage1 和 stage2 两大部分。依赖于 CPU 体系结构的代码，比如设备初始化代码等，通常都放在 stage1 中，而且通常都用汇编语言来实现，以达到短小精悍的目的。而 stage2 则通常用 C 语言来实现，以实现更复杂的功能，而且代码会具有更好的可读性和可移植性。

BootLoader 的 stage1 通常包括以下步骤：

- 硬件设备初始化。
- 为加载 BootLoader 的 stage2 准备 RAM 空间。
- 复制 BootLoader 的 stage2 到 RAM 空间中。
- 设置好堆栈。

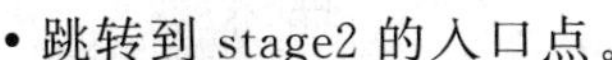



- 跳转到 stage2 的入口点。

BootLoader 的 stage2 通常包括以下步骤:

- 初始化本阶段要使用的硬件设备。
- 检测系统内存映射。
- 将 kernel 映像和根文件系统映像从 Flash 读到 RAM 中。
- 为内核设置启动参数。
- 调用内核。

## 7.1.2 BootLoader——vivi

vivi 是由韩国 MIZI 公司提供的一款针对 S3C2410 芯片的 BootLoader。当编译完 Linux 内核后,vivi 能够正确引导 Linux 系统的运行,快速下载内核和文件系统。vivi 首先通过串口下载内核和文件系统,网络驱动正常运行后,vivi 就可以通过网口下载内核和文件系统。同时,它也具有功能较为完善的命令集,对系统的软硬件资源进行合理的配置与管理。因此,用户可根据自身的需求实现相应的功能。vivi 可以从网上下载,若读者手中有 EL-ARM-860 实验箱,在配套光盘的/实验软件/source_sys 目录内也可以找到 vivi。

### 1. vivi 程序架构

vivi 代码包括 arch、init、lib、drivers 和 include 几个主要目录。

- arch:该目录包括所有 vivi 支持的目标板的子目录,这里只有 S3C2410 目录。
- drivers:该目录包括引导内核需要的设备驱动程序。
- init:该目录只有 main.c 和 version.c 两个文件,vivi 将从 main.c 函数开始 C 语言的执行。
- lib:该目录包括一些平台的接口函数。
- include:该目录是头文件的公共目录,其中 S3C2410 的头文件就放在该目录下。该目录定义了目标系统相关的资源配置参数。

### 2. vivi 启动流程

vivi 的启动过程分为两个阶段:阶段 1 和阶段 2。阶段 1 的主要工作是:

- 硬件初始化;
- 配置串口;
- 复制自身到 SDRAM 中(跳转到 C 代码的入口函数)。

阶段 2 的主要工作是:

- 对硬件系统继续初始化;
- 内存映射初始化,内存管理单元 MMU 初始化;
- 初始化堆;
- 初始化 MTD 设备,MTD 设备指具有闪存功能的设备,如闪存芯片和闪存

卡等;

- 初始化私有数据;
- 初始化内置命令;
- 启动 vivi。

下面对上述各步骤进行简要说明。

**(1) 硬件初始化**

当上电或复位后,vivi 启动,位于 NAND Flash 中的前 4 KB 程序由 S3C2410 自动复制到一个叫 Steppingstone 的 4 KB 内部 RAM 中,之后该 RAM 被映射到地址 0x00 处。此时,vivi 前 4 KB 代码开始运行,进行第一阶段的硬件初始化,主要工作为:关看门狗定时器,关中断,初始化 PLL 和时钟主频设定,以及初始化存储器控制器。

**(2) 配置串口**

该步初始化串口寄存器。

**(3) 复制自身到 SDRAM 中**

当初始化串口结束时,vivi 把自身从 NAND Flash 中复制到 SDRAM 中,之后在 SDRAM 中运行。

**(4) 对硬件系统继续初始化**

调用 board_init()函数,该函数在/arch/s3c2410/smdk.c 中,主要完成两个功能:时钟初始化和 I/O 口的配置。



**(5) 内存映射初始化,内存管理单元 MMU 初始化**

调用 mem_map_init()和 mmu_init(),这两个函数在/arch/s3c2410/mmu.c 中。启动代码使用 NAND 设备作为启动设备,内存映射完后,MMU 开始工作。

**(6) 初始化堆**

heap_init()函数用于初始化堆,该函数在/lib/head.c 中。

**(7) 初始化 MTD 设备**

mtd_init()函数用于初始化 MTD 设备,该函数在/drivers/mtd/maps/s3c2410_flash.c 中。

MTD 驱动程序是在 Linux 下专门为嵌入式环境开发的新的一类驱动程序。相对于常规块设备驱动程序,使用 MTD 驱动程序的主要优点在于 MTD 驱动程序是专门为基于闪存的设备所设计的,所以它们通常有更好的支持、管理以及基于扇区擦除和读/写操作的更好的接口。

**(8) 初始化私有数据**

init_priv_data()函数用于初始化私有数据,该函数在/lib/priv_data/rw.c 中。

**(9) 初始化内置命令**

init_builtin_cmds()函数用于初始化内置命令,该函数在/lib/command.c 中。

**(10) 启动 vivi**

boot_or_vivi()函数用于启动 vivi。此时,引导过程在超级终端上建立人机界面,并等待用户输入命令。若接收到用户输入非回车键,则进入 vivi 模式;否则,等待一会儿后系统自启动。

### 3. vivi 的常用命令

**(1) load 命令**

load 命令实现将二进制文件加载到 Flash 或 RAM 中。

语法:load <media_type> [ <partname> | <addr> <size> ] <x|y|z>

该命令可用的各选项含义如下:

- <media_type>　指定加载目标,具体为 Flash 或 RAM。
- [ <partname> | <addr> <size> ]　确定要加载的二进制文件的位置。如果需要使用预定义的 MTD 分区定义,则应加上分区定义名;否则指定位置和文件的大小。
- <x|y|z>　确定文件的传输协议。vivi 现在只能使用 xmodem 协议,所以,"x"是有效的。例如,装载 zImage 到 Flash 中,使用的命令是"vivi> load flash kernel x"。如果指定地址和文件大小,则使用的命令是"vivi> load flash 0x80000 0xc0000 x"。

**(2) MTD 分区命令**



vivi 使用 MTD 分区命令装载二进制文件、启动 Linux 内核以及擦除 Flash 等。

① 显示 MTD 分区信息命令

语法:part show

② 填加一个新的 MTD 分区命令

语法:part add <name> <offset> <size> <flag>

该命令可用的各选项含义如下:

- <name>　新 MTD 分区的名字
- <offset>　MTD 设备的偏移
- <size>　MTD 设备分区的大小
- <flag>　MTD 设备分区的标志,有效值为 JFFS2、LOCKED 和 BONFS。

③ 删除 MTD 分区命令

语法:part del<partname>

④ 复位 MTD 分区到默认值命令

语法:part reset

⑤ 把参数和 MTD 分区信息存到 Flash 中的命令

语法:part save

**(3) 参数命令**

vivi 有一些参数值,例如 boot_delay 参数决定 vivi 在自动模式下内核启动的延时时间。使用如下参数设置命令:

```
Param set boot_delay 10000000
Param save
```

将改变 vivi 在自动模式下内核启动的延时时间。按回车键,内核开始加载;按其他键,进入 vivi 模式。

**(4) boot 命令**

boot 命令用于启动保存在 Flash 或 RAM 中的 Linux 内核。

语法:boot <media_type> [ <partname> | <addr> <size> ]

该命令可用的各选项含义如下:

- <media_type>  指示 Linux 内核存放的介质。有效值为 ram、nor 或 smc。
- [ <partname> | <addr> <size> ]  确定要加载的 Linux 内核文件的位置。如果需要使用预定义的 MTD 分区定义,则应加上分区定义名,否则指定位置和文件的大小。

需要特别注意的是,所有的参数都是可选项。如果省略所有参数,则表示从 MTD 分区信息的 kernel 处启动 Linux 内核。例如:

vivi> boot

该命令表示 vivi 从 MTD 分区的 kernel 处读取 Linux 内核文件。

vivi> boot nor 0x80000

该命令表示 vivi 从 Flash 存储器读取 Linux 内核文件,偏移地址为 0x80000,文件大小为默认值(0xc0000)。

vivi> load ram 0x30008000 0xd0000 x

vivi> boot ram

该命令表示 vivi 从 RAM 中启动 Linux 内核。

**(5) 帮助命令**

语法:help

帮助指令用于查看命令集。

## 7.2 Linux 的移植

所谓 Linux 移植,就是针对具体的目标平台对 Linux 做必要的改写后,安装到该目标平台并使其正确运行的过程。基本内容包括:

- 获取某一版本的 Linux 内核源码。
- 根据具体的目标平台,对源码进行必要的改写(主要是修改有关体系结构的部分);然后添加一些驱动,打造一款适合目标平台的新的操作系统。

• 对该系统进行针对目标平台的交叉编译,生成一个内核映像文件。

• 将该映像文件烧写、安装到目标平台中。

本书涉及的 Linux 版本为 2.4.18。移植内核所涉及的内容较多,也较复杂,但是网络上有专门的非官方组织在完善该事情。因此,用户需要做的主要工作是在目标平台上将适合移植的内核正常运转起来。

### 7.2.1 Linux 内核的目录结构

Linux 内核主要由 5 个子系统组成。

• 进程调度子系统;

• 进程间通信子系统;

• 内存管理子系统;

• 虚拟文件子系统;

• 网络接口子系统。

Linux 内核的主要目录结构如下。

(1) /arch:其中的子目录包含了所有与硬件体系结构相关的内核移植代码。每一个目录都代表一种硬件平台,每种平台都应该包括以下几部分。

• boot:包含启动内核所使用的部分或全部平台的相关代码。

• kernel:包含支持体系结构特有的特征代码。

• lib:包含存放体系结构特有的通用函数的实现代码。

• mm:包含存放体系结构特有的内存管理程序的实现。

• mach-xxx:包含存放该处理器的移植代码。

(2) /documentation:其中的子目录包含许多有关内核的非常详细的文档。

(3) /drivers:其中的子目录包含内核中所有的设备驱动程序。

(4) /fs:其中的子目录包含所有文件系统的代码。

(5) /include:其中的子目录包含建立内核代码时所需的大部分库文件的头文件,该模块利用其他模块重建内核。同时,也包括不同平台需要的库文件。

(6) /init:其中的子目录包含内核的初始化代码,内核从此目录下开始工作。

(7) /ipc:其中的子目录包含内核的进程间通信的代码。

(8) /kernel:其中的子目录包含主内核的代码,如进程调度等。

(9) /lib:其中的子目录包含通用的库函数代码等。

(10) /mm:其中的子目录包含内核的内存管理代码。

(11) /net:其中的子目录包含内核的网络相关代码。

(12) /scripts:其中的子目录包含配置内核的一些脚本文件。

一般在每个目录下,都有一个 .depend 文件和一个 makefile 文件。这两个文件都是编译时使用的辅助文件,仔细阅读这两个文件对弄清各个文件之间的联系和依托关系很有帮助。而且,在有的目录下还有 Readme 文件,它是对该目录下文件的一些说明，同样有利于对内核源码的理解。

因此，移植工作的重点就是移植 arch 目录下的文件。

### 7.2.2 Linux 内核源码

读者可以从网上获得 Linux 某一版本的源码，如 ftp://ftp. arm. Linux. org. uk。通常对内核源码的改写难度较大，因为这不仅要求读者对内核结构非常熟悉，而且也要对目标平台的硬件结构相当了解。因此，这部分工作主要由目标平台厂商提供，例如对于 ARM 平台，对 Linux 内核源码的改写就是由英国 ARM 公司完成的。对于读者来说，只需从其网站上下载并安装相关版本的 Linux 内核补丁即可。

### 7.2.3 交叉编译环境的建立

交叉编译指利用运行在机器上的编译器编译某个源程序，生成在另一台机器上运行的目标代码的过程。建立交叉编译环境最重要的是要有一个交叉编译器。对于 Linux 系统和 ARM 平台来讲，GCC 交叉编译器能高效地完成移植。下面介绍生成 GCC 交叉编译器的一般过程。

**(1) 下载源代码**

下载包括 binutils、gcc、glibc 及 Linux 内核的源代码（需要注意的是，glibc 和内核源代码的版本必须与目标机上实际使用的版本保持一致），并设定 shell 变量 PREFIX，指定可执行程序的安装路径。



**(2) 编译 binutils**

首先运行 configure 文件，并使用--prefix= $PREFIX 参数指定安装路径，使用--target=arm-linux 参数指定目标机类型，然后执行 make install。

**(3) 配置 Linux 内核头文件**

执行 make config ARCH=arm 进行配置（注意，一定要在命令行中使用 ARCH=arm 指定 CPU 架构，因为缺省架构为主机的 CPU 架构），这一步需要根据目标机的实际情况进行详细的配置，配置完成之后，需要将内核头文件复制到安装目录。

**(4) 第一次编译 gcc**

首先运行 configure 文件，使用--prefix= $PREFIX 参数指定安装路径，使用--target= arm-linux 参数指定目标机类型，并使用--disable-threads、--disable-shared、--enable-languages=c 参数，然后执行 make install。这一步将生成一个最简的 gcc。由于编译整个 gcc 需要目标机的 glibc 库，而 glibc 库还不存在，因此需要首先生成一个最简的 gcc，它只需要具备编译目标机 glibc 库的能力即可。

**(5) 交叉编译 glibc**

这一步骤生成的代码是针对目标机 CPU 的，因此它属于一个交叉编译过程。该过程要用到 Linux 内核头文件，默认路径为 $PREFIX/arm-linux/sys-linux，因而需要在 $PREFIX/arm-linux 中建立一个名为 sys-linux 的软链接，使其指向内核头

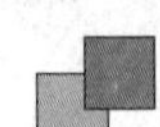

文件所在的 include 目录；或者，也可以在接下来要执行的 configure 命令中使用--with-headers 参数指定 Linux 内核头文件的实际路径。

configure 文件的运行参数设置如下(因为是交叉编译，所以要将编译器变量 CC 设为 arm－linux－gcc)：

```
CC= arm-linux-gcc
./configure
--prefix= $PREFIX/arm-linux
--host= arm-linux
--enable-add- ons
```

最后，按以上配置执行 configure 和 make install，glibc 的交叉编译过程就算完成了。这里需要指出的是，glibc 的安装路径设置为 $PREFIXARCH＝arm/arm－linux。如果此处设置不当，第二次编译 gcc 时可能找不到 glibc 的头文件和库。

**(6) 第二次编译 gcc**

运行 configure，参数设置为--prefix＝ $PREFIX --target＝arm-linux --enable-languages＝c，c＋＋。再运行 make install。

到此为止，整个交叉编译环境就完全生成了。

由于建立交叉编译环境的过程比较复杂，需要了解编译过程及硬件细节，读者可以从网上直接下载相关的工具包。如果读者手中有 EL-ARM-860 实验箱，在/实验软件 syrj/tools/目录下可以找到关于交叉编译的 RPMS 文件夹。运行命令：

```
rpm -Uvh *.rpm
```

如果所有的 RPMS 内的文件全部正确安装，将会在根目录下的/opt 文件夹内生成一个 host 文件夹，我们所需的交叉编译库就在该目录下。这样，所需的交叉编译环境就搭建好了。

## 7.2.4　Linux 内核文件的修改

**(1) 设置目标平台和指定交叉编译器**

在根目录的 makefile 文件中，首先要指定所移植的硬件平台，以及所使用的交叉编译器。makefile 文件需做如下改动：

```
ARCH:= arm
CROSS_COMPILE= /opt/host/armv4l/bin/armv4l-unknown-linux-
```

也就是说，所移植的硬件平台是 ARM，所使用的交叉编译器是存放在目录/opt/host/armv4l/bin/下的 armv4l－unknown－linux－xxx 等工具。

**(2) 修改 arch/arm 目录下的 makefile 文件**

系统的启动代码是通过这个 makefile 文件产生的。在 Linux－2.4.18 内核中要添加如下代码(在移植好的内核中不必添加)：

```
ifeq($(CONFIG_ARCH_S3C2410),y)
TEXTADDR= 0xC0008000
MACHINE= s3c2410
endif
```

这里 TEXTADDR 确定内核开始运行的虚拟地址。

**(3) 修改 arch /arm 目录下的 config. in 文件**

配置文件 config. in 能够配置运行"make menuconfig"命令时的菜单选项,由于 2.4.18 内核中没有 S3C2410 的相关信息,所以要在该文件中进行有效的配置。完成该步,在 Linux 内核配置时就可以选择刚刚加入的内核平台了。

**(4) 修改 arch /arm /boot 目录下的 makefile 文件**

编译出来的内核存放在该目录下,这里指定内核解压到实际硬件系统上的物理地址。

```
ifeq($(CONFIG_ARCH_S3C2410),y)
ZTEXTADDR= 0x30008000
ZRELADDR= 0x30008000
endif
```

要根据实际的硬件系统,修改解压后内核开始运行的实际物理地址。

**(5) 修改 arch /arm /boot /compressed 目录下的 makefile 文件**

该文件的功能是从 vmlinux 中创建一个压缩的 vmlinuz 镜像文件。该文件中用到的 SYSTEM、ZTEXTADDR、ZBSSADDR 和 ZRELADDR 是从 arch/arm/boot/Makefile 文件中得到的。添加如下代码:



```
ifeq($(CONFIG_ARCH_S3C2410),y)
OBJS+= head- s3c2410.o
endif
```

**(6) 在 arch /arm /boot /compressed 目录下添加 head-s3c2410. s 文件**

该文件主要用来初始化处理器

**(7) 在 arch /arm /def-configs 目录下添加配置好的 S3C2410 的配置文件**

**(8) 修改 arch /arm /kernel 目录下的 makefile 文件**

该文件主要用来确定文件类型的依赖关系。修改如下:

```
no-irq-arch:= $(CONFIG_ARCH_INTEGRATOR) $(CONFIG_ARCH_CLPS711X) \
$(CONFIG_FOOTBRIDGE) $(CONFIG_ARCH_EBSA110) \
$(CONFIG_ARCH_SA1100) $(CONFIG_ARCH_CAMELOT) \
$(CONFIG_ARCH_S3C2400) $(CONFIG_ARCH_S3C2410) \
$(CONFIG_ARCH_MX1ADS) $(CONFIG_ARCH_PXA)
```

**(9) 修改 arch /arm /kernel 目录下的 debug-armv. s 文件**

在该文件中添加如下代码,目的是关闭外围设备的时钟,以保证系统正常运行。此文件修改如下:

```
#elif defined(CONFIG_ARCH_S3C2410)
            .macro          addruart,rx
            mrc             p15, 0, \rx, c1, c0
            tst             \rx, #1                      @ MMU enabled ?
            moveq           \rx, #0x50000000             @ physical base address
            movne           \rx, #0xf0000000             @ virtual address
            .endm
            .macro          senduart,rd,rx
            str             \rd, [\rx, #0x20]            @ UTXH
            .endm
            .macro          waituart,rd,rx
            .endm
            .macro          busyuart,rd,rx
1001:       ldr \rd, [\rx, #0x10]                        @ read UTRSTAT
            tst             \rd, #1 << 2                 @ TX_EMPTY ?
            beq             1001b
            .endm
```

**(10) 修改 arch /arm /kernel 目录下的 entry-armv. s 文件**

该文件是 CPU 初始化时处理中断的汇编代码,需作如下修改:

```
#elif defined(CONFIG_ARCH_S3C2410)
#include < asm/hardware. h>
        .macro  disable_fiq
        .endm
        .macro  get_irqnr_and_base, irqnr, irqstat, base, tmp
        mov  r4, #INTBASE        @ virtual address of IRQ registers
        ldr  \irqnr, [r4, #0x8]     @ read INTMSK
        ldr  \irqstat, [r4, #0x10]     @ read INTPND
        bics \irqstat, \irqstat, \irqnr
        bics \irqstat, \irqstat, \irqnr
        beq  1002f
        mov  \irqnr, #0
1001:        tst\irqstat, #1
        bne  1002f@  found IRQ
        add  \irqnr, \irqnr, #1
        mov  \irqstat, \irqstat, lsr #1
        cmp  \irqnr, #32
        bcc  1001b
1002:
        .endm
        .macro  irq_prio_table
        .endm
```

**(11) 修改 arch /arm /mm 目录下的相关文件**

此目录下包含移植好的有关 ARM 内存管理的代码。在 mm - armv. c 中,使"init_maps ->bufferable = 1;"即可。init_maps 是一个 map_desc 型的数据结构,map_desc 的定义在/include/asm - arm/mach/map. h 文件中。

**(12) 修改 arch /arm /mach - s3c2410 目录下的相关文件**

此目录下包含的代码是专门针对 S3C2410 处理器的。

## 7.2.5 Linux 内核及文件系统的编译

### 1. 编译 Linux 内核

编译一个可以运行的 Linux,首先要对 Linux 进行配置。一般是通过 make menuconfig 或者 make xconfig 来实现的,这里使用 make menuconfig。为了编译生成内核文件 zImage,需要如下几步:

**(1) make dep**

这步仅仅在第一次编译时需要,以后就不需要了,为的是在编译时知道文件之间的依赖关系。在进行了多次编译后,make 会根据这个依赖关系确定哪些文件需要重新编译,哪些文件可以跳过。

**(2) make clean**

该命令用于清除以前编译内核时生成的所有目标文件、模块文件和临时文件。

**(3) make zImage**

编译内核。编译通过后,在目录 arch/arm/boot 下生成 zImage 内核文件。

### 2. 制作 cramfs 文件系统

利用工具软件 MKCRAMFS 制作 cramfs 文件系统,MKCRAMFS 工具可以从网上下载。若读者手中有 EL-ARM-860 实验箱,在配套光盘的/实验软件/tools/目录下可以找到 MKCRAMFS。cramfs 文件系统是一个只读压缩的文件系统,支持的文件类型可以是 ext2、ext3 等等。假设 root_tech 目录包含将来要用到的所有文件,把制作工具和 root_tech 放在同一个目录下,并在该目录下使用命令:

```
MKCRAMFS  root_tech  rootfs.cramfs
```

就可把 root_tech 制作成名为 rootfs.cramfs 的文件。系统启动后,内核将其加载到内存中,并解压缩。

当应用程序和驱动模块调试成功后,就可以把驱动模块添加到内核中,应用程序的执行文件可以放到/usr/sbin 或/usr/bin 目录下。然后,在/usr/etc/rc.local 文件中添加驱动程序的设备文件。最后,利用 MKCRAMFS 工具把新的 root_tech 制作成 cramfs 文件系统。

## 7.2.6 Linux 内核及文件系统的下载

### 1. 利用 vivi 通过超级终端重新下载 vivi

在 Windows 下启动超级终端,设置其属性为:波特率 115 200,8 位数据,1 位停止位,无奇偶校验。然后,用串口线连接实验系统和 PC 机的串口。给系统上电,并在超级终端的 vivi 命令行下输入:

```
vivi> load flash vivi x
```

之后,通过 xmodem 协议发送 vivi 文件:vivi,等待文件传送完成。

**2. 利用 vivi 烧写内核和 root 文件系统**

在超级终端的 vivi 命令行下输入“load flash kernel x”,将通过 xmodem 协议发送 kernel 文件:zImage。

在超级终端的 vivi 命令行下输入“ load flash root x”,将通过 xmodem 协议发送 root 文件: root. cramfs。

**3. 利用网络烧写软件 imagewrite 烧写内核和 root 文件系统**

在 Linux 系统下启动 nfs,并且将存放供下载的可执行文件的目录共享。imagewrite 文件可以从网上下载,若读者手中有 EL-ARM-860 实验箱,在配套光盘的/实验软件/tools 内可以找到 imagewrite 软件。

在实验系统上使用 mount 命令,将 Linux 主机的目录 mount 到目标平台指定的目录,例如:mount xxx. xxx. xxx. xxx:/home/nfs /mnt/nfs。在该目录下通过以下 imagewrite 命令分别下载 vivi、kernel 和 root 文件。

```
./imagewrite /dev/mtd/0 vivi:0
./imagewrite /dev/mtd/0 zImage:192k
./imagewrite /dev/mtd/0 root. cramfs:2m
```



上述 vivi、zImage 和 root. cramfs 对应 bootloader、内核文件和根文件的名称,使用时用实际的文件名代替。

## 7.3 驱动程序开发

**1. 设备驱动程序的工作原理**

设备驱动程序是操作系统内核和机器硬件之间的接口。设备驱动程序为应用程序屏蔽了硬件的细节,这样在应用程序看来,硬件设备只是一个设备文件,应用程序可以像操作普通文件一样对硬件设备进行操作。同时,设备驱动程序作为内核的一部分,完成以下功能:对设备初始化和释放;把数据从内核传送到硬件和从硬件读取数据;读取应用程序传送给设备文件的数据和回送应用程序请求的数据;检测和处理设备出现的错误。

Linux 下的设备驱动程序是内核的一部分,运行在内核模式。也就是说,设备驱动程序为内核提供了一个 I/O 接口,用户使用这个接口实现对设备的操作。图 7.1 显示了典型的 Linux 输入/输出系统中各层次的结构和功能。

Linux 设备驱动程序包含中断处理程序和设备服务子程序两部分。设备服务子程序包含了所有与设备操作相关的处理代码,它从面向用户进程的设备文件系统中

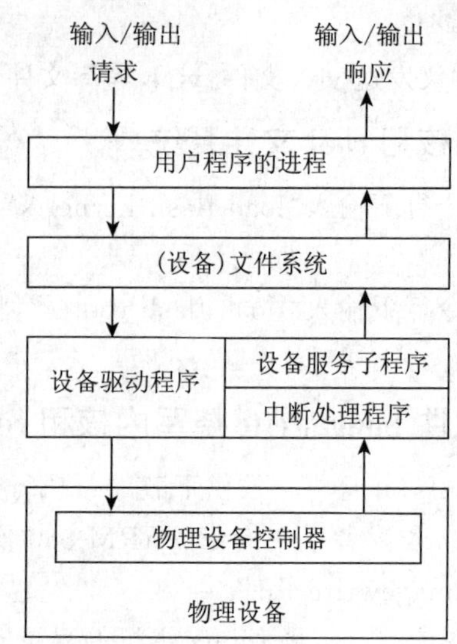


图 7.1　Linux 输入/输出系统

接受用户命令并对设备控制器执行操作。这样,设备驱动程序屏蔽了设备的特殊性,使用户可以像对待文件一样操作设备。设备控制器获得系统服务的方式有两种:查询和中断。因为 Linux 下的设备驱动程序是内核的一部分,在设备查询期间系统不能运行其他代码,查询方式的工作效率比较低,所以只有少数设备如软盘驱动程序采取这种方式,大多数设备以中断方式向设备驱动程序发出输入/输出请求。

在 Linux 系统中,使用 file_operation 结构将设备驱动程序和文件系统相关联,在这个结构里存放了设备各种操作的入口函数。设备驱动程序可以使用 Linux 系统的标准内核服务,如内存分配、中断发送和等待队列,从而完成设备的初始化、启闭与数据传输等驱动功能。

### 2. 设备驱动程序的 file_operations 结构

通常,一个设备驱动程序包括两个基本的任务:执行系统调用和负责中断处理。而 file_operations 结构的每一个成员的名称都对应一个系统调用。用户程序利用系统调用,比如在对设备文件进行诸如 read 操作时,该设备文件的驱动程序就会执行相关的 ssize_t(＊read)(structfile＊,char＊,size_t,loff_t＊)函数。在操作系统内部,外部设备的存取是通过一组固定入口点进行的,这些入口点由每个外设的驱动程序提供,由 file_operations 结构向系统进行说明,因此,编写设备驱动程序的主要工作就是编写子函数,并填充 file_operations 的各个域。file_operations 结构在 kernel/include/linux/fs.h 中可以找到,具体结构描述如下。

```
struct file_operations{
  struct module *owner;
  loff_t (*llseek)(struct file*,loff_t,int);
```

```
    ssize_t (*read)(struct file*,char*,size_t,loff_t*);
    ssize_t (*write)(struct file*,const char*,size_t,loff_t*);
    int (*readdir)(struct file*,void*,filldir_t);
    (*poll)(struct file*,struct poll_table_struct*);
    int (*ioctl)(struct inode*,struct file*,unsigned int,unsigned long);
    int (*mmap)(struct file*,struct vm_area_struct*);
    int (*open)(struct inode*,struct file*);
    int (*flush)(struct file*);
    int (*release)(struct inode*,struct file*);
    int (*fsync)(struct file*,struct dentry*,int);
    int (*fasync)(int,struct file*,int);
    int (*lock)(struct file*,int,struct file_lock*);
    ssize_t (*readv)(struct file*,const struct iovec*,unsigned long,loff_t*);
    ssize_t (*writev)(struct file*,const struct iovec*,unsigned long,loff_t*);
    ssize_t (*sendpage)(struct file*,struct page*,int,size_t,loff_t*,int);
    unsigned long (*get_unmapped_area)(struct file*, unsigned long, unsigned
long,unsigned long, unsigned long);
    #ifdef MAGIC_ROM_PTR
    int (*romptr)(struct file *,struct vm_area_struct *);
    #endif*/MAGIC_ROM_PTR*/
   };
```

其中主要的函数说明如下：

- open() 用来完成驱动程序的设备初始化操作，并且还会增加设备计数，以防止文件关闭前模块被卸载出内核。open函数主要完成以下操作：检查设备错误(诸如设备未就绪或相似的硬件问题)；如果是首次打开，则初始化设备；标识次设备号；分配和填写要放在file→private_data内的数据结构；增加使用计数。
- read() 用来从外部设备中读取数据。当其为NULL指针时，将引起read系统调用返回-EINVAL("非法参数")。函数返回一个非负值表示成功地读取了多少字节。
- write() 向外部设备发送数据。如果没有这个函数，write系统调用向调用程序返回一个-EINVAL。非负返回值表示成功写入的字节数。
- release() 当设备被关闭时调用这个操作。release的作用正好与open相反。这个设备方法有时也称为close。它应该完成以下操作：使用计数减1；释放open分配在file→private_data中的内存，在最后一次关闭操作时关闭设备。
- llseek() 用于改变当前的读写指针。
- readdir() 一般用于文件系统的操作。
- poll() 一般用于查询设备是否可读可写或处于特殊的状态。
- ioctl() 执行设备专有的命令。
- mmap() 将设备内存映射到应用程序的进程地址空间。

在<linux/fs.h>中定义的struct file是设备驱动程序使用的另一个重要的数

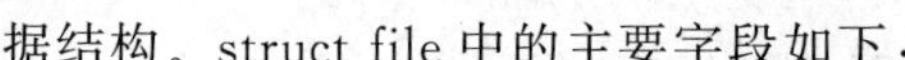




据结构。struct file 中的主要字段如下：

① loff_t f_pos

此参数表示当前的读/写位置。loff_t 是一个 64 位的数(用 gcc 的术语说就是 long long)。如果驱动程序需要知道文件中的当前位置，就可以读取这个值，但不能修改它(read 和 write 会使用它们接收到的最后那个指针参数来更新这一位置，而不是直接对filp→f_pos操作)。

② unsigned int f_flags

此参数表示文件标志，如 O_RDONLY、O_NONBLOCK 和 O_SYNC。驱动程序为了支持非阻塞型操作需要检查这个标志，而其他标志很少用到。注意，检查读/写权限应该查看f_mode而不是 f_flags。所有这些标志都定义在＜linux/fcntl. h＞中。

③ struct file_operations *f_op

此参数表示与文件相关的操作。内核在执行 open 操作时对这个指针赋值，以后需要处理这些操作时就读取这个指针。可以在任何需要的时候修改文件的关联操作，在返回给调用者之后，新的操作方法就会立即生效。

④ void *private_data

系统在调用驱动程序的 open 方法前将这个指针置为 NULL。驱动程序可以将这个字段用于任何目的或者忽略这个字段。驱动程序可以用这个字段指向已分配的数据，但是一定要在内核销毁 file 结构前在 release 方法中释放内存。private_data 是跨系统调用时保存状态信息的非常有用的资源。

⑤ mode_t f_mode

此参数表示文件模式，由 FMODE_READ 和 FMODE_WRITE 来标识文件是否可读或可写(或可读写)。

⑥ struct inode *f_inode

此参数表示打开的文件所对应的 i 节点。inode 指针是内核传递给所有文件操作的第一个参数，所以一般不需要访问 file 结构的这个字段。在某些特殊情况下只能访问 struct file 时，可以通过这个字段找到相应的 i 节点。

⑦ struct file_operations *f_op

此参数表示与文件对应的操作。内核在完成 open 时对这个指针赋值，以后需要分派操作时读取这些数据。

### 7.3.1 驱动程序的开发步骤

通过了解驱动程序的 file_operations 结构，用户就可以编写出相关外部设备的驱动程序。

首先，用户在自己的驱动程序源文件中定义 file_operations 结构，并编写出设备需要的各个操作函数，对于设备不需要的操作函数用 NULL 初始化，这些操作函数将被注册到内核。当应用程序对相应的设备文件进行操作时,内核会找到相应的操作函数,并进行调用。如果操作函数使用 NULL,操作系统就进行默认的处理。

定义并编写完 file_operations 结构的操作函数后,要定义一个初始化函数,比如函数名可为 device_init(),在 Linux 初始化时要调用该函数。该函数应包含以下几项工作:

(1) 对该驱动程序所使用到的硬件寄存器进行初始化,包括中断寄存器。

(2) 初始化与设备相关的参数。一般来说每个设备要定义一个设备变量,用来保存设备相关的参数。

(3) 注册设备。Linux 内核通过主设备号将设备驱动程序同设备文件相连。每个设备有且仅有一个主设备号。通过查看 Linux 系统中/proc 下的 devices 文件(该文件记录已经使用的主设备号和设备名),选择一个没有使用的主设备号,调用下面的函数来注册设备。

```
int register_chrdev(unsigned int,const char*,struct file_operations*)
```

其中 3 个参数分别代表主设备号、设备名和 file_operations 结构变量的地址。

(4) 注册设备使用的中断,注册中断使用的函数。

(5) 其他的一些初始化工作,比如给设备分配 I/O,申请 DMA 通道等。

如果设备的驱动程序使用如下的函数方式,那么设备驱动可以被动态地加载和卸载。

```
module_init(device_init);
module_exit(device_exit);
```

对于驱动程序的使用,有静态编译和动态编译两种。静态编译指的是将设备驱动程序添加到内核中;动态编译指将设备驱动程序编译成驱动模块。

### 1. 将设备驱动加到 Linux 内核中

设备驱动程序编写完后,就可以加到 Linux 的内核中了,这需要修改 Linux 的源码,然后重新编译 Linux 内核。具体步骤如下:

(1) 将设备驱动文件(比如 device_driver.c)复制到 kernel/drivers/char 目录下,该目录保存了 Linux 的字符型设备的驱动程序。

(2) 在 kernel/drivers/char 目录下的 makefile 文件中填加如下代码:

```
ifeq($(CONFIG_DEVICE_DRIVER),y)
L_OBJS+= DEVICE_DRIVER.o
endif
```

或

```
ifeq($obj-$(CONFIG_DEVICE_DRIVER)+= DEVICE_DRIVER.o
```

如果在配置 Linux 内核时已经选择了支持该设备,则在编译内核时,将把 DE-

VICE_DRIVER.c 编译成 DEVICE_DRIVER.o 文件。

(3) 在 kernel/drivers/char 目录下修改 config.in 文件。在 comment'Character devices'下面添加:

```
bool'support for DEVICE_DRIVER'CONFIG_DEVICE_DRIVER
```

这样,在运行 make menuconfig 配置字符设备时就会出现 support for DEVICE_DRIVER 的字样。如果选中它并编译通过,驱动程序就加到内核中了。

(4) 在文件系统 cramfs 中添加设备驱动程序对应的设备文件。挂在操作系统中的设备都使用了设备驱动程序,要使一个设备成为应用程序可以访问的设备,必须在文件系统中有一个代表此设备的设备文件,通过使用设备文件,就可以对外部设备进行具体操作。设备文件都包含在/dev 目录下,Linux 使用的根文件系统是 cramfs 文件系统。这个系统是一个只读压缩文件系统,要在制作 cramfs 文件系统之前,在 root_tech 目录结构中的/usr/etc/rc.local 文件下,添加相应的设备文件。用 mknod 命令来创建设备文件 mknod device_driver c 120 0,其中 device_driver 为设备文件名,c 指的是字符设备,120 是主设备号,0 为次设备号。需要特别注意的是,device_driver 这个名字与注册函数中使用的字符串一定要一致。

### 2. 将设备驱动编译成驱动模块

如果要将设备驱动程序编译成驱动模块,一定要定义如下函数:



```
int __init device_init(void);
void __exit device_exit(void);
module_init(device_init);
module_exit(device_exit);
```

利用相应的交叉编译器以及编译命令,就能把 device_driver.c 编译成 device_driver.o 这样的动态驱动模块。当编译通过后,利用 nfs 网络文件系统,mount 到根文件系统下,键入加载驱动模块命令"insmod device_driver.o",则系统将安装驱动模块。如果在/dev 目录下没有相应的设备文件,就可以使用"mknod device_name c 主设备号 从设备号"命令来创建一个设备文件,从而正确使用驱动模块。当卸载驱动模块时,使用"rmmod device_driver"命令即可。删除设备文件则使用"rm device_name"命令。

## 7.3.2 键盘驱动程序的开发

键盘的设备驱动程序属于字符设备的驱动,因此要按照字符设备的规则编写。假设驱动程序名为 Arm7279_driver.c,其主要代码如下:

```
*/
- 函数名称:struct file_operations Uart2_fops
- 函数说明:文件结构
- 输入参数:无
```

```
- 输出参数:无
*/
struct file_operations Kbd7279_fops = {
    open:    Kbd7279_Open,//      打开设备文件
    ioctl:   Kbd7279_Ioctl,       //设备文件其他操作
    release: kbd7279_Close,       //关闭设备文件
};//其他选项省略
*/
- 函数名称:Kbd7279_Ioctl
- 函数说明:键盘控制
- 输入参数:struct inode *inode,struct file *file,unsigned int cmd,unsigned
           long arg
- 输出参数:0
*/
static int Kbd7279_Ioctl(struct inode *inode,struct file *file,
                         unsigned int cmd,unsigned long arg)
{
    int i;
    switch(cmd) {
        case Kbd7279_GETKEY: return kbd7279_getkey();
        default: printk("Unkown Keyboard Command ID. \n");
    }
    return 0;
}
*/
- 函数名称:Kbd7279_Close
- 函数说明:关闭键盘设备
- 输入参数:struct inode *inode, struct file *file
- 输出参数:0
*/
static int Kbd7279_Close(struct inode *inode, struct file *file){
    return 0;
}
*/
- 函数名称:Kbd7279_Open
- 函数说明:打开键盘设备
- 输入参数:struct inode *inode, struct file *file
- 输出参数:0
*/
static int Kbd7279_Open(struct inode *inode, struct file *file){
    return 0;
}
*/
- 函数名称:kbd7279_getkey
- 函数说明:获取一个键值
- 输入参数:无
- 输出参数:key_number;
*/
static int kbd7279_getkey(void){
    int  i,j;
    enable_irq(33);
```

```
    key_number= 0xff;
    for (i= 0;i< 3000;i++ )
    for (j= 0;j< 900;j++ );
    //如果有按键按下,返回键值
    return key_number;
}
*/
- 函数名称 : Kbd7279_ISR
- 函数说明 : 键盘服务子程序
- 输入参数 :int irq,void*dev_id,struct pt_regs *regs
- 输出参数 :无
*/
static void kbd_ISR(int irq,void*dev_id,struct pt_regs *regs){
    disable_irq(33);
    key_number = read7279(cmd_read);
    switch(key_number){
        case 0x04 :KeyValue = 0x08;break;
        case 0x05 :KeyValue = 0x09;break;
        case 0x06 :KeyValue = 0x0A;break;
        case 0x07 :KeyValue = 0x0B;break;
        case 0x08 :KeyValue = 0x04;break;
        case 0x09 :KeyValue = 0x05;break;
        case 0x0A :KeyValue = 0x06;break;
        case 0x0b :KeyValue = 0x07;break;
        default:break;
    }
   printk("key_number= %d\n",KeyValue);
}
```



其中 disable_irq(33);语句中 33 为 irq 对应的中断号,也就是使用的硬件中断。在本例中用外部中断 5 作为键盘的触发中断。当键盘按下则外部中断 5 有中断产生,在硬件上会通知 CPU。但是,这又如何与操作系统联系上呢? 即操作系统又是如何知道外部中断 5 的输入是键盘产生的呢? 这与操作系统的移植密切相关,在 kernel/include/asm－arm/arch－s3c2410 目录下的 irqs. h 文件中,有专门对中断向量的移植定义。每个中断在操作系统中都有一个中断号,对该中断号操作,也就是对该硬件中断进行操作。

```
*/
- 函数名称: Setup_Kbd7279
- 函数说明: 键盘设备的硬件初始化函数
- 输入参数: 无
- 输出参数: 无
*/
void Setup_Kbd7279(void){
    int i;
    BWSCON &= ~(3< < 16);                          //设定数据总线宽度
    set_gpio_ctrl(clk);                            //设定模拟 clk
    set_gpio_ctrl(dat);                            //设定模拟 dat
    set_gpio_ctrl(GPIO_F5|GPIO_MODE_EINT);         //设定外部中断模式
```

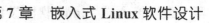

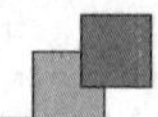



```
        set_external_irq(33,2,0);                    //设定下降沿触发
        for(i= 0;i< 100;i++ );
    }
    */
    -  函数名称:int Kbd7279_Init(void)
    -  函数说明:注册键盘设备,调用初始化函数
    -  输入参数:无
    -  输出参数:0 或- EBUsy 或 result
    */
    int __init Kbd7279_Init(void){
        int  result;
        printk("\n Registering Kbdboard Device\t--->\t");
        result =  register_chrdev(KEYBOARD_MAJOR, "Kbd7279", &Kbd7279_fops);
        if (result< 0){
            printk(KERN_INFO"[FALLED: Cannot register Kbd7279_driver!]\n");
            return result;
        }
        else
            printk("[OK]\n");
        printk("Initializing HD7279 Device\t--->\t");
        Setup_Kbd7279();
        if (request_irq(33,Kbd7279_ISR,0,"Kbd7279","88"))  {
            printk(KERN_INFO"[FALLED: Cannot register Kbd7279_Interrupt!]\n");
            return -EBUSY;
        }
        else
            printk("[OK]\n");
        printk("Kbd7279 Driver Installed.\n");
        return 0;
    }
    */
    - 函数名称:Kbd7279_Exit
    - 函数说明:卸载键盘设备
    - 输入参数:无
    - 输出参数:无
    */
    void __exit Kbd7279_Exit(void){
            unregister_chrdev(KEYBOARD_MAJOR, "Kbd7279");
            free_irq(33,"88");
            printk("You have uninstall The Kbd7279 Driver succesfully,\n if you
                    want to install again,please use the insmod command \n");
    }

    module_init(Kbd7279_Init);            //作为动态模块时调用
    module_exit(Kbd7279_Exit);            //作为动态模块时调用
```

当编译通过后,启动 Linux 主机下的 nfs 网络文件系统,把 arm7279_driver.o 文件放到一个主机的共享文件夹如/home/nfs 下。

启动主机下的系统工具/终端,在终端下启动 minicom 程序,配置好参数,给实验系统上电,此时主机下的终端有输出。当 Linux 系统正常启动后,利用 ifconfig eth0 命令改变实验系统的 IP 地址,并且与主机的前三段保持一致,最后一段不同,例如:主机为 192.168.0.1,则实验系统可为 192.168.0.5(除 1 外的小于 255 的任意数)。然后,利用"mount -o nolock 192.168.0.1:/home/nfs /mnt/yaffs"命令,把主机上存放驱动模块程序的共享的文件目录安装到实验系统的根文件系统下,之后查看/mnt/yaffs 目录下是否加入了主机上的共享目录下的文件。如果连接成功,键入加载驱动模块命令"insmod m7279_driver.o",则系统安装上驱动模块;如果在/dev 目录下没有相应的设备文件,则可以使用"mknod Kbd7279 c 50 0"来创建一个设备文件,从而正确使用驱动模块。当卸载驱动模块时,使用"rmmod arm7279_driver"命令即可。删除设备文件则使用"rm Kbd7279"命令。

## 7.3.3　LCD 驱动程序的开发

LCD 的设备驱动程序属于字符设备的驱动,应按照字符设备的规则编写。驱动程序名为 Lcd_driver.c,其主要代码如下:

```
*/
- 函数名称: struct file_operations LCD_fops
- 函数说明: 文件结构
- 输入参数: 无
- 输出参数: 无
*/
struct file_operations LCD_fops =  {
    open:       LCD_Open,  //打开设备文件
    ioctl:      LCD_Ioctl, //设备文件其他操作
    release:  LCD_Close, //关闭设备文件
};//其他选项省略
*/
- 函数名称: static int LCDIoctl(struct inode *inode,struct file *file,un-
            signed int cmd,unsigned long arg)
- 函数说明: LCD 控制输出
- 输入参数:struct inode *inode,struct file *file,unsigned int cmd,unsigned
long arg
- 输出参数: 1 或 zINVAL
*/
static int LCDIoctl(struct inode *inode,struct file *file,unsigned int cmd,
         unsigned long arg)
{
    char color;
    struct para {
        unsigned long a;
        unsigned long b;
        unsigned long c;
        unsigned long d;
    }*p_arg;
    switch(cmd){                                                    //得到的命令
        case 0:
            printk("set color\n");
```

```
            Set_Color(arg);
            printk("LCD_COLOR = %x\n",LCD_COLOR);
            return 1;
        case 1:
            printk("draw h_line\n");
            p_arg = (struct para *)arg;
            LCD_DrawHLine(p_arg-> a,p_arg-> b,p_arg-> c);          //画水平线
            LCD_DrawHLine(p_arg-> a,p_arg-> b+ 15,p_arg-> c);
            LCD_DrawHLine(p_arg-> a,p_arg-> b+ 30,p_arg-> c);
            return 1;
        case 2:
            printk("draw v_line\n");
            p_arg = (struct para *)arg;
            LCD_DrawVLine(p_arg-> a,p_arg-> b,p_arg-> c);          //画垂直线
            LCD_DrawVLine(p_arg-> a+ 15,p_arg-> b,p_arg-> c);
            LCD_DrawVLine(p_arg-> a+ 30,p_arg-> b,p_arg-> c);
            return 1;
        case 3 :
            printk("drwa circle\n");
            p_arg = (struct para *)arg;
            LCD_DrawCircle(p_arg-> a,p_arg-> b,p_arg-> c);         // 画圆
            return 1;
        case 4:
            printk("draw rect\n");
            p_arg = (struct para *)arg;
            LCD_DrawRect(p_arg-> a,p_arg-> b,p_arg-> c,p_arg-> d);  //画矩形
            return 1;
       case 5:
            printk("draw fillcircle\n");
            p_arg = (struct para *)arg;
            LCD_FillCircle(p_arg-> a, p_arg-> b, p_arg-> c);       //填充圆
            return 1;
       case 6 :
            printk("LCD is clear\n");
            LCD_Clear(0,0,319,239);                                //清屏
            return 1;
       case 7:
            printk("draw rect\n");
            p_arg = (struct para *)arg;
            LCD_FillRect(p_arg-> a,p_arg-> b,p_arg-> c,p_arg-> d);
                                                                   // 填充矩形
          return 1;
      default:
          return -EINVAL;
   }
   return 1;
}
*/
- 函数名称: void CloseLCD(struct inode *inode, struct file *file)
- 函数说明: LCD 关闭
- 输入参数: struct inode *inode, struct file *file
```

```
- 输出参数:无
*/
static void CloseLCD(struct inode *inode, struct file *file){
    printk("LCD is closed\n");
    return ;
}
*/
- 函数名称 : static int OpenLCD(struct inode *inode, struct file *file)
- 函数说明 : LCD 打开
- 输入参数 : struct inode *inode, struct file *file
- 输出参数 : 0
*/
static int OpenLCD(struct inode *inode, struct file *file){
    printk("LCD is open\n");
    return 0;
}
*LCD 设备的硬件初始化函数 */
*/注册 LCD 设备,调用初始化函数 */
*/
- 函数名称: int LCDInit(void)
- 函数说明: 注册 LCD 设备
- 输入参数: 无
- 输出参数: 0,或-EBUSY
*/
int __init  LCD_Init(void){
   int result;
   Setup_LCDInit();
   printk("Registering S3C2410LCD Device\t--->\t");
   result =  register_chrdev(LCD_MAJOR, "S3C2410LCD", &LCD_fops);//注册设备
   if (result< 0) {
        printk(KERN_INFO"[FALLED: Cannot register S3C2410LCD_driver!]\n");
        return -EBUSY;
    }
    else
        printk("[OK]\n");
    printk("Initializing S3C2410LCD Device\t--->\t");
    printk("[OK]\n");
    printk("S3C2410LCD Driver Installed. \n");
    return 0;
}
*/
- 函数名称: LCD_Exit
- 函数说明: 卸载 lcd 设备
- 输入参数: 无
- 输出参数: 无
*/
void __exit LCDdriver_Exit(void){
    Lcd_CstnOnOff(0);
    unregister_chrdev(LCD_MAJOR, "S3C2410LCD");
    printk("You have uninstall The LCD Driver succesfully,\n if you want to
            install again,please use the insmod command \n");
```

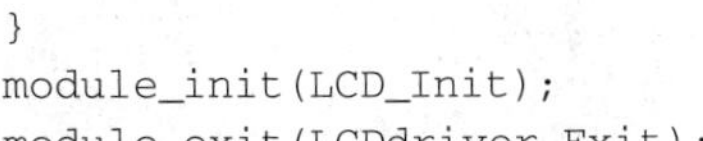

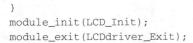

```
}
module_init(LCD_Init);
module_exit(LCDdriver_Exit);
```

当编译通过后，参照“7.3.2　键盘驱动程序的开发”一节中介绍的加载驱动模块的方法将 LCD 驱动模块动态加载。

## 7.4　应用程序开发

应用程序和模块的区别是很明显的，主要体现在以下几个方面：

- 应用程序是从头到尾执行单个任务，模块却只是预先注册自己以便服务于将来的某个请求。其中，函数 init_module()的任务是为以后调用模块函数预先做准备；函数 cleanup_module()在模块卸载时调用。
- 应用程序开发过程中的段错误是无害的，并且总是可以使用调试器跟踪到源代码中的问题所在；内核模块的一个错误即使不对整个系统是致命的，也至少会对当前进程造成致命错误。
- 应用程序运行于用户空间，处理器禁止其对硬件的直接访问以及对内存的未授权访问；内核模块运行于内核空间，可以进行所有操作。
- 应用程序一般不必担心发生其他情况而改变其运行环境；内核模块编程则必须考虑并发问题的处理。



### 7.4.1　应用程序的开发步骤

开发 Linux 应用程序一般分为以下几个步骤：

- 编写程序；
- 编写 makefile 文件；
- 编译程序；
- 运行程序；
- 将生成的可执行文件加入文件系统。

如果应用程序的运行需要某些驱动程序，先将驱动程序挂接到文件系统中。

下面以建立 hello 程序为例，说明开发应用程序的方法。首先创建一个文件夹，名称建议用 hello，具体开发过程如下。

#### 1. 编写 Hello 程序

编写 hello.c 文件，保存在 hello 目录下。代码如下所示：

```
#include < stdio.h>
#include < stdlib.h>
int main(int argc, char ** argv){
  printf("Hello Reader,Congradulations!!!\n");
  return(0);
```

```
}
```

### 2. 编写 makefile 文件

编写 makefile 文件时,一定要注意书写格式。如果格式不正确,编译时将会出错。makefile 文件同样放在 hello 目录下,内容如下:

```
CC =  /opt/host/armv4l/bin/armv4l-unknown-linux-gcc
CFLAGS =  -I/linux2410/kernel/include -Wall -Wstrict-prototypes -Wno-trigraphs
- os -mapcs -fno-- strict-aliasing -fno-common -fno-common -pipe -mapcs-32
hello: hello.c
    $ (CC) $ (CFLAGS) - o hello  hello.c
clean:
    -rm -f *.o
```

### 3. 编　译

进入 hello 目录,使用命令 make 进行编译。如果编译通过,则在 hello 目录下生成可执行文件 hello。

### 4. 运　行

当需要动态调试时,在 Linux 环境下,启动 nfs 服务,之后把可执行文件 hello 放到一个共享的文件夹内。在 Linux 的终端下,利用 mount 命令挂载 Linux 下的共享文件夹。当把 Linux 主机上的共享目录挂上之后,就可以使用命令“./hello”来执行程序。



通常情况下,当应用程序的动态调试通过后,就把其可执行文件放到 root_tech 目录中的/usr/sbin 或/usr/bin 目录下,然后使用 mkcramfs 制作工具,利用命令“MKCRAMFS root_tech rootfs.cramfs”生成新的文件系统。当系统启动后,就可在相应的目录下,执行可执行程序 hello。

## 7.4.2　键盘应用程序的开发

因为前面已经分析了键盘驱动程序,本小节以键盘应用程序为例,说明应用程序的编写过程。这里,应用程序名为 kbd.c,详细代码如下:

```
#include <stdio.h>
#include <stdlib.h>
#include <sys/ioctl.h>
#include <unistd.h>
main(int argc, char ** argv){
    int fd;
    if ((fd =  open("/dev/Kbd7279", 0))<0) {
        printf("cannot open /dev/Kbd7279\n");
        exit(0);
    }
    for (;;)
        ioctl(fd, 0, 0);
    close(fd);
```

```
}
```

makefile 的详细代码如下：

```
CC =  /opt/host/armv4l/bin/armv4l-unknown-linux-gcc
CFLAGS = -I/linux2410/kernel/include -Wall -Wstrict-prototypes -Wno-tri-
        graphs - os -mapcs -fno-- strict-aliasing -fno-common -fno-common -
        pipe -mapcs-32
kbd: kbd.c
    $ (CC) $ (CFLAGS) - o kbd  kbd.c
clean:
    -rm -f *.o
```

执行键盘的驱动程序后，利用驱动程序读取键值。把读到的键值通过串口发送到超级终端上显示。

### 1. 将应用程序动态调试

键盘的应用程序，应该在加入键盘驱动之后使用，否则无法正常运行。当动态加载好驱动或把驱动编进内核后，也可以使用相应的方法运行应用程序。这里介绍动态调试法。

在使用 makefile 文件编译好应用程序后，将可执行文件 kbd 放到主机的共享目录/home/nfs 下，利用 ifconfig eth0 命令改变实验系统的 IP 地址，并且和主机的前三段保持一致，最后一段不同，例如：主机为 192.168.0.1，则实验系统可为 192.168.0.5(除 1 外的小于 255 的任意数)。利用 mount —o nolock 192.168.0.1:/home/nfs /mnt/yaffs 命令把主机上存放应用程序的共享文件目录安装到实验系统的根文件系统下；之后，查看/mnt/yaffs 目录下是否加入了主机上的共享目录下的文件。挂接成功后，键入执行命令./kbd，主机终端会有 Open successful 输出。如果按实验系统的键盘，通过串口线在 minicom 中则会输出键值。



### 2. 将应用程序加入文件系统

编译成功后，把可执行文件放到存放文件系统 root_tech 目录的 usr/sbin 或 usr/bin 目录下。然后，使用 mkcramfs 制作工具，利用命令 MKCRAMFS root_tech rootfs.cramfs 来生成新的文件系统。之后把它通过网口下载到 Flash 中，当系统启动后，就可在 usr/sbin 或 usr/bin 目录下，执行可执行程序。

## 7.4.3 基本绘图应用程序的开发

在一个系统中，绘图程序是非常基本的，也是非常重要的。下面以一个简单的例子，说明如何在 LCD 上显示图形。这里，应用程序名为 app_lcd.c，详细代码说明如下：

```
#include <stdio.h>
#include <stdlib.h>
#include <sys/ioctl.h>
```

```
#include <unistd.h>
int main(){
    int fd,i;
    int rt;
    int cmd,arg0;
    char enter_c;
    unsigned long arg_G,arg_B,arg_R,arg_Y,arg_W,arg_K,arg_CY;
    struct arg{
        unsigned long a;
        unsigned long b;
        unsigned long c;
        unsigned long d;
    };
    struct arg arg1 =  {0,120,300,0};
    struct arg arg2 =  {140,0,239,0};
    struct arg arg3 =  {100,100,50,0};
    struct arg arg4 =  {0,0,319,239};
    struct arg arg5 =  {240,100,60,0};
    struct arg arg6 =  {0,0,319,239};
    struct arg arg7 =  {40,170,100,200};
    arg_G =  0x00FF00;
    arg_R =  0xFF0000;
    arg_B =  0x0000FF;
    arg_Y =  0xAAAA00;
    arg_W =  0xFFFFFF;
    arg_K =  0x000000;
    arg_CY =  0x808080;
    if ((fd =  open("/dev/S3C2410LCD", 0)) <0){
        printf("cannot open /dev/S3C2410LCD\n");
        exit(0);
    }
    do{
        cmd =  getchar();
        switch (cmd){
            case 49:
                 enter_c =  getchar();
                 rt =  ioctl(fd, 0,arg_R);                          // 红色
                 cmd =  0;
                 break;
            case 50:
                 enter_c =  getchar();
                 rt =  ioctl(fd, 0,arg_G);                          // 绿色
                 break;
            case 51:
                 enter_c =  getchar();
                 rt =  ioctl(fd, 0,arg_B);                          // 蓝色
                 cmd =  0;
                 break;
            case 52:
                 enter_c =  getchar();
                 rt =  ioctl(fd, 0,arg_Y);                          // 黄色
```

```
        cmd =  0;
        break;
    case 53:
        enter_c =  getchar();
        rt =  ioctl(fd, 0,arg_W);                    // 白色
        cmd =  0;
        break;
    case 54:
        enter_c =  getchar();
        rt =  ioctl(fd, 0,arg_K);                    // 黑色
        cmd =  0;
        break;
   case 55:
        enter_c =  getchar();
        rt =  ioctl(fd, 0,arg_CY);                   // 浅蓝
        cmd =  0;
        break;
    case 'a':
        enter_c =  getchar();
        rt =  ioctl(fd, 1,(unsigned long )&arg1);    // 画水平线
        cmd =  0;
       break;
   case 'b':
       enter_c =  getchar();
       rt =  ioctl(fd, 2,(unsigned long )&arg2);     // 画竖直线
       cmd =  0;
       break;
   case 'c':
       enter_c =  getchar();
       rt =  ioctl(fd, 3,(unsigned long )&arg3);     // 画圆
       cmd =  0;
       break;
   case 'd':
       enter_c =  getchar();
       rt =  ioctl(fd, 4,(unsigned long )&arg4);     // 填充全屏
       cmd =  0;
       break;
   case 'e':
      enter_c =  getchar();
      rt =  ioctl(fd, 5,(unsigned long )&arg5);      // 填充圆
      cmd =  0;
       break;
   case 'f':
       enter_c =  getchar();
       rt =  ioctl(fd, 6,(unsigned long )&arg6);     // 清屏
       cmd =  0;
       break;
   case 'g':
       enter_c =  getchar();
       rt =  ioctl(fd, 7,(unsigned long )&arg7);     // 填充矩形
       cmd =  0;
```

```
                break;
            default:    break;
        }
    }while(cmd != 'q');                                    //"q"为"退出"命令。
    close(fd);
}
```

makefile 文件的代码如下所示：

```
CC = /opt/host/armv4l/bin/armv4l-unknown-linux-gcc
CFLAGS = -I/linux2410/kernel/include -Wall -Wstrict-prototypes -Wno-tri-
        graphs -os -mapcs -fno--strict-aliasing -fno-common -fno-common -
        pipe -mapcs-32
app_lcd: app_lcd.c
    $(CC) $(CFLAGS) -o app_lcdd  app_lcd.c
clean:
    -rm -f *.o
```

该程序从 Linux 终端中输入字符，在 LCD 屏上显示不同的颜色以及显示画圆、画线、画点、填充圆和填充矩形等基本的 LCD 操作。

依照"7.4.2 键盘应用程序的开发"小节中的步骤，可以将此应用程序挂接到目标板上，正确运行。挂载成功后，在终端下，键入执行命令./app_lcd，则在终端中输出 Open successful(确保驱动模块已经加载)。打开 LCD 屏的电源开关。输入"1"、"2"、"3"、"4"、"5"、"6"、"7"，来选择要进行绘画的颜色，1 对应着红，2 对应着绿，3 对应着蓝，4 对应着黄，5 对应着白，6 对应着黑，7 对应着浅蓝，输入"a"，"b"，"c"，"d"，"e"，"f"，"g"，则显示要画的实体。a 对应着画水平线，b 对应着画竖直线，c 对应着画圆，d 对应着填充全屏，e 对应着填充圆，f 对应着清屏，g 对应着填充矩形。按"q"则退出应用程序。

## 7.4.4 跑马灯应用程序的开发

跑马灯程序是一个有关 LED 灯的程序。这里，应用程序名为 led.c，详细代码如下所示：

```
#include <stdio.h>
#include <stdlib.h>
#define rLed   *-((volatile unsigned char*)(0xd2000204))
static int delayLoopCount= 600;
void Led_Display(int LedStatus){
    switch (LedStatus){
        case 0x01:    rLed =  0xfe;    break;
        case 0x02:    rLed =  0xfd;    break;
        case 0x04:    rLed =  0xfb;    break;
        case 0x08:    rLed =  0xf7;    break;
        case 0x10:    rLed =  0xef;    break;
        case 0x20:    rLed =  0xdf;    break;
        case 0x40:    rLed =  0xbf;    break;
```

```
        case 0x80:    rLed =  0x7f;     break;
        default:      break;
    }
}
void Delay(int time){
    int i;
    for(;time> 0;time-- )
        for(i= 0;i<delayLoopCount;i++ );
}
int main(void){
    int i,time;
    char dly_time= 0,direction= 0,n= 0;
    char enter_c =  0,cmd;
    printf("LED round show in the EL_ARM_860!\n");
start:
    printf("Please select the delay time !\n");
    printf("Please enter the number 1 or 2 or 3 or 4 then Enter !\n");
    dly_time =  getchar();
    enter_c =  getchar();
    printf("dly_time =  %d\n",dly_time);
    switch(dly_time){
        case 49:          time =  2000;    break;
        case 50:          time =  4000;    break;
        case 51:          time =  8000;    break;
        case 52:          time =  16000;   break;
        default:          time =  8000;    break;
    }
    printf("time =  %d\n",time);
    printf("Please select the direction !\n");
    printf("Please enter the char U(u) or D(d) then Enter !\n");
    direction =  getchar();
    enter_c =  getchar();
    printf("direction =  %-c\n",direction);
    switch(direction){
        case 0x55:
        case 0x75:    n =  2;    break;
        case 0x64:
        case 0x44:    n =  1;    break;
        default:      n =  1;    break;
    }
    Delay(10000);
    printf("please enter any but q,when enter q ,quit the select\n");
    do{
      cmd =  getchar();
      enter_c =  getchar();
      if(n = =  1){
         for(i= 0;i<8;i++ ){
                Led_Display(0x01<<i);
                Delay(time);
         }
    }
```

```
        else{
            for(i= 0;i<8;i++ ){
                Led_Display(0x80>-> i);
                Delay(time);
            }
        }
    }while('q'!=  cmd);
    n = 0;
    printf("please enter a char but q again,when enter q ,exit the application
\n");
    Delay(10000);
    cmd =  getchar();
    Delay(10 000);
    enter_c =  getchar();
    if ('q' !=  cmd )
       goto start;
    printf("quit the led\n");
    return 0;
}
```

makefile 文件的代码如下所示：

```
CC =  /opt/host/armv4l/bin/armv4l-unknown-linux-gcc
CFLAGS =    -I/linux2410/kernel/include -Wall -Wstrict-prototypes -Wno-tri-
          graphs -os -mapcs-fno-- strict-aliasing -fno-common -fno-common -
          pipe -mapcs-32
led: led.c
    $(CC) $(CFLAGS) -o led  led.c
clean:
    -rm*.o
```



依照"7.4.2　键盘应用程序的开发"小节中的步骤，可以将此应用程序挂接到目标板上。挂载成功后，在终端下，键入执行命令./led，则在终端中首先输出"LED round show in the EL_ARM_860，Please enter the number 1 or 2 or 3 or 4 and L or R then Enter !"以及"Such as 1L or 2L or 3L or 4L or 1R or 2R or 3R or 4R，then Enter !"等信息。其中 1、2、3、4 选择 LED 闪烁的时间间隔，数值越小，闪烁间隔越短。L(l)和 R(r)则选择 LED 闪烁的方向。L(l)确定闪烁方向为向左，R(r)确定闪烁方向向右。闪烁总是一次闪烁 8 下，即从一头到另一头，回车键敲一次，则闪烁 8 下。当需要改变方向和时间间隔时，需要先输入字符 q，之后连续敲回车键两次，就可以重新选择参数。当需要退出应用程序时，输入 q，回车，再输入 q，再回车，则退出应用程序。

# 第 8 章

# 图形用户接口 MiniGUI

## 8.1 MiniGUI 简介

MiniGUI 是一种在嵌入式系统中提供图形及图形用户界面支持的中间件技术，是面向嵌入式系统的轻量级图形用户界面支持系统，国内著名的自由软件项目之一。早期由魏永明主持和开发，现由北京飞漫软件技术有限公司维护并开展后续开发。

### 8.1.1 MiniGUI 的功能特色

做为操作系统和应用程序之间的中间件，MiniGUI 将底层操作系统与硬件平台之间的差别隐藏起来，并对上层应用程序提供了一致的功能特性，这些功能特性包括：

- 完备的多窗口机制和消息传递机制。
- 常用的控件类，包括静态文本框、按钮、单行和多行编辑框、列表框、组合框、进度条、属性页、工具栏、拖动条、树形控件及月历控件等。
- 支持对话框和消息框以及其他 GUI 元素，包括菜单、加速键、插入符和定时器等。
- 通过两种不同的内部软件结构支持低端显示设备(比如单色 LCD)和高端显示设备(比如彩色显示器)。前者小巧灵活，而后者在前者的基础上提供了更加强大的图形功能。
- 支持 Windows 的资源文件，如位图、图标和光标等。
- 支持各种流行的图像文件，包括 JPEG、GIF、PNG、TGA 和 BMP 等。
- 支持多字符集和多字体。
- 针对嵌入式系统，支持一般性的 I/O 操作和文件操作等。

### 8.1.2 MiniGUI 的技术优势

与其他针对嵌入式产品的图形系统相比，MiniGUI 具有如下几大技术优势。

#### 1. 占用资源少

MiniGUI 本身占用的空间非常小。以嵌入式 Linux 操作系统为例，MiniGUI 的存储空间占用情况如下。

- MiniGUI 内核:300~500 KB(由系统决定);
- MniGUI 支持库:500~700 KB(由编译选项确定);
- MniGUI 字体、位图等资源:400 KB(由应用程序确定,可缩小到 200 K 以内);
- GB2312 输入法码表:200 KB(不是必需的,由应用程序确定);
- 应用程序:1~2 MB(由应用程序决定)。

整个 MiniGUI 系统占用空间在 2~4 MB。在某些系统上,MiniGUI 系统本身所占用的空间可进一步缩小到 1 MB 以内。

### 2. 高性能、高可靠性

MiniGUI 良好的体系结构及优化的图形接口,可确保最快的图形绘制速度。在设计之初,充分考虑到了实时嵌入式系统的特点,针对多窗口环境下的图形绘制进行了大量的研究及开发,优化了 MiniGUI 的图形绘制性能及资源占有。MiniGUI 在大量实际系统中的应用,尤其在工业控制系统的应用,证明 MiniGUI 具有非常好的性能。

### 3. 可定制配置

为满足嵌入式系统的需求,必须要求 GUI 系统是可配置的。和 Linux 内核类似,MiniGUI 也实现了大量的编译配置选项,通过这些选项可指定 MiniGUI 库中包括哪些功能,而同时不包括哪些功能。可以在如下几个方面对 MiniGUI 进行定制配置:

- MiniGUI 要运行的操作系统,是普通嵌入式 Linux、μClinux、eCos、μC/OS-II 还是 VxWorks。
- 生成基于线程的 MiniGUI-Threads 运行模式还是基于进程的 MiniGUI-Lite 运行模式,或者只是最简单的 MiniGUI-Standalone 运行模式。
- 是采用老的 GAL/GDI 接口(低端显示设备)还是新的 GAL/GDI 接口(高端显示设备)。
- 需要支持的 GAL 引擎和 IAL 引擎,以及引擎的相关选项。
- 需要支持的字体类型。
- 需要支持的字符集。
- 需要支持的图像文件格式。
- 需要支持的控件类。
- 控件的整体风格,是三维风格、平面风格还是手持终端风格。

这些配置选项大大增强了 MiniGUI 的灵活性。对用户来讲,可针对具体应用需求量体裁衣,生成最适合产品需求的系统及软件。

### 4. 跨操作系统支持

MiniGUI 支持 Linux/μClinux、eCos、μC/OS-II、VxWorks 等嵌入式操作系统。

同时,在不同操作系统上的 MiniGUI,提供完全兼容的 API 接口。

总之,MiniGUI 是一个非常适合于实时嵌入式产品的高效、可靠、可定制、小巧灵活的图形用户界面支持系统。

## 8.2 MiniGUI 在 Linux 下运行环境的建立

MiniGUI 能够在 PC 机上运行,也能下载到目标板上运行。本节着重介绍在运行 Linux 的 PC 机上运行 MiniGUI 应用程序的一般步骤。

### 8.2.1 MiniGUI 在 Linux 下的运行环境

在运行 Linux 的 PC 机上,MiniGUI 应用程序可以通过以下两种方式运行:

- 在 X Window 上,在虚拟 FrameBuffer 的 QVFB 中运行;
- 在 Linux 的字符控制台上,在 Linux 内核提供的 FrameBuffer 驱动上运行。

这两种方式本质一样,都为 MiniGUI 提供了一种可以用来绘图的底层接口环境。

#### 1. QVFB 介绍

QVFB 是 Qt(Qt 是 Linux 窗口管理器 KDE 使用的底层函数库)提供的一个虚拟的 FrameBuffer 工具。该程序是基于 Qt 开发的,运行在 X Window 上。在 X Window 环境下进行基于 QVFB 的 MiniGUI 模拟开发、调试,是常用的开发调试手段。通过 PC 机上的仿真模拟,等应用程序完成后,再编写目标机的驱动,如鼠标、键盘等;而后把程序下载到目标机上,这样就能节省开发时间,提高开发效率以及开发质量。



读者可以从网上下载 QVFB 的安装文件。如果读者有 EL-ARM-860 实验箱,也可以从配套光盘的/实验软件/tools 目录里找到压缩的安装文件 qvfb-1.0.tar.gz。在 Linux 环境下,把该文件复制到/opt 目录下;打开终端,进入/opt 目录。假设使用 root 登录,则进行的一系列操作如下:

```
[root@localhost opt]#  tar zxvf qvfb-1.0.tar.gz
[root@localhost opt]#  cd qvfb-1.0
[root@localhost qvfb-1.0]#  ./configure
[root@localhost qvfb-1.0]#  make
[root@localhost qvfb-1.0]#  make install
```

make install 命令将把 QVFB 安装到系统默认的/usr/local/bin 目录下。

在 X Window 环境下,打开终端,键入 qvfb & 命令,启动 QVFB 模拟程序,如图 8.1所示。

接下来,需要对 QVFB 的运行环境进行配置。选择 File|configure 菜单命令,打开如图 8.2所示对话框。其中,可以设置 QVFB 的显示分辨率、颜色深度和显示风格等。根据具体的目标平台,选择合适的配置选项。这里配置 Size 为 320×240,Depth 为 8 位。

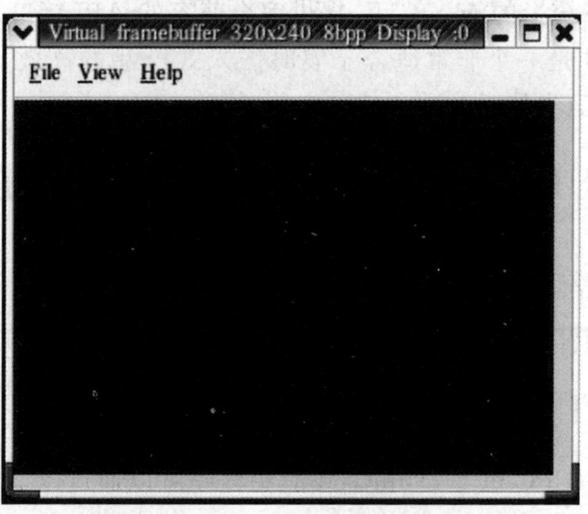


图 8.1　QVFB 应用程序

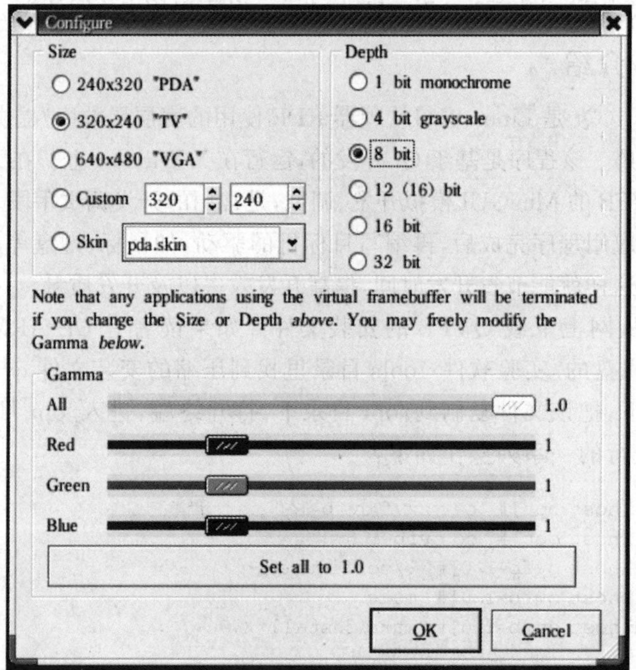


图 8.2　QVFB 的配置界面

QVFB 提供了一种软件的方法,通过这种方法,可以看到自己的图形应用程序在 PC 上运行的效果。它能模拟不同的分辨率及显示的颜色数,因此可以模拟目标机上的嵌入式显示屏,从而大大方便了应用程序的开发与调试。

**2. FrameBuffer 设备驱动**

大多数显卡是 VESA 兼容的。对于大部分兼容 VESA 标准显卡的 PC 机,使用 RedHat 内核中包含的 VESA FrameBuffer 驱动程序就可以运行 MiniGUI 了。如果自己编译内核,则需要选中 FrameBuffer 的支持。

如果 Linux 使用的引导装载器是 LILO,需要修改/etc/lilo.conf 文件,在其中加入如下一行:

```
vga=791
```

该行的作用是在 Linux 内核启动时把显示模式设置为 1 024×768×16 bpp 模式。如果要设置为 800×600×16 bpp 显示模式,则增加如下设置:

```
vga=788
```

修改后的/etc/lilo.conf 如下所示(不同系统,细节可能有所不同):

```
…
prompt
timeout=10
vga=791
default=Linux
image=/boot/vmlinuz
label=Linux
read- only
optional
…
```

运行#lilo 或#lilo -v 命令,使以上修改生效。

重新启动系统,即可启动 FrameBuffer。如果一切正常,将在 Linux 内核的引导过程中看到屏幕左上角出现 Linux 的吉祥物——企鹅,并发现系统的显示模式已经变化。

如果使用的引导装载器是 GRUB,则需要修改/boot/grub/menu.lst 文件,在 kernel 行中加入 vga=791。修改后如下所示(不同系统细节可能有所不同):

```
…
title Red Hat Linux (2.4.18-3,FrameBuffer)
    root(hd0,0)
    kernel /boot/vmlinuz- 2.4.18-3 ro root= /dev/hda1 vga= 791
    initrd /boot/initrd.2.4.18-3.img
…
```

其中 title Red Hat Linux (2.4.18-3,FrameBuffer)就是设置了 VESA FrameBuffer 的引导选项。

重新启动系统,即可启动 FrameBuffer。

### 8.2.2　安装资源文件

读者可以从网上下载 MiniGUI 的资源文件。如果读者有 EL-ARM-860 实验箱,也可以从配套光盘的/实验软件/minigui/目录里找到压缩的资源文件 minigui-res-1.3.3.tar.gz。该文件包含字体、光标、图标、位图等资源。

在 Linux 环境下,把该文件复制到/opt/emulation 目录下(emulation 目录为创建的目录)。执行如下解压缩命令:

```
[root@localhost emulation]# tar zxvf minigui-res-1.3.3.tar.gz
```

该命令将建立 minigui-res-1.3.3 目录,然后进入该目录:

```
[root@localhost emulation]# cd minigui-res-1.3.3
```

最后,通过 make install 命令安装资源文件:

```
[root@localhost minigui-res-1.3.3]# make install
```

这样,资源文件就安装到/usr/local/lib/minigui/res 目录中。该目录将包含一些资源子目录。

### 8.2.3　配置安装 MiniGUI 库文件

MiniGUI 是以库的形式提供给用户的,通过将 MiniGUI 的库文件编译进应用程序来使用 MiniGUI。读者可以从网上下载 MiniGUI 的库文件,也可以从 EL-ARM-860 实验箱配套光盘的/实验软件/minigui/目录里找到压缩的库文件 libminigui-1.3.3.tar.gz。

把该文件复制到/opt/emulation 目录下,并执行如下解压缩命令:

```
[root@localhost emulation]# tar zxvf libminigui-1.3.3.tar.gz
```

该命令将建立 libminigui-1.3.3 目录,然后进入该目录:

```
[root@localhost emulation]# cd libminigui-1.3.3
```

最后,执行如下命令进行配置,该命令将启动图形界面的配置工具,如图 8.3 所示。

```
[root@localhost libminigui-1.3.3]# make menuconfig
```

MiniGUI 的配置选项包括:

- 系统全局选项;
- GAL 引擎选项;
- IAL 引擎选项;
- 字体选项;

- 字符集选项；
- 键盘布局选项；
- 图像文件支持选项；
- 输入法选项；
- 外观选项；
- 其他选项；
- 控件选项；
- 扩展库选项；
- 开发环境设置选项。

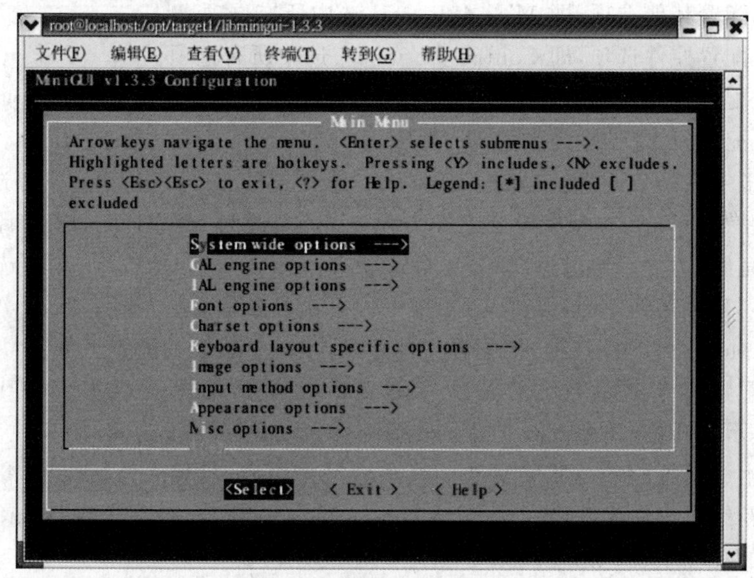


图 8.3　配置工具主界面

在使用 QVFB 仿真的情形下，需要进行如下配置：

(1) 配置系统全局选项，即 System wide options。选中该项，按回车键，进入该项的配置界面。选中“Unit of timer is 10ms”、“Cursor surpport”和“User can move the window with mouse”，其他不选。

在配置界面中，使用空格键选中配置项，使用方向键进行上下选择。

(2) 配置 GAL 引擎选项，即 GAL engine options。看打头的是不是 NEWGAL，若是，则按回车键进入选项；若为 OLDGAL，则改为 NEWGAL。选中 NEWGAL engine on Qt virtual FrameBuffer，其他不选。

(3) 配置 IAL 引擎选项，即 IAL engine option。选中 Native (console) input engine，其他不选。

(4) 配置字体选项，即 Font options。选中 Raw bitmap fonts，其他不选。

(5) 配置字符集选项，即 Charset options。选中 Latin 9(ISO-8859-15，West Extend)charset、BUC encoding of GB2312 charset 和 BIG5 charset，其他不选。

(6) 配置键盘布局选项，即 Keyboard layout specific options。各配置项均不选中。

(7) 配置图像文件支持选项，即 Image options。选中 Includes SaveBitmap - related functions、GIF file surpport、JPG file surpport 和 PNG file surpport，其他不选。

(8) 配置输入法选项，即 Input method options。选中所有选项。

(9) 配置外观选项，即 Appearance options。所有选项均不选中。

(10) 配置其他选项，即 Misc options。选中所有选项。

(11) 配置控件选项，即 Control options。选中所有选项。

(12) 配置扩展库选项，即 Ext options。选中前六项和最后一项。

(13) 配置开发环境设置选项，即 Evelopment environment options。在 platform 项中选择 Linux 环境，在 Compiler 项中选择 i386 工具，在 Libc 项中选择 glibc 库环境。在 Path prefix 项中设定路径为/usr/local，此为 MiniGUI 的安装路径。

配置完成后，可以通过选择 Save Configuration to an Alternate File 选项，把本次配置的内容保存到一个自定义的文件中。下次配置时，通过选择 Load An Alternate Configuration File 选项，把配置文件载入，以减少繁杂的配置工作。



退出配置环境，此时系统出现 Do you wish to save your new MINIGUI configuration? 提示对话框，选中 Yes。接下来系统会自动运行一段时间，用来改变到新的配置项和生成相关的 makefile 文件。等系统停止输出时，输入"make"命令，对库文件进行重新编译。如果编译成功，输入"make install"命令，该命令将 MiniGUI 库安装到默认的/usr/local/lib/目录下。

接下来，查看文件/etc/ld. so. conf。如果文件中没有/usr/local/lib 这一行，则将该行添加到文件的最后。

至此，MiniGUI 的仿真环境安装设置完毕。

## 8.3　MiniGUI 在 QVFB 上的仿真应用

读者可以从网上下载 MiniGUI 的示例程序，如果有 EL-ARM-860 实验箱，也可以从配套光盘的/实验软件/minigui/目录里找到 mg - samples - 1.3.1 目录。将其复制到/opt/emlation/目录下。

mg - samples - 1.3.1 目录下包含了 MiniGUI 提供的多个示例程序，通过在 mg - samples - 1.3.1 目录下依次执行./configure 命令和 make 命令。可以将这些示例程序编译生成可执行程序，这些可执行程序能够在 Linux 纯字符控制台或 qvfb 上运行。

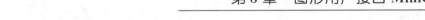

如果希望在 QVFB 上运行示例程序，需要的步骤如下。

(1) 按照如下配置，修改/usr/local/etc 目录下的配置文件 MiniGUI.cfg。

```
[system]
gal_engine  =fbcon  改为  gal_engine =qvfb
ial_engine  =console  改为  ial_engine =qvfb
[qvfb]
defaultmode  =320x240-8bpp
```

(2) 使用 qvfb & 命令启动已经安装的 qvfb，并在 File 菜单下配置 qvfb 为 320×240－8 bpp 模式。

(3) 运行/opt/emulation/mg－samples/src/目录中的可执行程序，如 helloworld，即可看到运行在 qvfb 内的 MiniGUI 程序，如图 8.4 所示。

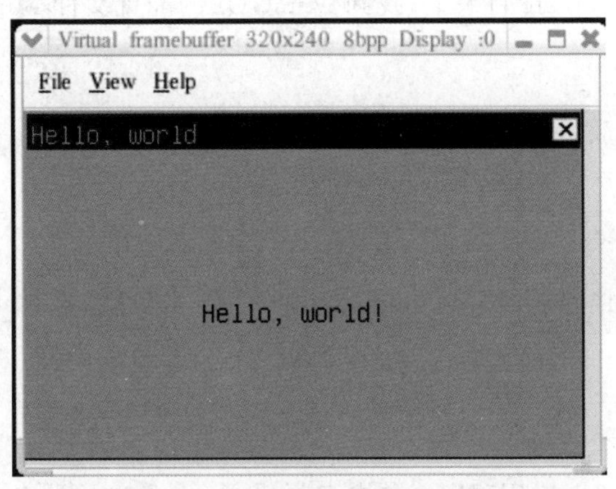


**图 8.4　helloworld 程序在 qvfb 上的运行界面**



在 MiniGUI 提供的 mg-samples-1.3.1.tar.gz 和 mde-1.3.0.tar.gz 两个程序包中，有许多程序的显示画面已经超出 320×240 的范围，所以直接执行时，有的界面显示不全。这时，如果只想在 PC 仿真环境下运行，则建议把/usr/local/etc 目录下的 MiniGUI 配置文件 MiniGUI.cfg，按照下面的配置改写：

```
[qvfb]
defaultmode=640x480-16bpp
```

当然，启动 qvfb 后，还需要把相应的配置也改为 640×480-16 bpp 模式，即与使用的配置模式保持一致。此时，就可以正常显示了。

要想在 qvfb 上运行自己编写的应用程序，假设文件名为 demo.c，需要的步骤如下。

(1) 进入 mg-samples-1.3.1 目录。

```
[root@localhost~]# cd /opt/emulation/ mg-samples-1.3.1
```

(2) 执行./configure。

```
[root@localhost mg-samples-1.3.1]#  ./configure
```

(3) 把文件 demo.c 复制到/opt/emulation/mg-samples-1.3.1/src 目录下,并打开该目录下的文件 Makefile.am,在 COMMON_PROGS =的内容末尾填加可执行文件名 demo。然后,在 noinst_PROGRAMS= $(COMMON_PROGS) $(LITE_PROGS)下添加 demo_SOURCES = demo.c。

(4) 在目录/opt/emulation/mg-samples-1.3.1/src 下,执行 make 命令:

```
[root@localhost src]#  make
```

如果 make 成功,则在该目录下生成可执行文件 demo。

(5) 在/usr/local/etc 目录下,找到 MiniGUI 的配置文件 MiniGUI.cfg,按照下面的配置改写:

```
[system]
gal_engine =fbcon  改为  gal_engine =qvfb
ial_engine =console  改为  ial_engine =qvfb
[qvfb]
defaultmode=320x240-8bpp
```

(6) 改变到/opt/emulation/mg-samples-1.3.1/src 目录下,并执行 qvfb & 命令:

```
[root@localhost~]#  cd /opt/emulation/mg-samples-1.3.1/src
[root@localhost src]#  qvfb&
```

此时,将打开 qvfb 应用程序。单击 File 菜单,在弹出的 qvfb 配置对话框中,选择 Size 为 320×240,Depth 为 8 bit。

(7) 按 Ctrl+C 键退出启动环境,在目录/opt/emulation/mg-samples-1.3.1/src 下执行 demo:

```
[root@localhost src]#  ./demo
```

此时 demo 程序在 qvfb 下就能仿真运行起来。

## 8.4 在 Linux 下 S3C2410 FrameBuffer 的启动

### 8.4.1 FrameBuffer 简介

FrameBuffer 是出现在 Linux 2.2.xx 及以上内核当中的一种驱动程序接口。这种接口将显示设备抽象为帧缓冲区。用户可以将它看成是显示内存的一个映像,将其映射到进程地址空间之后,就可以直接进行读写操作,写操作可以立即反映在屏幕上。该驱动程序的设备文件一般是/dev/fb0、/dev/fb1 等。

在应用程序中，若想使用 FrameBuffer，一般需要把 FrameBuffer 设备文件映射到进程地址空间。操作方法是首先打开/dev/fb0 设备，然后通过 mmap 系统调用进行地址映射，接下来就可以对 Framebuffer 进行操作了。

FrameBuffer 设备还提供了若干 ioctl 命令，通过这些命令，可以获得显示设备的一些如显示内存大小之类的固定信息、与显示模式相关的可变信息（比如分辨率、像素结构、每行扫描线的字节宽度），以及伪彩色模式下的调色板信息等。

Linux 的官方发行版本并没有提供对 S3C2410 的 FrameBuffer 支持，所以需要添加相关驱动代码。

## 8.4.2 FrameBuffer 驱动的添加

这里假设针对 S3C2410 的 Linux 内核代码是在/linux2410/目录下解开的，linux2410 目录是在根目录下创建的。与 FrameBuffer 相关的代码在 kernel/drivers/video 下，该目录下有一个名为 S3C2410fb.c 的文件，这个文件就是支持 S3C2410 的 FrameBuffer 驱动的源程序。在 FrameBuffer 驱动中最重要的部分就是 S3C2410fb_init 函数，该函数初始化液晶屏并注册 FrameBuffer 的设备驱动。

有了这个文件，还需要将它编进内核。为了保证编译成功，需要对如下相关文件进行修改。

① kernel/drivers/video/Config.in

这个文件包含许多与显示相关的配置信息，当在顶层目录执行 make menuconfig 命令时，所显示的配置选项依赖于这个文件。为了能够识别 S3C2410 的 FrameBuffer，需对该文件做如下修改。

在“dep_tristate ‘S3C2410 LCD support’CONFIG_FB_S3C2410 $CONFIG_ARCH_S3C2410”下面添加：

```
dep_bool‘320*240 8bit Color STN LCD support’\
CONFIG_FB_S3C2410_320x240x8   $CONFIG_FB_S3C2410
```

这表示如果配置了 CONFIG_ARCH_S3C2410，就可以选择 S3C2410 的 FrameBuffer 支持。

② kernel/drivers/video/Makefile

在该文件的“obj-$(CONFIG_FB_GAMEPARK_FSTN) += s6b7024fb.o fbgen.o”后添加：

```
obj-$(CONFIG_FB_S3C2410) += S3C2410fb.o
```

如果在配置时选择了 CONFIG_FB_S3C2410，就会将 S3C2410 FrameBuffer 的驱动程序加入 Linux 内核。

③ kernel/drivers/video/fbmem.c

添加完了驱动还需要告诉内核如何调用它。该文件的作用是告诉内核如何调用相应的 FrameBuffer 驱动。在该文件开始部分,添加调用的函数声明。

```
extern int S3c2410fb_init(void);
extern int S3c2410fb_setup(char *);
```

之后,在合适的地方添加 S3C2410fb 驱动入口:

```
#ifdef CONFIG_FB_S3C2410
    {"S3C2410fb",S3C2410fb_init, S3C2410fb_setup},
#endif
```

## 8.4.3 FrameBuffer 设备文件的添加

Linux 要在嵌入式系统上运行,还需要文件系统的支持。应用程序对 FrameBuffer 驱动程序的使用是通过设备文件来进行的。所以,必须在文件系统中创建 FrameBuffer 相应的设备文件,才能让应用程序使用 FrameBuffer 驱动。由于设备文件使用了设备文件系统,因此,可以不必考虑其主次设备号,只需要考虑驱动程序调用的是设备 fb0 即可;但又因为设备文件系统生成的设备文件为 fb/0,所以需要在文件系统中做一个符号连接,也就是当找到 fb/0 时,直接连接到 fb0。要实现以上的符号连接,只需要在文件系统的/usr/etc/rc.local 文件中添加"ln -s fb/0 fb0"一行即可。

## 8.4.4 FrameBuffer 测试程序的编写



FrameBuffer 程序移植完成后,需要对其进行测试,确保没有问题后才能进行下一步 MiniGUI 的移植。测试程序的主要功能是:在文件系统中添加一个应用程序,通过系统调用打开/dev/fb0 设备文件,显示相应的信息,并向映射的缓存写入显示数据,在 LCD 屏上显示间隔相等的多种颜色条纹。

FrameBuffer 测试程序 write.c 的主要代码如下:

```
#include <stdio.h>
#include <stdlib.h>
#include <sys/ioctl.h>
#include <unistd.h>
#include <fcntl.h>
#include <linux/fb.h>
#include <sys/mman.h>
#define LCDHEIGHT      240
#define LCDWIDTH       320
typedef unsigned int  U32;
typedef unsigned char U8;
U32 LCDBuffer[LCDHEIGHT][LCDWIDTH];
*/
-  函数名称: void LCD_Refresh(int *fbp)
-  函数说明: 更新区域
-  输入参数: int *fbp
-  输出参数: 无
```

```
*/
void LCD_Refresh(int *fbp){
    int i,j;
    U32 lcddata;
    U32 pixcolor;
    U8*pbuf=(U8*)LCDBuffer[0];
    for(i=0;i<LCDWIDTH*LCDHEIGHT/4;i++ ) {
        lcddata =  0;
        for(j=24;j>=0;j-=8){
            pixcolor=(pbuf[0]&0xe0)|((pbuf[1]>> 3)&0x1c)|(pbuf[2]>> 6);
            lcddata |=pixcolor<< j;
            pbuf    +=4;
        }
        *-(fbp+i) =lcddata;
    }
}
*/
-  函数名称：Test_Cstn256(U32 *fbp)
-  函数说明：写入显示数据
-  输入参数：U32 *fbp
-  输出参数：无
*/
void Test_Cstn256(U32 *fbp){
    int i,j,k,jcolor=0x00;
    for(i=0;i<9;i++ ){
        switch(i) {
            case 0:    jcolor=0x00000000;    break;
            case 1:    jcolor=0x000000e0;    break;
            case 2:    jcolor=0x000070e0;    break;
            case 3:    jcolor=0x0000e0e0;    break;
            case 4:    jcolor=0x0000e000;    break;
            case 5:    jcolor=0x00e0e000;    break;
            case 6:    jcolor=0x00e00000;    break;
            case 7:    jcolor=0x00e000e0;    break;
            case 8:    jcolor=0x00e0e0e0;    break;
        }
        for(k= 0;k<240;k++ )
            for(j= i*32; j<i*32+ 32; j++ )
              LCDBuffer[k][j]=jcolor;
    }
    jcolor= 0x000000ff;
    for(i= 0;i<240;i++ ){
        if(i==80||i==160)
            jcolor<<=8;
        for(j=288;j<320;j++ )
            LCDBuffer[i][j]=jcolor;
    }
    for(i=0;i<240;i++ )
        for(j=0;j<320;j++ )
            LCD_Refresh(fbp);
}
```

```
*/
-  函数名称：Exep_S3cint_Init(void)
-  函数说明：异常及中断控制器的初始化
-  输入参数：无
-  输出参数：无
*/
int main(void){
    int fb;
    int cmd;
    unsigned char*    fb_mem;
    if ((fb=open("/dev/fb0", O_RDWR))<0) {
        printf("cannot open /dev/fb0\n");
        exit(0);
    }
    fb_mem= (unsigned char*) mmap(NULL,320*240,
              PROT_READ|PROT_WRITE,MAP_SHARED,fb,0);
    memset(fb_mem,0,320*240);
    Test_Cstn256(fb_mem);
    cmd=getchar();
    munmap(fb, 320*240);
    close(fb);
    return 0;
}
```



在该文件中，通过系统调用“fb＝ open("/dev/fb0", O_RDWR);”来打开设备文件。调用“fb_mem =(char *) mmap(0, screensize, PROT_READ | PROT_WRITE,0,fb,0);”映射屏幕缓冲区到用户空间，并返回显存指针 fb_mem。如果需要显示，则可以向指针 fb_mem 中写入显示数据。

编译通过后，生成二进制 write 文件。若存在 write 文件，则不必编译。此时，可以通过 NFS 网络文件系统挂载到系统上，放到主机的 NFS 文件系统中，可非常方便地运行。也可将其放入文件系统 root_tech 中的/usr/sbin 目录下，通过 mkcramfs 制作 cramfs 文件系统的工具把 root_tech 文件夹制作成 cramfs 文件系统。然后，通过 image-write 烧写工具，把文件系统下载到指定位置。重新上电运行。改变目录到/usr/sbin 下，执行 write 文件，则如图 8.5 所示。

**图 8.5　FrameBuffer 测试程序**

在显示屏上能正确显示往 fb_mem 中写入的显示数据,即不同颜色的条纹间隔分布,证明 FrameBuffer 测试通过。显示数据表明,屏大小为 320×240,8 bpp 色深。

# 8.5 MiniGUI 在 S3C2410 上的移植

## 8.5.1 安装 MiniGUI 资源文件

在 PC 机的/opt 目录下创建 target 目录,将 MiniGUI 使用的资源文件 minigui-res-1.3.3.tar.gz 复制到/opt/target 目录下。

使用 root 登录,对该资源文件解压缩:

```
[root@localhost target]#  tar zxvf minigui-res-1.3.3.tar.gz
```

解压后,编辑/opt/target/minigui - res - 1.3.3 目录下的 config.linux 文件,将第 11 行"TOPDIR="改为"TOPDIR = /opt/target/minigui",保存退出。

进入 minigui - res - 1.3.3 目录,安装资源文件:

```
[root@localhost minigui - res - 1.3.3]#  make install
```

资源被安装在/opt/target/minigui/usr/local/lib/minigui/res 目录下。

此时,把/opt/target/minigui/usr/local/lib 目录下的 minigui 目录复制到要制作的 cramfs 文件系统的文件夹中,比如放到该文件夹内的/usr/sbin/目录下。当嵌入式系统运行时,应用程序在 minigui 目录下调用相关的资源文件,以实现对资源文件的正确使用。

## 8.5.2 配置安装 MiniGUI 库文件

在编译 MiniGUI 的库文件 libminigui - 1.3.3 之前,首先要确认是否安装了交叉编译器,即 armv4l - unknown - linux 系列的交叉编译器。如果没有安装,请参照"7.2 Linux 的移植"一节进行正确安装。

使用交叉编译器把 libminigui - 1.3.3 库文件编译成一个动态链接库,通过调用该动态链接库,可以正确运行 MiniGUI 的应用程序。

改变目录到/opt/target/libminigui - 1.3.3 下,键入命令 make menuconfig 进行配置:

```
[root@localhost libminigui - 1.3.3]#  make menuconfig
```

配置界面如图 8.3 所示。

在移植到 S3C2410 的情形下,需要进行如下配置:

(1) 配置系统全局选项,即 System wide options。选中该项,按回车键,进入该项的配置界面。选中 Unit of timer is 10ms,其他不选。

(2) 配置 GAL 引擎选项,即 GAL engine options。看打头的是不是 NEWGAL,若是,则按回车键进入选项;若为 OLDGAL,改为 NEWGAL。选中 Native GAL engine on Linux FrameBuffer console 和 Have console on Linux FrameBuffer,其他不选。

(3) 配置 IAL 引擎选项,即 IAL engine option。选中 ADS Graphic Client,其他不选。

(4) 配置字体选项,即 Font options。选中 Raw bitmap fonts、True Type font 和 Adobe Type font,其他不选。

(5) 配置字符集选项,即 Charset options。选中 Latin 9(ISO-8859-15,West Extend)charset、BUC encoding of GB2312 charset 和"BIG5 charset,其他不选。

(6) 配置键盘布局选项,即 Keyboard layout specific options。各配置项均不选中。

(7) 配置图像文件支持选项,即 Image options。选中 Includes SaveBitmap-related functions,其他不选。

(8) 配置输入法选项,即 Input method options。各配置项均不选中。

(9) 配置外观选项,即 Appearance options。各配置项均不选中。

(10) 配置其他选项,即 Misc options。选中所有选项。

(11) 配置控件选项,即 Control options。选中所有选项。

(12) 配置扩展库选项,即 Ext options。除 FullGIF98a surpport 和 skin surpport 以外,其余选项均选中。

(13) 配置开发环境设置选项,即 Evelopment environment options。在 platform 项中选择 Linux 环境;在 Compiler 项中选择 armv4l-unknown-linux-gcc 工具;在 Libc 项中选择 glibc 库环境;在 Path prefix 项中设定路径为/opt/host/armv4l/armv4l-unknown-linux,此为 MiniGUI 的安装路径;在 CFLAGS 项中设定路径为-I/opt/host/armv4l/armv4l-unknown-linux/include;在 LDFLAGS"项中设定路径为/opt/host/armv4l/armv4l-unknown-linux/lib。

配置完成后,保存退出。系统会自动运行一段时间,用来改变到新的配置项和生成相关的 makefile 文件。等系统停止输出时,输入 make 命令:

```
[root@localhost libminigui-1.3.3]# make
```

待编译成功后,输入 make install 命令:

```
[root@localhost libminigui-1.3.3]# make install
```

交叉编译后的 MiniGUI 库文件安装在/opt/host/armv4l/armv4l-unknown-linux/lib 目录下,分别是 libminigui - 1. 3. so. 3. 0. 0 和 libmgext - 1. 3. so. 3. 0. 0。同时,还有指向这些库的符号连接,指向库文件 libminigui - 1. 3. so. 3. 0. 0 的符号连接是 libminigui - 1. 3. so. 3 和 libminigui. so,指向库文件 libmgext - 1. 3. so. 3. 0. 0 的

符号连接是 libgext - 1. 3. so. 3 和 libmgext. so。

MiniGUI 所使用的头文件安装在-/opt/host/armv4l/armv4l - unknown - linux/include/minigui 文件夹内。在/opt/host/armv4l/armv4l - unknown - linux/etc/中还有一个名为 minigui. cfg 的配置文件。

此时生成的库文件 libminigui - 1. 3. so. 3. 0. 0 和 libmgext - 1. 3. so. 3. 0. 0 是带有大量调试信息和符号信息的冗余文件，应该去除这些信息，使文件变小，以节省系统的存储空间。使用下面的命令可以查看未去除时文件的大小：ls -l libminigui - 1. 3. so. 3. 0. 0。然后，使用去除命令 armv4l - unknown - linux - strip libminigui-1. 3. so. 3. 0. 0，可看到文件明显变小。

在嵌入式系统中开发 MiniGUI 的应用程序，一般都是先在 PC 机的交叉编译环境中编译好，生成可执行文件后，利用 NFS 网络文件系统或 U 盘把可执行文件挂载到目标系统中测试。当然，目标系统中一定要有 MiniGUI 的动态链接库文件。应用程序调用目标系统中的动态库文件以及 MiniGUI 的资源文件，才能得以正常的运行。

## 8.5.3 MiniGUI 的移植步骤

要将 MiniGUI 移植到 S3C2410，通常需要按照如下步骤进行。

(1) 把已经去除调试信息和符号信息的 MiniGUI 库文件 libminigui - 1. 3. so. 3. 0. 0 和 libmgext - 1. 3. so. 3. 0. 0，以及它们的符号连接文件，一同复制到要制作成 cramfs 文件系统的目录 root_tech 中的/lib 下。

(2) 把/opt/tgt/minigui/usr/local/lib 下的 minigui 目录复制到要制作 cramfs 文件系统的目录中，比如放到该目录的/usr/sbin/下。当嵌入式系统运行时，应用程序在该 minigui 目录下调用相关的资源文件。

(3) 在 root_tech 文件夹内，使用如下命令创建一个目录：

```
mkdir -p /opt/host/armv4l/armv4l - unknown - linux/
```

接下来，创建文件夹的符号连接：

```
ln -s /lib   /opt/host/armv4l/armv4l - unknown - linux/lib
```

上述命令确保系统能够找到正确的动态链接库。root_tech 目录的/opt/host/armv4l/armv4l-unknown-linux/lib 目录其实就是主机上编译生成可执行文件时共享库的位置。由于编译好的动态库统一放到了 root_tech 目录的/lib 下，因此通过链接，就能够保证主机上编译生成的可执行程序在嵌入式目标系统上运行时，能够找到 MiniGUI 的动态库，从而确保应用程序的正常运行。

(4) 修改/opt/host/armv4l/armv4l-unknown-linux/etc 目录下的 MiniGUI. cfg 文件，把存放资源的路径改为 root_tech 目录下对应的路径，从而使应用程序能够找到它使用的资源文件。比如，在 PC 机上的存放路径为/usr/local/lib，那么在 root_

tech 目录下,如果把 MiniGUI 资源目录放到了/usr/sbin 下,则 MiniGUI. cfg 文件中的路径必须由/usr/local/lib 改为/usr/sbin/,同时还要将“ial_engine = console”改为“ial_engine = ads”。另外,将[fbcon]下的“defaultmode = 1024×768-16 bpp”改为“defaultmode = 320×240-8 bpp”。当然,还可以修改一下标题栏等使用的字体以及其他资源的目标路径。

总之,MiniGUI. cfg 是程序运行时的资源配置文件,对应用程序的正常显示起着重要作用。修改后的 MiniGUI. cfg 文件要放到 root_tech 目录的/mnt/etc 目录下。

(5) 最后,把准备好的 root_tech 文件夹,利用 mkcramfs 命令生成 cramfs 文件系统。可以通过 imagewrite 命令,利用 NFS 网络文件系统或 U 盘,将生成的文件系统下载到目标系统中。

## 8.6 MiniGUI 输入引擎 IAL 的开发

### 8.6.1 IAL 引擎简介

MiniGUI 引入了输入抽象层(Input Abstract Layer,即 IAL)的概念。抽象层的概念类似于 Linux 虚拟文件系统的概念。它定义了一组不依赖于任何特殊硬件的抽象接口,所有顶层的输入处理都建立在抽象接口之上。由于实现这一输入抽象接口的底层代码是一种类似于操作系统驱动程序的“输入引擎”,所以它的设计实际上是一种面向对象的程序结构。利用这种抽象接口,可以将 MiniGUI 方便地移植到其他 POSIX 系统上。一般嵌入式 Linux 操作系统都具有 FrameBuffer 的支持,所以针对特定嵌入式设备,只需要编写输入引擎 IAL 即可。

### 8.6.2 IAL 引擎的开发

现以 EL-ARM-860 实验箱采用的 4×4 键盘为例,介绍 IAL 引擎的开发。EL-ARM-860 实验箱的键盘布局如图 8.6 所示。键盘分为两套布局,第一布局为功能键布局,括号内为注释的功能;第二布局为十六进制数 0~E 布局。两套布局通过键 F 进行转换。

相应的 IAL 输入引擎是在触摸屏的输入引擎(src/ial/ads. c)基础上修改的,src/ial/ial. c 文件通过调用 InitADSInput()函数,进行输入引擎的初始化。修改后的输入引擎初始化函数如下。

```
BOOL InitADSInput (INPUT*input, const char*  mdev, const char*  mtype){
    //只读形式打开键盘设备
    kbd_fd = open ("/dev/Kbd7279", O_RDONLY);
    if ( kbd_fd <0 ) {
        fprintf (stderr, "IAL: Can not open touch screen!\n");
        return FALSE;
```

```
    }
    //关闭键盘锁灯
    led_off();
    //输入引擎与虚拟接口间的联系
    input-> update_mouse = mouse_update;
    input-> get_mouse_xy=mouse_getxy;
    input-> set_mouse_xy=NULL;
    input-> get_mouse_button=mouse_getbutton;
    input-> set_mouse_range=NULL;
    input-> update_keyboard=keyboard_update;
    input-> get_keyboard_state=keyboard_getstate;
    input-> set_leds=NULL;
    input-> wait_event=wait_event;
    mousex=0;
    mousey=0;
    return TRUE;
}
```

| | | | |
|---|---|---|---|
| F<br>(转换) | B | 7 | 3<br>(ESC) |
| E<br>(TAB) | A | 6<br>(上) | 2 |
| D<br>(SPACE) | 9<br>(左) | 5 | 1<br>(右) |
| C<br>(CTL) | 8<br>(ALT) | 4<br>(下) | 0<br>(回车) |

**图 8.6　EL-ARM-860 实验箱的键盘布局**

与键盘相关的驱动函数有 3 个:keyboard_update()、keyboard_getstate()和 wait_event()。打开输入设备后,系统通过不断的循环调用 wait_event()函数来判断是否有键盘事件。如果有,则调用 keyboard_update()函数获得键值,通过 keyboard_getstage()函数返回按键码。与键盘相关的具体代码如下所示:

```
//数字键盘码
static void init_kbd7279_scancode_numlock(void){
    keycode_scancode[0]=SCANCODE_0;
    keycode_scancode[1]=SCANCODE_1;
    keycode_scancode[2]=SCANCODE_2;
    keycode_scancode[3]=SCANCODE_3;
    keycode_scancode[4]=SCANCODE_4;
    keycode_scancode[5]=SCANCODE_5;
    keycode_scancode[6]=SCANCODE_6;
```

```
        keycode_scancode[7]=SCANCODE_7;
        keycode_scancode[8]=SCANCODE_8;
        keycode_scancode[9]=SCANCODE_9;
        keycode_scancode[10]=SCANCODE_A;
        keycode_scancode[11]=SCANCODE_B;
        keycode_scancode[12]=SCANCODE_C;
        keycode_scancode[13]=SCANCODE_D;
        keycode_scancode[14]=SCANCODE_E;
        keycode_scancode[15]=SCANCODE_F;
    }
    //第二功能键盘码
    static void init_kbd7279_scancode_nonumlock(void){
        keycode_scancode[0]=SCANCODE_ENTER;
        keycode_scancode[1]=SCANCODE_CURSORBLOCKRIGHT;
        keycode_scancode[2]=SCANCODE_2;
        keycode_scancode[3]=SCANCODE_ESCAPE;
        keycode_scancode[4]=SCANCODE_CURSORBLOCKDOWN;
        keycode_scancode[5]=SCANCODE_5;
        keycode_scancode[6]=SCANCODE_CURSORBLOCKUP;
        keycode_scancode[7]=SCANCODE_7;
        keycode_scancode[8]=SCANCODE_8;
        keycode_scancode[9]=SCANCODE_CURSORBLOCKLEFT;
        keycode_scancode[10]=SCANCODE_A;
        keycode_scancode[11]=SCANCODE_B;
        keycode_scancode[12]=SCANCODE_LEFTALT;
        keycode_scancode[13]=SCANCODE_D;
        keycode_scancode[14]=SCANCODE_TAB;
        keycode_scancode[15]=SCANCODE_F;
    }
    //键盘灯状态函数
    void led_on(void){
        LED_ON;
        numlock=1;
    }
    void led_off(void){
        LED_OFF;
        numlock=0;
    }
    //键盘更新函数,等候键盘事件时 MiniGUI 调用此函数
    static int keyboard_update(void){
        //如果是键 F,则进行键盘码转换
        if(key_state ==0x0F) {
            if(numlock)
              led_off();
            else
              led_on();
            return 0;
        }
        //初始化键盘码
        if(numlock)
            init_kbd7279_scancode_numlock();
```

```
    else
        init_kbd7279_scancode_nonumlock();
    //无键按下清除按键状态信息
    if(key_state==0xFF) {
        state[last_state]=0;
        is_pressed=0;
    }
    else {
        //转换键 F 不处理
        //设置按键状态
        state[keycode_scancode[key_state]]=1;
        last_state=keycode_scancode[key_state];
        is_pressed=1;
    }
    return NR_KEYS;
}
//MiniGUI 通过此函数取得按键信息
static const char*  keyboard_getstate(void){
    return state;
}
//MiniGUI 通过此函数判断是否有键按下
static int wait_event (int which, fd_set* in, fd_set* out, fd_set* except,
                struct timeval* timeout)
{
    fd_set rfds;
    int retvalue=0;
    int fd,e,result;
    unsigned char key;
    if(! in){
        in=&rfds;
        FD_ZERO(in);
    }
    if (which & IAL_KEYEVENT && kbd_fd >=0) {
        fd=kbd_fd;
        FD_SET(fd, in);
    }
    ioctl(kbd_fd,0,0);
    //返回就绪文件设备个数
    e=select (FD_SETSIZE, in, out, except, timeout);
    if(e> 0) {   //按钮按下后就不产生事件
        fd=mouse_fd;
        if(fd >=0 && FD_ISSET(fd, in)){
            FD_CLR(fd, in);
            //产生按键信息
            retvalue |=IAL_MOUSEEVENT;
        }
        fd=kbd_fd;
        //读取键值
        result=read(fd, &key, sizeof(unsigned char));
        key_state=key;
        if(key_state !=0xFF) {
```

```
            if((fd >=0)  && FD_ISSET(fd, in)){
                FD_CLR(fd, in);
                retvalue |=IAL_KEYEVENT;
            }
        }
        else if((key_state ==0xFF)&is_pressed) {
            if((fd >=0)  && FD_ISSET(fd, in)){
                FD_CLR(fd, in);
                retvalue |=IAL_KEYEVENT;
            }
        }
    }
    else if(e <0) {
        return -1;
    }
    return retvalue;
}
```

把输入引擎加入后,要在/src/ial/ial.c 中添加一个输入引擎的入口项,同时还要在 MiniGUI 的配置文件 MINIGUI.cfg 中指定所使用的输入引擎。加入相应的键盘驱动后,MiniGUI 就可以响应键盘的输入信息了。

## 8.7　在 S3C2410 上运行简单的绘图程序

### 8.7.1　MiniGUI 的基本绘图函数

MiniGUI 的基本绘图函数包括对点、线、圆、矩形、调色板等资源的操作,其主要的函数原型如下所示:

```
void GUIAPI SetPixel(HDC hdc, int x, int y, gal_pixel c);             //设定像素值
void GUIAPI SetPixelRGB(HDC hdc, int x, int y, int r, int g, int b);
                                                                 //设定像素 RGB 值
gal_pixel GUIAPI GetPixel(HDC hdc, int x, int y);                 //得到像素的坐标
void GUIAPI GetPixelRGB(HDC hdc,int x,int y,int* r, int* g, int* b);
                                                               //得到像素的 RGB 值
void GUIAPI LineTo(HDC hdc, int x, int y);                           //画线到该点
void GUIAPI MoveTo(HDC hdc, int x, int y);                           //设起点
void GUIAPI Circle(HDC hdc, int x, int y, int r);                    //画圆
void GUIAPI Rectangle(HDC hdc, int x0, int y0, int x1, int y1);      //画矩形区域
void GUIAPI FillBox(HDC hdc, int x0, int y0, int x1, int y1);      //填充矩形区域
```

这里的像素值与 RGB 值需要区分开。RGB 是计算机中通过三原色的不同比例表示某种颜色的方法。通常,RGB 中的红、绿、蓝可取 0～255 当中的任意值,从而可以表示 255×255×255 种不同的颜色。而在显示内存中,要显示在屏幕上的颜色并不是用 RGB 来表示的,显存中保存的是所有像素的像素值。像素值的范围根据显示模式的不同而不同。在 EL-ARM-860 实验箱中是 8 位色显示模式;RGB 采用 332 模

式,即红色、绿色和蓝色所占的位数分别为3位、3位和2位。像素值的颜色范围是0～255,共8×8×4=256种颜色。

## 8.7.2 绘图程序举例

本小节通过一个简单的例子,说明基本绘图函数API的使用。该示例文件名为drawdemo.c,其主要代码如下:

```
#define DEFAULT_X 320
#define DEFAULT_Y 240
#define DEFAULT_WIDTH 320
#define DEFAULT_HEIGHT 240
static int offset= 0;  //定义 x 轴偏移
static int offset_v= 0; //定义 y 轴偏移
static RECT rcCircle= {0,0, 320, 240};
static void DrawDemo (HWND hwnd, HDC hdc){
    int x= DEFAULT_X, y=  DEFAULT_Y;
    int tox= DEFAULT_WIDTH, toy= DEFAULT_WIDTH;
    int count;
    unsigned int nr_colors= GetGDCapability (hdc, GDCAP_COLORNUM);
    //设置画笔为绿色,并画一条绿色对角线
    SetPenColor (hdc, PIXEL_green);
    MoveTo (hdc, 0, 0);
    LineTo (hdc, 320, 240);
    //设置画笔为绿色,画一圆,坐标为(150,140),半径为 50
    SetPenColor (hdc, PIXEL_green);
    Circle(hdc, 150, 140, 50);
    //设置画笔为青色,画矩形,中心坐标为(90,80),x 半径为 80,y 半径为 40
    SetPenColor (hdc, PIXEL_cyan);
    Rectangle  (hdc, 20, 30, 150, 150);
    //设置画刷为红色,画一个左上角坐标为(230,50),宽 80,高 90 的实心矩形
    SetBrushColor (hdc, PIXEL_red);
    FillBox (hdc, 230, 50, 80, 90);
}
```

为了结合IAL输入引擎,可以通过方向键进行移动,主要代码如下所示:

```
static int DrawProc(HWND hWnd, int message, WPARAM wParam, LPARAM lParam){
    HDC hdc;
    switch (message) {
        case MSG_PAINT:                                       // 画图消息
            hdc= BeginPaint (hWnd);
            DrawDemo (hWnd, hdc)                              //画图
            SetPenColor (hdc, PIXEL_red);                     //设置红色
            Circle (hdc, 140+offset, 120+offset_v, 50);       //画圆
            EndPaint (hWnd, hdc);
            return 0;
        case MSG_CLOSE:                                       // 关闭消息
            DestroyMainWindow (hWnd);
            PostQuitMessage (hWnd);
```

```
            return 0;
        case MSG_KEYDOWN:
            //根据方向键,调整偏移量,重新绘圆
            switch(wParam) {
                case SCANCODE_CURSORBLOCKLEFT:
                offset -= 10;
                InvalidateRect (hWnd, &rcCircle, TRUE);
                break;
            case SCANCODE_CURSORBLOCKRIGHT:
                offset += 10;
                InvalidateRect (hWnd, &rcCircle, TRUE);
                break;
            case SCANCODE_CURSORBLOCKUP:
                offset_v -= 10;
                InvalidateRect (hWnd, &rcCircle, TRUE);
                break;
            case SCANCODE_CURSORBLOCKDOWN:
                offset_v += 10;
                InvalidateRect (hWnd, &rcCircle, TRUE);
                break;
            }
            break;
        case MSG_CHAR:
            printf("Press%d\n",wParam);
    }
    return DefaultMainWinProc(hWnd, message, wParam, lParam);
}
```



将示例文件 drawdemo. c 保存到/opt/target/mg - samples - 1. 3. 1/usr_tgt/drawdemo 目录下。进入该目录,使用 make 命令编译 drawdemo. c 文件,生成 drawdemo 可执行文件。然后,利用 NFS 网络文件系统或 U 盘把可执行文件挂载到目标系统中执行。可执行文件 drawdemo 在 EL-ARM-860 实验箱上运行的界面如图 8. 7 所示。

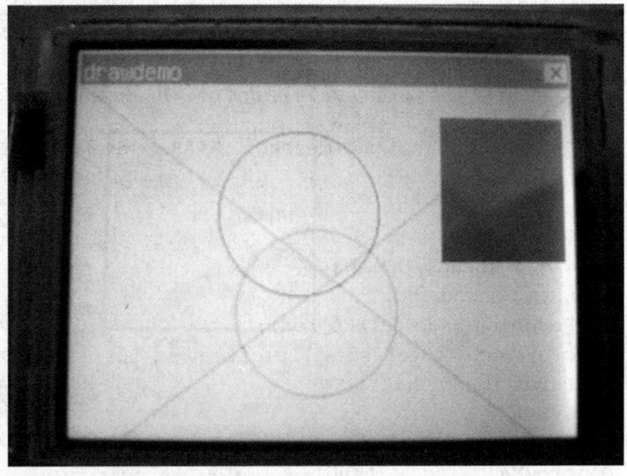


图 8. 7　简单绘图程序在目标板上的运行

# 附录 A

# EL-ARM-860 型嵌入式实验开发系统简介

EL-ARM-860 型嵌入式实验开发系统是北京精仪达盛科技有限公司研制的一款 ARM 实验箱，是 EL-ARM-830 型的改进版本。该实验箱可以移植 Linux、μCLinux、VxWorks、pSOS、QNX、μC/OS-II、Windows CE 等嵌入式操作系统，适合高等院校《嵌入式系统原理开发与设计》课程的实验教学、课题开发、毕业设计及电子设计竞赛等，同时该系统也是电子工程师们理想的开发工具。

## 一、系统结构简介

EL-ARM-860 教学实验系统属于一种综合的教学实验系统。系统采用实验箱底板加活动 CPU 板的形式。实验箱底板资源丰富。CPU 板可选择 ARM9、XScale PXA255/270、DM355/335、OMAP3530。同时，实验系统上的 Tech-V 总线和 E-Lab 总线能够扩展 Tech-V 系列和 E-Lab 系列功能模块，极大地增强了系统的功能，用户也可以基于 Tech-V 总线和 E-LAB 总线开发自己的应用模块，完成自己的课题。除此之外，实验系统提供丰富的样例实验，并且提供操作系统移植的源代码，所有的实验程序都有丰富详尽的注释说明，极大地方便了教学。

### 1. CPU 板

CPU 可以更换，支持多种 CPU。

#### (1) S3C2410(ARM9 内核)

- 主处理器：S3C2410 是 200 MIPS ARM920T 内核。
- 外部存储器扩展：64 MB 的 SDRAM、32 MB 的 NANDFlash。
- 10/100M 自适应以太网接口。
- USB 1.1 接口(Host 或 Peripheral)两种模式。
- 标准的 RS232 接口。
- 实时时钟(RTC)单元。
- 扩展总线接口，连接所有信号线，可进行应用背板扩展。
- 标准 20 针 JTAG 调试接口。
- 复位电路，电源、运行状态指示灯。

• 直流 5 V 单电源供电,含电源转换电路。

**(2) XScale PXA255 /270(ARM10 内核)**

• 主处理器:Intel 公司 XScale PXA255 内核,400 MHz 主频,32 位 RISC 处理器,具有 32K 指令缓冲,32K 数据缓冲,MMU 单元,2 KB MiniCache,扩展多媒体 DSP 指令。

• 存储器:

—SDRAM:64 MB,可以定制扩展到 256 MB;

—FLASH:32 MB,Intel Strata 快速页面读取模式 Flash,可以定制扩展到 128 MB;

—NANDFLASH:可扩展 8~64 MB。

• 10M 以太网接口。

• USB 1.1 接口(Host 或 Peripheral)两种模式。

• 标准的 RS232 接口。

• 实时时钟(RTC)单元。

• 扩展总线接口,连接所有信号线,可进行应用背板扩展。

• 标准 20 针 JTAG 调试接口。

• 复位电路,电源、运行状态指示灯。

• 直流 5 V 单电源供电,含电源转换电路。

**(3) DM355(ARM9 核)**

• 核心板卡:处理器为 TMS320DM355/335 DavinciTM,可工作在 216/270 MHz;存储器为 512 MB 的 NAND Flash;内存为 533 MHz、128 MB 的 DDR2。

• 1 路 TV 视频输出,用户可选的 PAL/NTSC 制式。

• 用户可选的 Nor Flash 接口。

• 64 KB 的 $I^2C$ 铁电存储器。

• 1 个实时时钟日历,带各种报警功能(包含 1 个备用电池)。

• 1 路模拟视频输入,包括 1 个视频编码器。

• 保留了数字视频输入接口,可以方便与 CMOS 影像传感器连接,支持 YUV4:2:2、BT6:5:6 等格式。

• 1 个 10M/100 Mbps 自适应以太网接口。

• 1 路立体声音频输入、1 路麦克风输入,1 路立体声音频输出。

• USB2.0-OTG 高速接口,方便与 PC、U 盘连接。

• 2 个 UART 引出接口,一个做主通信接口,另一个可做通信,也可用作红外线传输。

• 2 个拨码开关,4 个用户输入按键。

• 1 个与 IO 口复用的状态指示 LED。

• 1 个 SD/MMC 卡插座接口,1 个扩展 CE-ATA 硬盘接口。

• 10 层板制作工艺,稳定可靠。

- 标准外部信号扩展接口(多达 4 组)。
- JTAG 仿真器接口。
- 单电源+5 V 供电。

以上 CPU 板除与底箱配合使用外,还可独立成系统,单独使用。

## 2. 实验箱底板

实验箱底板主要包括以下模块:

- CPU 板接口单元:可接 ARM9、ARM10、Cortex-A8 等 CPU 板。
- 数字量输入输出单元:
  —输入:8 位自锁按键开关;
  —输出:8 位数码管及 8 位发光二极管。
- PS/2 接口单元:支持 PS/2 键盘、鼠标。
- 液晶显示单元:8 寸 TFT 真彩液晶屏,可带触摸屏,分辨率为:640×480。
- 键盘接口单元:4×4 键盘,带 8 位 LED 数码管;芯片采用 HD7279A;用户可自定义键值。
- 触摸屏单元(选配部件):ADS7843 作为触摸屏控制芯片,2.7～5 V 信号电压,达到 125 kHz 转换率,可编程的 8 位、12 位转换精度。
- 音频及接口模块:IIS 格式,芯片采用 UDA1341TS,采样率最高 48 KHz,通过 IIS 总线和系统连接:
  —1 个立体声耳机输出(2.5 mm 外接耳机接口);
  —1 个立体声麦克输入(2.5 mm 外接耳机接口);
  —1 个音频信号输入(2.5 mm 外接耳机接口)。
- USB 接口:1 个主接口,2 个设备接口,芯片采用 SL811H/S、PDIUSBD12,支持 USB1.1 协议。
- RS232 通讯模块:标准 RS232 接口,完成与 PC 机的串行数据转换。
- IIC 总线接口。
- IDE 接口:可外挂硬盘、DOC、COMPACT FLASH 卡。
- SD 卡接口:通信频率最高 25 MHz,芯片采用 W86L388D,兼容 MMC 卡。
- A/D 转换模块:芯片自带的 8 路 10 位 A/D,满量程 2.5 V。
- 标准 PS/2 的键盘、鼠标单元。
- 信号源单元。
- CPLD 单元:完成各资源所需的地址译码、片选信号以及一些高低电平的模拟。
- 电源模块单元:为系统提供+5 V、+12 V、−12 V、+3.3 V 电源。
- Tech-V 接口:便于扩展和二次开发,支持北京精仪达盛科技有限公司的 Tech-V 系列扩展板卡,如静态图像处理(Svideo)卡、高速 AD/DA 卡、语音开发模块等,也可以自行开发应用板卡。同时,Tech-V 接口总线与 TI 公司的标准 DSK 扩展信号接口完全兼容。

- E-Lab 接口:便于扩展和二次开发,支持北京精仪达盛科技有限公司的 E-Lab 系列扩展模块,该系列模块包括通用接口模块、信号变送隔离模块、执行机构模块、通信模块、传感器模块等 50 多个模块,完全满足课程设计和毕业设计的需要。

## 二、可开设的实验项目

### 1. 基于 ARM 系统资源的实验

实验 1　ARM SDT 2.5　开发环境创建与简要介绍

实验 2　ARM ADS 1.2　开发环境创建与简要介绍

实验 3　基于 ARM 的汇编语言程序设计

实验 4　基于 ARM 的 C 语言程序设计

实验 5　基于 ARM 的硬件启动程序设计

实验 6　ARM 的 I/O 接口实验

实验 7　ARM 的中断实验

实验 8　ARM 的 DMA 中断实验

实验 9　ARM 的 UART 实验

实验 10　ARM 的 A/D 接口实验

实验 11　模拟输入输出接口实验

实验 12　七段数码管和键盘的控制实验

实验 13　LCD 的显示实验

实验 14　触摸屏实验

实验 15　音频录放实验

实验 16　USB 设备收发数据实验

实验 17　以太网传输实验

实验 18　SD 卡检测实验

实验 19　PS/2 键盘、鼠标实验

### 2. 基于 μC/OS－II 操作系统的 ARM 系统实验

实验 1　μC/OS-II 的内核在 ARM 处理器上的移植实验

实验 2　基于 μC/OS-II 的串口驱动的应用实验

实验 3　基于 μC/OS-II 的 LCD 驱动的应用实验

实验 4　基于 μC/OS-II 的键盘驱动的应用实验

实验 5　基于 μC/OS-II 的小型 GUI 的应用程序编写实验

### 3. 基于 μCLinux 操作系统的 ARM 系统实验

实验 1　μCLinux 实验环境的创建与熟悉

实验 2　Bootloader 引导程序

实验 3　μCLinux 的移植、文件系统的生成与烧写

实验 4　μCLinux 的驱动程序的编写

实验 5　μCLinux 的应用程序的编写

实验 6　基于 μCLinux 的键盘驱动的编写

实验 7　基于 μCLinux 的 LCD 驱动的编写

实验 8　基于 μCLinux 的键盘的应用程序编写

实验 9　基于 μCLinux 的基本绘图应用程序的编写

实验 10　基于 μCLinux 的跑马灯应用程序的编写

实验 11　基于 μCLinux 的实验箱上网的实验

**4. 基于 Linux 操作系统的 ARM 系统实验**

实验 1　Linux 实验环境的创建与熟悉

实验 2　Bootloader 引导程序

实验 3　Linux 的移植、文件系统的生成与下载

实验 4　Linux 的驱动程序的编写

实验 5　Linux 的应用程序的编写

实验 6　基于 Linux 的键盘驱动的编写

实验 7　基于 Linux 的 LCD 驱动的编写

实验 8　基于 Linux 的键盘的应用程序编写

实验 9　基于 Linux 的基本绘图应用程序的编写

实验 10　基于 Linux 的跑马灯应用程序的编写

实验 11　基于 Linux 的实验箱上网的实验

实验 12　利用 U 盘播放 MP3 实验

**5. 基于 WINCE 的系统实验**

实验 1　WINCE 开发环境 PLATFORM BUILDER 的安装

实验 2　在 PLATFORM BUILDER 下导入 BSP

实验 3　在 PB 下创建 PLATFORM 并生成镜像文件

实验 4　下载镜像文件到目标板并启动 WINCE

实验 5　在 PLATFORM BUILDE 下导出 SDK

实验 6　LCD 显示屏驱动程序实验

实验 7　触摸屏与 GUI 交互实验

**6. 基于 DM355 /335 接口程序编写实验**

实验 1　模拟输入输出接口驱动程序编写

实验 2　7279 键盘驱动程序编写

实验 3 LCD 应用程序的编写
实验 4 触摸屏实验
实验 5 SD 卡驱动程序编写
实验 6 USB 驱动程序编写
实验 7 网络服务器实验

### 7. 基于 DM355 /335 视频、音频处理程序的编写实验

实验 1 视频采集与播放实验
实验 2 MEPG4 视频编码实验
实验 3 MEPG4 视频解码实验
实验 4 MEPG4 视频编解码实验
实验 5 G711 格式声音文件编码实验
实验 6 G711 格式声音文件解码实验
实验 7 JPEG 图像编码实验
实验 8 JPEG 图像解码实验

### 8. 基于 DM355 /335 应用系统设计实验

实验 1 U 盘视频采集系统实验
实验 2 网络视频采集系统实验
实验 3 MP3 播放器实验
实验 4 MP4 播放器实验
实验 5 数码相机系统实验



## 三、产品特点

(1) 能移植多种操作系统:μC/OS-II、μCLinux、Linux、WinCE。

(2) CPU 板可以更换为不同厂家的 ARM9、XScale、DM355、OMAP3530 的 CPU 板,并且 CPU 板可以单独使用。

(3) 支持北京达盛科技有限公司开发的 TechvDM355——视频信号处理平台,该平台使用大小板分离结构,可以开发仿真达芬奇系列应用程序,同时也可以将该产品集成到用户的具体应用系统中。

(4) 硬件资源丰富:包括 IO 扩展、RS232 接口、USB 接口、以太网接口、IDE 接口、SD 卡接口、LCD 显示单元、触摸屏单元、键盘接口单元、PS/2 接口单元等。

(5) 通过 Tech-V 和 E-Lab 接口,可以进行系统功能扩展,方便用户进行二次开发。

(6) 提供源代码,并且实验程序都有详尽的注释说明,特别方便实验教学。

(7) 配套教材:北京航空航天大学出版社出版的《ARM9 嵌入式系统设计——基于 S3C2410 和 Linux(第 2 版)》。

# 附录B

# 达盛科技 Techv-DM355 介绍

2007 年 9 月份左右，德州仪器（TI）推出针对便携式高清（HD）视频产品市场的最新达芬奇（DaVinci）处理器——TMS320DM355，其具备 ARM 主机控制与全套开发工具。该产品不仅能够实现高清视频（MPEG-4-JPEG）性能，而且其电池使用寿命也是当前其他高清产品的两倍。

DM355 处理器由集成的视频处理子系统、MPEG-4-JPEG 协处理器（MJCP）、ARM926EJ－S 内核以及多种外设组成，针对数码相机、IP 摄像机、数码相框以及婴儿视频监护器等应用。

该处理器可提供 216 MHz 或 270 MHz 的时钟速率，因而能够实现可扩展的产品系列。开发人员能够重复利用强大稳健的达芬奇技术系列 IP，或利用 ARM 处理器丰富的开放源代码资源加速开发。此外，DM355 还可应用在如医学成像、超低成本数码摄像机以及便携式测试设备等大众化产品。

通过集成视频/影像协处理器，针对高清视频精心优化的 DM355 不仅价格便宜，同时还实现极低功耗，并获得极高性能。该 MJCP 能够以 720p 格式与每秒 30 帧的速度提供高清 MPEG-4 SP 编解码功能，以及每秒 5 千万像素的速度提供 JPEG 编解码功能。所有达芬奇器件均集成了视频处理子系统，并在子系统的硬件中高度集成了预览引擎、柱状图（histogram）、图像缩放工具以及屏幕视控系统。该 MJCP 提供了相当于 400 MHz 的 DSP 来实现高清视频，同时视频处理子系统执行的任务也等同于 DSP 约 240 MHz 的性能。这样，MJCP 与视频处理子系统结合起来就能提供相当于 640 MHz 的 DSP 处理性能，高达 270 MHz 的 ARM 处理能力仍可实现产品差异化。此外，DM355 还包含一套精心挑选的外设，如高速 USB OTG 2.0。集成型 10 位数/模转换器与视频编码器还能为开发人员节约多达 2 美元的材料成本以及使用分立部件所需的相关制造与设计成本。尽管 DM355 处理器的价格低廉，但其实际拥有的价值远远超过售价，因为该产品包含符合生产要求的高清 MPEG-4 与 JPEG 编解码器，且无需向 TI 支付许可费或版税。

采用 DM355 构建的系统将拥有超长电池使用寿命，相当于现有便携式高清系统寿命的两倍。根据应用的不同，DM355 在高清 MPEG-4 编码过程中的功耗约为 400 mW，而待机功耗仅为 1 mW。举例来说，这意味着消费者在视频模式下使用基于 DM355 的数码相机时，只需用两节 AA 电池即可录制 80 min 的高清视频。

DM355 处理器与 TECHVDM355&DVSDK(以下简称 DVEVM)开发套件充分利用了达芬奇技术系列包含的所有工具与支持,因而可帮助产品开发人员节约数月的设计时间。应用程序编程接口(API)在所有的达芬奇产品中都可通用,这也意味着那些熟悉达芬奇技术或 ARM 开发的开发人员几乎不需要经历任何学习过程即可快速投入产品开发。

DVEVM 具有优化的 MontaVista Linux、uboot 加载程序以及适用于全套外设的驱动程序,因而有助于开发人员实现最短的上市时间。DVEVM 的组件包括 JPEG、MPEG－4 SP 与 G.711 编解码器及视频输入/输出、音频输入/输出、外接 EMAC、USB OTG 2.0 以及用于测试的 JTAG。此外,还免费配送 ORCAD 示意图。

此外,TI 第三方合作伙伴不仅可提供对 Windows CE 等其他操作系统的支持,而且还能满足额外的系统开发需求,并且全方位的推广随时都能为即时开发提供支持。

DM355 处理器的基本结构图如附图 B.1 所示。

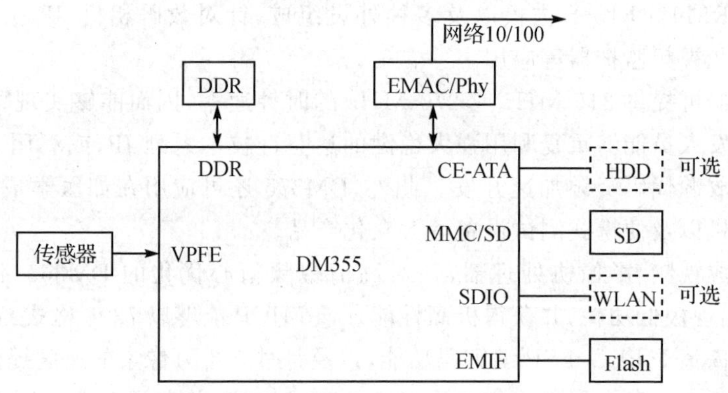


附图 B.1 DM355 基本结构图

## 1. Techv-DM355 硬件资源介绍

Techv-DM355 是低成本、高度集成的高性能视频信号处理开发平台,它采用大小板分离结构,是一款支持作为 EL-ARM-860 实验教学系统的 CPU 板卡。该板卡可以开发仿真达芬奇系列的应用程序,同时也可以将该产品集成到用户的具体应用系统中。方便灵活的接口为用户提供良好的开放平台。采用该系列板卡进行产品开发或系统集成可以大大减少用户的产品开发时间。板卡总体结构框图如附图 B.2 所示。板卡的具体硬件参数可参考附录 A。

## 2. Techv-DM355 软件资源(见附表 B.1)

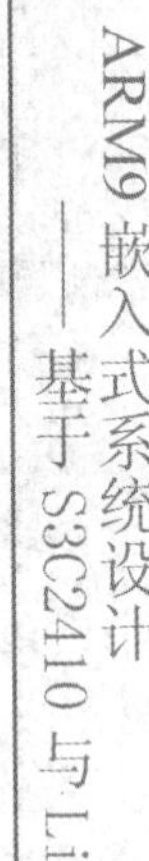




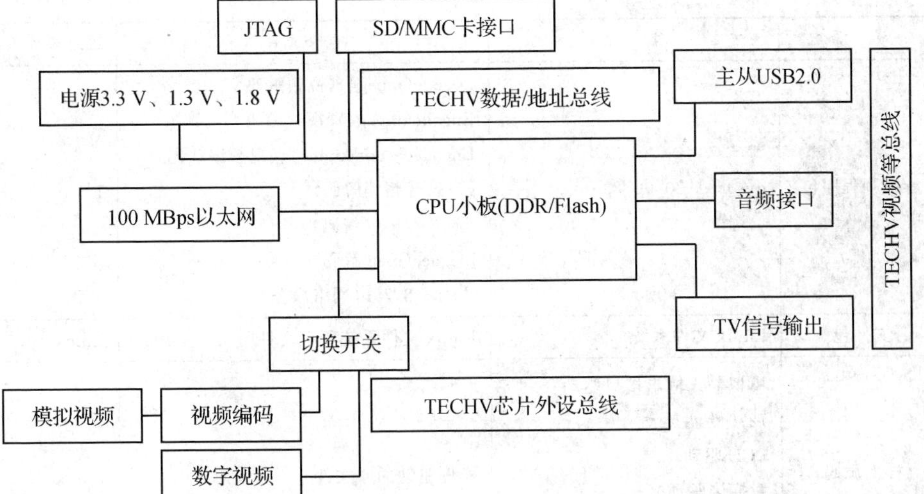


附图 B.2　Techv-DM355 结构框图

附表 B.1　Techv-DM355 提供的软件资源

| 资　源 | 名　称 | 包含文件 | 适用操作系统 |
|---|---|---|---|
| 开发工具 | CCS3.3 | CCS3.3 安装文件<br>TechVDM355.gel<br>(配置文件) | Windows |
| | Red Hat Enterprise Linux 4 | 虚拟机文件 | Windows 下虚拟机软件 VMware |
| 烧写文件 | ublDM355-nand.bin<br>NAND_programmer.out<br>uboot.bin | | Windows |

另外,附表 B.1 中 Red Hat Enterprise Linux 4 包含的文件如附表 B.2 所列。

附表 B.2　附表 B.1 中 Red Hat Enterprise Linux 4 包含的文件

| 资　源 | 名　称 | 包含文件 | 适用操作系统 |
|---|---|---|---|
| 开发工具 | arm_v5t_le-gcc | arm_v5t_le-gcc 及相关编译器库文件 | Linux |
| 源码包 | u-boot-1.2.0<br>Linux version 2.6.10_mvl401 | | Linux |

续附表 B.2

| 资　源 | 名　称 | 包含文件 | 适用操作系统 |
| --- | --- | --- | --- |
| 音视频程序包 | dvsdk_1_30_00_23 | Decode(mpeg4)(视频解码)<br>Encode(mpeg4)(视频编码)<br>Encodedecode(mpeg4)(视频编解码)<br>g711(音频编解码)<br>jpegenc(jpeg 编码)<br>jpegdec(jpeg 解码)<br>thttp－2.25b(网络服务) | Linux |
| 文件包 | Linux 文件系统 | Linux 文件系统所有文件 | Linux |
| 样例源码 | 模拟输入输出接口驱动<br>7279 键盘驱动<br>LCD 驱动<br>触摸屏驱动<br>SD 卡驱动<br>usb 主机驱动 | 样例驱动的原文件 | Linux |
| 烧写文件 | uboot. bin<br>uImage |  | Linux/Windows |

# 参考文献


[1] 马忠梅,马广云,徐英慧,等. ARM 嵌入式处理器结构与应用基础[M]. 2 版. 北京:北京航空航天大学出版社,2007.

[2] 马忠梅,李善平,等. ARM & Linux 嵌入式系统教程[M]. 3 版. 北京:北京航空航天大学出版社,2014.

[3] 毛德操,胡希明. 嵌入式系统——采用公开源码和 StrongARM/XScale 处理器[M]. 浙江:浙江大学出版社,2003.

[4] 马忠梅,徐英慧,叶勇建,等. AT91 ARM 核微控制器结构与开发[M]. 北京:北京航空航天大学出版社,2003.

[5] ARM Limited. ARM920T Technical Reference Manual. 2000,2001.

[6] ARM Limited. ARM9TDMI Technical Reference Manual. 2000.

[7] 刘峥嵘,张智超,许振山,等 . 嵌入式 Linux 应用开发详解[M]. 北京:机械工业出版社,2004.

[8] 赵炯 . Linux 内核完全注释[M]. 北京:机械工业出版社,2004.

[9] 李宁 . ARM MCU 开发工具 MDK 使用入门[M]. 北京. 北京航空航天大学出版社. 2012.